Inhaltsverzeichnis

1. Einleitung

Die **Chemie** ist, ebenso wie die **Physik** und die **Biologie**, eine **Naturwissenschaft**.

Die **Physik** beschäftigt sich mit den unbelebten Dingen der Natur, ihrem inneren Aufbau und ihrem Verhalten, wenn sie Kräften, Strahlungen oder anderen Einflüssen ausgesetzt sind.

Die **Biologie** befasst sich mit der Organisation und Entwicklung von Lebewesen.

Die **Chemie** hingegen untersucht alle Vorgänge, bei denen die Stoffe verändert werden.

Ereignisse wie das Brechen von Holz oder das Schmelzen von Eis werden der Physik zugeordnet. Die Körper ändern zwar ihre äußere Form oder ihren Aggregatzustand, ihre Substanz bleibt aber unverändert.
Wird der Stoff hingegen in eine neue Substanz mit völlig unterschiedlichen Eigenschaften umgewandelt, wie dies z. B. bei einer Verbrennung der Fall ist, so handelt es sich um einen chemischen Vorgang.

Eis schmilzt – physikalischer Vorgang.

Eine Kerze brennt – chemischer Vorgang.

Chemische Reaktionen ergeben neue Stoffe mit neuen Eigenschaften.

Verglichen mit der Physik oder der Biologie ist die Chemie eine junge Wissenschaft.
Biologisches Wissen im Sinne einer genauen Kenntnis von Tieren und Pflanzen war schon vor hunderttausenden Jahren für unsere Vorfahren überlebenswichtig.
Auch die Physik reicht erstaunlich weit zurück – einige physikalische Gesetze wurden schon im antiken Griechenland formuliert.

Natürlich machten sich die Menschen auch chemische Vorgänge schon sehr früh zu Nutze – wohl ab dem Zeitpunkt, als sie erstmals feststellten, dass im Feuer gebratenes Fleisch besser schmeckt als rohes Fleisch.
Ebenso hatten chemische Techniken wie die Metallgewinnung, die Herstellung von Glas und Keramik oder die Gerberei und Färberei schon in den Kulturen des Altertums ein erstaunlich hohes Niveau erreicht. Diese Fertigkeiten beruhten auf dem Erfahrungsschatz von Generationen, nicht jedoch auf dem Verständnis chemischer Vorgänge.

ANTOINE und MARIE LAVOISIER; Antoine Lavoisier erkannte die Verbrennung als Reaktion mit Sauerstoff, formulierte das Gesetz von der Erhaltung der Masse und machte so die Chemie zu einer exakten Wissenschaft. Wegen seiner Tätigkeit als Steuerpächter wurde er 1794 während der Französischen Revolution hingerichtet. Seine Frau, die oft im Labor mitgearbeitet hatte, veröffentlichte 1805 sein Gesamtwerk.

Bis zum Ende des 18. Jahrhunderts hatte sich daran nur wenig geändert, denn auch die Alchimisten des Mittelalters hatten zwar durch geduldiges Probieren eine Reihe von Techniken verbessert und Zufallsentdeckungen gemacht, waren aber noch vielfach von magischen Vorstellungen befangen.

Die wissenschaftliche Chemie und das Verständnis für die ablaufenden chemischen Vorgänge ist nur knapp über 200 Jahre alt.

Erst an der Wende vom 18. zum 19. Jahrhundert gelangten Forscher wie ANTOINE LAVOISIER oder JOHN DALTON zu Erkenntnissen, die auch heute noch Gültigkeit besitzen.

1899 kam das erste synthetisch hergestellte Arzneimittel auf den Markt. Hunderte weitere Wirkstoffe, die vielen lebensbedrohenden Krankheiten ihren Schrecken genommen haben, folgten.

„Only bad news are good news". Je negativer die Meldung, desto höher die Auflage.

Würde die Chemie nicht Werkstoffe mit außergewöhnlichen Eigenschaften zur Verfügung stellen, so wäre vieles, was uns heute als selbstverständlich erscheint, nicht möglich – und das nicht nur beim Freizeitsport.

Umso stürmischer verlief die Entwicklung der Chemie im 19. und 20. Jahrhundert. Nachdem mit der Erkenntnis, dass die Materie aus Atomen besteht und sich diese zu Molekülen verbinden, der entscheidende Durchbruch gelungen war, nahm das Wissen vom Aufbau der Stoffe sprunghaft zu.

ANTOINE LAVOISIER untersuchte um 1780 zum Teil mit Hilfe großer Brenngläser die Verbrennung von Stoffen in geschlossenen Gefäßen. So entdeckte er die Rolle des Sauerstoffs und stellte auch fest, dass sich die Gesamtmasse der Stoffe bei einer chemischen Reaktion nicht ändert.

Aus den Hinterzimmern von Apotheken entstanden in wenigen Jahrzehnten chemische Großbetriebe, deren Produkte im Alltag immer mehr in Erscheinung traten.

Heute reichte die Palette von Werkstoffen, die mit ihren hervorragenden Eigenschaften jeden Naturstoff übertreffen, bis zu Medikamenten, von deren Wirksamkeit man Jahre zuvor noch nicht zu träumen gewagt hätte. Doch während wir alle positiven Seiten dieser Entwicklung als selbstverständlich ansehen, finden Negativ-Meldungen auch dann Platz in den Schlagzeilen, wenn sie keine sachliche Grundlage haben.

Um aber zwischen berechtigter Sorge und unbegründeter Panikmache unterscheiden zu können, bedarf es nicht nur eines kritischen Bewusstseins, sondern auch fundierter Sachkenntnis. Dazu soll dieses Buch einen Beitrag leisten.

ÜBUNGEN

1.1 Welche Ereignisse sind chemische, welche physikalische Vorgänge?
   a) Eine Fensterscheibe beschlägt sich.
   b) Milch wird sauer.
   c) Eine Glühbirne wird eingeschaltet.
   d) Kohlenstoffdioxid entweicht aus einer Mineralwasserflasche.
   e) Ein Blatt färbt sich im Herbst gelb.
   f) Ein Ei wird hart gekocht.

1.2 Welche physikalischen Gesetze wurden schon im antiken Griechenland (vor ca. 2 400 Jahren) oder zu Beginn der Neuzeit (vor 400–500 Jahren) formuliert?

2. Atome und Moleküle

Die Vorstellung von der Existenz kleinster, unteilbarer Teilchen ist recht alt. Schon der griechische Philosoph DEMOKRIT gelangte auf Grund philosophischer Spekulationen zu der Vorstellung, dass die Materie aus kleinsten, unteilbaren Teilchen aufgebaut ist, die er *Atome* nannte. Doch da niemand diese kleinsten Teilchen sehen konnte, setzte sich diese Vorstellung nicht durch, sondern wurde von alchimistischen Theorien verdrängt. Man nahm an, dass die Materie aus den vier Elementen Erde, Wasser, Feuer und Luft mit den vier Grundwerten Kälte, Nässe, Hitze und Trockenheit besteht.

Heute ist die Erkenntnis, dass es Atome und Moleküle gibt, Allgemeingut. Dabei ist es erst seit kurzer Zeit möglich, Atome zu sehen und so ihre Existenz zu beweisen – soweit jemand bereit ist, die Flecken auf dem Monitor eines Raster-Tunnel-Mikroskops als Beweis gelten zu lassen. Doch schon vor rund zweihundert Jahren waren einige Naturforscher vom Vorhandensein dieser kleinsten Teilchen überzeugt. Woher nahmen sie ihre Gewissheit, wenn sie gleichzeitig behaupteten, diese Teilchen seien so klein, dass man sie nicht einmal mit einem Lichtmikroskop sehen könne?

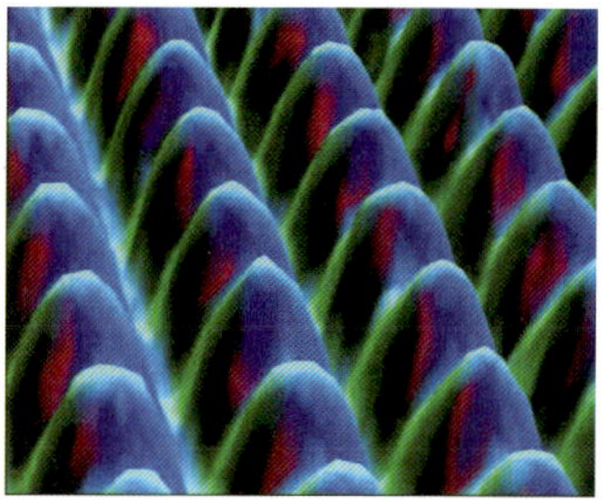

Die Oberfläche eines Metalls bei 50-millionenfacher Vergrößerung, mit einem Raster-Tunnel-Mikroskop betrachtet.

DEMOKRIT (ca. 470–380 v. Chr.)
atomos (griech.) = unteilbar
elementum (lat.) = Grundstoff

2.1 Die Atomhypothese

Die Entwicklung unseres Bildes vom Aufbau der Stoffe und den Abläufen bei chemischen Reaktionen sind ein gutes Beispiel für die Entwicklung naturwissenschaftlichen Wissens.

Am Beginn jeder Forschung steht die (oft zufällige) Beobachtung eines Ereignisses. Zum Beispiel: „Beim Verbrennen von Holz verschwinden Stoffe“ oder „Wenn Eisen verbrennt, nimmt die Masse zu“.

Solche Beobachtungen wecken der Neugierde und das Ereignis wird – als Experiment – im Labor unter möglichst genau kontrollierten Bedingungen wiederholt. Jedes Experiment ist eine Frage des Forschers an die Natur: „Was geschieht, wenn …?“.

Auf die Frage „Wie ändert sich die Masse der Stoffe bei einer chemischen Reaktion?“ erhielten die Naturforscher gegen Ende des 18. Jahrhunderts zunächst widersprüchliche Antworten: Bei einigen Reaktionen nahm die Masse ab, bei anderen nahm sie zu und manchmal blieb sie unverändert.

JOHN DALTON (1766–1844); englischer Chemiker.

Ein Streichholz verbrennt.
Scheinbar geht Masse verloren.

Eisenwolle verbrennt
Ihre Masse nimmt zu.

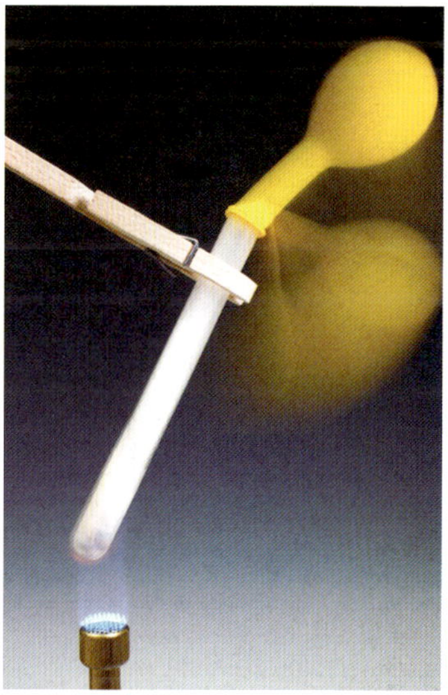

Die Erhaltung der Masse im Experiment
Streichholzköpfe werden in einem abgeschlossenen Reagenzglas erhitzt, bis sie sich entzünden. Die Masse der Versuchsanordnung ändert sich dabei nicht.

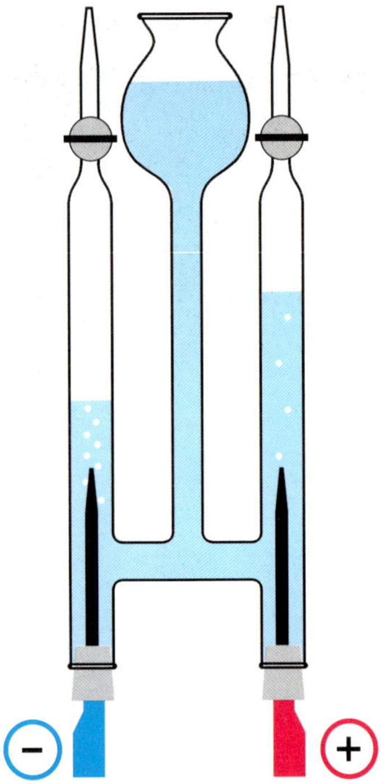

Das Gesetz der konstanten Verhältnisse im Versuch:
Bei der Elektrolyse von Wasser entstehen die Elemente Wasserstoff und Sauerstoff *immer* im Volumsverhältnis 2 : 1.

Elektrolyse: Aufspaltung einer Verbindung durch den elektrischen Strom.

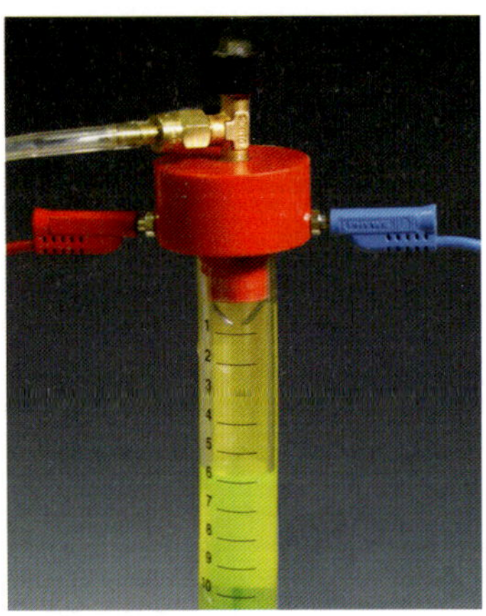

Zündet man umgekehrt verschiedene Mischungen von Wasserstoff und Sauerstoff, so reagieren sie nur dann restlos zu Wasser, wenn sie im Verhältnis 2 : 1 vorliegen.

Widersprüchliche Antworten sind oft die Folge ungenauer Fragestellungen. LAVOISIER stellte mit seinen Experimenten die Frage exakter: „Wie ändert sich die Masse der Stoffe bei einer chemischen Reaktion *in einem abgeschlossenen Gefäß*?“.
Jetzt waren die Versuchsergebnisse eindeutig: Die Masse blieb unverändert.

Da diese Regel durch zahlreiche Versuche bestätigt und durch keinen einzigen Versuch widerlegt wurde, war man sicher, ein **Naturgesetz** gefunden zu haben.

Gesetz von der Erhaltung der Masse:
Bei chemischen Reaktionen bleibt die Gesamtmasse der beteiligten Stoffe unverändert.

Die Bezeichnung „Naturgesetz“ könnte den falschen Eindruck erwecken, es handle sich dabei um ein unabänderliches „Gesetz“, das „die Natur“ den Menschen gegeben hat.
Naturgesetze sind jedoch lediglich Regeln, von denen wir glauben, sie in der Natur gefunden zu haben. Sobald ein Experiment ein Ergebnis liefert, das im Widerspruch zu einem Naturgesetz steht, muss dieses abgeändert oder verworfen werden.

Seit EINSTEIN ist bekannt, dass Masse in Energie umgewandelt werden kann. Die Energieabgabe bei einer chemischen Reaktion hat zur Folge, dass die Reaktionsprodukte etwas leichter sind als die Ausgangsstoffe. Das Gesetz von der Erhaltung der Masse müsste daher korrekt als **Gesetz von der Erhaltung der Masse und Energie** formuliert werden.

Diese Erweiterung ist für die Atomphysik von Bedeutung. Die bei der Kernspaltung in einem Reaktor frei werdende riesige Energiemenge rührt daher, dass die Spaltprodukte rund 1 % leichter sind als der Uran-Brennstoff. Dieser Massenanteil wurde in Energie umgewandelt. Bei chemischen Reaktionen ist jedoch die Energieabgabe um viele Größenordnungen geringer und daher der Massenverlust so klein, dass er auch mit den empfindlichsten Waagen nicht gemessen werden kann. In der Chemie kann man daher mit gutem Gewissen das Gesetz in seiner ursprünglichen Form anwenden.

LAVOISIER stellte weiters fest, dass sich Elemente immer nur in ganz bestimmten **Massenverhältnissen** vollständig zu Verbindungen vereinigen. Vergrößert man den Anteil eines Ausgangsstoffes, so bleibt die zusätzliche Menge übrig.

Gesetz der konstanten Massenverhältnisse:
Das Massenverhältnis der Elemente in einer Verbindung ist immer konstant.

DALTON suchte nach einer **Erklärung** für diese Naturgesetze und fand sie 1808 mit seiner **Atomhypothese**. Er nahm Folgendes an:

- Alle Stoffe bestehen aus einer begrenzten Anzahl von **Grundstoffen**, den Elementen, die sich nicht mehr weiter in andere Stoffe zerlegen lassen.

- Alle **Elemente** bestehen aus außerordentlich kleinen, unzerstörbaren **Atomen**.
- Alle **Atome eines Elementes** sind **gleich**.
- Die **Atome verschiedener Elemente unterscheiden sich** in ihren Eigenschaften (Masse, Reaktionsfähigkeit, ...).
- **Verbindungen** bestehen ebenfalls aus kleinsten Teilchen, den **Molekülen**, die im Verhältnis einfacher, ganzer Zahlen aus Atomen zusammengesetzt sind.

DALTON konnte die Existenz von Atomen nicht im herkömmlichen Sinn beweisen, da sie wegen ihrer äußerst geringen Abmessungen nicht direkt beobachtet werden können. Er nahm ihre Existenz an, um die **Ergebnisse** von **Versuchen** zu **erklären**. Eine solche Annahme wird **Hypothese** genannt.

Da nach seinen Vorstellungen bei einer chemischen Reaktion nur eine Umgruppierung der Atome erfolgt, ist einsichtig, dass sich die Gesamtmasse dadurch nicht ändert.
Da sich weiters die Atome immer in einem bestimmten Zahlenverhältnis zu Molekülen vereinigen, müssen die Ausgangsstoffe auch in einem ganz bestimmten (Massen-)Verhältnis zur Reaktion gebracht werden, damit eine vollständige Reaktion erfolgt.

Bald zeigte sich, dass mit der Annahme von Atomen und Molekülen auch andere Erscheinungen erklärt werden konnten, zum Beispiel die Aggregatzustände oder die Gasgesetze.

Dadurch gewann diese Hypothese an Wahrscheinlichkeit, sie wurde zur **Theorie**, d. h. zu einer gedanklichen Konstruktion, mit der sich verschiedene Beobachtungen einheitlich erklären lassen.

Auch eine naturwissenschaftliche Hypothese oder Theorie hat nicht ewig Bestand, sondern entwickelt sich ständig weiter. Ihre Gültigkeit wird laufend durch neue Versuche überprüft. Zeigen die Experimente ein Ergebnis, das von der Theorie vorhergesagt wurde, so gilt die Theorie als bestätigt.

Beim ersten Versuchsergebnis, das nicht mit der Theorie im Einklang steht, muss sie verworfen oder so abgeändert werden, dass sie auch die neuen Erkenntnisse erklären kann.

ÜBUNGEN

2.1 Warum sind Aussagen wie: „Schon die alten Griechen wussten, dass es Atome gibt!" nicht richtig? nur Annahmen

2.2 Welche Annahme in der Dalton'schen Atomhypothese erwies sich um das Jahr 1900 als nicht zutreffend und musste korrigiert werden?

ALBERT EINSTEIN (1879–1955); Begründer der Relativitätstheorie, erhielt 1921 den Nobelpreis für Physik.

$E = m \cdot c^2$
E = Energie
m = Masse
c = Lichtgeschwindigkeit, $2{,}9979246 \cdot 10^8$ m/s (rund 300 000 km/s)

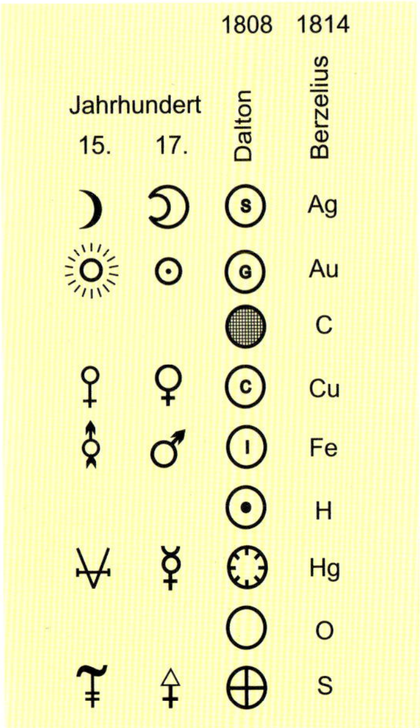

Die Entwicklung der Elementsymbole

JÖNS JAKOB BERZELIUS (1779–1848); schwedischer Chemiker, entdeckte viele neue Elemente (Selen, Silicium, Thorium, Zirkonium) und bestimmte zahlreiche Atommassen

Name	lat. od. griech. Name	Symbol
Wasserstoff	Hydrogenium	H
Kohlenstoff	Carboneum	C
Stickstoff	Nitrogenium	N
Sauerstoff	Oxygenium	O
Schwefel	Sulfur	S
Eisen	Ferrum	Fe
Silber	Argentum	Ag
Gold	Aurum	Au
Quecksilber	Hydrargyrum	Hg
Blei	Plumbum	Pb

2.2 Die Formelsprache der Chemie

Elementsymbole

Bereits die Alchimisten des Mittelalters verwendeten eine abgekürzte symbolische Schreibweise für bestimmte Stoffe. DALTON vereinfachte dieses System und stellte durch die Aneinanderreihung der Elementsymbole die Zusammensetzung von Molekülen dar. Schließlich setzte sich die 1814 von BERZELIUS vorgeschlagene Symbolik durch.

Die **Elemente** werden mit den **Anfangsbuchstaben ihres Namens** abgekürzt. Manche Namen stammen von lateinischen oder griechischen Worten ab, wodurch das Elementsymbol nicht immer Ähnlichkeit mit der deutschen Bezeichnung hat.
Vierzehn Elemente werden mit einem Großbuchstaben abgekürzt, die anderen mit einem Groß- und einem Kleinbuchstaben.

Beim Anschreiben der Elementsymbole muss der *erste Buchstabe immer groß*, der *zweite*, so vorhanden, *immer klein* geschrieben werden, da es sonst zu Verwechslungen kommen kann:
Beispielsweise bedeutet Co das Element Cobalt, CO hingegen das Kohlenstoffmonoxid, die Verbindung von je einem Atom Kohlenstoff mit einem Atom Sauerstoff.

Die Namen der Elemente haben verschiedenste Ursprünge. Manche sind aus der Antike überliefert (z. B. aurum – lat. Gold), manche deuten charakteristische Eigenschaften an (z. B. Brom, nach dem griechischen Wort für „Gestank") oder den Ort der Entdeckung (z. B. Germanium), wiederum andere wurden zu Ehren berühmter Naturforscher benannt (z. B. Einsteinium).

Die Atome der in kernphysikalischen Anlagen künstlich hergestellten Elemente mit Ordnungszahlen über 100 haben nur eine Lebensdauer von Sekundenbruchteilen und daher keine Bedeutung für die Chemie.

Chemische Formeln

Die meisten Stoffe sind Verbindungen, in denen die Atome der einzelnen Elemente in einem ganz bestimmten Zahlenverhältnis vorhanden sind. Chemische Formeln geben in einer abgekürzten Schreibweise die Zusammensetzung von Verbindungen an.

Beispiele:

Die Schreibweise H_2O bedeutet: Ein Molekül Wasser besteht aus zwei Atomen Wasserstoff und einem Atom Sauerstoff.

N_2 bedeutet: Ein Molekül Stickstoff besteht aus zwei Stickstoffatomen.

Ein Molekül Schwefelsäure besteht aus zwei Wasserstoff-, einem Schwefel- und vier Sauerstoffatomen. Man könnte diese Zusammensetzung auch als HHSOOOO angeben, doch zweifellos ist die Schreibweise H_2SO_4 praktischer.

Für das Anschreiben von Formeln gelten Regeln:

- Die Formel einer Verbindung enthält die Symbole aller Elemente, die in dieser Verbindung vorkommen.
- Tritt ein Einzelatom oder ein Molekül mehrfach auf, so wird dies durch eine Zahl vor dem Elementsymbol oder der Formel angegeben; z. B. 4 He, 2 O_2.

- Enthält das Molekül mehr als ein Atom eines Elements, so wird dies durch eine tiefer gestellte Ziffer (Index) nach dem Elementsymbol angegeben; z. B. O_2, H_2O.
- Kommt eine bestimmte Atomgruppe mehrfach vor, so wird sie in eine Klammer gesetzt und durch einen Index nach der Klammer angegeben, wie oft diese Atomgruppe auftritt; z. B. $Ca(NO_3)_2$.

Die Aussagekraft von Reaktionsgleichungen

Reaktionsgleichungen dienen zur einfachen Beschreibung chemischer Reaktionen. Ihre Schreibweise ist ebenso international einheitlich geregelt wie die der Elementsymbole oder der Formeln.
Auf der linken Seite werden die Ausgangsstoffe, auf der rechten die Produkte angeschrieben. Statt eines Gleichheitszeichens wird ein Pfeil verwendet, der angibt, in welche Richtung die Reaktion abläuft.

Beispiel:
Durch eine Elektrolyse wird Wasser in Wasserstoff und Sauerstoff gespalten. Sowohl Wasserstoff als auch Sauerstoff treten nicht als Einzelatome, sondern stets in Form von Molekülen, gebildet aus jeweils zwei Atomen (H_2 und O_2) auf.

$$2\,H_2O \rightarrow 2\,H_2 + O_2$$

In Worten: Zwei Wassermoleküle (bestehend aus zwei Wasserstoffatomen und einem Sauerstoffatom) werden in zwei Wasserstoffmoleküle (bestehend aus je zwei Wasserstoffatomen) und in ein Sauerstoffmolekül (bestehend aus zwei Sauerstoffatomen) umgewandelt.

Diese Reaktion kann aber auch (bei der Zündung eines Wasserstoff-Sauerstoff-Gemisches) in der umgekehrten Richtung ablaufen. Soll diese Umkehrbarkeit in der Reaktionsgleichung betont werden, so verwendet man einen Doppelpfeil:

$$2\,H_2 + O_2 \leftrightarrows 2\,H_2O$$

Manchmal wird mit einem nach oben (↑) oder nach unten (↓) gerichteten Pfeil nach der Formel auf ein aufsteigendes Gas oder einen sich absetzenden Feststoff hingewiesen.

Das Aufstellen einer Reaktionsgleichung

Um eine Reaktionsgleichung aufstellen und ausgleichen zu können, müssen die Formeln der Ausgangs- und der Endstoffe bekannt sein.

Beispiel:
Propangas mit der Formel C_3H_8 wird als „Flüssiggas" für Heizgeräte verwendet. Mit dem Sauerstoff der Luft, O_2, verbrennt es zu Kohlenstoffdioxid, CO_2, und Wasser, H_2O.

Zunächst werden die Formeln der Ausgangsstoffe auf die linke, die der Produkte auf die rechte Seite geschrieben:

$$C_3H_8 + O_2 \rightarrow CO_2 + H_2O$$

Da sich bei einer chemischen Reaktion die Zahl und die Art der Atome nicht verändert, müssen auf der rechten und linken Seite der Gleichung gleich viele Atome der jeweiligen Elemente stehen.

Noch sind die Zahlen der einzelnen Atome auf der linken und auf der rechten Seite ungleich, sie müssen schrittweise ausgeglichen werden.

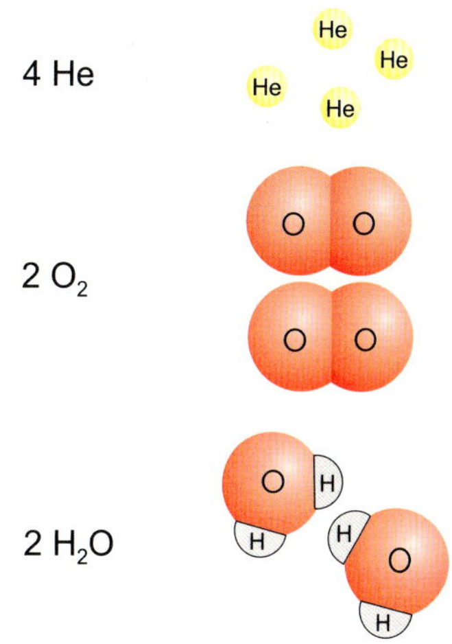

Beispiele für die Formelschreibweise.

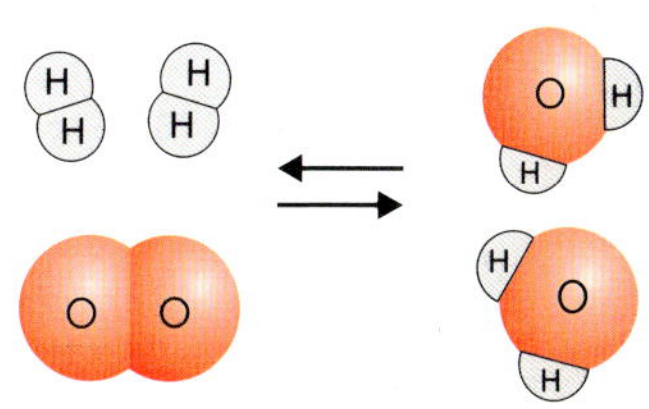

Die Reaktionsgleichung als Bild
Bei der Reaktion geht kein Atom verloren, es findet nur eine Umgruppierung der Atome statt – die Gesamtmasse bleibt daher unverändert (Satz von der Erhaltung der Masse).

原子分子，结构稳定，化学性

$$N_2 + 3H_2 \xrightleftharpoons[\text{催化剂}]{\text{高温、高压}} 2NH_3$$

$$N_2 + O_2 \xlongequal{\text{放电}} 2NO$$

Die Formelschreibweise ist international einheitlich.

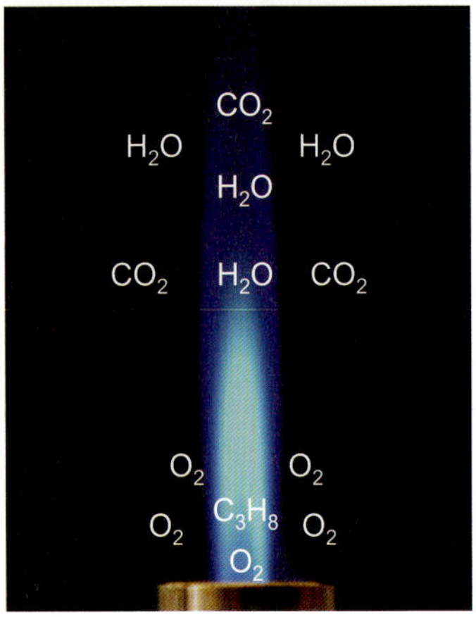

Propangas verbrennt.

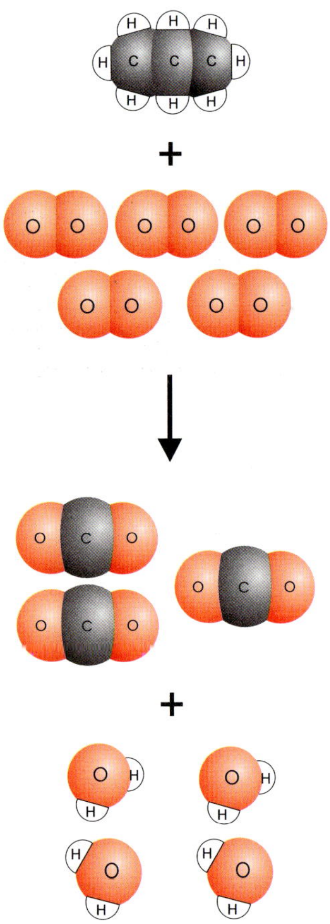

Die Reaktionsgleichung als Bild (Modelldarstellung).

Keinesfalls dürfen dazu aber die Formeln der Verbindungen geändert werden (diese sind ja Ausdruck einer bestimmten Zusammensetzung der Moleküle), sondern nur die Zahlen *vor* den Formeln.

Günstig ist es, beim Ausgleichen mit jenen Atomen zu beginnen, die auf der linken und auf der rechten Seite nur in jeweils einem Molekül vorkommen, in diesem Beispiel also mit C oder H.

1.Schritt:
Auf der linken Seite stehen drei Kohlenstoffatome, daher müssen rechts auch drei Kohlenstoffatome stehen, also drei CO_2-Moleküle vorhanden sein:

$$C_3H_8 + O_2 \rightarrow \mathbf{3}\, CO_2 + H_2O$$

2. Schritt:
Ausgleichen der Wasserstoffatome. Links stehen acht Wasserstoffatome, daher müssen rechts auch acht Wasserstoffatome, d. h. vier Wassermoleküle, vorhanden sein.

$$C_3H_8 + O_2 \rightarrow 3\, CO_2 + \mathbf{4}\, H_2O$$

3. Schritt:
Ausgleichen der Sauerstoffatome. Rechts stehen $3 \cdot 2 + 4 = 10$ Sauerstoffatome, daher müssen links auch zehn Sauerstoffatome, d. h. fünf O_2-Moleküle vorhanden sein.

Ergebnis: $C_3H_8 + 5\, O_2 \rightarrow 3\, CO_2 + 4\, H_2O$

ÜBUNGEN

2.3 Eine Reihe von Elementen wurde in der zweiten Hälfte des 19. Jahrhunderts, in einer Zeit des zunehmenden Nationalismus, aufgefunden und nach den Heimatländern ihrer Entdecker benannt. Suche einige Beispiele dafür.

2.4 Was bedeuten die folgenden Formelschreibweisen in Worten: HCl, CO_2, H_3PO_4, $3\, Fe$, $2\, O_2$, $4\, NH_3$

2.5 Wie lauten die Formeln für die folgenden Substanzen:
- a) Vier Stickstoffmoleküle, bestehend aus je zwei Stickstoffatomen.
- b) Zwei Moleküle Kohlenstoffmonoxid, bestehend aus je einem Kohlenstoff- und einem Sauerstoffatom.
- c) Ein Molekül Rübenzucker, bestehend aus 12 Kohlenstoff-, 22 Wasserstoff- und 11 Sauerstoffatomen.

2.6 Das im Erdgas enthaltene Methan (CH_4) verbrennt mit Sauerstoff zu Kohlenstoffdioxid und Wasser. Stelle die Reaktionsgleichung auf und gleiche sie aus.

Stelle für die folgenden Vorgänge die Reaktionsgleichungen auf:

2.7 Schwefeldioxid (SO_2) reagiert mit Sauerstoff zu Schwefeltrioxid (SO_3).

2.8 Beim Rosten reagiert Eisen (Fe) mit Sauerstoff zu Fe_2O_3.

2.9 Bei der Verbrennung von Alkohol (Spiritus, C_2H_5OH) entsteht Kohlenstoffdioxid und Wasser.

2.10 Das zur Füllung von Gasfeuerzeugen verwendete Butangas (C_4H_{10}) verbrennt zu Kohlenstoffdioxid und Wasser.

2.3 Die Masse der Atome

Schon DALTON war der Ansicht, dass die Atome verschiedener Elemente unterschiedliche Massen haben. Er hielt die absoluten Atommassen aber für so klein, dass sie experimentell nicht gemessen werden könnten. Daher wählte er das Atom des leichtesten Elements, des Wasserstoffs, als Masseneinheit und versuchte herauszufinden, um wie viel mal schwerer die Atome der anderen Elemente sind.

Weil sich Wasserstoff und Sauerstoff im Massenverhältnis 1 : 8 zu Wasser verbinden, schloss er zunächst, dass ein Sauerstoffatom achtmal schwerer sei als ein Wasserstoffatom. (DALTON nahm für Wasser ein Zahlenverhältnis der Atome von 1 : 1, d. h. die Formel HO, an). Die Anwendung des Satzes von Avogadro (siehe Seite 12, bei der Elektrolyse von Wasser entstehen *zwei* Volumsteile Wasserstoff und *ein* Volumsteil Sauerstoff) führte dann zur Entdeckung des richtigen Atomzahlenverhältnisses 2 : 1 und damit zur Feststellung, dass ein Sauerstoffatom die sechzehnfache Masse eines Wasserstoffatoms hat.

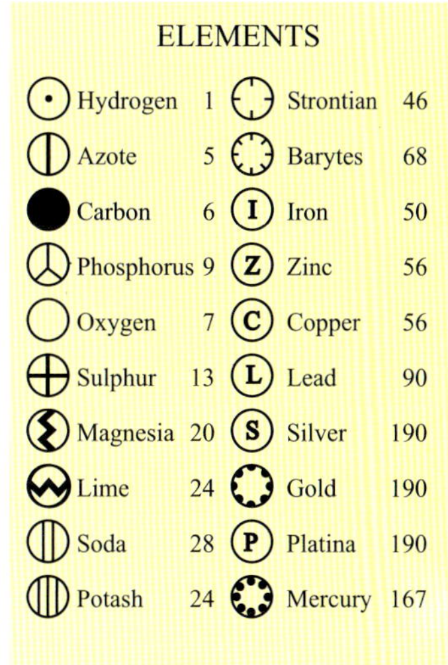

ELEMENTS			
Hydrogen	1	Strontian	46
Azote	5	Barytes	68
Carbon	6	Iron	50
Phosphorus	9	Zinc	56
Oxygen	7	Copper	56
Sulphur	13	Lead	90
Magnesia	20	Silver	190
Lime	24	Gold	190
Soda	28	Platina	190
Potash	24	Mercury	167

Eine Tabelle der Elemente, ihrer Symbole und der Atommassen aus dem Jahre 1808

Die relativen Atommassen anderer Elemente wurden durch Untersuchungen ihrer Verbindungen mit Wasserstoff oder Sauerstoff ermittelt. Allerdings enthielten die Tabellen noch bis in die Mitte des 19. Jahrhunderts zahlreiche, zum Teil beträchtliche, Fehler.

Die direkte Bestimmung der absoluten Atommassen ist erst in neuerer Zeit mit Hilfe des **Massenspektrographen** möglich geworden.

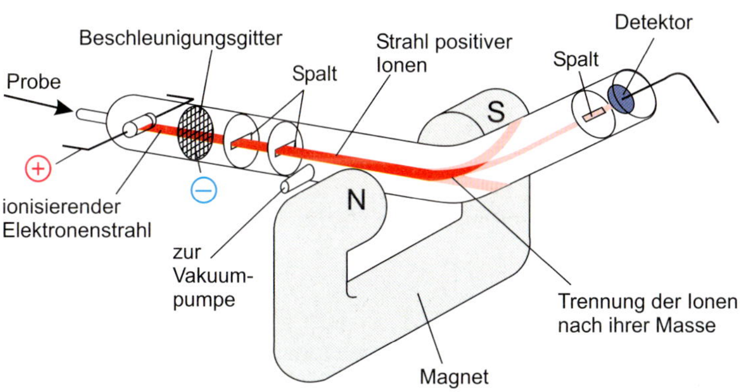

Schema eines Massenspektrographen
Die Atome oder Moleküle werden durch Abspaltung von Elektronen elektrisch geladen und durch ein elektrisches Feld beschleunigt. Ein Magnetfeld lenkt die Teilchen je nach ihrer Masse unterschiedlich stark ab. Aus der Stärke der Ablenkung kann die Masse der Teilchen berechnet werden.

Für das Wasserstoffatom ergeben die Berechnungen eine Masse von $1{,}674 \cdot 10^{-27}$ kg. Diese unvorstellbar kleine Zahl macht deutlich, dass das Kilogramm als Einheit für die Masse von Atomen nicht gut geeignet ist.

Daher wurde eine sehr viel kleinere **atomare Masseneinheit** gewählt, die mit dem Buchstaben **u** (vom engl. atomic mass **u**nit) bezeichnet wird.

Die Masseneinheit 1 u ist definiert als ein Zwölftel der Masse eines Kohlenstoffatoms.
Kohlenstoff wurde als Basis gewählt, weil er in der überwiegenden Mehrzahl aller Verbindungen enthalten ist.

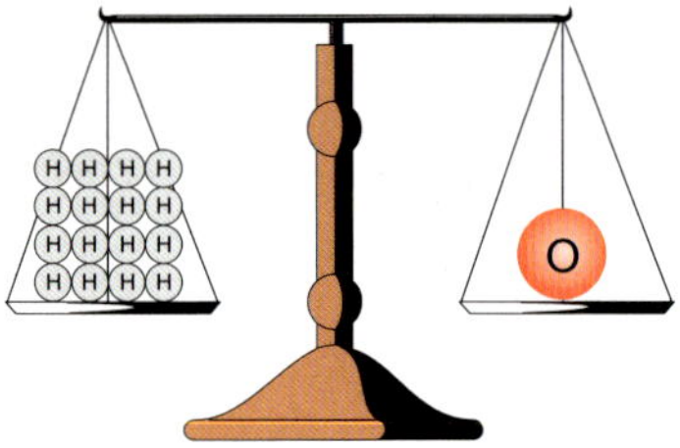

Ein Sauerstoffatom hat die 16fache Masse eines Wasserstoffatoms.

Genau genommen ist 1 u ein Zwölftel der Masse des Kohlenstoff-Nuklids ^{12}C (die Erklärung folgt auf Seite 23), das entspricht einer Masse von $1{,}6605 \cdot 10^{-27}$ kg. Da dieses Kohlenstoffatom aber ziemlich genau zwölfmal so schwer wie ein Wasserstoffatom ist, kann man mit einem vernachlässigbar kleinen Fehler auch heute noch sagen:

Die relative Atommasse gibt die Masse eines Atoms im Vergleich zu einem Wasserstoffatom an.

Beispiel:
Die Angabe „Sauerstoff hat eine Atommasse von 16 u" bedeutet, dass ein Sauerstoffatom die sechzehnfache Masse eines Wasserstoffatoms hat.

Ein Ausschnitt aus dem Periodensystem:

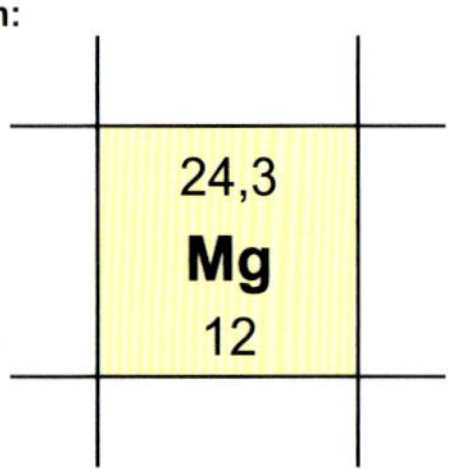

Atommasse von Magnesium: 24,3 u

Die relative **Atommasse eines Elements** kann aus dem **Periodensystem** abgelesen werden. Es ist die beim Elementsymbol stehende größere (Dezimal-)Zahl.

Molekülmasse – Formelmasse

Werden die Massen aller in einem Molekül enthaltenen Atome addiert, so ergibt sich die **Molekülmasse**.

Beispiel:
Berechnung der Molekülmasse von CO_2:
Ein Molekül CO_2 besteht aus einem Atom Kohlenstoff und zwei Atomen Sauerstoff.

Atommasse von C … 12,0 · 1	12,0 u
Atommasse von O … 16,0 · 2	32,0 u
Molekülmasse von CO_2	44,0 u

Ein Molekül CO_2 hat daher die 44fache Masse eines Wasserstoffatoms.

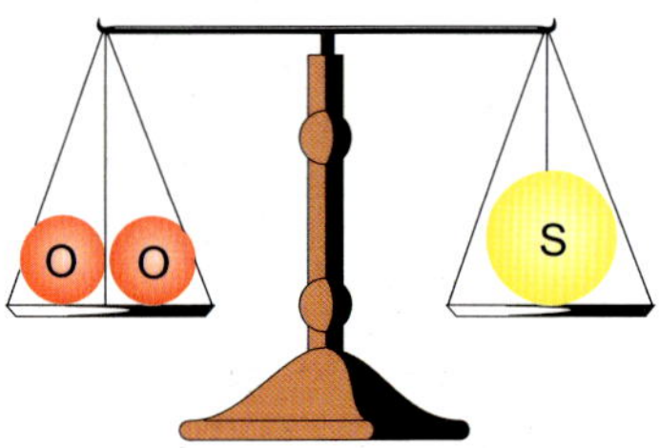

Sauerstoff hat eine Atommasse von 16 u, Schwefel hat eine Atommasse von 32 u.

Salzartige Verbindungen bestehen nicht aus abgegrenzten Molekülen, sondern aus elektrisch geladenen Atomen, den Ionen. Die Formel des Stoffes gibt das Zahlenverhältnis der Ionen an.
Bei diesen Stoffen wird die **Formelmasse** angegeben.

Beispiel:
Magnesiumchlorid hat die Formel $MgCl_2$.
Seine Formelmasse beträgt: 24,3 u + 35,5 u · 2 = 95,3 u.

ÜBUNG

2.11 Bestimme die Atommassen, Molekülmassen oder Formelmassen der folgenden Substanzen:
He, NaCl, C_3H_8, $CaCO_3$, $Ca(OH)_2$, $C_{12}H_{22}O_{11}$, $Al_2(SO_4)_3$.

2.4 Das Mol

Im Alltag wird die Menge eines Stoffes meist durch seine Masse oder sein Volumen angegeben. Beides ist auch in der Chemie üblich.

moles (lat.) = Menge, Haufen

Reaktionsgleichungen geben jedoch an, in welchem **Zahlenverhältnis** die Atome oder Moleküle stehen, damit eine vollständige Reaktion erfolgt. Es ist daher in der Chemie in vielen Fällen günstig, die **Menge eines Stoffes** nicht in Kilogramm oder Liter, sondern durch die **Zahl seiner Teilchen** auszudrücken.

Da Atome und Moleküle sehr klein sind, enthalten schon einige Gramm eines Stoffes eine extrem große Zahl von Atomen. Eine Angabe dieser Zahl wäre sehr unpraktisch.
Daher wurde als **Einheit** für die **Zahl** von **Atomen** oder **Molekülen** eine sehr große Zahl, das **Mol**, gewählt.

JOSEPH LOSCHMIDT (1821–1895); österreichischer Physiker und Chemiker. Berechnete 1865 als Erster die Zahl der Teilchen in einem Gas.

1 Mol einer Substanz ist jene Menge, die aus $6{,}02204 \cdot 10^{23}$ Teilchen (Atomen, Molekülen, ...) besteht.

Das sind genauso viele Teilchen, wie Atome in 12 g des Kohlenstoff-Nuklids ^{12}C enthalten sind.
Oder, mit einem vernachlässigbaren Fehler: So viele Wasserstoffatome, wie in 1 g Wasserstoff enthalten sind.

Diese Zahl (gerundet: $6 \cdot 10^{23}$) wird auch als **Avogadro'sche Zahl** oder **Loschmidt'sche Zahl** (abgekürzt N_A bzw. N_L) bezeichnet.

Die Einheit **Mol** (Einheitszeichen: mol) ist die Basiseinheit der Stoffmenge im internationalen Einheitensystem. Dabei ist stets anzugeben, auf welche Teilchen (Atome oder Moleküle) sie sich bezieht.

Die unvorstellbar große Zahl soll nicht den Blick auf das Wesentliche verstellen: „ein Mol" gibt genauso eine bestimmte **Stückzahl** an wie „ein Dutzend". Ein Dutzend Büroklammern sind zwölf Stück, ein Mol Büroklammern wären $6 \cdot 10^{23}$ Stück. Allerdings würde eine daraus gebildete Kette bequem ausreichen, das gesamte System der Milchstraße zu durchspannen.
Für das Verständnis der Chemie ist es weniger von Bedeutung, jederzeit auswendig zu wissen, dass in einem Mol der Substanz A exakt $6{,}022045 \cdot 10^{23}$ kleinste Teilchen enthalten sind, als vielmehr verstanden zu haben, dass 1 Mol der Substanz A *genauso viele* kleinste Teilchen enthält wie 1 Mol der Substanz B.

AMEDEO AVOGADRO (1776–1856); italienischer Physiker und einer der Begründer der Molekulartheorie.

Allerdings gibt es keine Möglichkeit, die Atome der Stoffe vor einer Reaktion zu zählen. Daher wird ein anderen Weg gewählt, um ein bestimmtes Zahlenverhältnis zu erreichen.

Mit der Waage zählen

Beispiel:
Eine Fabrik benötigt für ihre Produktion Muttern und Schrauben in gleicher Anzahl. Werden nun für z. B. 100 kg Muttern die dazugehörigen Schrauben gebraucht, so ist es nicht notwendig, zuerst die Muttern und dann die gleiche Anzahl Schrauben zu zählen. Es genügt die Feststellung, dass eine Schraube z. B. fünfmal schwerer ist als eine Mutter. Man nimmt dann 500 kg Schrauben.

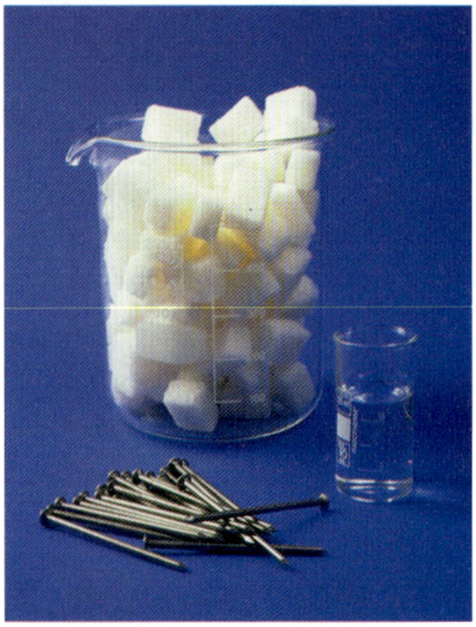

Die unterschiedlichen Massen von je einem Mol: Eisen, Wasser und Zucker.

Genauso wird in der Chemie vorgegangen:
1 g Wasserstoff enthält $6 \cdot 10^{23}$ Wasserstoffatome (= 1 Mol). Werden z. B. für eine Reaktion genauso viele Chloratome benötigt, so ist zu berücksichtigen, dass ein Chloratom die 35,5fache Masse eines Wasserstoffatoms hat. Daher ist die 35,5fache Masse, d. h. 35,5 g Chlor, erforderlich, um $6 \cdot 10^{23}$ Chloratome zu erhalten.

Um 1 Mol einer Substanz zu erhalten, wird die Atommasse (Molekülmasse, Formelmasse) in Gramm ausgedrückt.

Beispiele:

Kohlenstoffdioxid (CO_2) hat eine Molekülmasse von 44 u. Für ein Mol werden daher 44 g benötigt. Diese 44 g Kohlenstoffdioxid enthalten $6 \cdot 10^{23}$ CO_2-Moleküle.

Magnesiumchlorid ($MgCl_2$) hat die Formelmasse 95,3 u. Ein Mol Magnesiumchlorid sind daher 95,3 g.

Bei **Gasen** ist die Menge von einem **Mol** auch anders bestimmbar.

AVOGADRO vermutete schon 1811, dass zwischen dem Volumen eines Gases und der Zahl seiner Moleküle ein Zusammenhang besteht.

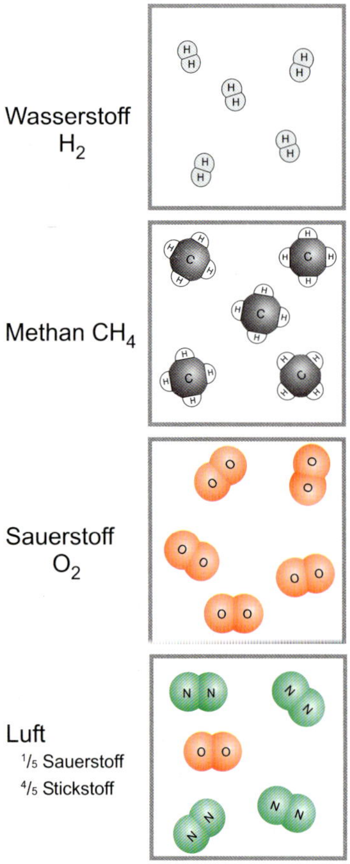

Der Satz von Avogadro:
Gleiche Volumina von Gasen enthalten unter gleichen Bedingungen die gleiche Anzahl kleinster Teilchen.

Bei gleichen äußeren Bedingungen (Druck, Temperatur) enthalten gleiche Volumina von Gasen stets die gleiche Anzahl kleinster Teilchen (Satz von Avogadro).

Daher enthält z. B. ein Liter Wasserstoff (H_2) bei gleichem Druck und gleicher Temperatur genauso viele Moleküle wie ein Liter Methangas (CH_4), ein Liter Sauerstoff (O_2) oder ein Liter Luft (Gemisch aus $^4/_5$ Stickstoff, N_2, und $^1/_5$ Sauerstoff, O_2).

Für $6 \cdot 10^{23}$ Teilchen werden 22,4 Liter eines Gases benötigt.

Bei Normalbedingungen (Temperatur 0 °C, Druck 1 013 hPa) hat ein Mol jedes Gases ein Volumen von 22,4 Liter (Molvolumen).

Beispiel:

16 g Sauerstoff (= ½ Mol O_2) nehmen bei Normalbedingungen ein Volumen von ½ · 22,4 L = 11,2 L ein.
Welche Dichte hat Sauerstoff?
Dichte = Masse / Volumen. 22,4 Liter O_2 (= 1 Mol) haben eine Masse von 32 g. Die Dichte beträgt daher 32 g / 22,4 L = 1,43 g/L.

Um festzustellen, welches von zwei Gasen die geringere Dichte hat, genügt es, ihre Molekülmasse auszurechnen. Das Gas mit den leichteren Molekülen hat die geringere Dichte.

Beispiel:
Wird ein mit Feuerzeug-Gas (Butangas, C_4H_{10}) gefüllter Luftballon aufsteigen?
Luft besteht aus $^4/_5$ Stickstoff (N_2, Masse 28 u) und $^1/_5$ Sauerstoff (O_2, Masse 32 u), die durchschnittliche Masse der Moleküle beträgt rund 29 u. Butan hat eine Molekülmasse von 58 u und ist damit deutlich schwerer – der Ballon wird daher zu Boden sinken.

ÜBUNGEN

2.12 Welche Masse haben: 0,1 Mol Kochsalz NaCl, 2 Mol Wasserstoff H_2, 1,5 Mol Rübenzucker $C_{12}H_{22}O_{11}$.
2.13 Wie viel Mol sind: 18 g Kohlenstoff, 32 kg Schwefel, 4,4 g Kohlenstoffdioxid.
2.14 Wie viele Atome sind in 2 g Helium (He) enthalten? Welches Volumen hat diese Gasmenge bei Normalbedingungen?
2.15 Wie viele Stickstoffmoleküle und wie viele Stickstoffatome sind in 1 Mol N_2 enthalten?
2.16 Welches der beiden Gase hat jeweils die geringere Dichte? Helium (He) oder Wasserstoff (H_2), Sauerstoff (O_2) oder Chlorgas (Cl_2), Stickstoff (N_2) oder Ammoniak (NH_3)?
2.17 Berechne die Dichte von Helium (He).
2.18 Würde ein mit Erdgas (= Methan, CH_4) gefüllter Ballon in der Luft aufsteigen? (Dichte der Luft 1,3 g/L).
2.19 Bestimme mit Hilfe der Avogadro'schen Zahl die Masse eines Eisenatoms in Gramm. Atommasse von Eisen: 55,8 u.

2.5 Chemische Berechnungen

Die Atommassen und das Mol sind wichtige Begriffe bei der Auswertung von Formeln oder Reaktionsgleichungen.

Beispiele:

a) Als „Stickstoffdünger" werden in der Landwirtschaft verschiedene Substanzen, unter anderem Ammoniumsulfat $(NH_4)_2SO_4$, Harnstoff $(NH_2)_2CO$ und Ammoniumnitrat NH_4NO_3 verwendet. Welche hat den höchsten Stickstoffgehalt, d. h. die stärkste Düngewirkung?

Dazu muss berechnet werden, wie groß der Anteil des Stickstoffs an der Gesamtmasse ist:

Substanz	Gesamtmasse in u	Masse d. Stickstoffs in u	Anteil d. Stickstoffs
Ammoniumsulfat $(NH_4)_2SO_4$	132	28	21,2 %
Harnstoff $(NH_2)_2CO$	60	28	46,7 %
Ammoniumnitrat NH_4NO_3	80	28	35,0 %

Daher hat Harnstoff den höchsten Stickstoffgehalt.

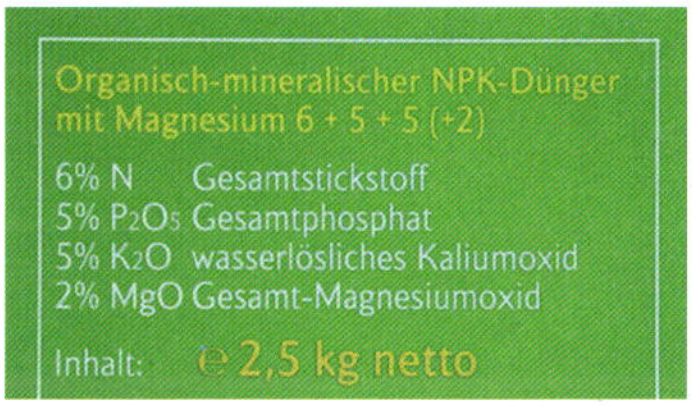

Angabe des Stickstoffgehaltes auf einer Packung Blumendünger.

Magnesium verbrennt mit grellem Licht zu Magnesiumoxid.

Durch chemische Reaktionen entstehen neue Stoffe mit anderen Eigenschaften:
links: Magnesium rechts: Magnesiumoxid

b) Durch den Begriff „Mol“ erhalten Reaktionsgleichungen eine mehrfache Bedeutung und ermöglichen auch Aussagen über die Massen der beteiligten Stoffe:

Die Reaktionsgleichung der Verbrennung von Magnesium

$$2\ Mg + O_2 \rightarrow 2\ MgO$$

enthält beispielsweise folgende Informationen:

1.	Magnesium	+	Sauerstoff	$\rightarrow$	Magnesiumoxid
2.	2 Atome Mg	+	1 Molekül Sauerstoff	$\rightarrow$	2 Einheiten MgO
3.	2 Mol Mg	+	1 Mol Sauerstoff	$\rightarrow$	2 Mol MgO
4.	48,6 g Mg	+	32,0 g Sauerstoff	$\rightarrow$	80,6 g MgO

Dadurch ist es möglich, mit Hilfe einer einfachen Schlussrechnung festzustellen, welche Menge an Produkt bei einer bestimmten Reaktion, z. B. der Verbrennung von 10 g Magnesium, zu erwarten ist:

5. Ansetzen einer Proportion:
Aus 48,6 g Magnesium entstehen 80,6 g Magnesiumoxid.
Aus 10 g Mg entsteht im gleichen Verhältnis MgO:

$$48{,}6 : 80{,}6 = 10 : x \quad \Rightarrow \quad x = \frac{80{,}6 \cdot 10}{48{,}6} = 16{,}5$$

Aus 10 g Magnesium entstehen daher 16,5 g Magnesiumoxid.

ÜBUNGEN

2.20 Welches Eisenerz hat den höheren Eisengehalt, Fe_3O_4 oder $FeCO_3$?

2.21 Wie viel Eisen kann aus 100 kg Eisenerz Fe_2O_3 gewonnen werden?
Reaktionsgleichung: $Fe_2O_3 + 3\ CO \rightarrow 2\ Fe + 3\ CO_2$

2.22 Wasserstoff kann durch Reaktion von Zink mit Salzsäure (HCl) hergestellt werden.
Reaktionsgleichung: $Zn + 2\ HCl \rightarrow H_2 + ZnCl_2$
Wie viel Gramm Wasserstoff entstehen aus 100 g Zink? Wie viele Mol sind das? Welches Volumen nimmt dieses Gas ein?

2.23 1 Liter Benzin (Masse 0,7 kg, als „Formel“ von Benzin, einem Gemisch verschiedener Stoffe, sei C_8H_{18} angenommen) verbrennt zu Kohlenstoffdioxid und Wasser. Schätze ab, welches Volumen an Luft dazu benötigt wird.
Anleitung: Stelle zuerst die Reaktionsgleichung auf und berechne, wie viele Mol Sauerstoff (O_2) zur Verbrennung notwendig sind. Berechne dann das Volumen dieser Sauerstoffmenge und schließlich das Luftvolumen (Luft enthält $^1/_5$ Sauerstoff).
Welche Strecke kann ein Pkw mit einem Liter Benzin zurücklegen?

3. Der Aufbau der Atome

Wegen ihrer geringen Abmessungen lassen sich Atome nicht direkt beobachten. Wollen wir Aussagen über ihren Aufbau machen, so sind wir auf die Deutung von Versuchsergebnissen angewiesen.

Ein solches, aus dem Ergebnis von Experimenten abgeleitetes Bild eines nicht direkt beobachtbaren Objekts nennt man ein **Modell**. Es ist ein möglichst anschaulicher Erklärungsversuch bisheriger Versuchsergebnisse.
Auf Grund dieses Bildes, das sich der Forscher von dem Objekt macht, plant er weitere Experimente und versucht, deren Ergebnis vorherzusagen. Werden die Vorhersagen durch den Versuch bestätigt, so erhärtet dies die dem Modell zu Grunde liegende Theorie. Andernfalls muss das Modell abgeändert und weiter verfeinert werden.

Modelle sind *Scheinbilder* der Wirklichkeit, sie können durch direkte Beobachtung nicht überprüft werden. Ein Modell kann daher nicht „richtig“ oder „falsch“ sein, sondern nur brauchbar oder unbrauchbar zur Erklärung oder Vorhersage bestimmter Erscheinungen.

elektron (griech.) = Bernstein
Bernstein kann durch Reiben elektrostatisch aufgeladen werden.

3.1 Die Entwicklung der Atommodelle

Unsere Vorstellungen vom Aufbau der Atome haben sich naturgemäß im Laufe der Zeit stark gewandelt. Die Modelle wurden immer leistungsfähiger in der Vorhersage und Erklärung chemischer Vorgänge, gleichzeitig aber auch komplizierter und weniger anschaulich.

DALTON stellte sich 1808 die Atome als kleine, massive, unzerstörbare Kugeln vor und nahm an, dass alle Atome eines Elementes die gleichen Eigenschaften haben. Chemische Reaktionen betrachtete er als Umgruppierungen der Atome.
Mit dieser Vorstellung konnte er die Mengengesetze (Erhaltung der Masse, konstantes Massenverhältnis, siehe Seite 4) erklären.

JOSEPH THOMSON (1856–1940); englischer Physiker. Erhielt 1906 den Nobelpreis für Physik.

Die folgenden Jahrzehnte brachten keine wesentlichen neuen Erkenntnisse. Erst am Ende des 19. Jahrhunderts erfolgte der entscheidende Durchbruch.

Die Untersuchung elektrischer Entladungen in Gasen führte zur Entdeckung eines negativ geladenen Teilchens, das wesentlich leichter ist als ein Atom. THOMSON nannte es **Elektron** und konnte zeigen, dass es ein Bestandteil der Atome ist. Die Vorstellung, dass die Atome unzerstörbar sind, musste also aufgegeben werden.

Weitere Aufschlüsse brachte die **Untersuchung** der **radioaktiven Strahlung**:
BECQUEREL entdeckte 1896, dass Uran eine unsichtbare Strahlung aussendet, die eine in lichtundurchlässiges Papier eingepackte Fotoplatte schwärzen kann. MARIE und PIERRE CURIE untersuchten diesen Effekt näher und entdeckten 1898 im Uranerz zwei neue, noch wesentlich stärker strahlende Elemente, das Polonium (Po) und das Radium (Ra).

MARIE CURIE (1867–1934); Chemikerin und PIERRE CURIE (1859– 1906); Physiker, in ihrem Pariser Labor.
Sie erhielten 1903 gemeinsam mit HENRI BECQUEREL (1852–1908) den Nobelpreis für Physik, MARIE CURIE 1911 auch den Nobelpreis für Chemie.

RUTHERFORD fand 1903 die Ursache dieser bis dahin rätselhaften Strahlung: Die Atome dieser Elemente zerfallen.

Ernest Rutherford (1871–1937); britischer Physiker, erhielt 1908 den Nobelpreis für Chemie.

proton (griech.) = das Ursprüngliche
neutrum (lat.) = keines von beiden

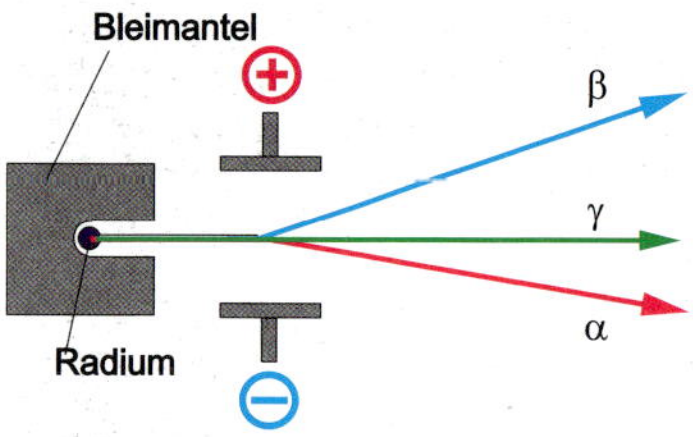

Die Strahlung des Radiums in einem elektrischen Feld.

Die Halbwertszeiten radioaktiver Elemente sind sehr unterschiedlich: Das in der Natur vorkommende Uran hat eine Halbwertszeit von 4,5 Milliarden Jahren. Andere Elemente sind kurzlebiger: Beim radioaktiven Edelgas Radon beträgt die Halbwertszeit 3,8 Tage, beim künstlich hergestellten Element Lawrencium nur 3 Minuten.

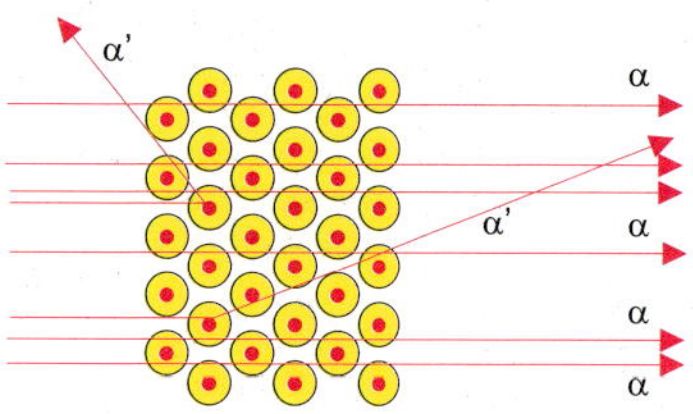

Schema des Durchganges von α-Teilchen durch eine Goldfolie (α' = abgelenktes α-Teilchen).

Der radioaktive Zerfall verläuft bei den einzelnen radioaktiven Elementen unterschiedlich rasch und ist nicht zu beeinflussen.
Die Beständigkeit eines radioaktiven Stoffes wird durch seine Halbwertszeit angegeben, jener Zeit, nach der er zur Hälfte zerfallen ist.

Die **radioaktiven Strahlen** selbst sind unsichtbar, können aber eine Fotoplatte schwärzen und bringen, wenn sie auftreffen, manche Stoffe zum Leuchten.

Mit einem elektrischen Feld lassen sich **drei Arten** unterscheiden:

- **α-Strahlen** sind zweifach positiv geladene Teilchen (Helium-Kerne) mit einer Masse von 4 u. Sie haben an Luft nur eine Reichweite von wenigen Zentimetern und werden bereits durch ein Blatt Papier abgeschirmt.
- **β-Strahlen** sind Elektronen mit hoher Geschwindigkeit (bis 90 % der Lichtgeschwindigkeit), die durch den Zerfall eines Neutrons in ein Proton und ein Elektron entstehen. Sie können einige Millimeter dicke Metallschichten durchdringen.
- **γ-Strahlen** sind energiereiche Strahlen ähnlich den Röntgenstrahlen, die mehrere Zentimeter dicke Bleiplatten durchdringen können.

Das Kern-Hülle-Modell des Atoms

Die Untersuchung des Verhaltens von α-Strahlen bei der Durchdringung dünner Metallfolien führte Rutherford im Jahre 1911 zu grundlegend neuen Vorstellungen vom Aufbau der Atome.

Rutherford'scher Streuversuch:

Eine etwa $^{1}/_{2000}$ Millimeter (1 000 Atomlagen) dicke Goldfolie wurde mit α-Strahlen beschossen. Da es sich um Teilchenstrahlen handelt, müsste jedes α-Teilchen an den bis dahin für undurchdringlich gehaltenen Atomen stark abgelenkt werden; nur sehr wenige würden die Folie durchdringen können.
Das Gegenteil trat jedoch ein: Fast alle α-Teilchen durchdrangen die Goldfolie, nur ganz wenige wurden stärker abgelenkt.

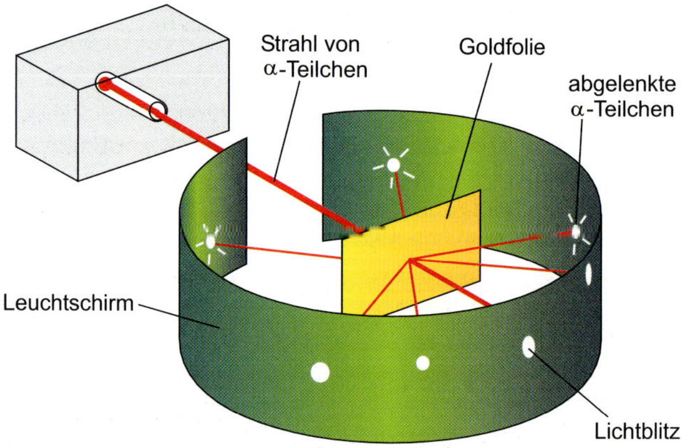

Die Vorstellung, dass Atome undurchdringliche, feste Teilchen sind, konnte somit nicht länger aufrechterhalten werden.

Das **Rutherford'sche Atommodell** ging daher davon aus, dass die Atome aus einem **Atomkern** und einer **Atomhülle** bestehen:

Im **Atomkern** befinden sich positiv geladene Teilchen, die **Protonen**, und praktisch gleich schwere, ungeladene Teilchen, die **Neutronen**. Aus dem Anteil der abgelenkten α-Teilchen konnte RUTHERFORD auch die Größe des Atomkerns mit etwa 10^{-14} m abschätzen, während das ganze Atom einen Durchmesser von ungefähr 10^{-10} m aufweist.

Die **Atomhülle** wird von den wesentlich leichteren **Elektronen** gebildet, die den Atomkern mit hoher Geschwindigkeit umkreisen. Ihre elektrische Ladung ist gleich groß wie die der Protonen, hat aber entgegengesetztes Vorzeichen. In einem elektrisch neutralen Atom ist daher die Zahl der Protonen gleich der Zahl der Elektronen.

RUTHERFORD nahm weiters an, dass an chemischen Reaktionen nur die Elektronenhülle des Atoms beteiligt ist, der Atomkern hingegen unverändert bleibt.

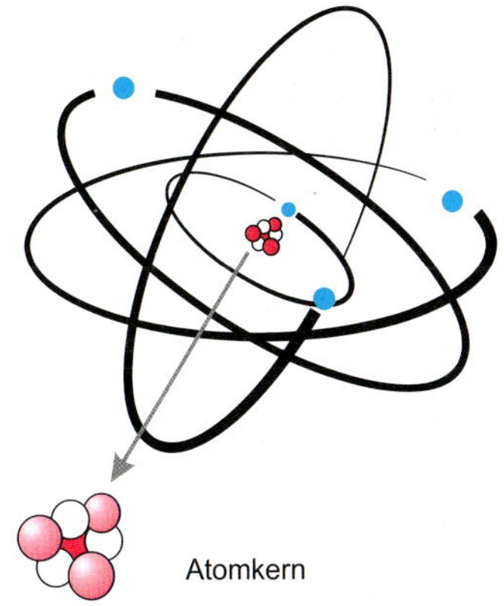

Das Atommodell von Rutherford
Zum Vergleich: Denkt man sich den Atomkern so groß wie eine Kirsche, dann hätte die Elektronenhülle einige hundert Meter Durchmesser.

Das Schalenmodell des Atoms

Über die Verteilung der Elektronen in der Atomhülle konnte RUTHERFORD noch keine Aussage machen, dies war erst durch die Arbeiten von BOHR (1913) möglich.

Er ging bei seinen Überlegungen von dem Licht aus, das leuchtende Gase aussenden.

Lässt man das Licht der Sonne oder einer Glühbirne auf ein Prisma fallen, so entsteht ein Spektrum, in dem alle Farben vorhanden sind, ein kontinuierliches Spektrum. Weißes Licht ist ein Gemisch von Lichtwellen verschiedener Wellenlängen.

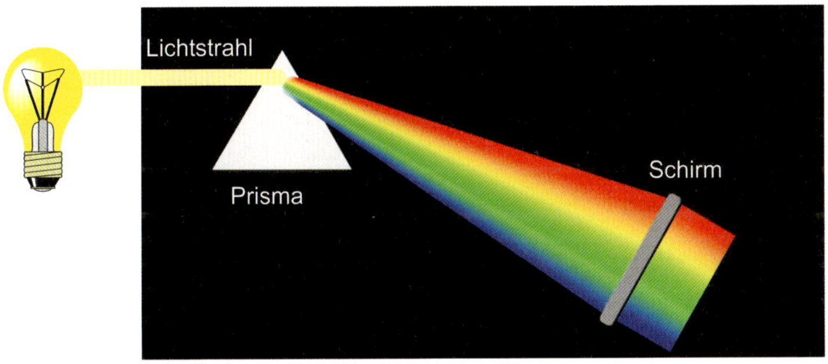

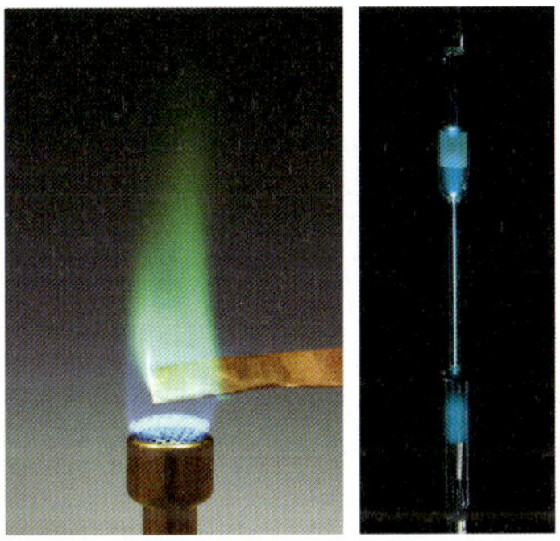

Die durch Kupfer gefärbte Gasflamme oder eine elektrische Entladung in Quecksilberdampf ergibt ein Linienspektrum.

Gase oder Metalldämpfe jedoch senden, wenn man ihnen durch eine Flamme oder eine elektrische Entladung genügend Energie zuführt, nur Lichtstrahlen ganz bestimmter Farbe (Wellenlänge) aus. Wird dieses Licht auf ein Prisma gerichtet, so sind nur einzelne farbige Linien zu erkennen (Linienspektrum).

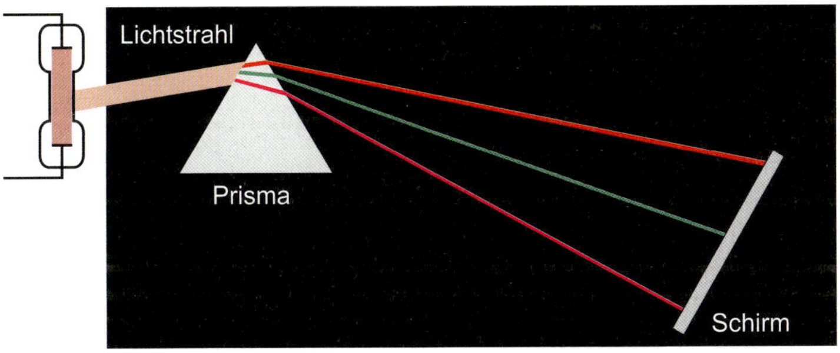

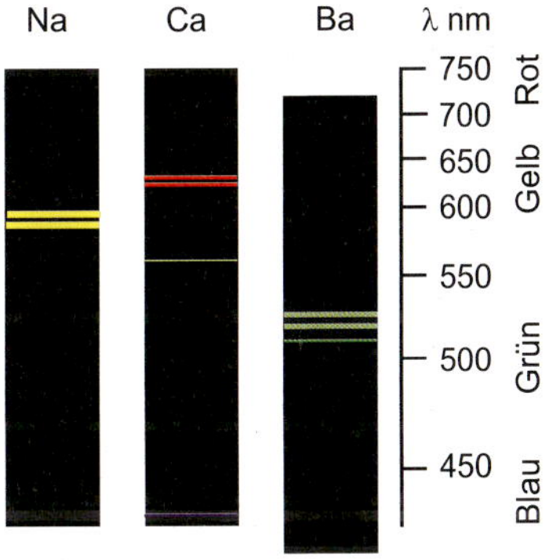

Linienspektren verschiedener Elemente.

Werden umgekehrt Gase oder Metalldämpfe mit weißem Licht (in dem Lichtstrahlen aller Wellenlängen vertreten sind) bestrahlt, so absorbieren sie genau jene Wellenlängen, die sie auch aussenden können (Absorptionsspektrum).

Nun ist **Licht** eine Form von **Energie**. Kurzwelliges (blaues) Licht ist energiereicher als langwelliges (rotes). Den Umstand, dass Atome nur Licht ganz bestimmter Wellenlänge (nur ganz bestimmte Energiebeträge) aussenden oder aufnehmen können, erklärte BOHR mit folgender **Annahme**:

- Die **Atomhülle** besteht aus Elektronen, die sich mit großer Geschwindigkeit im Raum um den Atomkern bewegen.
- Zwischen der **Energie** der Elektronen und ihrem **Abstand vom Atomkern** besteht ein Zusammenhang:
  Je größer der Abstand eines Elektrons vom Kern ist, desto größer ist auch seine Energie. Oder, anders ausgedrückt: Je größer die Energie eines Elektrons, desto weiter ist es vom Atomkern entfernt.

NIELS BOHR (1885–1962); dänischer Physiker, erhielt 1922 den Nobelpreis für Physik. Das von ihm entwickelte Atommodell war ein bedeutender Meilenstein in der Entwicklung der Chemie.

Durch die **Energiezufuhr** wird ein äußeres Elektron gegen die Anziehungskraft des Kerns auf ein höheres Energieniveau gehoben. Schon nach 10^{-9} Sekunden fällt es auf ein niedrigeres Energieniveau zurück. Die dabei frei werdende Energie wird in Form von Licht bestimmter Wellenlänge abgegeben. Da nur bestimmte Energieniveaus der Elektronen erlaubt sind, kann das Atom nur ganz bestimmte Energieportionen (Energiequanten) aufnehmen oder abgeben.

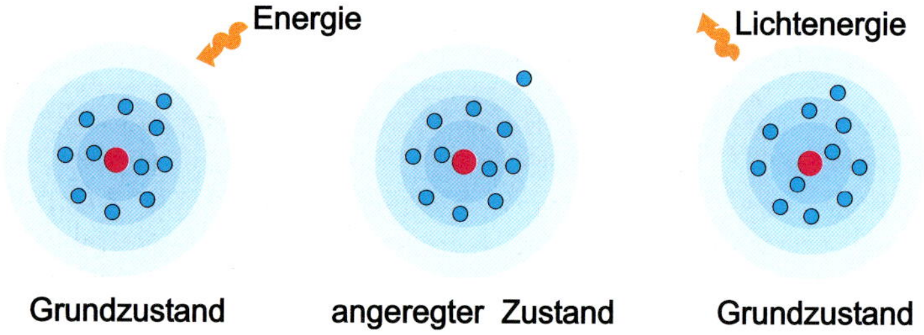

BOHR dachte sich diese Energieniveaus als kreisförmige oder elliptische Bahnen („Elektronenschalen"), auf denen sich die Elektronen um den Kern bewegen.

Er stellte weiters fest, dass sich in einer Schale (auf einem Energieniveau) maximal $2\,n^2$ (n = Nummer der Schale) Elektronen befinden können, in der jeweils äußersten aber nur höchstens acht Elektronen. Diese **Außenelektronen** bestimmen die **chemischen Eigenschaften**. Die Schalen selbst bezeichnete er mit Großbuchstaben, beginnend mit K.

ÜBUNGEN

3.1 Wie viel ist von einem radioaktiven Element noch vorhanden, nachdem drei Halbwertszeiten vergangen sind?

3.2 Woraus schloss Rutherford, dass Atomkerne positiv geladen sind?

3.3 Wie viele Elektronen können sich maximal in der 1., 2., 3. und 4. Schale befinden?

Linienspektren und Spektralanalyse

Der Umstand, dass leuchtende Gase Licht in Form farbiger Linienspektren aussenden, hat zahlreiche Anwendungen in Technik und Wissenschaft gefunden.

Für die Farbeffekte bei **Feuerwerken** mischt man Elemente mit entsprechenden farbigen Spektrallinien zum abbrennenden Magnesium.

Farbeffekte bei einem Feuerwerk

Bringt man Gase durch Zufuhr von **elektrischer Energie** zum Leuchten, so erhält man besonders **wirtschaftliche Lichtquellen**.

Autostraßen werden oft mit **Natriumdampflampen** beleuchtet, die einen Wirkungsgrad von 35 % aufweisen. Für den Wohnbereich sind sie allerdings nicht geeignet, da bei ihrem gelben Licht Farben nicht unterscheidbar sind. Dort verwendet man **Leuchtstoffröhren**, die Quecksilberdampf enthalten. Dieser sendet großteils ultraviolettes Licht aus, das durch die Leuchtstoffe an der Innenwand des Glasrohres in sichtbares weißes Licht umgewandelt wird. Mit ihrem Wirkungsgrad von 25 % sind sie wesentlich sparsamer als Glühlampen, die nur rund 5 % der elektrischen Energie in Licht umwandeln. Lässt man die Leuchtstoffe weg, so sendet dieser Lampentyp überwiegend UV-Strahlen aus, was man z. B. für Lichteffekte in Diskotheken oder zur Echtheitsprüfung von Geldscheinen nutzt. **Neonröhren** enthalten das entsprechende Edelgas (siehe Kap. 12), senden rotes Licht aus und dienen für Lichtreklamen.

Die **Spektralanalyse** nutzt den Umstand, dass jedes Element ganz bestimmte, charakteristische Spektrallinien aussendet, durch die es identifiziert werden kann. Sie ist zu einem wertvollen Hilfsmittel in vielen Bereichen der Wissenschaft geworden.

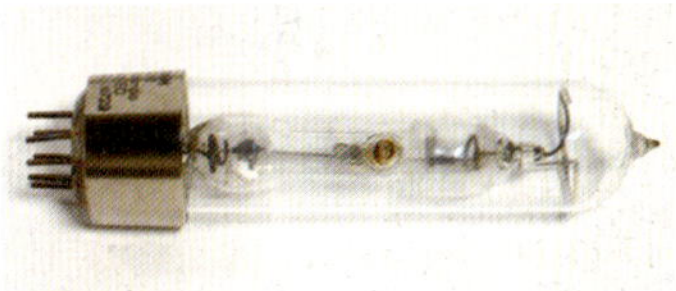

Der Aufbau einer Natriumdampflampe

Astronomen zum Beispiel erhalten durch die Untersuchung der im Licht eines Sterns enthaltenen Spektrallinien Informationen über den chemischen Aufbau des Sterns und seine Bewegungsrichtung. Eine zu höheren oder niedrigeren Frequenzen verschobene Spektrallinie ist ein Hinweis darauf, dass sich der Stern auf uns zu oder von uns weg bewegt (Doppler-Effekt).

Häufiger sind jedoch irdische Anwendungen: Aus den Spektrallinien, die eine Probe aussendet oder absorbiert, kann auf die Art der in ihr vorhandenen Elemente geschlossen werden. Die Intensität der jeweiligen Linien gibt Aufschluss über die Menge des Elements.
Dabei muss zunächst die Probe in den gasförmigen Zustand gebracht werden, z. B. durch Einsprühen der Probenlösung in eine Gasflamme. Bei Elementen, die intensive Spektrallinien aussenden, kann mit einem **Flammenfotometer** die Intensität einer bestimmten Linie gemessen werden. Andere Elemente geben sich zu erkennen, indem sie Licht, das ihren Spektrallinien entspricht, absorbieren. Sie können mit einem **Atomabsorptionsspektrometer** bestimmt werden.

1 ppm = 1 part per million
1 ppb = 1 part per billion
billion (engl.)= Milliarde

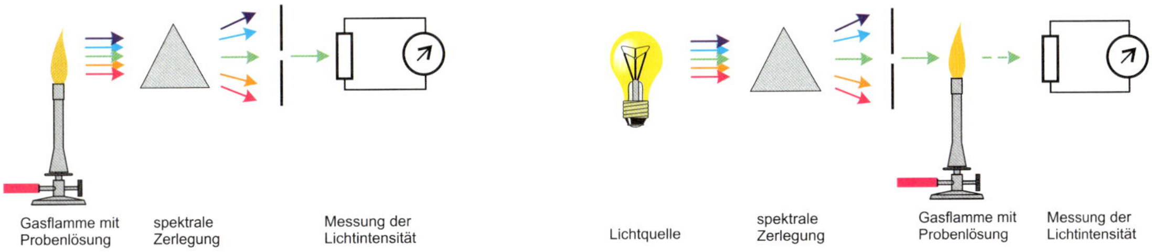

Flammenfotometer **prinzipieller Aufbau** **Atomabsorptionsspektrometer**

Diese Verfahren haben besonders in der **Spurenanalyse** große Bedeutung erlangt, da sich damit Elemente bis zu Anteilen von einem Millionstel (ppm) oder einem Milliardstel (ppb) bestimmen lassen.

3.2 Das Periodensystem der Elemente

DIMITRI MENDELEJEW (1834–1907); russischer Chemiker.

Schon in der ersten Hälfte des 19. Jahrhunderts war aufgefallen, dass manche Elemente ähnliche Eigenschaften haben. So die Halogene (Fluor, Chlor, Brom, Iod), die Alkalimetalle (Lithium, Natrium, Kalium) und die Erdalkalimetalle (Calcium, Strontium, Barium). Was noch fehlte, war ein Ordnungsschema.

1869 veröffentlichten MENDELEJEW und MEYER eine Tabelle der Elemente, wobei sie die rund 60 damals bekannten Elemente nach der Atommasse und den chemischen Eigenschaften ordneten.

Erstes, von MENDELEJEW erstelltes Periodensystem

			Ti = 50	Zr = 90	? = 180
			V = 51	Nb = 94	Ta = 182
			Cr = 52	Mo = 96	W = 186
			Mn = 55	Rh = 104,4	Pt = 197,4
			Fe = 56	Ru = 104,4	Ir = 198
		Ni =	Co = 59	Pd = 106,6	Os = 199
H = 1			Cu = 63,4	Ag = 108	Hg = 200
	Be = 9,4	Mg = 24	Zn = 65,2	Cd = 112	
	B = 11	Al = 27	? = 68	U = 116	Au = 197?
	C = 12	Si = 28	? = 70	Sn = 118	
	N = 14	P = 31	As = 75	Sb = 122	Bi = 210?
	O = 16	S = 32	Se = 79,4	Te = 128?	
	F = 19	Cl = 35,5	Br = 80	J = 127	
Li = 7	Na = 23	K = 39	Rb = 85,4	Cs = 133	Tl = 204
	Ca = 40	Sr = 87,6	Ba = 137	Pb = 207	
	? = 45	Ce = 92			
	?Er = 56	La = 94			
	?Yt = 60	Di = 95			
	?In = 75,6	Th = 118?			

MENDELEJEW war von seinem System so überzeugt, dass er Lücken für Elemente frei ließ, die nach seiner Ansicht noch auf ihre Entdeckung warteten und er folgte nicht immer streng der Ordnung nach steigenden Atommassen. Daher steht z. B. Tellur (Te) unterhalb des chemisch ähnlichen Selen (Se) und noch vor dem leichteren Iod (I). Die Gruppe der Edelgase fehlte zur Gänze, ihre Vertreter wurden erst später entdeckt.

LOTHAR MEYER (1830–1895); deutscher Chemiker.

Die wesentliche Erkenntnis MENDELEJEWS war, dass sich die Eigenschaften der Elemente in einer Spalte oder Zeile kontinuierlich ändern. Tatsächlich gelang es ihm, die Eigenschaften noch nicht entdeckter Elemente auf Grund der Eigenschaften ihrer schon bekannten Nachbarn mit erstaunlicher Genauigkeit vorherzusagen.

Vergleich der vorausgesagten und der gemessenen Eigenschaften von Germanium:

	Eka-Silicium (1869 von MENDELEJEW vorhergesagt)	Germanium (1886 von WINKLER entdeckt)
Atommasse (u)	72	72,6
Dichte (kg/dm^3)	5,5	5,4
beim Erhitzen an Luft entsteht	EsO_2	GeO_2
Dichte des Oxids (kg/dm^3)	4,7	4,7
Formel des Chlorids	$EsCl_4$	$GeCl_4$
Dichte des Chlorids (kg/dm^3)	1,9	1,88
Siedepunkt des Chlorids (°C)	57–100	83

Tatsächlich wurden in den folgenden Jahrzehnten auch die Lücken im Periodensystem bis zum Element mit der Ordnungszahl 92 geschlossen. Lediglich Technetium (Tc, Ordnungszahl 43) und Prometium (Pm, Ordnungszahl 61) konnten in der Natur nicht aufgefunden werden. Sie können, ebenso wie die anderen radioaktiven Elemente mit Ordnungszahlen über 92, in Kernreaktoren oder Teilchenbeschleunigern hergestellt werden.

Chemisch ähnliche Elemente stehen im Periodensystem untereinander.

Die Metalle stehen im linken und unteren Teil des Periodensystems, die Nichtmetalle im rechten und oberen Teil.
Nur die rechts und oben stehenden, rot gedruckten Elemente sind bei Raumtemperatur Gase, Brom ist eine Flüssigkeit.

1	2	13	14	15	16	17	18
H							He
Li	Be	B	C	N	O	F	Ne
Na	Ca	Al	Si	P	S	Cl	Ar
K	Ca	Ga	Ge	As	Se	Br	Kr
Rb	Sr	In	Sn	Sb	Te	I	Xe
Cs	Ba	Tl	Pb	Bi	Po	At	Rn

Nichtmetalle
Halbmetalle
Metalle

Ein Zusammenhang zwischen der Stellung eines Elements im Periodensystem und dem Aufbau seiner Atome wurde schon früh vermutet, aber erst die Forschungsergebnisse von RUTHERFORD und BOHR brachten Klarheit.

Die Anordnung der Elemente im Periodensystem spiegelt den Aufbau ihrer Atome wider.

Das Wasserstoffatom ist das am einfachsten aufgebaute Atom. Sein Kern besteht aus nur einem Proton, in seiner Atomhülle befindet sich ein Elektron. Jedes Hinzufügen eines Protons zum Kern führt zu einem neuen Element, wobei die Kerne aller anderen Elemente stets auch Neutronen enthalten.
Ein Proton (und zwei Neutronen) zusätzlich ergeben das Element Helium usw.

In seiner heute verwendeten Form enthält das Periodensystem eine Fülle an Informationen.

Beim jeweiligen **Elementsymbol** stehen **zwei Zahlen**:

- Die kleinere, ganze Zahl ist die **Ordnungszahl**. Sie ist gleichzeitig die **Kernladungszahl** und gibt die **Anzahl** der **Protonen** im Kern und der **Elektronen** in der Hülle an.
- Die größere (Dezimal-)Zahl gibt die durchschnittliche **Atommasse** in **u** an.
- **Elemente mit ähnlichen Eigenschaften** befinden sich in der gleichen **Spalte**. Diese Spalten werden als **Gruppen** bezeichnet.

In der meistverwendeten Darstellungsweise umfasst das Periodensystem 18 Gruppen.

Nach einer **älteren Bezeichnungsweise** werden die langen Gruppen als **Hauptgruppen** bezeichnet und mit römischen Ziffern von I bis VIII nummeriert, die mittleren, kürzeren Gruppen wurden **Nebengruppen** genannt.

Zwei Gruppen von Metallen mit sehr ähnlichen Eigenschaften, die Lanthanoide (Ordnungszahl 57 bis 71) und die Actinoide (89 bis 103) werden meist aus Platzgründen zusammengefasst und am unteren Rand des Periodensystems dargestellt.

Für die Elemente der langen Gruppen (1., 2. und 13. bis 18. Gruppe) gilt:
Einerstelle der Gruppennummer = Zahl der Außenelektronen

Die **Zeilen** werden **Perioden** genannt. Auch ihre Nummer hat eine Bedeutung:

Periodennummer = Zahl der mit Elektronen besetzten Schalen

Zieht man im Periodensystem eine Diagonale vom Element mit der Ordnungszahl 5, Bor (B), zum Element mit der Ordnungszahl 85, Astat (At), dann stehen – von wenigen Ausnahmen abgesehen – im linken (unteren) Teil die **Metalle**, im rechten (oberen) Teil die **Nichtmetalle**.

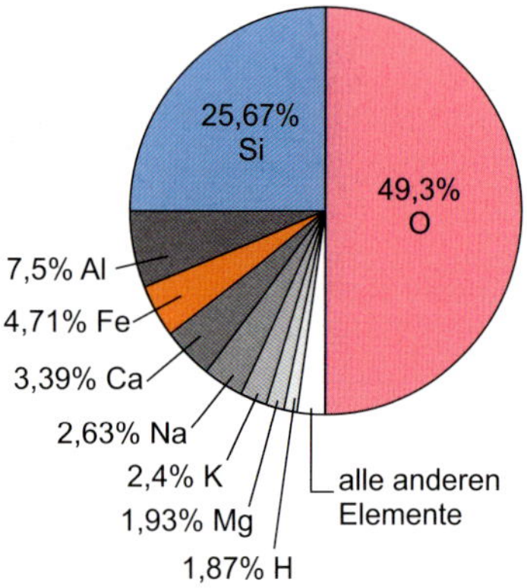

Vorkommen der Elemente in der Erdrinde in Massenprozent.
Im gesamten **Universum** ist Wasserstoff mit 90 % das weitaus häufigste Element. 9 % bestehen aus Helium, alle anderen Elemente machen zusammen nur 1 % aus.

Informationen,die im Periodensystem enthalten sind:

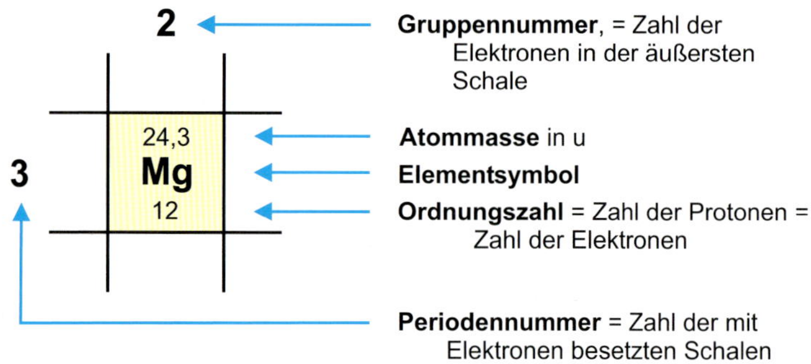

ÜBUNGEN

3.4 Was haben Elemente, die in einer Gruppe untereinander stehen, gemeinsam?

3.5 Was haben Elemente, die im Periodensystem nebeneinander stehen, gemeinsam?

3.6 Wie viele Elektronen enthalten die Elektronenhüllen der folgenden Elemente, wie viele Elektronen besitzen diese Atome in ihrer äußersten Schale?
Sauerstoff, Natrium, Calcium, Brom.

3.7 Welche Elemente sind vermutlich die häufigsten, wenn man die gesamte Erdkugel betrachtet?

3.3 Der Atomkern

Atome haben **Durchmesser** im Bereich von $1 \cdot 10^{-10}$ bis $5 \cdot 10^{-10}$ m.

Der **Atomkern** jedoch ist noch um vier Größenordnungen kleiner, sein Durchmesser beträgt etwa 10^{-14} m.
In ihm ist jedoch nahezu die gesamte **Masse** eines Atoms konzentriert, seine Dichte beträgt $1{,}4 \cdot 10^{17}$ kg/m^3!

Könnte man die Atomkerne des Eisens dicht nebeneinander packen, so hätte die gesamte Jahresweltproduktion an Eisen in einer halben Streichholzschachtel Platz.

Die Masse eines Elektrons ist vergleichsweise gering und beträgt nur $^1/_{1836}$ der Masse eines Protons. Die Elektronen liefern daher praktisch keinen Beitrag zur Gesamtmasse eines Atoms.

Die Eigenschaften von Protonen, Neutronen und Elektronen:

	KERN		HÜLLE
	Proton	**Neutron**	**Elektron**
Masse	$1{,}673 \cdot 10^{-27}$ kg	$1{,}675 \cdot 10^{-27}$ kg	$9{,}109 \cdot 10^{-31}$ kg
Ladung	$+ 1{,}602 \cdot 10^{-19}$ As	ungeladen	$- 1{,}602 \cdot 10^{-19}$ As

Die **Masse** eines **Protons** oder **Neutrons** beträgt praktisch **eine atomare Masseneinheit** (1 u).

Protonen, Neutronen und Elektronen werden auch mit p^+, n und e^- abgekürzt.

Neuere Forschungen haben ergeben, dass sie noch nicht die kleinsten Bausteine der Materie sind. Für chemische Vorgänge ist dies jedoch nicht von Bedeutung.

Auch bei der **elektrischen Ladung** ist es sinnvoll, eine dem atomaren Bereich angepasste Einheit festzulegen:
Die **Ladung** eines **Protons** oder **Elektrons** wird als (positive oder negative) **Elementarladung** bezeichnet.

Jedes Proton besitzt eine positive Elementarladung und trägt damit zur Ladung des Kerns bei. Die **Protonenzahl** wird daher auch **Kernladungszahl** genannt.

Beispiel:
Alle Kohlenstoffatome haben im Kern sechs Protonen. Sie haben die Kernladungszahl sechs.

> **Alle Atome eines Elementes besitzen die gleiche Zahl an Protonen.**

Isotope von griech. isos = gleich und topos = Platz, da an der gleichen Stelle im Periodensystem stehend.

Untersuchungen, die ab 1912 mit Hilfe von Massenspektrographen (siehe Seite 9) durchgeführt wurden, zeigten, dass die meisten Elemente aus Atomen mit unterschiedlicher Masse bestehen. Ihre Atome enthalten eine unterschiedliche Zahl an Neutronen.

> **Atome eines Elements, die sich durch die Zahl der Neutronen unterscheiden, werden Isotope genannt.**

Einzelne Atomarten verschiedener Elemente heißen **Nuklide**.
Isotope sind Nuklide mit gleicher Kernladungszahl.

Um sie zu unterscheiden, wird die Massenzahl (Summe von Protonen- und Neutronenzahl) links oben, die Protonenzahl links unten neben das Elementsymbol geschrieben. Die Differenz der beiden Werte ergibt die Zahl der Neutronen.

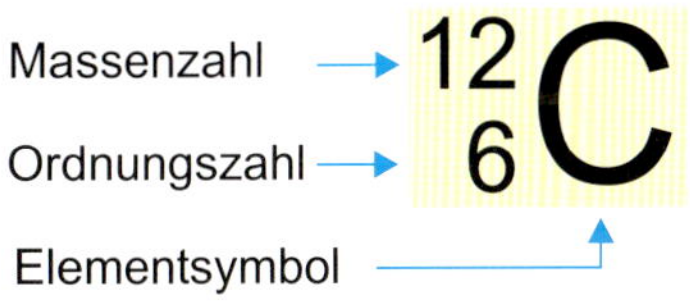

Schreibweise eines Nuklids

Beispiel:
$^{12}_{9}C$ bedeutet: Dieses Kohlenstoffatom hat die Massenzahl 12, sein Kern enthält 6 Protonen (und daher 12 – 6 = 6 Neutronen). Meist wird

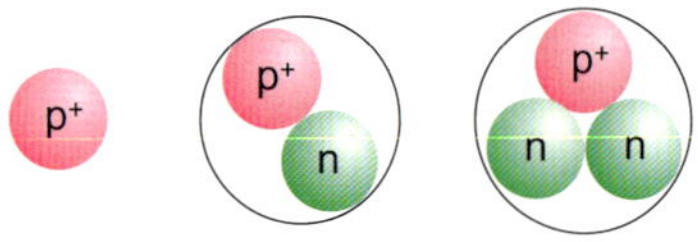

$^{1}_{1}H$ $^{2}_{1}H$ oder $^{2}_{1}D$ **Deuterium** $^{3}_{1}H$ oder $^{3}_{1}T$ **Tritium**

Die Kerne der Wasserstoffisotope
Nur für die Isotope des Wasserstoffs wurden besondere Namen und Symbole eingeführt.

deuteron (griech.) = das Zweite
triton (griech.) = das Dritte

Beispiele für Isotopenverteilungen:

Element	Nuklid	Häufigkeit in %
B	^{10}B ^{11}B	19,78 80,22
N	^{14}N ^{15}N	99,63 0,37
O	^{16}O ^{17}O ^{18}O	99,76 0,04 0,20
F	^{19}F	100,00
Na	^{23}Na	100,00
Cl	^{35}Cl ^{37}Cl	75,53 24,47
Fe	^{54}Fe ^{56}Fe ^{57}Fe ^{58}Fe	5,82 91,66 2,19 0,33
Br	^{79}Br ^{81}Br	50,54 49,46

die Protonenzahl weggelassen, da sie bereits durch das Elementsymbol zum Ausdruck kommt, und nur die Massenzahl angeschrieben, z. B. ^{12}C (auch als C-12 geschrieben, ausgesprochen „C zwölf").

Die meisten in der Natur vorkommenden Elemente sind ein Gemisch verschiedener Isotope (Mischelemente). **Reinelemente** hingegen bestehen nur aus einer Atomsorte (z. B. Beryllium, Fluor, Natrium, Aluminium, Iod).

Beispielsweise existieren vom Element Wasserstoff drei Isotope:

- $^{1}_{1}H$ **Wasserstoff**: 99,985 % aller in der Natur vorkommenden Wasserstoffatome bestehen aus diesem Nuklid. Der Atomkern besteht nur aus einem Proton, die Massenzahl ist 1.
- $^{2}_{1}H$ ist zu 0,015 % im natürlichen Wasserstoff enthalten. Es wird **Deuterium** oder **schwerer Wasserstoff** (Symbol D) genannt, ist stabil und doppelt so schwer wie $^{1}_{1}H$.
- $^{3}_{1}H$ ist das **Tritium** oder **überschwerer Wasserstoff** (Symbol T). Es entsteht sowohl in Kernreaktoren als auch in den obersten Schichten der Atmosphäre durch die kosmische Strahlung, ist nicht stabil und zerfällt mit einer Halbwertszeit von 12 Jahren. Seine Gesamtmenge auf der Erde wird auf 1,8 kg geschätzt.

Auf Grund dieser Isotopenverteilung hat das Element Wasserstoff eine durchschnittliche Atommasse von 1,0080 u.

Eine nahezu ganzzahlige Atommasse im Periodensystem weist meist darauf hin, dass das Element überwiegend oder ausschließlich aus einem Nuklid besteht. Dann ergibt sich die Neutronenzahl des (häufigsten) Nuklids aus der Differenz von Atommasse und Ordnungszahl.

Die **relative Häufigkeit** der Isotope eines Elements ist in der Regel unabhängig von seiner Herkunft. Daher kann im **Periodensystem** eine **durchschnittliche Atommasse** angegeben werden.

Isotope liefern Informationen

In manchen Fällen weicht der Isotopengehalt einer Probe geringfügig vom Durchschnittswert ab und lässt weitreichende Schlüsse zu.

Die Messung des Deuteriumgehaltes von Wein ermöglicht zum Beispiel Rückschlüsse auf seine Herkunft. Weine aus südlichen Ländern haben einen höheren Deuteriumanteil, da die Wassermoleküle mit dem leichteren Isotop etwas schneller verdunsten und sich durch die intensivere Verdunstung im wärmeren Klima das Deuterium in der Traube stärker anreichert.
In Kohlenstoffverbindungen organischen Ursprungs ist der ^{13}C-Gehalt geringer als in anorganischem Kohlenstoff. Auch unterscheidet sich das Isotopenverhältnis je nach Pflanzenart. Das kann den Geologen und Biologen nützliche Hinweise geben.
Im Kalk ($CaCO_3$) der Muschelschalen hängt das Verhältnis ^{16}O : ^{18}O von der Wassertemperatur ab. Daher kann durch die Untersuchung des Isotopenverhältnisses in Fossilien das Klima weit zurückliegender geologischer Epochen bestimmt werden.

Da die **Isotope eines Elements** identische Elektronenhüllen besitzen, haben sie auch **gleiche chemische Eigenschaften** und können nicht durch chemische Reaktionen, sondern nur durch physikalische Methoden unter Ausnutzung der unterschiedlichen Atommassen getrennt werden.

Eine solche Trennung oder **Anreicherung** (die Erhöhung des Anteils eines Nuklids) ist bei der Herstellung von Kernbrennstoff nötig. Für herkömmliche Reaktoren ist nur das Nuklid ^{235}U geeignet, das im natürlichen Uran nur mit einem Anteil von 0,7 % enthalten ist. Bei der Verarbeitung von Uranerz zu Kernbrennstoff muss sein Anteil durch Anreicherung auf mindestens 3 % erhöht werden. Zu diesem Zweck wird das Uran in Uranhexafluorid (UF_6) umgewandelt, die einzige schon bei niedrigen Temperaturen gasförmige Uranverbindung. In Gaszentrifugen oder Diffusionsanlagen trennt man dann die leichteren $^{235}UF_6$-Moleküle vom schwereren $^{238}UF_6$. Eine große Menge abgereichertes Uran bleibt übrig.

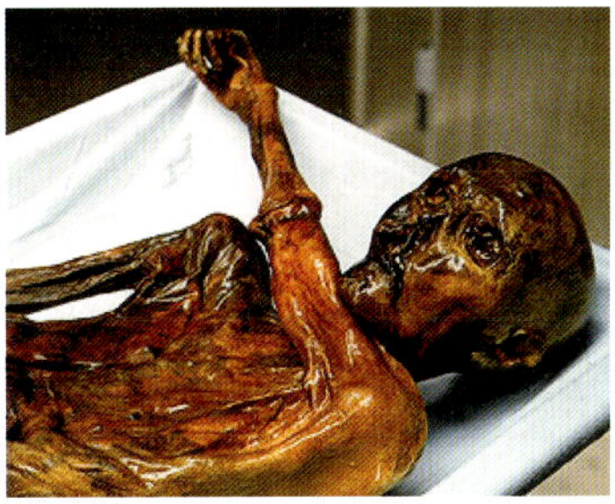

Bei der Untersuchung der Gletschermumie Ötzi erbrachte die Isotopenanalyse wertvolle Erkenntnisse: Er nährte sich hauptsächlich von Pflanzen (^{13}C-Bestimmung) und lebte vor 5 300 Jahren (^{14}C-Datierung) in Südtirol (Deuterium-Bestimmung, der Deuteriumgehalt des Regenwassers ist südlich der Alpen größer, da die schwereren Wassermoleküle etwas früher kondensieren).

Von besonderer **wissenschaftlicher Bedeutung** sind manche **radioaktive Nuklide**, da sie schon in winzigsten Mengen nachweisbar sind.

In der Archäologie hat die Radiocarbon- oder ^{14}C-Methode große Bedeutung für die **Altersbestimmung** von Fundstücken. Das Verfahren nutzt den Umstand, dass in der Atmosphäre durch die kosmische Strahlung ständig kleine Mengen an radioaktivem ^{14}C gebildet und von den Pflanzen bei der Fotosynthese zusammen mit „normalem" CO_2 aufgenommen werden. Mit dem Absterben der Pflanzen endet dieser Vorgang, der ^{14}C-Gehalt nimmt mit einer Halbwertszeit von 5 760 Jahren ab. Durch einen Vergleich des ^{14}C-Gehalts eines pflanzlichen Überrests mit dem einer lebenden Pflanze kann das Alter der Probe bestimmt werden.

In der Medizin und Biologie werden in Reaktoren künstlich hergestellte Nuklide wie ^{14}C oder ^{32}P als **radioaktive Markierung** verwendet, um den Weg einer Substanz im Organismus verfolgen zu können. Dazu wird zunächst der Wirkstoff, z. B. ein Medikament, so hergestellt, dass er eine winzige Menge des radioaktives Nuklids enthält. Da die Isotope eines Elements gleiche chemische Eigenschaften haben, wird der radioaktiv markierte Wirkstoff ebenso wie der nicht radioaktive von der Pflanze oder dem Versuchstier aufgenommen. Auf Grund der leicht messbaren Radioaktivität lässt sich dann genau verfolgen, welchen Weg die Substanz durch den Organismus nimmt und ob sie in andere Stoffe umgewandelt wird.

Die Verteilung der Nährstoffe in einer Pflanze kann durch radioaktive Markierung des Düngers sichtbar gemacht werden.
Legt man die Pflanze auf einen Röntgenfilm, so geben sich die nährstoffhaltigen Bereiche durch eine stärkere Schwärzung des Films zu erkennen.

ÜBUNGEN

3.8 Bestimme mit dem Periodensystem für die folgenden Elemente Ordnungszahl, Atommasse, Zahl der Protonen, Neutronen und Elektronen sowie die Zahl der Elektronen in der äußersten Schale: Be, F, Al, Se.

3.9 Welche Elementarteilchen enthalten die folgenden Nuklide: $^{14}_{7}N$, $^{40}_{20}Ca$, $^{238}_{92}U$.

3.10 Um welche Elemente handelt es sich bei den folgenden Nukliden:
$^{19}_{9}?$, $^{?}_{13}?$, $^{23}_{11}?$, $^{35}_{17}?$

3.11 Was haben die Nuklide $^{235}_{92}U$ und $^{238}_{92}U$ gemeinsam, wodurch unterscheiden sie sich?

3.12 Was haben die Nuklide ^{40}Ar, ^{40}K und ^{40}Ca gemeinsam, wodurch unterscheiden sie sich?

3.13 Welche Punkte des Dalton'schen Atommodells von 1808 erwiesen sich bis 1920 als nicht zutreffend?

3.4 Der Aufbau der Elektronenhülle

ERWIN SCHRÖDINGER (1887–1961); österreichischer Physiker, erhielt 1933 den Nobelpreis für Physik.

WERNER HEISENBERG (1901–1976); deutscher Physiker, erhielt 1932 den Nobelpreis für Physik.

LOUIS DE BROGLIE (1892–1987); französischer Physiker; entwarf 1924 die Theorie, dass kleinste Teilchen wie z. B. Elektronen nicht nur die Eigenschaften von Teilchen, sondern auch die von Wellen besitzen (Welle-Teilchen-Dualismus).

BOHR war 1913 zum Ergebnis gekommen, dass die Elektronen eines Atoms den Kern auf verschiedenen Bahnen umkreisen.

Diese anschauliche Vorstellung vom Atom als winziges Sonnensystem, in dem die Elektronen den Atomkern umkreisen wie die Planeten die Sonne, wurde rasch populär und wird auch heute noch gelegentlich verwendet.
Einige Erfolge des Modells, wie die Erklärung der Linienspektren, der Anordnung der Elemente im Periodensystem und der Bildung von Ionenverbindungen konnten allerdings nicht über seine Mängel hinwegtäuschen: Es gibt keine Erklärung für die Entstehung und die Gestalt der Moleküle und steht im Widerspruch zu physikalischen Gesetzen.

Durch die Forschungsergebnisse der theoretischen Physik in den folgenden Jahren wurden die Vorstellungen vom Aufbau der Elektronenhülle daher noch wesentlich abgeändert und erweitert.

1925 formulierte HEISENBERG die für die Atomphysik grundlegende **Unschärfebeziehung**:
Es ist prinzipiell unmöglich, Ort und Geschwindigkeit – also den exakten Ablauf der Bewegung – eines Elektrons gleichzeitig ganz genau anzugeben.

Diese Unschärfe bei der Beschreibung eines Elektrons wird nicht etwa durch unvollkommene Messgeräte verursacht. Derart kleine Objekte werden auch durch die schonendste Messmethode so beeinflusst, dass keine unbegrenzt genauen Angaben mehr möglich sind.

Als Folge dieser Unschärfebeziehung lassen sich für die Elektronen eines Atoms nicht exakte Bahnen angeben, sondern nur ein **Raum**, in dem sie sich mit hoher Wahrscheinlichkeit befinden. Dieser Raum wird **Orbital** genannt.

orbis (lat.) = Kreis
In der Weltraumfahrt werden die Umlaufbahnen der Erdsatelliten als „Orbits“ bezeichnet. Beim Atom ist jedoch von Kreis- und Umlaufbahnen nicht mehr die Rede.

Er kann auch als eine über das ganze Atom verteilte negative **Ladungswolke** aufgefasst werden, die dort, wo sich das Elektron am wahrscheinlichsten aufhält, ihre größte Dichte besitzt.
Eine solche Ladungswolke kann man sich als Summe von Momentaufnahmen des Atoms vorstellen. Dort, wo die Punkte dichter liegen, hält sich das Elektron häufiger auf (Abb. a). Nach außen und nach innen hin haben solche Ladungswolken keine scharfen Grenzen. Die in Abb. b gezeichnete Grenze ist daher willkürlich, sie entspricht einer bestimmten Minimaldichte.

a

b

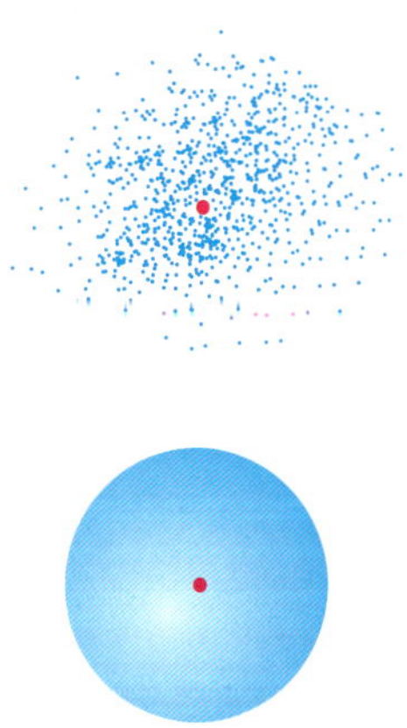

Mögliche Darstellungen der Ladungswolke.

SCHRÖDINGER wandte die Erkenntnis, dass sich das Verhalten von Elektronen nur dann zufriedenstellend beschreiben lässt, wenn man annimmt, dass sie nicht nur die Eigenschaften von Teilchen, sondern auch die von Wellen besitzen, auf die Atomhülle an. Da die Elektronen den Raum um das Atom nicht verlassen, betrachtete er sie als dreidimensionale stehende Wellen rund um den Atomkern und schuf so das **wellenmechanische Atommodell**.

Stehende Wellen sind jedoch nur bei ganz bestimmten Wellenlängen möglich – womit erklärbar ist, warum nur bestimmte Zustände mit steigender Frequenz und damit steigender Energie, d. h. nur ganz bestimmte Energieniveaus möglich sind.
Im Jahre 1926 gelang es SCHRÖDINGER, eine Gleichung zu finden, mit der man berechnen kann, mit welcher Wahrscheinlichkeit sich ein

Elektron an einem bestimmten Ort um den Atomkern aufhält. Mit dieser **Schrödinger-Gleichung** kann die **Form** und die **Größe** der **Orbitale** näherungsweise berechnet werden.

Genauere Informationen über die Energieniveaus der Elektronen lieferte die Messung der **Ionisierungsenergie**.
Das ist jene Energie, die notwendig ist, um ein Elektron vom Atom – gegen die Anziehungskraft des Atomkernes – zu entfernen. Ein positiv geladenes Teilchen (ein Ion) bleibt zurück.

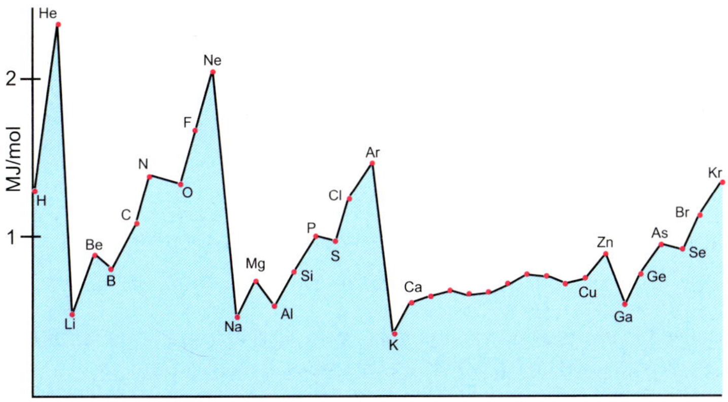

Ionisierungsenergien für das jeweils erste Elektron eines Elementes

Innerhalb einer Periode hat das Edelgas (He, Ne, Ar, ...) jeweils die höchste Ionisierungsenergie (was auf eine besonders stabile Elektronenanordnung hinweist), das Alkalimetall (1. Gruppe; Li, Na, K, ...) die niedrigste (ein Ausdruck seiner großen Reaktionsfähigkeit).

Weiter vom Kern entfernte Elektronen sind leichter abzutrennen, da sie weniger stark angezogen werden. Daher nimmt die Ionisierungsenergie innerhalb einer Gruppe ab (z. B. Li-Na-K oder Be-Mg-Ca).

Da das Atom nach Abspaltung des ersten Elektrons zu einem positiv geladenen Ion wurde, ist zur Entfernung der folgenden Elektronen ständig mehr Energie nötig.

Ein Vergleich der Ionisierungsenergien für die Elektronen eines Natriumatoms zeigt:
Das erste Elektron lässt sich vergleichsweise sehr leicht entfernen, die nächsten acht mit deutlich größerem, ständig steigendem Energieaufwand. Die letzten beiden Elektronen erfordern wesentlich mehr Energie.

Dies deckt sich mit den Vorstellungen von Bohr, wonach sich bei einem Natriumatom zwei Elektronen auf dem untersten Energieniveau (K-Schale), acht Elektronen auf dem nächsthöheren Niveau (L-Schale) und ein Elektron in der M-Schale befinden.
Da die Schale gleichzeitig das Hauptenergieniveau des Elektrons bestimmt, wird die Schalennummer n auch die **Hauptquantenzahl** genannt.

Bei genauer Betrachtung der Ionisierungsenergien für die Elektronen des 2. Energieniveaus fällt auf, dass sie beim vorletzten Elektron stärker als bei den vorhergehenden zunehmen. Der Anstieg ist allerdings wesentlich geringer als beim Übergang vom 2. auf das 1. Niveau.

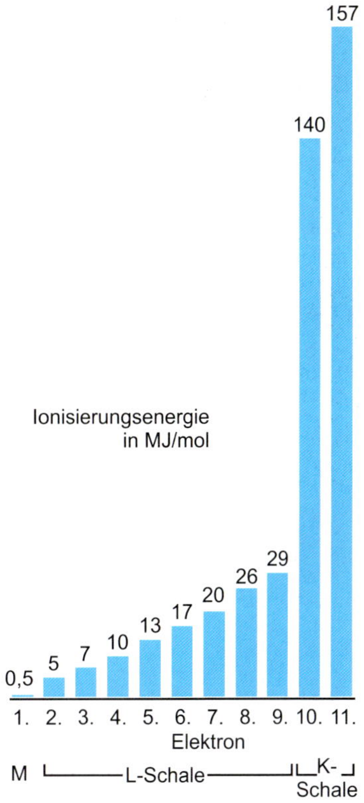

Alle Ionisierungsenergien von Natrium

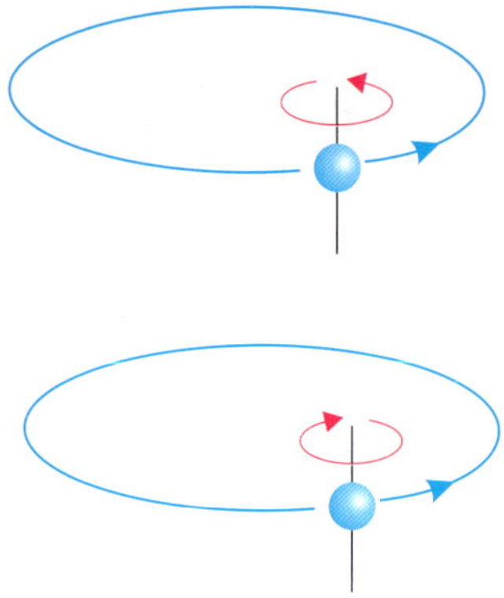

Elektronenspin

to spin (engl.) = sich drehen

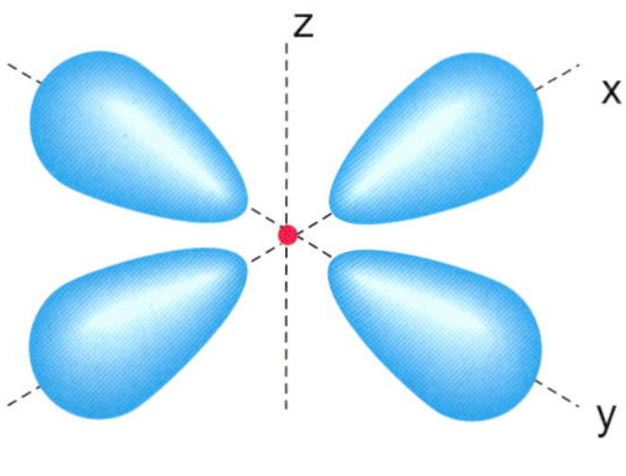

$d_{x^2-y^2}$

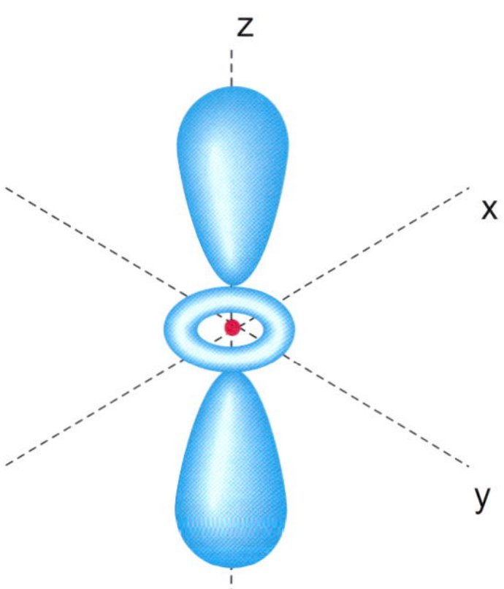

d_{z^2}

Die Form zweier d-Orbitale
Die komplizierten Formen der d- und f-Orbitale seien nur durch zwei Beispiele angedeutet, sie sind in diesem Rahmen nicht weiter von Bedeutung.

Das zweite Hauptenergieniveau ist anscheinend nicht völlig einheitlich. Es besteht aus zwei Unterniveaus, von denen das energieärmere (mit **s** bezeichnet) zwei Elektronen, das energiereichere (**p**) sechs Elektronen aufnehmen kann. Diese Unterniveaus werden durch **Nebenquantenzahlen** charakterisiert. Die zur Benennung verwendeten Buchstaben stammen von der Bezeichnung mancher Spektrallinien (**s**harp, **p**rincipal, **d**iffuse, **f**undamental).

Das dritte Hauptenergieniveau besitzt neben den s- und p-Niveaus noch ein d-Niveau mit maximal zehn Elektronen, das vierte Hauptniveau zusätzlich noch ein f-Niveau mit vierzehn Elektronen.

Die Hauptquantenzahl n entspricht der Zahl der Unterniveaus:
z. B. **3.** Hauptenergieniveau ⇒ **drei** Unterniveaus (s, p und d).

Innerhalb eines Hauptenergieniveaus hat das s-Niveau die niedrigste Energie:

$$\mathbf{E_s < E_p < E_d < E_f}$$

In einem Magnetfeld zeigen die Unterniveaus mit Ausnahme des s-Niveaus eine weitere Aufspaltung. Es gibt jeweils ein s-, drei p-, fünf d- und sieben f-Niveaus.

Schließlich wurde noch festgestellt, dass die Elektronen eine **Rotation** um die eigene Achse ausführen. Sie besitzen einen **Spin**.
Die Rotation kann im gleichen oder im entgegengesetzten Sinn wie der Bahnumlauf erfolgen.

Die **Schrödinger-Gleichung** ermöglicht die exakte **Berechnung** der Orbitale des Wasserstoffatoms. Bei allen anderen Atomen mit mehreren Elektronen wird sie wegen der Kräfte zwischen den Elektronen so kompliziert, dass sie nur näherungsweise lösbar ist.

Die **Größe** der jeweiligen Orbitale nimmt mit steigender **Hauptquantenzahl** (durch eine Ziffer angegeben) zu, die **Nebenquantenzahlen** s, p, d und f charakterisieren die **Form** der Orbitale.

s-Orbitale haben die Form einer **Kugelschale**:

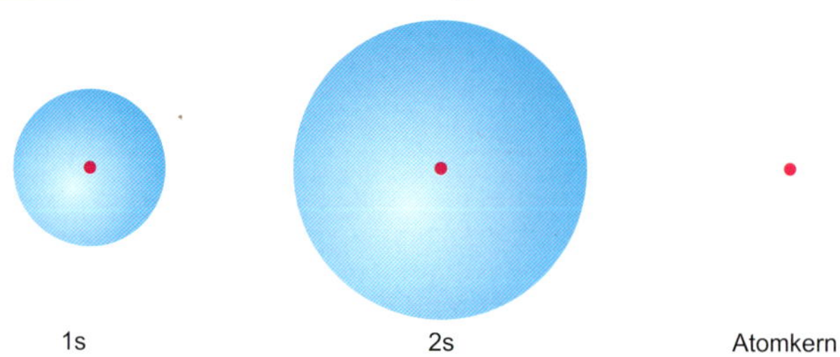

Die drei **p-Orbitale** haben die Gestalt von Hanteln, die im rechten Winkel zueinander stehen:

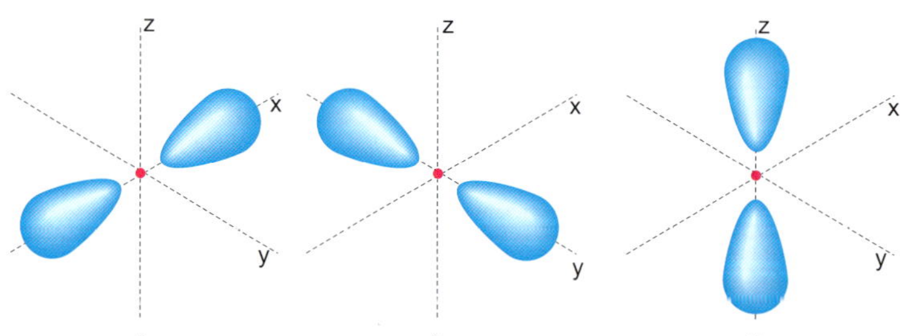

Ein Orbital hat keine exakten Abmessungen. Um es besser darstellen zu können, wird um jenen Raum, in dem sich das Elektron mit z. B. 95 % Wahrscheinlichkeit aufhält, eine scharfe Grenze gezeichnet. Das Elektron kann sich aber auch außerhalb befinden.

Die Elektronen eines Atoms besetzen die Orbitale nach folgenden Regeln:

- Die Elektronen nehmen zunächst das niedrigst mögliche Energieniveau ein; höhere Energieniveaus werden erst gefüllt, wenn die darunter liegenden besetzt sind.
- Jedes Orbital kann maximal zwei Elektronen mit entgegengesetztem Spin aufnehmen (Pauli-Prinzip).
- Orbitale mit gleicher Energie werden zuerst mit je einem Elektron besetzt (Hund'sche Regel).

WOLFGANG PAULI (1900–1958); österreichischer Physiker, erhielt 1945 den Nobelpreis für Physik.

FRIEDRICH HUND (1896–1997); deutscher Physiker.

Zur einfachen Darstellung dient ein **Energieniveauschema**, in dem die einzelnen Orbitale ohne Rücksicht auf ihre Form und Größe als kleine Kästchen dargestellt werden, die Elektronen je nach ihrem Spin durch unterschiedlich gerichtete Vektoren.

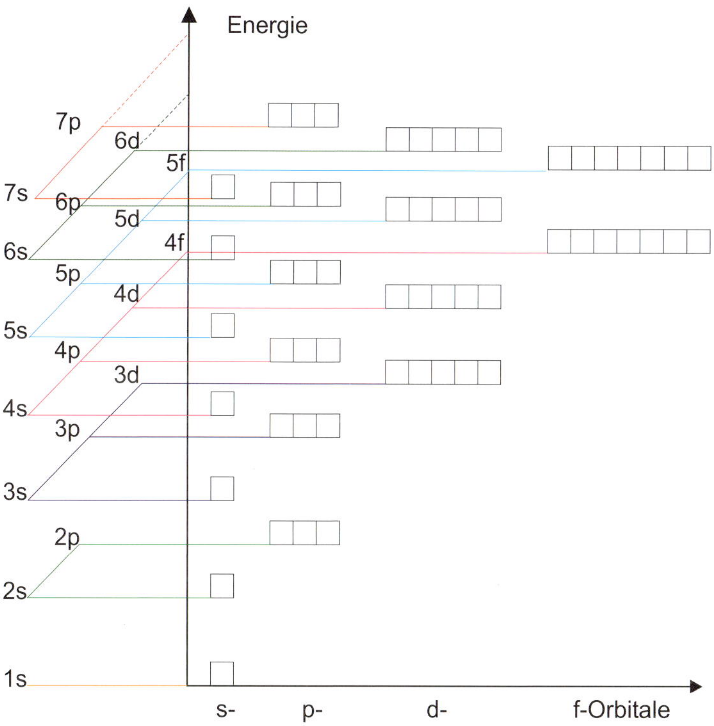

Die Lage der Energieniveaus der Orbitale

1s bezeichnet Elektronen des 1. Energieniveaus, die sich in einem s-Orbital befinden. 3d bezeichnet Elektronen, die sich auf dem 3. Niveau in d-Orbitalen befinden usw.
Orbitale, die zu einer Hauptquantenzahl (Energieniveau) gehören, sind in der Zeichnung durch einen Schrägstrich verbunden. Es ist zu erkennen, dass sich ab dem 3. Hauptenergieniveau die Energiezustände der Orbitale überschneiden. So haben die Elektronen im 4s-Orbital eine geringere Energie als die 3d-Elektronen.

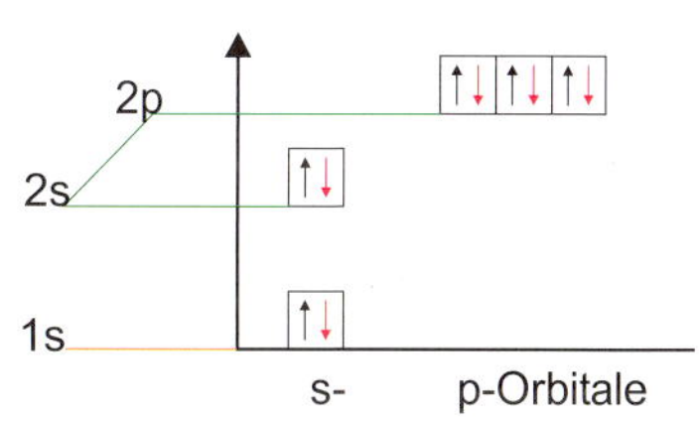

Elektronenkonfiguration von Neon

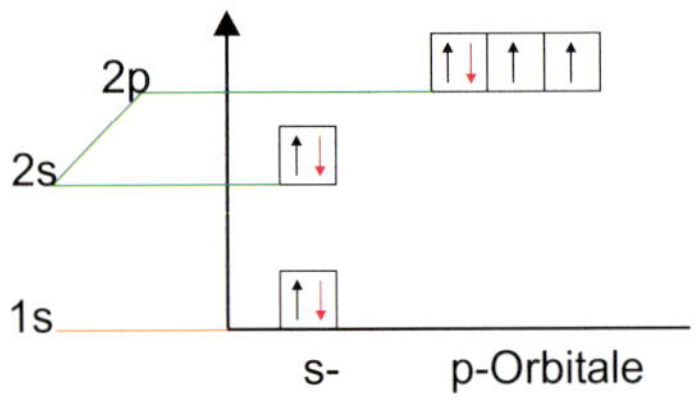

Elektronenkonfiguration von Sauerstoff

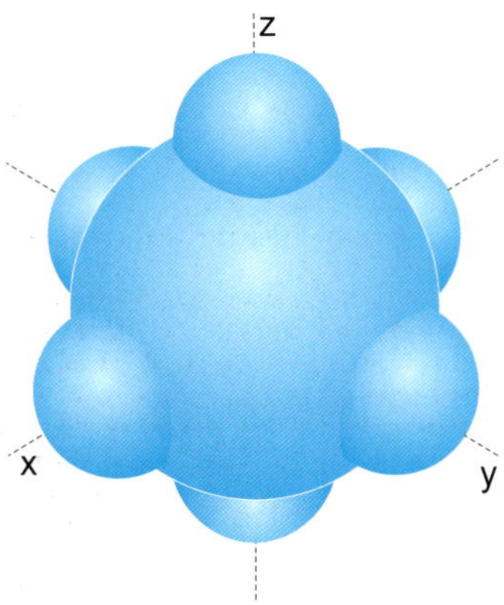

Die Orbitale eines Sauerstoffatoms

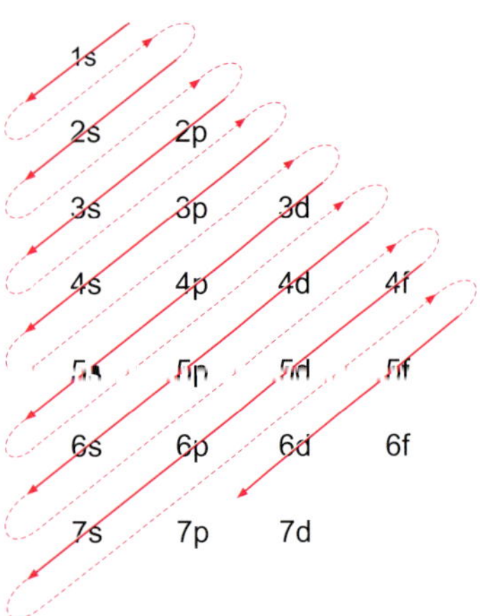

Merkschema für die Auffüllung der Orbitale mit Elektronen:
Schreibt man die Orbitale zeilenweise untereinander, so ergibt sich die Reihenfolge der Auffüllung, wenn man den Diagonalen folgt.

Beispiele:

Neon (Ne) besitzt 10 Elektronen: Diese verteilen sich auf zwei Hauptenergieniveaus. Im ersten Niveau existiert nur ein s-Orbital mit zwei Elektronen. Schreibweise: $1s^2$
Im zweiten Niveau gibt es ein s-Orbital (mit zwei Elektronen) und drei energiegleiche p-Orbitale (je zwei Elektronen). Schreibweise: $2s^2\ 2p^6$

Um sich das Kästchenzeichnen zu ersparen, kann die Verteilung auch durch eine **Elektronenkonfigurationsformel** ausdrückt werden. Sie gibt für ein bestimmtes Atom die Verteilung der Elektronen auf die einzelnen Hauptenergieniveaus und deren Orbitale an.

Anzahl der Elektronen pro Orbital

Ne: $1\,s^2\ 2\,s^2\ 2\,p^6$

Hauptquantenzahl — Bezeichnung des Orbitals (Nebenquantenzahl)

Ein Sauerstoffatom hat zwei Elektronen weniger als ein Neonatom: Elektronenkonfigurationsformel von Sauerstoff: $1s^2\ 2s^2\ 2p^4$

Das „Aussehen" eines Sauerstoffatoms könnte man sich etwa so vorstellen: Das 2s-Orbital verdeckt das kleinere 1s-Orbital und wird von den drei 2p-Orbitalen durchdrungen.

In der **Anordnung der Elemente im Periodensystem** kommt die **Anordnung der Elektronen in den Orbitalen** zum Ausdruck:

- Die **1. Periode** umfasst die Elemente:
  H: $1s^1$ und He: $1s^2$; mit zwei Elektronen ist das 1s-Orbital gefüllt.
- Die **2. Periode** umfasst acht Elemente:
  Bei Li: $1s^2 2s^1$ und Be: $1s^2 2s^2$ wird das 2s-Niveau gefüllt, das energiereichere 2p-Niveau nimmt von B: $1s^2 2s^2 2p^1$ bis Ne: $1s^2 2s^2 2p^6$ noch weitere sechs Elektronen auf.
- In der **3. Periode** werden analog die 3s- und 3p-Orbitale gefüllt, von Na: $1s^2 2s^2 2p^6 3s^1$ bis Ar: $1s^2 2s^2 2p^6 3s^2 3p^6$.

Jede Periode endet mit einem Edelgas, dessen s- und p-Orbitale vollständig mit Elektronen gefüllt sind. Da sich diese Elektronenanordnung in den nachfolgenden Perioden nicht mehr ändert, wird das Symbol des Edelgases als Abkürzung für die entsprechende Elektronenkonfigurationsformel verwendet.

Beispiel:
Die Elektronenkonfiguration von Neon ist $1s^2 2s^2 2p^6$.
Für Si: $1s^2 2s^2 2p^6 3s^2 3p^2$ schreibt man daher kürzer: Si: [Ne] $3s^2 3p^2$

- Die **4. Periode** beginnt mit der Auffüllung der 4s-Orbitale: K: [Ar]$4s^1$ und Ca: [Ar]$4s^2$. Dann folgen die 3d-Orbitale von Sc: [Ar]$4s^2 3d^1$ bis Zn: [Ar]$4s^2 3d^{10}$ und schließlich die 4p-Niveaus von Ga: [Ar] $4s^2 3d^{10} 4p^1$ bis Kr: [Ar]$4s^2 3d^{10} 4p^6$.
- Die **5. Periode** ist analog der vierten gegliedert. Auf die 5s- folgen die 4d- und die 5p-Orbitale.
- In der **6. und 7. Periode** werden bei den Lanthanoiden und Actinoiden die 4f- und 5f-Niveaus mit je 14 Elektronen gefüllt.

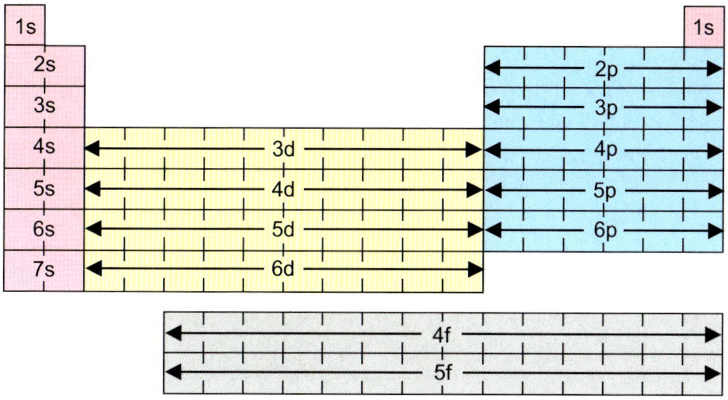

Periodensystem mit den Orbitalen, die jeweils mit Elektronen gefüllt werden.

Man erkennt:

- Bei den **langen Gruppen** werden die **s- und p-Orbitale**,
- bei den **kurzen Gruppen** die **d-Orbitale**,
- bei den **Lanthanoiden** und **Actinoiden** die **f-Orbitale mit Elektronen gefüllt.**

Die Größe von Atomen und Ionen

Die Masse der Atome nimmt im Periodensystem in jeder Periode (Zeile) von links nach rechts zu. Ihr Radius nimmt jedoch von links nach rechts ab, obwohl die Atome gleich viele Elektronenschalen besitzen. Denn die zunehmende Ladung des Kernes zieht die Elektronenhülle näher an sich.
Bei den Elementen einer Gruppe (Spalte) hingegen nimmt wegen der größer werdenden Orbitale der Radius von oben nach unten zu (z. B. von Lithium mit $152 \cdot 10^{-12}$ m bis Caesium mit $262 \cdot 10^{-12}$ m).

Bei der Abgabe von Elektronen (Bildung positiv geladener Ionen) nimmt der Radius ab, weil die äußeren Orbitale wegfallen und die jetzt überschüssige Kernladung eine stärkere Anziehungskraft auf die Hülle ausübt.
Durch Aufnahme von Elektronen (Bildung negativ geladener Ionen) erweitert sich die Elektronenhülle. Die Kernladung reicht jetzt nicht mehr aus, alle Elektronen so stark wie vorher anzuziehen.

Das Orbitalmodell beschreibt die Elektronenanordnung der freien Atome in zutreffender Weise. Bei der Entstehung von Verbindungen verhalten sich aber bei vielen Elementen die s- und p-Elektronen des äußersten Hauptenergieniveaus so, als ob zwischen ihnen keine Energiedifferenz bestünde. Die Anwendung der Elektronenverteilung des ungebundenen Atoms ergibt in diesen Fällen falsche Vorhersagen über die Struktur der Verbindung. Eine brauchbare Übereinstimmung zwischen Praxis und theoretischer Berechnung wird erst durch eine mathematische Kombination der Gleichungen für die einzelnen Orbitale (Hybridisierung) erhalten (siehe Band 2).

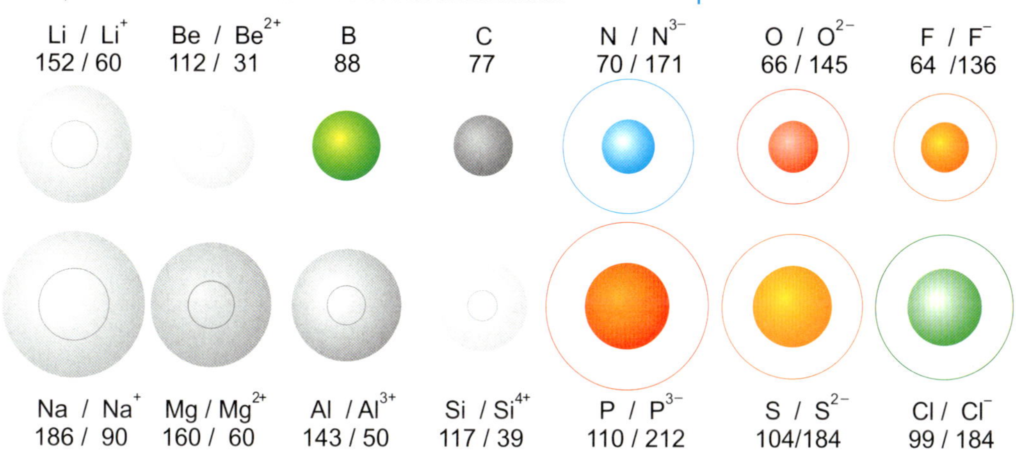

Radius der Atome und der entsprechenden Ionen Angabe in pm (10^{-12} m).

LINUS PAULING (1901–1994); amerikanischer Chemiker, schuf den Begriff der Elektronegativität, erhielt 1954 den Nobelpreis für Chemie und 1962 den Friedensnobelpreis für seinen Einsatz gegen die Anwendung von Kernwaffen.

Elektronenaffinität der Nichtmetalle:

$H + e^- \rightarrow H^-$	– 73 kJ/mol
$F + e^- \rightarrow F^-$	– 345 kJ/mol
$Cl + e^- \rightarrow Cl^-$	– 364 kJ/mol
$Br + e^- \rightarrow Br^-$	– 342 kJ/mol
$I + e^- \rightarrow I^-$	– 311 kJ/mol
$O + 2e^- \rightarrow O^{2-}$	+ 695 kJ/mol
$S + 2e^- \rightarrow S^{2-}$	+ 333 kJ/mol

negatives Vorzeichen: Energieabgabe bei der Aufnahme von Elektronen.
positives Vorzeichen: Energiezufuhr zur Aufnahme von Elektronen notwendig

ÜBUNGEN

3.14 Wodurch unterscheidet sich das 2s- vom 3s-Orbital?

3.15 Bestimme mit Hilfe des Periodensystems die Elektronenkonfiguration der folgenden Elemente: Mg, P, Fe, Xe.

3.16 Welche Elemente haben folgende Elektronenkonfigurationen: $1s^2 2s^2 2p^6$, $1s^2 2s^2 2p^6 3s^2 3p^6 4s^1$, $1s^2 2s^2 2p^6 3s^2 3p^6 4s^2 3d^8$, $[Kr]5s^2 4d^{10} 5p^4$.

3.17 Was ist an den folgenden Elektronenkonfigurationen falsch? Gegen welche Regeln wurde verstoßen?
a) $[Ne]3s^3 3p^1$, b) $[Ar]4s^2 3d^8 4p^2$

3.18 Welches Atom hat jeweils den größeren Durchmesser? Stickstoff (N) oder Arsen (As)? Kalium (K) oder Calcium (Ca)? Calcium oder Selen (Se)?

3.5 Die Elektronegativität

Die chemischen Eigenschaften eines Atoms werden wesentlich von seinen Fähigkeiten beeinflusst, eigene Elektronen abgeben oder Elektronen anderer Atome aufnehmen zu können.

Um Elektronen gegen die Anziehungskraft des Kerns aus der Hülle eines Atoms zu entfernen, ist Energie notwendig. Es entstehen positiv geladene Ionen; der dafür notwendige Energiebetrag wird als **Ionisierungsenergie** bezeichnet.
Die Abspaltung eines Elektrons ist dabei umso leichter, je weiter es vom Kern entfernt ist. Die Ionisierungsenergie für das jeweils erste Elektron nimmt daher innerhalb einer Gruppe von oben nach unten ab, da die Atome von oben nach unten größer werden und damit die Anziehungskraft des Kerns auf die äußeren Elektronen sinkt.
Umgekehrt steigen die Ionisierungsenergien innerhalb einer Periode von links nach rechts, da bei den kleiner werdenden Atomen die äußeren Elektronen stärker vom Kern angezogen werden.

Atome können aber auch zusätzliche Elektronen in ihrer Hülle aufnehmen, wodurch negativ geladene Ionen entstehen. Die dabei umgesetzte Energie wird **Elektronenaffinität** genannt.

Bei den Elementen der 17. Gruppe wird, wenn sie ein Elektron aufnehmen, Energie frei. Zur Bildung anderer, mehrfach negativ geladener Ionen ist hingegen die Zufuhr von Energie notwendig, um die Abstoßungskräfte zu überwinden.

Verbinden sich Atome, so hängt es von ihrer Ionisierungsenergie und ihrer Elektronenaffinität ab, wie sich die Elektronen der äußersten Schale zwischen ihnen verteilen. Es hat sich daher als sinnvoll erwiesen, diese beiden Größen zu einer neuen Größe, der **Elektronegativität**, zusammenzufassen.

Die Elektronegativität ist ein Maß für die Fähigkeit eines Atoms, Bindungselektronen an sich zu ziehen.

Sie kann aus der Festigkeit von Bindungen und aus dem Mittelwert von Ionisierungsenergie und Elektronenaffinität bestimmt werden. Als Maß hat man eine Skala gewählt, in der dem am stärksten elektronegativen Element, dem Fluor, willkürlich ein Wert von 4,0 zugeordnet wird. Die übrigen Elemente werden im Vergleich dazu eingestuft.

Tabelle der Elektronegativitätswerte:

1	2	13	14	15	16	17	18
H 2,2							He -
Li 1,0	Be 1,5	B 2,0	C 2,5	N 3,0	O 3,5	F 4,0	Ne -
Na 0,9	Mg 1,2	Al 1,5	Si 1,8	P 2,1	S 2,5	Cl 3,0	Ar -
K 0,8	Ca 1,0	Ga 1,6	Ge 1,8	As 2,0	Se 2,4	Br 2,8	Kr -
Rb 0,8	Sr 1,0	In 1,7	Sn 1,8	Sb 1,9	Te 2,1	I 2,5	Xe -
Cs 0,8	Ba 0,9	Tl 1,8	Pb 1,8	Bi 1,9	Po 2,0	At 2,2	Rn -

Nichtmetalle
Halbmetalle
Metalle

Die in der Tabelle nicht angegebenen Metalle der 3. bis 12. Gruppe haben Werte zwischen 1,2 und 2,5.

Die **Elektronegativität** eines **Elementes** kann auf Grund seiner **Stellung im Periodensystem** abgeschätzt werden:

- Die Elektronegativität innerhalb einer Periode steigt von links nach rechts an, weil die positive Kernladung und damit die Anziehungskraft auf die Elektronen immer größer wird.
- Die Elektronegativität nimmt innerhalb einer Gruppe von oben nach unten ab, da die positive Ladung des Atomkerns durch die zunehmend dichtere Elektronenhülle nach außen abgeschirmt wird.

Daher haben Elemente, die links und unten im Periodensystem stehen (Metalle der 1. und 2. Gruppe) geringe, Elemente rechts oben (F, O, Cl, N) große Elektronegativität.

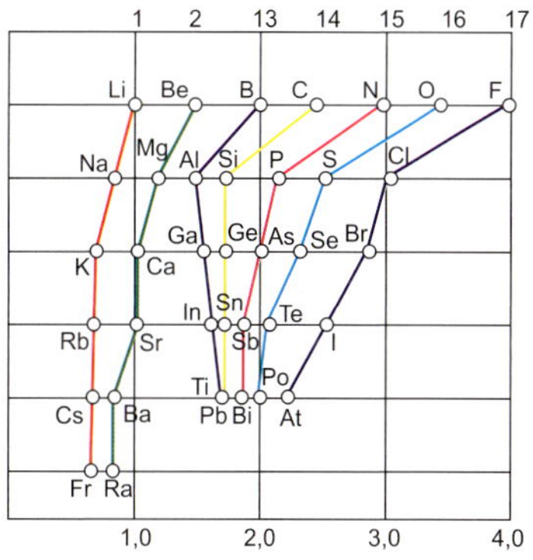

Die Elektronegativität der Elemente, nach dem Periodensystem geordnet.

ÜBUNGEN

3.19 Bei welchem Element ist jeweils die Ionisierungsenergie für das erste Elektron kleiner? Lithium oder Sauerstoff? Natrium oder Caesium? Kalium oder Calcium?

3.20 Bestimme ohne Zuhilfenahme der Tabelle, nur mit Hilfe des Periodensystems, welches Element jeweils stärker elektronegativ ist: Silicium oder Schwefel, Chlor oder Iod, Eisen oder Fluor?

4. Die chemische Bindung

Walter Kossel (1888–1956); deutscher Physiker.

Die Oktettregel gilt nicht für alle Verbindungen. Bei den Elementen der 3. bis 12. Gruppe versagt sie vollständig, da dort auch Elektronen aus d-Orbitalen an der Bindung beteiligt sind. Trotzdem ist sie ein nützliches Hilfsmittel.

Gilbert Lewis (1875–1946); amerikanischer Physikochemiker.

Mit Ausnahme der Edelgase kommen alle Elemente in der Natur nicht als freie Atome, sondern nur in Form von Verbindungen vor. Die meisten Atome haben offenbar das Bestreben, sich zu verbinden.

Weil die Edelgase äußerst reaktionsträge sind, nur einatomig vorkommen, die bei weitem größte Ionisierungsenergie aufweisen und keine Tendenz zeigen, Elektronen aufzunehmen, folgerte man, dass sich ihre Elektronen in einem besonders günstigen Zustand befinden.

Helium besitzt nur das 1s-Orbital, mit zwei Elektronen ist es vollständig besetzt. Bei Neon und den übrigen Edelgasen sind stets die s- und p-Orbitale der äußersten Hülle mit zusammen **acht Elektronen** zur Gänze gefüllt.

Kossel und Lewis stellten in den Jahren 1915 und 1916 die Theorie auf, dass nur die Elektronen der äußersten Hülle (die so genannten Valenzelektronen) an einer Bindung beteiligt sind.

Sie nahmen weiters an, dass die Atome aller anderen Elemente einen besonders stabilen Zustand erreichen, wenn sie die Elektronenanordnung eines Edelgases annehmen (mit zwei bzw. acht Elektronen in der äußersten Hülle). Sie erreichen diesen Zustand durch Aufnahme, Abgabe oder gemeinsame Nutzung von Elektronen.

Atome verbinden sich so miteinander, dass ihre Elektronenanordnung der eines Edelgases entspricht. (Edelgasregel oder Oktettregel)

Je nachdem wie sich die Elektronenhüllen der Atome verändern, werden verschiedene **Bindungsarten** unterschieden:

- die **Ionenbindung**,
- die **Atombindung** (siehe Seite 41),
- die **metallische Bindung** (siehe Seite 51 und 156).

Zwischen diesen Bindungsarten gibt es fließende Übergänge.

4.1 Die Ionenbindung

Eine Möglichkeit für ein Atom, den Edelgaszustand zu erreichen, besteht darin, die ihm auf die Zahl Acht fehlenden Elektronen von einem anderen Atom zu übernehmen oder die Elektronen eines nicht vollständig gefüllten Energieniveaus an ein anderes Atom abzugeben.

Dieser Platzwechsel der Elektronen kann sehr heftig ablaufen, wie die Reaktion von metallischem Natrium mit Chlorgas zeigt. Das Endprodukt der Reaktion ist Kochsalz.

$$2\,Na + Cl_2 \rightarrow 2\,NaCl$$

Natrium, ein Element der 1. Gruppe, verfügt über ein Außenelektron.
Chlor (17. Gruppe) besitzt sieben Außenelektronen.
Bei der Reaktion wechselt ein Elektron vom Natrium- zum Chloratom.

In einer vereinfachten Schreibweise werden nur die an der Bindung beteiligten Elektronen der äußersten Hülle durch Punkte dargestellt.

Durch den Elektronenübergang erreicht Natrium die Elektronenanordnung des Edelgases Neon und Chlor die des Edelgases Argon.

Das elektrisch neutrale Natriumatom (11 p^+, 11 e^-) hat ein Elektron abgegeben, daher überwiegt jetzt die Ladung eines Protons, das einfach positiv geladene Natriumion (11 p^+, 10 e^-) ist entstanden:

$$Na - e^- \rightarrow Na^+$$

Das Chloratom (17 p^+, 17 e^-) hat ein Elektron aufgenommen, ein einfach negativ geladenes Ion (17 p^+, 18 e^-) wurde gebildet:

$$Cl + e^- \rightarrow Cl^-$$

Auch die lebhafte Reaktion von Magnesium mit Sauerstoff führt zu einer Ionenbindung:

Magnesium besitzt zwei Außenelektronen, dem Sauerstoffatom fehlen zwei auf eine Edelgasanordnung.

Die Reaktion eines Elements mit Sauerstoff wird als **Oxidation** bezeichnet.
Die Abbildung zeigt, was dahinter steckt: Dem Magnesium werden vom Sauerstoff Elektronen entzogen.

Daher wird heute jeder **Elektronenentzug** als **Oxidation**, jede **Elektronenaufnahme** als **Reduktion** bezeichnet.

In den beiden Beispielen haben Natrium und Magnesium Elektronen abgegeben, sie wurden oxidiert. Chlor und Sauerstoff haben Elektronen aufgenommen, sie wurden reduziert.

Das Zahlenverhältnis, in dem sich die Atome verbinden, hängt von der Zahl der Elektronen in ihren äußersten Hüllen ab. Magnesium und Chlor reagieren im Verhältnis 1 : 2, damit die Oktettregel erfüllt ist.

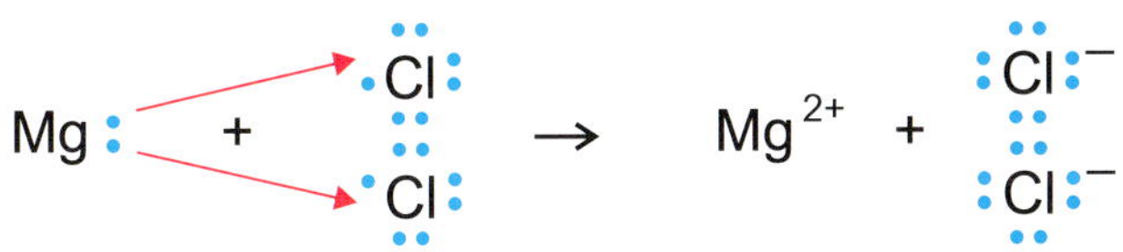

Die entstandenen Ionen üben wechselseitige **elektrostatische Anziehungs- und Abstoßungskräfte** aus. Die positiv geladenen Ionen umgeben sich mit negativ geladenen Ionen und umgekehrt.

Dies führt zu einem regelmäßigen räumlichen Aufbau, zu einem **Ionengitter** (das ist ein Raumgitter, dessen Gitterpunkte abwechselnd von positiv und negativ geladenen Ionen besetzt sind).

Natrium reagiert mit Chlor.

Magnesium reagiert mit Sauerstoff.

Magnesium reagiert mit Chlor.

Die Bildung von Ionen

Ob ein Atom ein positiv oder ein negativ geladenes Ion bildet, hängt von mehreren Faktoren ab:

ion (griech.) = wandernd
Die Ionen „wandern" bei einer Elektrolyse zu den Elektroden.

Für die **Bildung positiv geladener Ionen** ist die Höhe der Ionisierungsenergie maßgebend. Die Bildung mehrfach positiv geladener Ionen erfordert eine sehr große Ionisierungsenergie (Seite 27). Daher können nur Elemente mit wenigen Außenelektronen (die Elemente der 1. bis 13. Gruppe) positiv geladene Ionen bilden.

Negativ geladene Ionen entstehen durch Aufnahme von Elektronen. Dazu eignen sich **Elemente mit großer Elektronegativität**.
Ein Element der 17. Gruppe erreicht den Edelgaszustand durch Aufnahme eines Elektrons. Dabei entsteht, unter Energieabgabe, ein einfach negativ geladenes Ion.
Ein Element der 16. Gruppe muss zwei Elektronen aufnehmen. Dabei muss das zweite Elektron gegen die Abstoßung durch das erste aufgenommen werden. Dies erfordert Energie. Es entsteht ein zweifach negativ geladenes Ion (siehe Seite 32).

Ab der 15. Gruppe wird der Energieaufwand zur Aufnahme der auf eine Edelgasanordnung fehlenden Elektronen so groß, dass keine mehrfach negativ geladenen Ionen gebildet werden.

Elemente mit locker gebundenen Außenelektronen, d. h. **mit geringer Elektronegativität** (Metalle), bilden **positiv geladene Ionen**.
Bei den Elementen der langen Gruppen entspricht ihre Ladung der Einerstelle der Gruppennummer.

14	15	16	17	18
	N^{3-}	O^{2-}	F^-	
	P^{3-}	S^{2-}	Cl^-	
		Se^{2-}	Br^-	
			I^-	

Nur die Elemente im rechten oberen Teil des Periodensystems (die Nichtmetalle) bilden negativ geladene Ionen.

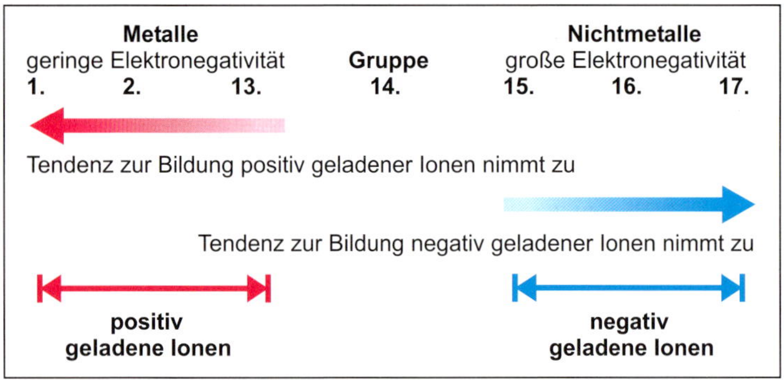

Elemente mit großer Elektronegativität (Nichtmetalle) bilden **negativ geladene Ionen**. Ihre Ladung entspricht der Differenz zwischen der Einerstelle der Gruppennummer und der Zahl Acht.

Negativ geladene Ionen werden **Anionen**, positiv geladene Ionen **Kationen** genannt.

Ein Ion trägt so viele positive oder negative Elementarladungen (gekennzeichnet durch ein hochgestelltes Plus oder Minus), als Elektronen abgegeben oder aufgenommen wurden. Die Summe der Elementarladungen wird rechts oben neben das Elementsymbol geschrieben.

Beispiele:

Natrium gibt ein Elektron ab und bildet ein einfach positiv geladenes Natriumion:

$$Na - e^- \rightarrow Na^+$$

Sauerstoff nimmt zwei Elektronen auf und bildet ein zweifach negativ geladenes Sauerstoffion:

$$O + 2\,e^- \rightarrow O^{2-}$$

Eine Ionenbindung entsteht zwischen einem Element mit geringer Elektronegativität (einem Metall), das leicht Elektronen abgibt und so zu einem positiv geladenen Ion wird, und einem stark elektronegativen Element (einem Nichtmetall), das Elektronen aufnimmt und zu einem negativ geladenen Ion wird.
Die Bindung erfolgt durch die elektrostatische Anziehung der entgegengesetzt geladenen Ionen.
Kennzeichen der Ionenbindung ist der durch den großen Unterschied in der Elektronegativität der Bindungspartner verursachte Wechsel von Elektronen von einem Atom auf ein anderes.

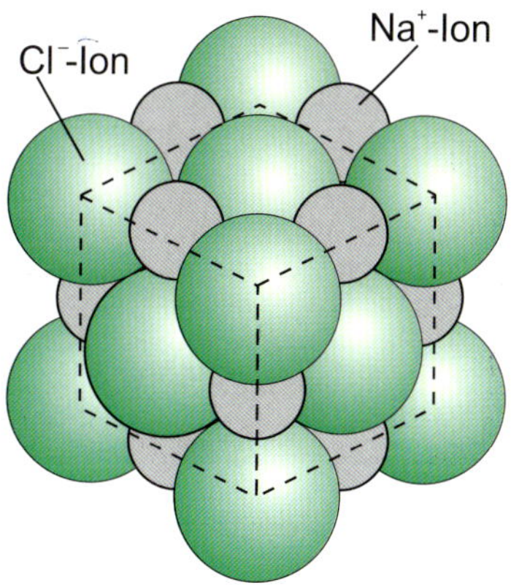

Ausschnitt aus dem Ionengitter eines Kochsalzkristalles
Die Ionen füllen den Raum fast vollständig aus, sie berühren einander.
Da in einem solchen Gitter kein Natriumion einem bestimmten Chloridion zugeordnet werden kann, ist es nicht korrekt, von NaCl-Molekülen zu sprechen. Die Formel sagt aus, dass beide Ionen im Verhältnis 1 : 1 vorhanden sind.

Die Ionen der Elemente aus der 3. bis 12. Gruppe entstehen, indem die Elektronen des äußersten s-Orbitals und einige Elektronen aus dem d-Orbital abgegeben werden. Diese Metalle treten in Form verschiedener Ionen auf (z. B. Eisen als Fe^{2+}- und als Fe^{3+}-Ion), wobei es keine einfachen Regeln zur Vorhersage der Ionenladung in einer bestimmten Verbindung gibt.

Die Anzahl der Elementarladungen mit ihrem Vorzeichen wird als **Ionenladungszahl** oder **Ionenwertigkeit** bezeichnet.

ÜBUNGEN

4.1 Welche Ionen werden die folgenden Elemente bilden? Brom, Calcium, Schwefel, Kalium, Aluminium.
4.2 Calcium reagiert mit Fluor. Formuliere die Reaktionsgleichung und gib an, welche Ionen entstehen.

Die Energiebilanz der Ionenbindung

Für die Bildung einer Ionenbindung ist nicht allein das Erreichen des Elektronenoktetts ausschlaggebend. Entscheidend ist die Bildung eines energiearmen und stabilen Ionengitters.

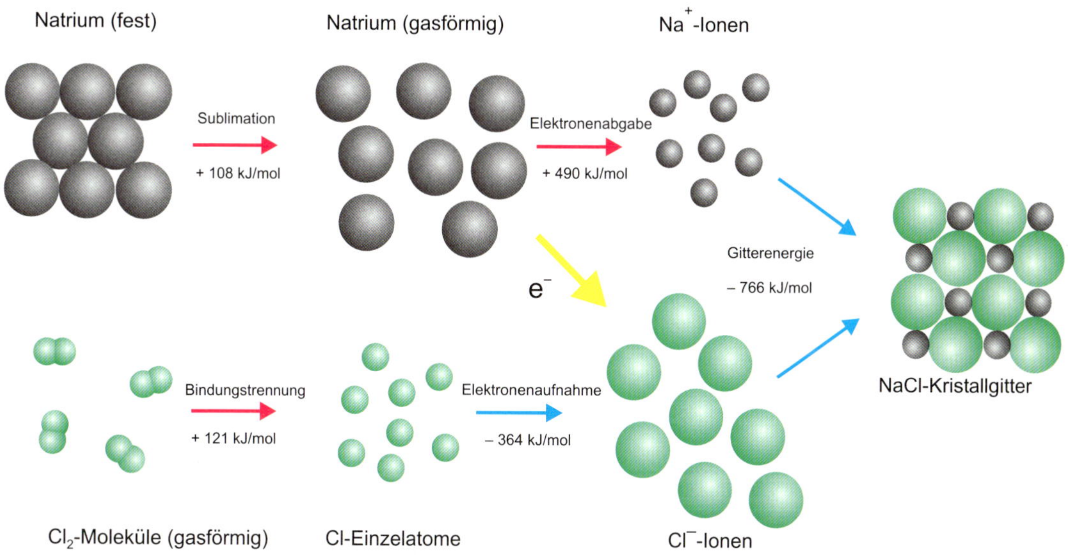

Die regelmäßige Anordnung der Ionen in einem Kochsalz-Kristall kommt auch in der Kristallform zum Ausdruck.

Die Bildung von Kochsalzkristallen aus den Elementen Natrium und Chlor lässt sich in mehrere Teilschritte gliedern:
Um das Natrium in den gasförmigen Zustand zu bringen, die Cl_2-Moleküle zu spalten und die Natriumatome zu ionisieren, muss Energie aufgewendet werden. Die Elektronenaufnahme der Chloratome und vor allem die Bildung des Ionengitters setzt Energie frei.
In Summe werden daher bei der Bildung von einem Mol NaCl 411 kJ abgegeben.

Eine Ionenbindung kann nur entstehen, wenn die Gitterenergie größer ist als die zur Bildung der Ionen erforderliche Energie.

Formeln und Namen der Ionenverbindungen

Die **Formel** einer Ionenverbindung gibt das **Zahlenverhältnis der Ionen** im Kristall an. Dieses Zahlenverhältnis folgt aus der Zahl der abgegebenen und aufgenommenen Elektronen.

Beispiele:

a) Bestimmung der Formel der Verbindung von Natrium mit Fluor:
Natrium gibt ein Elektron ab und bildet ein Na^+-Ion, ein Fluoratom nimmt ein Elektron auf und bildet ein F^--Ion.

$$\begin{array}{lcccc} Na & - & e^- & \rightarrow & Na^+ \\ F & + & e^- & \rightarrow & F^- \\ \hline Na & + & F & \rightarrow & Na^+ + F^- \end{array}$$

Die Elektronenbilanz stimmt, wenn Natrium- und Fluoridionen im Zahlenverhältnis 1 : 1 vorliegen.
Die Formel der Substanz lautet daher: NaF

b) Welche Formel hat die Verbindung von Aluminium mit Sauerstoff?
Aluminiumatome geben je drei Elektronen ab, Sauerstoffatome nehmen je zwei Elektronen auf. Damit die Elektronenbilanz stimmt, müssen im Kristall Aluminium- und Sauerstoffatome im Verhältnis 2 : 3 vorliegen.

$$\begin{array}{lcccc} 2 \cdot (\,Al & - & 3\,e^- & \rightarrow & Al^{3+}\,) \\ 3 \cdot (\,O & + & 2\,e^- & \rightarrow & O^{2-}\,) \\ \hline 2\,Al & + & 3\,O & \rightarrow & 2\,Al^{3+} + 3\,O^{2-} \end{array}$$

Die Formel lautet daher: Al_2O_3

Da ein Ionenkristall als Ganzes elektrisch neutral ist, gilt:

> **Die Summe der positiven und negativen Ladungen in einer Verbindung ist stets null.**

Beispiele:

NaF	Natriumfluorid	
Al_2O_3	Aluminiumoxid	(Sauerstoff: oxygenium)
Na_2S	Natriumsulfid	(Schwefel: sulfur)
KBr	Kaliumbromid	

In der Formel werden zuerst die positiv, dann die negativ geladenen Ionen angeschrieben. Im Namen wird das negativ geladene Ion durch den (abgekürzten lateinischen) Elementnamen und die Endung **-id** bezeichnet.

Bei Verbindungen von Elementen, die unterschiedlich geladene Ionen bilden können, wird die Ladung des Metall-Ions durch eine römische Ziffer angegeben.

Beispiele:

PbO Blei(II)-oxid
PbO_2 Blei(IV)-oxid

Neben diesen **rationellen Namen**, aus denen die Formel einer Substanz hergeleitet werden kann, sind auch **Trivialnamen** gebräuchlich, die oft historische Ursprünge haben und keine Rückschlüsse auf die Formel ermöglichen (z. B. Steinsalz, Glaubersalz, Kupfervitriol, ...).

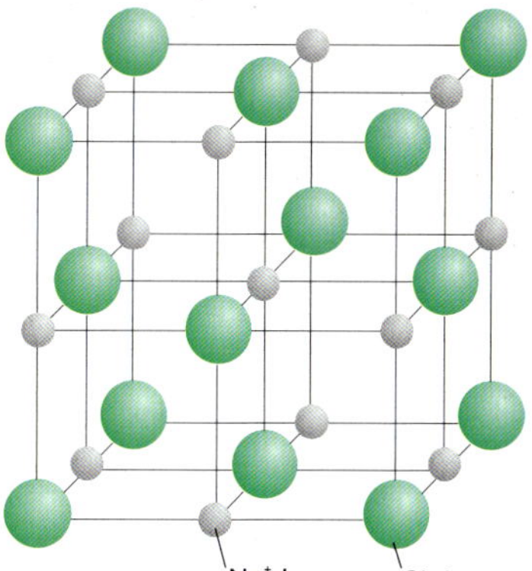

Schematische Darstellung des Natriumchloridgitters
Die Ionen sind klein dargestellt, um die kubische Gitterstruktur besser zu zeigen.

Die Eigenschaften von Ionenkristallen

Die wechselseitigen **Anziehungs- und Abstoßungskräfte** der Ionen führen zu einem regelmäßig aufgebauten **Ionengitter**.

Die **Gitterstruktur** hängt von der Ladung der Ionen und ihrem Größen- und Zahlenverhältnis ab. Daher gibt es verschiedene Gitterstrukturen und folglich auch verschiedene **Kristallformen**.

> **Feststoffe mit einem Ionengitter werden als Salze bezeichnet.**

Beim **Natriumchloridgitter** ist jedes Natriumion (Radius $90 \cdot 10^{-12}$ m) von sechs Chloridionen ($180 \cdot 10^{-12}$ m) und jedes Chloridion von sechs Natriumionen umgeben.

Anders beim wesentlich größeren **Caesiumchloridgitter**: Das Caesiumion (Radius $169 \cdot 10^{-12}$ m) ist von acht Chloridionen umgeben, was eine andere Gitterstruktur und Kristallform zur Folge hat.

Die Zahl der in gleichem Abstand befindlichen nächsten Nachbarionen im Gitter wird **Koordinationszahl** genannt. Im Natriumchloridgitter beträgt sie sechs, im Caesiumchloridgitter acht.

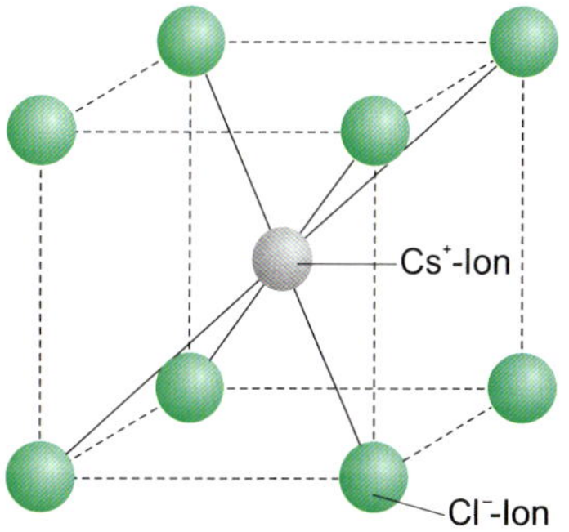

Schematische Darstellung des Caesiumchloridgitters
Auch hier liegt eine kubische Gitterstruktur vor, allerdings anders als beim NaCl-Gitter.

Im Jahre 1912 entdeckte der deutsche Physiker MAX VON LAUE, dass Röntgenstrahlen an einem Kristall gebeugt werden und bewies damit gleich dreierlei: dass die Röntgenstrahlen Wellen sind, dass es Atome gibt und dass Kristalle Gitterstruktur haben. Der englische Physiker WILLIAM BRAGG entwickelte das Verfahren der Röntgenstrukturanalyse weiter. Aus der Art der Beugung kann Lage und Abstand der Atome bzw. Ionen in einem Kristall bestimmt werden. Vierzig Jahre später wurde mit dieser Methode die Struktur der Erbsubstanz, der Doppelhelix, aufgeklärt.

Ionenkristalle sind **spröde** und **hart**. Bei einer Verschiebung der Gitterebene werden gleich geladene Ionen übereinander gelagert. Das bedeutet Abstoßung – der Kristall bricht.

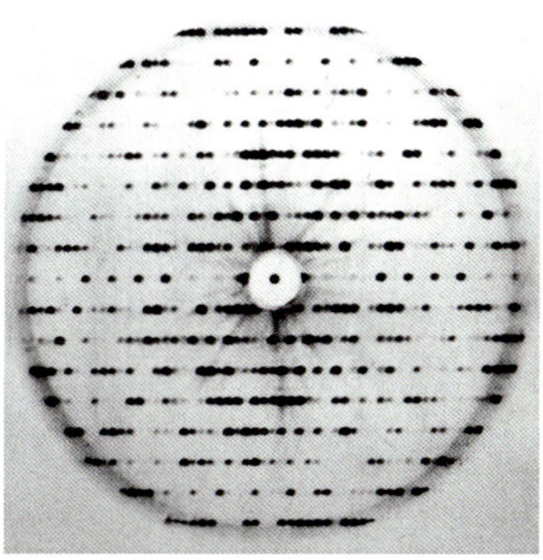

Beugung von Röntgenstrahlen an einem NaCl-Kristall.

> **Stoffe mit einem Ionengitter haben hohe Schmelz- und Siedetemperaturen.**

Die Anziehungskräfte zwischen den Ionen sind so stark, dass sie erst bei sehr hohen Temperaturen von der Wärmebewegung überwunden werden können. Ihre Stärke wird von der Ladung und vom Abstand der Atomkerne (d. h. von der Größe der Ionen) bestimmt. Das Gitter ist besonders stabil, wenn es kleine, mehrfach geladene Ionen enthält.

MAX VON LAUE (1879–1960) erhielt für seine Entdeckung 1914 den Nobelpreis für Physik.

WILLIAM BRAGG (1862–1942) empfing die gleiche Auszeichnung 1915.

Ein Maß für die Festigkeit ist die **Gitterenergie**. Das ist jener Energiebetrag, der notwendig ist, um ein Mol des Stoffes vom kristallinen in den gasförmigen Zustand überzuführen.

Je größer die Ladung der Ionen, desto höher sind Gitterenergie und Schmelztemperatur.

Große, einfach geladene Ionen

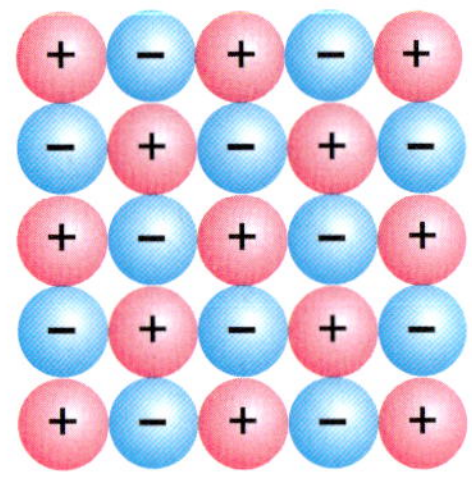

kleinere elektrostatische Kräfte

Kleine, doppelt geladene Ionen

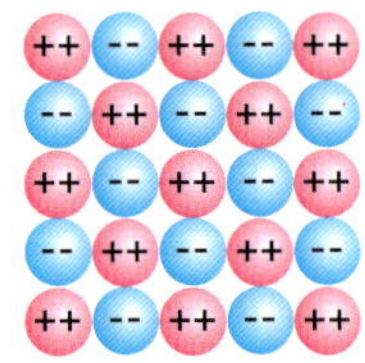

größere elektrostatische Kräfte

Gitterenergie, Schmelz- und Siedetemperatur der Natriumhalogenide in Abhängigkeit vom Ionenradius:

Substanz	NaF	NaCl	NaBr	NaI
Abstand der Atomkerne in pm	231	276	290	311
Radius des Halogenid-Ions in pm	136	181	195	216
Gitterenergie in kJ/mol	908	766	733	687
Schmelztemperatur in °C	992	800	747	662
Siedetemperatur in °C	1695	1441	1393	1300

Je größer der Abstand der Atomkerne ist, desto geringer sind Gitterenergie, Schmelz- und Siedetemperatur.

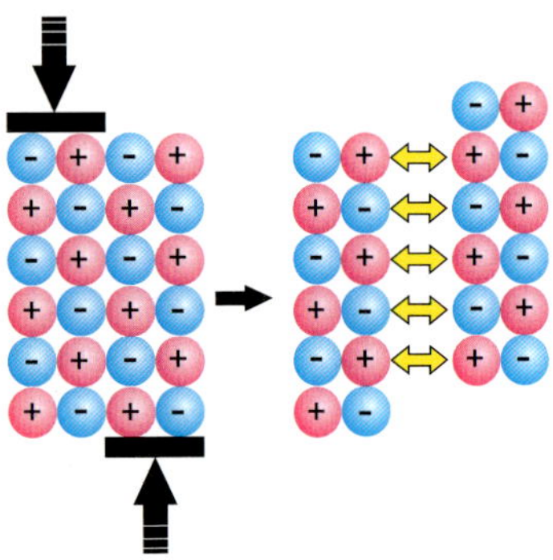

Die Verschiebung einer Gitterebene führt zu Abstoßung und Bruch.

Die feste Bindung eines Ionengitters kann auch durch **Lösen** des Salzes in Wasser zerstört werden (siehe Seite 117).

Im festen Zustand leiten Salze den Strom nicht, da die Ionen an ihre Plätze gebunden sind.
Im gelösten oder geschmolzenen Zustand hingegen sind die Ionen frei beweglich und bewirken die **elektrische Leitfähigkeit**.

Schmelztemperaturen in Abhängigkeit von der Ionenladung:

Substanz	Na^+F^-	$Mg^{2+}O^{2-}$
Ionenladung (±e)	1	2
Abstand der Atomkerne in pm	231	210
Schmelztemperatur in °C	992	2 800

Lösungen oder Salzschmelzen, deren elektrische Leitfähigkeit durch Ionen bedingt ist, werden auch **Elektrolyte** genannt.

ÜBUNGEN

4.3 Welches der folgenden Teilchen ist jeweils das größte? Mg^{2+}, Ca^{2+} oder Ca; S^{2-}, S oder O?

4.4 Welche Formeln und Namen werden die Verbindungen der folgenden Elemente haben, aus welchen Ionen bestehen sie? Natrium + Iod, Lithium + Sauerstoff, Magnesium + Brom, Calcium + Sauerstoff, Aluminium + Fluor.

4.5 Bestimme die Formeln der folgenden Verbindungen: Caesiumiodid, Bariumoxid, Calciumchlorid, Magnesiumsulfid, Kupfer(I)-chlorid, Cobalt(II)-chlorid, Mangan(IV)-oxid.

4.6 Haben die Verbindungen des Kaliums mit Elementen der 17. Gruppe höhere oder niedrigere Schmelztemperaturen als die entsprechenden Natriumverbindungen? Begründe die Antwort.

4.2 Die Atombindung

Aus Ionen aufgebaute Substanzen zeigen typische Eigenschaften: Es sind kristalline, spröde Feststoffe, die erst bei hohen Temperaturen schmelzen. Viele Stoffe, mit denen wir täglich in Berührung kommen, zum Beispiel Wasser, Sauerstoff, Zucker oder die Kunststoffe haben jedoch andere Eigenschaften: es sind Flüssigkeiten, Gase oder Feststoffe mit niedrigen Schmelztemperaturen. Bei diesen Verbindungen der Nichtmetalle liegt offensichtlich ein anderer Bindungstyp vor.

LEWIS konnte zeigen, dass auch in diesen Fällen die Oktettregel anwendbar ist, wenn man annimmt, dass sich bei der Annäherung der Atome **gemeinsame Elektronenpaare** bilden, die von beiden Atomen zum Erreichen einer Edelgasanordnung „genutzt" werden.

Einfachstes Beispiel ist das **Wasserstoffmolekül H_2**.

Bei der Annäherung zweier Wasserstoffatome durchdringen sich die Orbitale, sodass (von seinem Standpunkt aus betrachtet) jedes Wasserstoffatom die Elektronenanordnung des Edelgases Helium erhält.

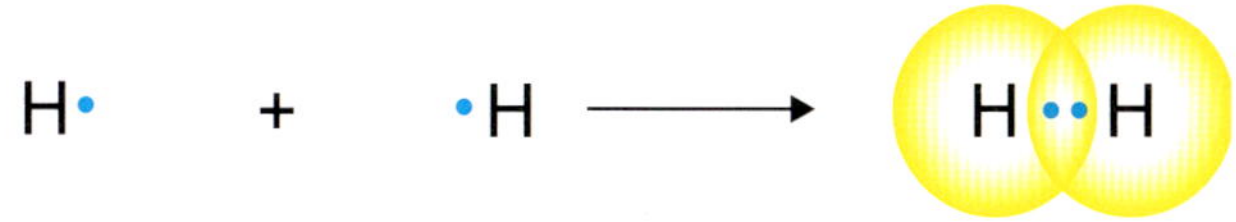

In ähnlicher Weise verläuft die Bildung von Chlormolekülen:

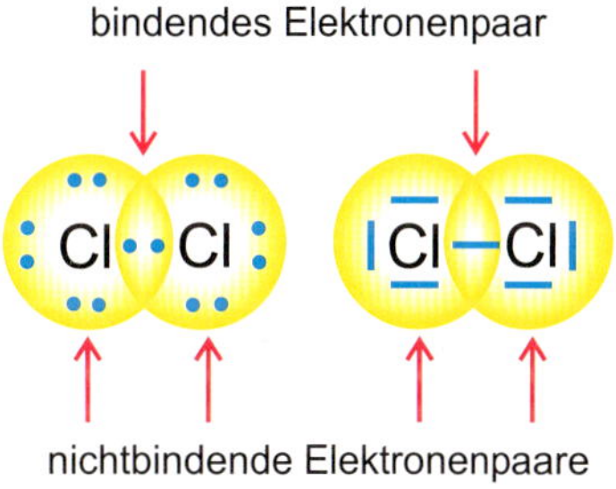

In Zeichnungen stellt man die Elektronenpaare meist durch Striche dar, das bindende Elektronenpaar ebenso wie die an der Bildung des Moleküls nicht unmittelbar beteiligten nichtbindenden Elektronenpaare.

Die Elektronenhüllen der beiden Chloratome durchdringen sich so, dass jedes Atom die Elektronenanordnung des Edelgases Argon erreicht. Von den acht Elektronen, die jedes Chloratom für sich „beansprucht", stammen sieben von ihm selbst, eines ist vom anderen Chloratom „entlehnt". Diese beiden gemeinsam genutzten Elektronen bewirken die Bindung, sie bilden das **bindende Elektronenpaar**.

Die Bindung kommt zu Stande, weil das bindende Elektronenpaar von beiden Atomkernen angezogen wird. Gleichzeitig schirmt es die Kerne voneinander ab und verringert die Abstoßung zwischen ihren positiven Ladungen. Das Elektronenpaar bildet den „Klebstoff", der die Atome zusammenhält.

Die Atombindung wird auch als **kovalente Bindung** oder als **Elektronenpaarbindung** bezeichnet.

Um den Abstand der Atome im Molekül zu vergrößern, ist daher Energie nötig. Die zur vollständigen Spaltung der Bindung notwendige Energie wird **Bindungsenergie** genannt.

Sie ist ein Maß für die Stärke der Atombindung und lässt sich experimentell bestimmen. Für die Bindung zwischen zwei Wasserstoffatomen beträgt sie 436 kJ/mol. Umgekehrt werden bei der Bildung eines H_2-Moleküls aus zwei Wasserstoffatomen 436 kJ/mol frei.

Die durch ein gemeinsames Elektronenpaar bewirkte Bindung wird Atombindung genannt.
Sie entsteht durch die zwischen den Kernen angehäufte negative Ladung.

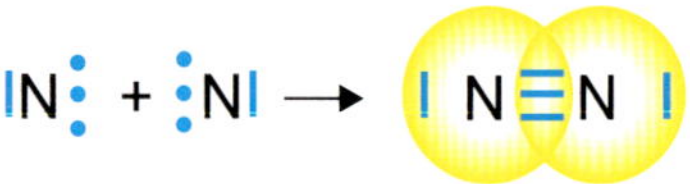

Die Bindungen im Stickstoff-Molekül

Wasserstoff brennt in einem mit Chlorgas gefüllten Zylinder.

Bei manchen Molekülen wird die Edelgasanordnung erst durch mehrere gemeinsame Elektronenpaare erreicht, sie gehen eine **Mehrfachbindung** ein.

Beispiel:
Ein Stickstoffatom besitzt fünf Außenelektronen. Um eine Edelgasanordnung zu erreichen, werden noch drei Elektronen benötigt. Da jedes bindende Elektronenpaar aus einem „eigenen" und einem „fremden" Elektron besteht und daher in Summe ein Elektron zum Elektronenoktett beisteuert, sind drei bindende Elektronenpaare notwendig, damit jedes Stickstoffatom acht Außenelektronen besitzt. Verbinden sich zwei Stickstoffatome, so geschieht dies daher unter Bildung von drei gemeinsamen Elektronenpaaren.

Eine solche **Dreifachbindung** ist wesentlich stärker als eine Einfachbindung (siehe die Tabelle der Bindungsenergien auf Seite 47). Stickstoffmoleküle sind daher außergewöhnlich stabil und reaktionsträge (siehe Seite 137).

Die **Elemente** ab der **dritten Periode** (z. B. Schwefel oder Phosphor) bilden **keine stabilen Mehrfachbindungen**. Ihre Bindungselektronen befinden sich an der Oberfläche sehr großer Atomrümpfe, sodass sich mehrere gemeinsame Elektronenpaare nur dann bilden könnten, wenn sich die positiv geladenen Atomrümpfe relativ nahe kämen. Dann aber würden abstoßende Kräfte wirksam.

Da alle diese Moleküle aus gleichen Atomen aufgebaut sind, beträgt der **Elektronegativitätsunterschied null**. Die bindenden Elektronenpaare befinden sich genau in der Mitte zwischen den beiden Atomkernen, man spricht von einer **unpolaren Atombindung**.

Auch die **Bindungen zwischen verschiedenen Nichtmetallatomen** lassen sich mit der Oktettregel herleiten.

Beispiele:

Wasserstoff reagiert mit **Chlor**. Das Wasserstoffatom hat ein Außenelektron, eines fehlt ihm noch auf die Edelgashülle (des Heliums). Dem Chloratom fehlt ein Elektron auf die Edelgashülle. Durch Bildung eines bindenden Elektronenpaares zwischen den Atomen wird die Edelgasregel für das Wasserstoffatom und das Chloratom erfüllt.

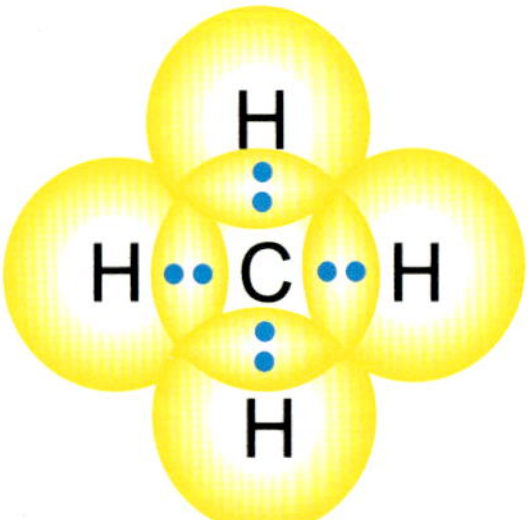

Die Strukturformel von CH_4

Bei der Verbindung von **Kohlenstoff** mit **Wasserstoff** treten mehrere bindende Elektronenpaare auf. Kohlenstoff besitzt vier Außenelektronen. Um eine Edelgasanordnung zu erreichen, werden noch vier Elektronen benötigt. Da jedes bindende Elektronenpaar aus einem „eigenen" und einem „fremden" Elektron besteht und daher in Summe ein Elektron beisteuert, müssen im Molekül vier bindende Elektronenpaare vorhanden sein.
Wasserstoffatome benötigen noch ein Elektron, d. h. ein bindendes Elektronenpaar zur Erreichung der Edelgasanordnung und steuern ihrerseits jeweils ein Elektron zur Edelgasanordnung des anderen Atoms bei. Daher verbindet sich ein Kohlenstoffatom mit vier Wasserstoffatomen, die Formel lautet CH_4.

Welche Formel hat die Verbindung von **Stickstoff** mit **Wasserstoff**? Dem Stickstoffatom fehlen noch drei Elektronen, es wird daher drei bindende Elektronenpaare ausbilden, sich also mit drei Wasserstoffatomen verbinden. Ein Elektronenpaar des Stickstoffs ist nicht an der Bindung beteiligt.

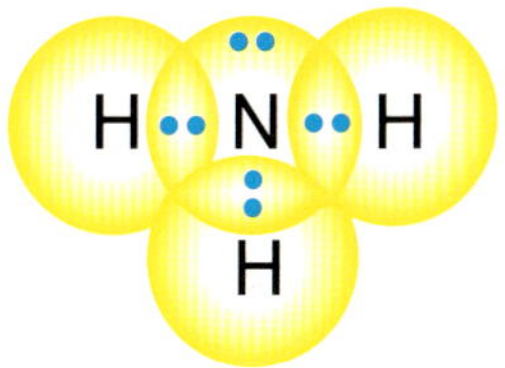

Die Strukturformel von NH_3

In diesen Molekülen haben die Bindungspartner **unterschiedliche Elektronegativität** (siehe Seite 32).

Im **Hydrogenchlorid-Molekül** reicht die Elektronegativität von Chlor zwar nicht aus, dem Wasserstoffatom das Elektron zu entziehen (was eine Ionenbindung zur Folge hätte), sie ist jedoch groß genug, das bindende Elektronenpaar zum Chloratom hin zu verschieben.

In einem solchen Molekül liegen die Schwerpunkte der positiven und negativen Ladungen nicht mehr am gleichen Ort. Die Seite mit dem stärker elektronegativen Atom ist negativ geladen, die andere Seite positiv. Die Atombindung ist **polar**.
Da diese Ladungen nur durch eine Verschiebung, nicht durch eine gänzliche Übertragung von Elektronen entstanden sind, ist ihre Größe geringer als die Ladung eines Elektrons. Sie werden **Partialladungen** genannt und durch die Zeichen δ^+ und δ^- neben den Elementsymbolen angedeutet.

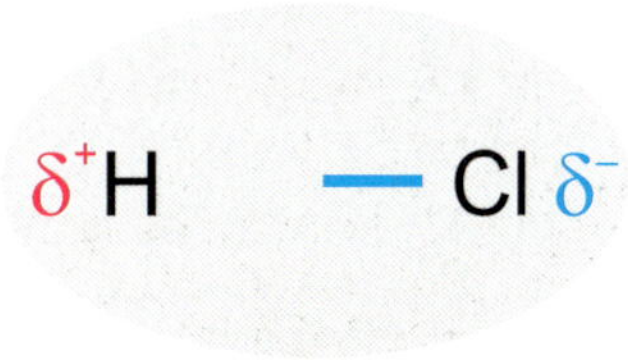

Die Ladungsverteilung im HCl-Dipol
δ = griech. Buchstabe delta

Nach außen hin ist das Molekül elektrisch neutral, im Inneren jedoch ist die Ladung nicht gleichmäßig verteilt. Das Molekül besitzt zwei elektrische Pole, es ist ein **Dipol**.

Die **Polarität der Bindung** (die Größe der Partialladungen) hängt vom **Elektronegativitätsunterschied** der beteiligten Atome ab. Je größer dieser Unterschied, desto größer die Polarität der Bindung.
Die Stärke des Dipols, das **Dipolmoment**, wird von der Größe der Partialladungen und von ihrer Entfernung bestimmt.

Atombindungen zwischen verschiedenen Atomen sind mehr oder weniger stark polar.
Zweiatomige polare Moleküle sind immer Dipole.

Das Elektronenpaar-Abstoßungsmodell

Die Grenzen des Bindungsmodells zeigen sich bei Molekülen, die aus mehreren Atomen bestehen, z. B. Wasser:

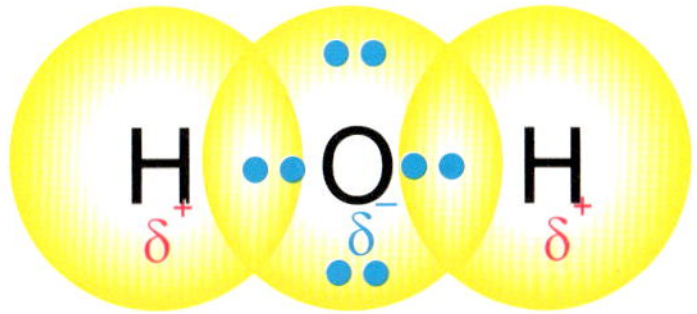

In einem gestreckt aufgebauten Wassermolekül würde der Schwerpunkt der positiven mit dem Schwerpunkt der negativen Partialladung zusammenfallen – das Molekül wäre kein Dipol.

Die Summenformel H_2O lässt sich mit der Oktettregel erklären: Dem Sauerstoffatom fehlen noch zwei Elektronen, daher verbindet es sich mittels zweier bindender Elektronenpaare mit den beiden Wasserstoffatomen.
Das deutlich stärker elektronegative Sauerstoffatom zieht diese beiden Elektronenpaare etwas näher zu sich und besitzt daher eine negative Partialladung. Die beiden Wasserstoffatome tragen positive Partialladungen, sodass das Molekül auf Grund der Abstoßungskräfte zwischen ihnen gestreckt aufgebaut sein müsste.
Trotz der polaren Bindungen wäre das Molekül aber kein Dipol, da die Schwerpunkte der Partialladungen zusammenfallen.

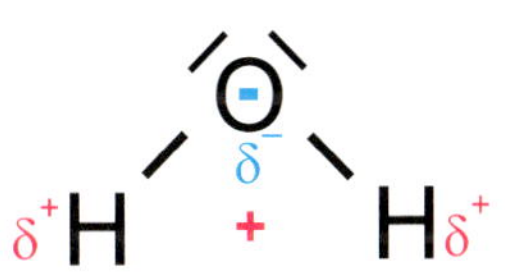

Das gewinkelt aufgebaute Wassermolekül ist ein Dipol, da die Schwerpunkte der positiven (+) und der negativen Partialladung (–) nicht zusammenfallen.

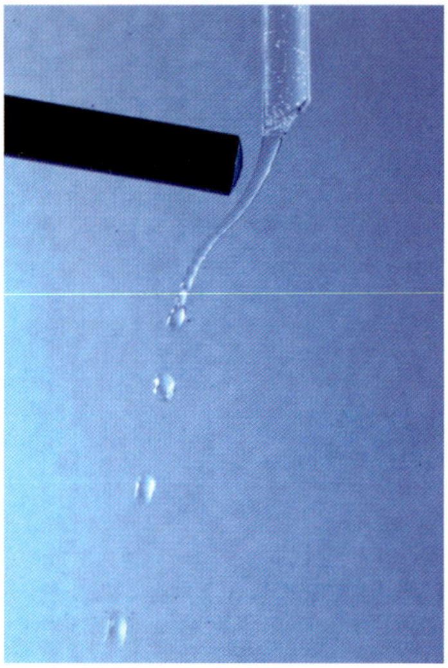

Die Ablenkung eines Wasserstrahles durch einen elektrisch geladenen Körper.

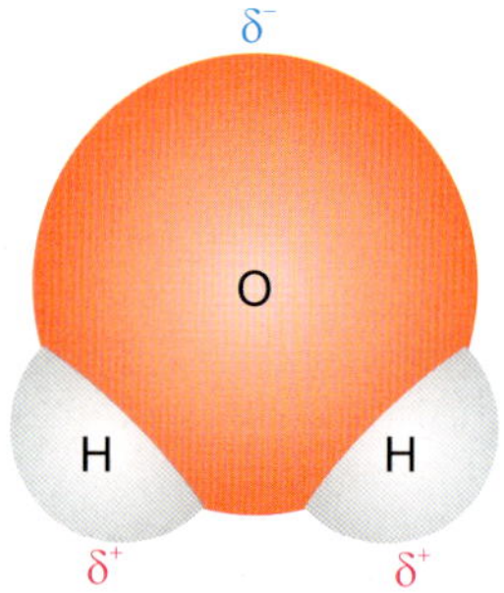

Molekülmodell des Wassers

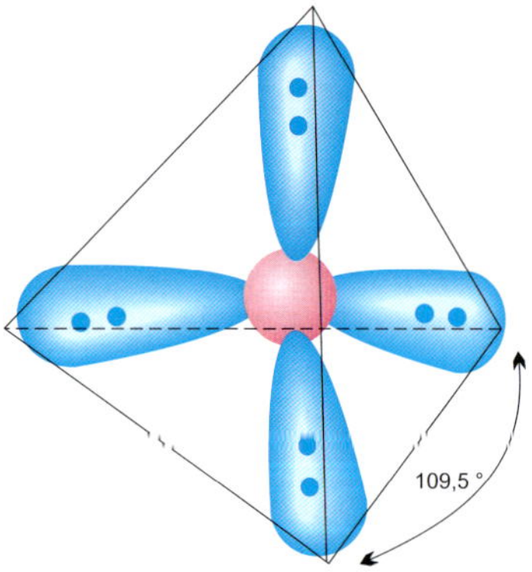

Tetraedrische Anordnung der Elektronenpaare um ein Atom.

Ein einfacher Versuch zeigt, dass das nicht stimmen kann: Ein Wasserstrahl wird von einem elektrisch geladenen Körper angezogen.

Daraus folgt zwingend, dass die Wassermoleküle **Dipole** sein müssen. In der Nähe des geladenen Körpers orientieren sie sich entsprechend und werden angezogen.
Die Wassermoleküle können aber nur dann Dipole sein, wenn sie gewinkelt aufgebaut sind. Nur dann fallen die Schwerpunkte der Partialladungen nicht zusammen. Messungen zeigen, dass der **Bindungswinkel 104,5° beträgt.**

Das bisher verwendete einfache Bindungsmodell (die Oktettregel) ergibt also in vielen Fällen richtige Summenformeln, es versagt aber bei der Erklärung der räumlichen Anordnung der Atome.
Es bedarf daher einer Verbesserung, die auch die nichtbindenden Elektronenpaare mit einbezieht und berücksichtigt, dass die Moleküle dreidimensionale, räumliche Gebilde sind.

In der äußersten Elektronenhülle eines Atoms befinden sich bindende und nichtbindende **Elektronenpaare**, die sich, da sie elektrisch gleich geladen sind, **abstoßen**. Sie ordnen sich daher so an, dass sie im Raum weitestmöglich von einander entfernt sind.

Bei vier Elektronenpaaren ergibt dies eine **tetraedrische Anordnung**, der Winkel zwischen den Elektronenpaaren beträgt 109,5°.

Die genaue Kenntnis der Anordnung der Atome in einem Molekül ist ein für die Chemie ganz wesentlicher Gesichtspunkt, da sie die Eigenschaften des Stoffes entscheidend bestimmt. Die außergewöhnlichen Eigenschaften des Wassers (siehe Seite 117) beispielsweise lassen sich nur durch den Dipolcharakter des Moleküls erklären.

Um die dreidimensionale **Gestalt der Moleküle** anschaulich zeigen zu können, werden häufig Molekülmodelle verwendet. **Kugel-Stäbchen-Modelle** zeigen deutlich die Winkel zwischen den Atomen, **Kalottenmodelle** (sie zeigen auch die Elektronenhüllen der Atome) stellen die Raumerfüllung und die tatsächliche Gestalt eines Moleküls besser dar.

Stäbchenmodell des Methanmoleküls

Kalottenmodell des Methanmoleküls

Die **Anwendung** dieses **Modells** auf die Moleküle **Wasser**, **Ammoniak** und **Methan** zeigt seine Leistungsfähigkeit.

Die theoretischen Vorhersagen der Molekülgeometrien stimmen gut mit den Messungen überein, geringfügige Abweichungen der Bindungswinkel lassen sich plausibel erklären.

Molekülstruktur und Eigenschaften von Wasser, Ammoniak und Methan

Wasser	Ammoniak	Methan	
H_2O	NH_3	CH_4	**Summenformel**
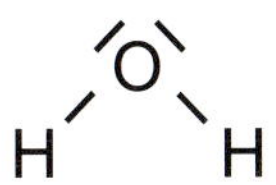	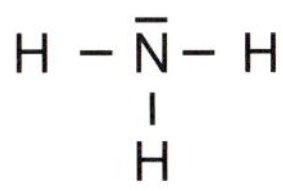	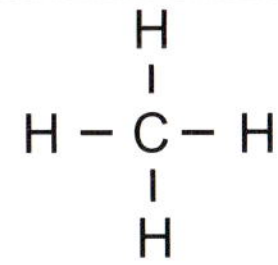	**Valenzstrichformel**
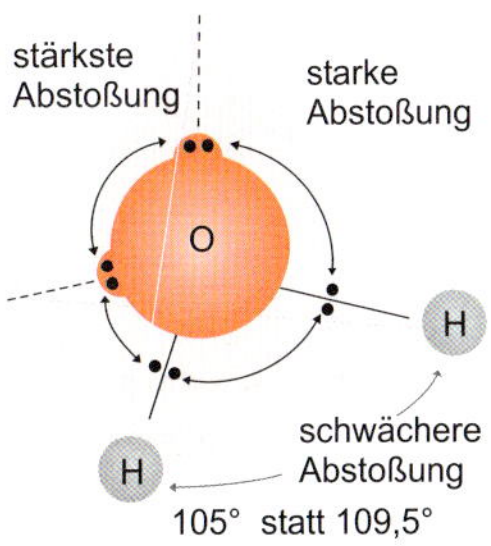	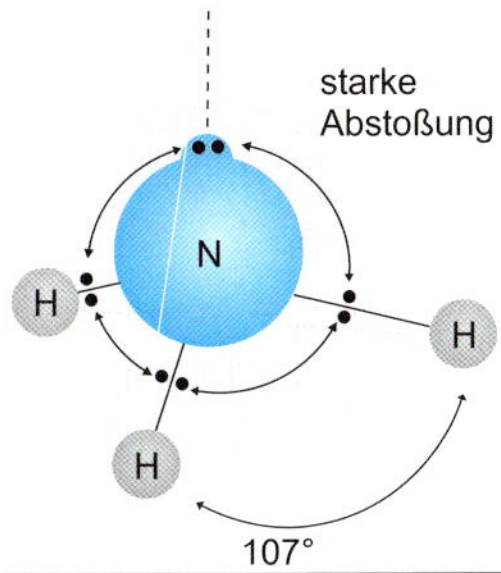	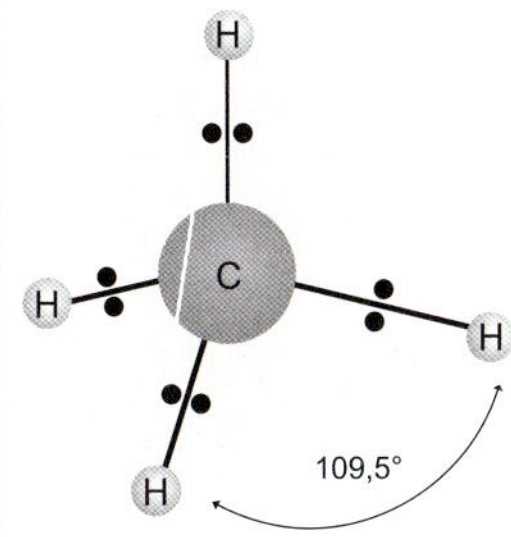	**Räumliche Anordnung** (Kugel-Stäbchen-Modell)
Die nichtbindenden Elektronenpaare sind dem Zentralatom näher als die bindenden Elektronenpaare, da sie nur von diesem angezogen werden. Die stärkere Abstoßung durch die nichtbindenden Elektronenpaare bewirkt ein Zusammendrängen der Bindungen zu den Wasserstoffatomen und damit kleine Abweichungen von der idealen Tetraederform.		Die Abstoßungskräfte zwischen den Elektronenpaaren sind gleich groß, das Molekül hat die Gestalt eines Tetraeders.	**Kräfte**
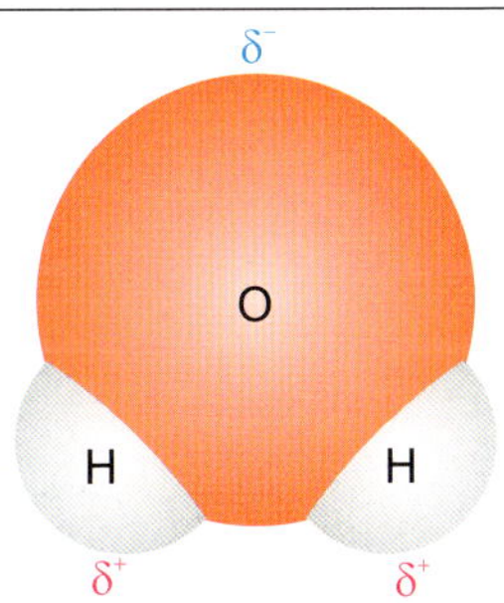	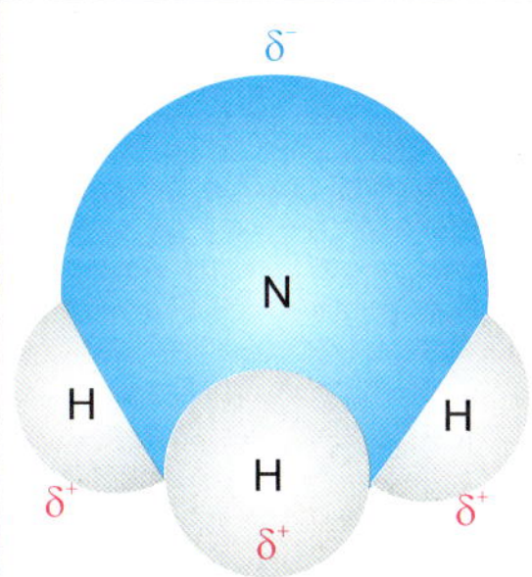	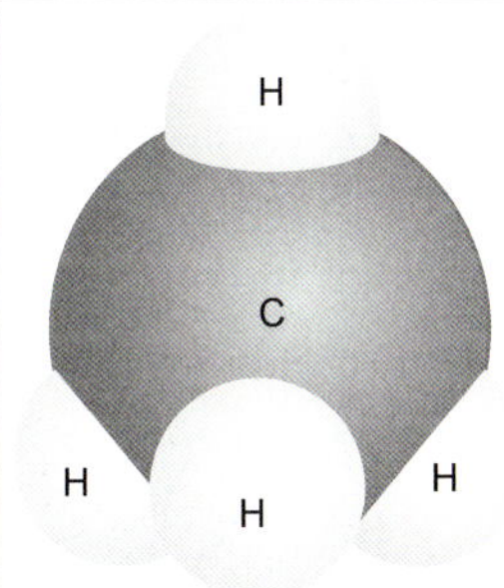	**Darstellung als Kalottenmodell**
Sehr starker Dipol Sehr starke zwischenmolekulare Anziehungskräfte Siedetemperatur 100 °C	Starker Dipol Starke zwischenmolekulare Anziehungskräfte Siedetemperatur –33 °C	Kein Dipol Sehr schwache zwischenmolekulare Anziehungskräfte Siedetemperatur –164 °C	**Eigenschaften**

Mesomerie

Manche Moleküle lassen sich durch eine einzige Strichformel nicht ausreichend beschreiben. Die Darstellung von Schwefeldioxid SO_2 ließe eine Einfachbindung und eine (kürzere) Doppelbindung vermuten. Messungen zeigen, dass beide Bindungen gleich lang sind, die Elektronen sind gleich verteilt.
Um dies zu beschreiben, stellt man die verschiedenen möglichen Verteilungen der Elektronen dar und fasst den tatsächlichen Zustand als Mittelwert dieser Extremformen auf.
Das Zeichen ↔ bedeutet nicht, dass ein ständiger Wechsel zwischen diesen Strukturen erfolgt. Es gibt nur *ein* SO_2-Molekül, dessen Aufbau durch Angabe der Grenzstrukturen beschrieben wird.

meso (griech.) = zwischen
meros (griech.) = Teilchen

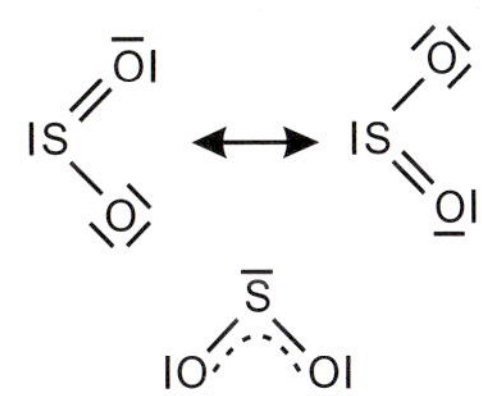

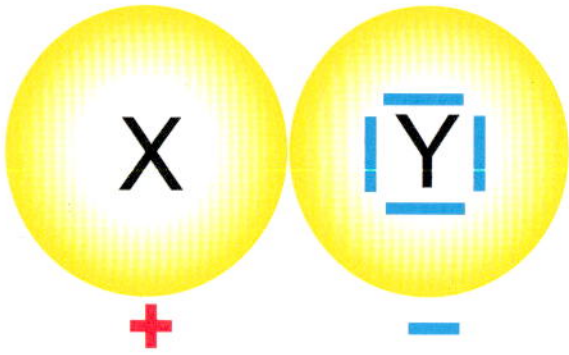

Schema einer Ionenbindung

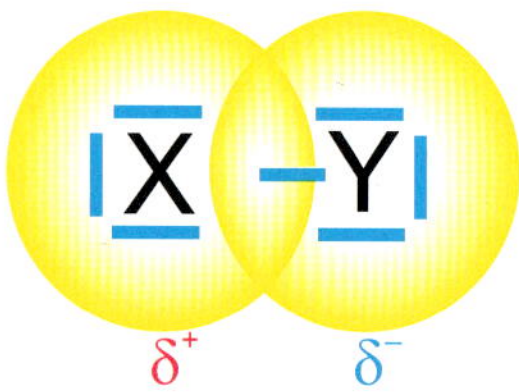

Schema einer polaren Atombindung

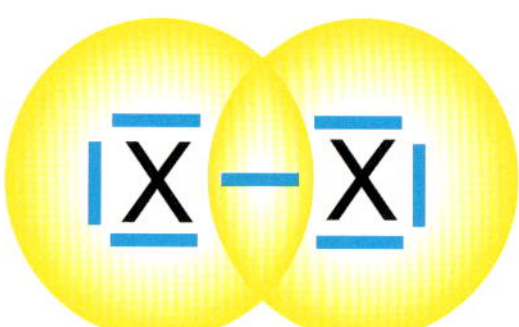

Schema einer unpolaren Atombindung

4.3 Elektronegativität und Bindungstyp

Der **Bindungstyp** wird von der **Differenz der Elektronegativität** der beteiligten Atome bestimmt.

Ein **großer Elektronegativitätsunterschied** führt zu einem Wechsel der Elektronen von einem Atom auf das andere – eine **Ionenverbindung** entsteht. Dies ist zwischen Elementen mit sehr kleiner Elektronegativität (Metallen) und Elementen mit sehr großer Elektronegativität (F, O, Cl, ...) der Fall, wenn der **Elektronegativitätsunterschied größer als 1,7** ist.

Eine **unpolare Atombindung** kommt zu Stande, wenn der **Elektronegativitätsunterschied null** beträgt, was bei Bindungen zwischen Atomen des gleichen Elements stets der Fall ist. Das bindende Elektronenpaar befindet sich in der Mitte zwischen den Atomkernen.

Die **polare Atombindung** nimmt eine Mittelstellung ein. Der **Elektronegativitätsunterschied ist kleiner als 1,7**. Es werden zwar keine Elektronen übertragen, doch ist das bindende Elektronenpaar zum stärker elektronegativen Atom hin verschoben.

Der Übergang von der Atombindung zur Ionenbindung

Alle Verbindungen in der unten stehenden Tabelle haben annähernd gleiche Formelmasse (36,5–42 u). Die stark unterschiedlichen Siedepunkte zeigen, wie sehr die zwischenmolekularen Kräfte vom Bindungstyp abhängen, der wiederum vom Elektronegativitätsunterschied (Δ EN) bestimmt wird.

Bindung	Beispiel	Elektronenverteilung	Δ EN	Aggregatzustand
unpolare Atombindung	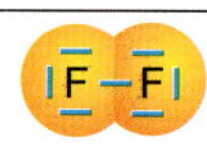	Das Elektronenpaar gehört zu gleichen Anteilen beiden Atomen.	0	Gas, Siedetemperatur −188 °C
polare Atombindung	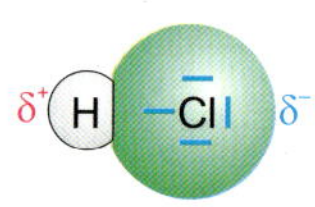	Das Elektronenpaar wird von einem Atom stärker beansprucht.	0,8	Gas, Siedetemperatur − 85 °C
Ionenbindung		Das Elektronenpaar gehört vollständig zu einem Atom.	3,1	Feststoff, Siedetemperatur +1 695 °C

ÜBUNGEN

4.7 Bestimme bei den Verbindungen der folgenden Elemente den Bindungstyp und die Formel der Verbindung. Bei Ionenbindungen ist die Ladung der Ionen anzugeben, bei Atombindungen soll festgestellt werden, ob die Bindung polar ist und ob es sich um ein Dipolmolekül handelt.
Wasserstoff + Brom, Magnesium + Chlor, Natrium + Brom, Wasserstoff + Schwefel, Brom + Brom, Phosphor + Wasserstoff, Kohlenstoff + Schwefel.

4.8 Welche Moleküle sind Dipole? CCl_4, $CHCl_3$ oder CH_2Cl_2?

4.9 Ordne die folgenden Bindungen nach steigender Polarität:
C – Br, H – F, N – Cl, H – O, P – I, N – H

4.4 Die Eigenschaften von Atombindungen

Die Stärke der Bindung

Die **Festigkeit** einer Atombindung wird durch die **Bindungsenergie** angegeben. Das ist jener Energiebetrag, der zum Trennen einer Bindung erforderlich ist bzw. beim Entstehen einer Bindung frei wird. Sie hängt von drei Faktoren ab:

- von der **Länge der Bindung**,
- von ihrer **Polarität** und
- von der **Bindungsordnung** (Einfach- oder Mehrfachbindung).

Ein Vergleich der Moleküle Cl_2, Br_2 und I_2 zeigt den Einfluss der **Bindungslänge** auf die **Bindungsenergie**:

Molekül	Cl – Cl	Br – Br	I – I
Bindungslänge in pm	199	228	267
Bindungsenergie in kJ/mol	242	193	151

Kurze Atombindungen sind stabiler als lange, da die Elektronendichte zwischen den Kernen größer ist.

Polare Atombindungen wiederum **sind stabiler als unpolare**. Die Anziehungskräfte zwischen den Partialladungen erhöhen die Festigkeit der Bindung.

Die beiden Effekte überlagern sich meist, da durch die elektrostatische Anziehung zusätzlich noch die Bindungslänge vermindert wird.

Ein Vergleich der **Bindungsenergien** der H – Cl- und H – S- sowie der H – Br- und H – Se-Bindungen (mit vergleichbaren Bindungslängen) zeigt den **Einfluss der Polarität** auf die Festigkeit der Bindung:

Bindung	H – Cl	H – S	H – Br	H – Se
Bindungslänge in pm	127	132	141	148
Unterschied d. Elektroneg.	0,8	0,3	0,6	0,2
Bindungsenergie in kJ/mol	431	347	366	277

Werden bei einer **Reaktion aus unpolaren Molekülen polare Moleküle** gebildet, dann ist zur Trennung der schwächeren unpolaren Bindungen weniger Energie nötig, als bei der Bildung der stärkeren polaren Bindungen frei wird. In Summe wird **Energie abgegeben**.

Beispiel:
Bei der Knallgas-Reaktion $2\,H_2 + O_2 \rightarrow 2\,H_2O$ müssen zuerst zwei H – H-Bindungen und eine O = O-Bindung getrennt werden. Dazu ist eine Energie von $2 \cdot 436$ kJ + 498 kJ = 1 370 kJ notwendig.
Bei der Bildung der Wassermoleküle entstehen dann insgesamt vier O – H-Bindungen, wodurch $4 \cdot 463$ kJ = 1 852 kJ frei werden.
Daher wird eine Energie von 1 852 kJ – 1 370 kJ = 482 kJ abgegeben.

Reaktionen, bei denen aus unpolaren Molekülen polare Moleküle entstehen, verlaufen unter Abgabe von Energie (exotherm).

Bindungslängen in 10^{-12} m (pm)

F – F	144	H – H	74
Cl – Cl	199	O = O	121
Br – Br	228	N – N	145
I – I	267	N = N	109
F – H	92	C – C	154
Cl – H	127	C = C	135
Br – H	141	C ≡ C	120
I – H	161	C – Cl	176
O – H	96	C – H	107
N – H	100	C – O	143
C = O	122	C – N	147
Si – Si	236		

Bindungsenergien in kJ/mol

H – H	436	C – H	413
C – C	356	Si – H	318
Si – Si	177	N – H	391
F – F	159	P – H	322
Cl – Cl	242	As – H	245
Br – Br	193	O – H	463
I – I	151	S – H	347
O = O	498	Se – H	277
N ≡ N	945	Te – H	241
C = C	594	F – H	567
C ≡ C	812	Cl – H	431
C = O	695	Br – H	366

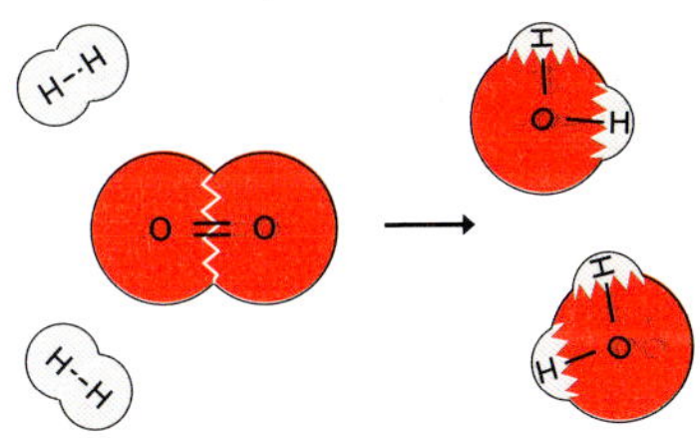

$2\,H_2 + O_2 \longrightarrow 2\,H_2O$

Spaltung und Neubildung der Bindungen im Verlauf der Reaktion.

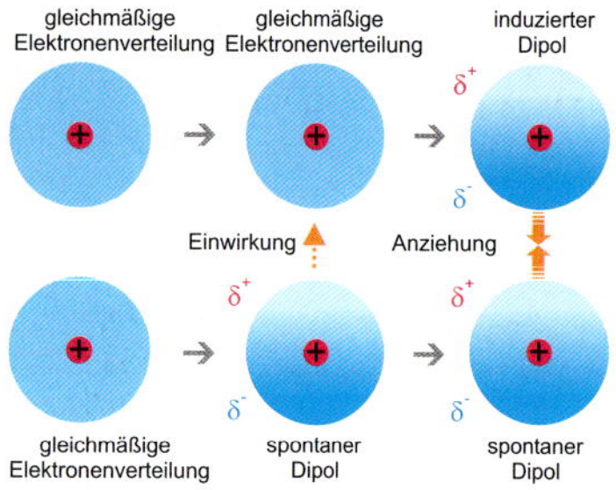

Entstehung der Van-der-Waals-Kräfte

JOHANNES VAN DER WAALS (1837–1923); holländischer Physiker.

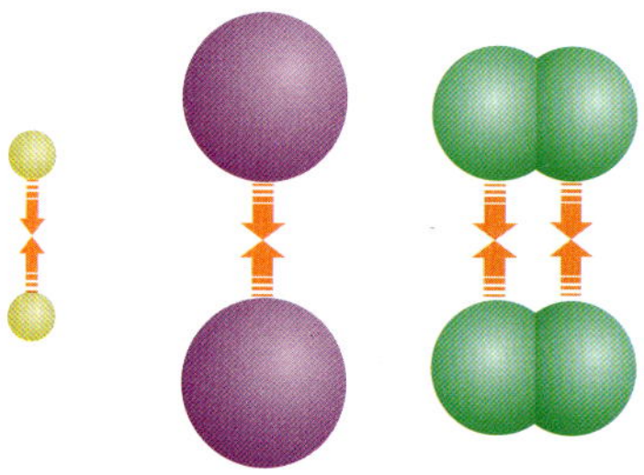

Je größer das Atom oder Molekül ist, desto stärker sind die Van-der-Waals-Kräfte. Zwischen gestreckt gebauten Molekülen wirken stärkere Kräfte als zwischen gleich schweren kugelförmigen.

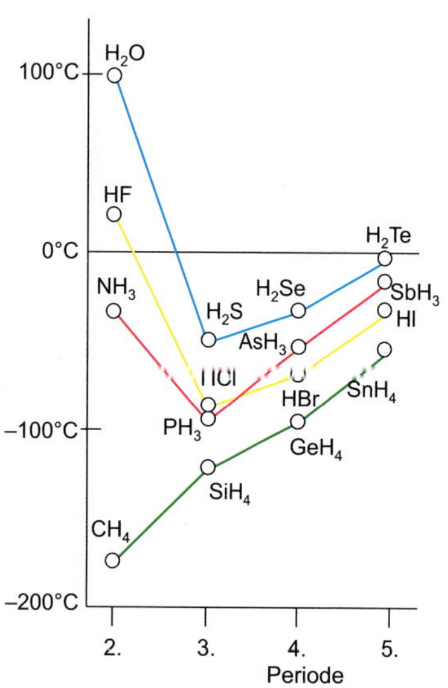

Siedetemperaturen verschiedener Wasserstoffverbindungen

Die Kräfte zwischen den Molekülen

Die **Polarität der Bindung** bestimmt nicht nur die Kräfte zwischen den Atomen eines Moleküls und damit dessen Stabilität, sondern auch die **Kräfte zwischen den Molekülen**, die in den Schmelz- und Siedetemperaturen der Substanzen zum Ausdruck kommen.

Stoffe, die aus kleinen Molekülen mit unpolaren Atombindungen aufgebaut sind (wie H_2, O_2, oder N_2), haben **niedrige Schmelz- und Siedetemperaturen.** Zwischen diesen Molekülen herrschen somit nur schwache Anziehungskräfte, die schon bei tiefen Temperaturen von der Wärmebewegung überwunden werden.

Diese als **Van-der-Waals-Kräfte** bezeichneten Wechselwirkungen kommen durch zeitweilige Dipole zu Stande. Sie entstehen durch die Bewegung der Elektronen im Molekül, wodurch für sehr kurze Zeit eine ungleiche Ladungsverteilung (ein Dipol) auftritt, die ihrerseits in benachbarten Molekülen Dipole erzeugt.

Die Stärke dieser Kräfte nimmt mit der Zahl der Bindungen und daher mit der Molekülgröße zu.
Stoffe mit größeren (schwereren) Molekülen haben folglich höhere Siedetemperaturen:

Beispiele: F_2: –187 °C, Cl_2: –35 °C, Br_2: +59 °C, I_2: +183 °C;
CH_4: –164 °C, C_3H_8: –42 °C, C_7H_{16}: +98 °C

Besteht hingegen ein Stoff aus **Dipolmolekülen**, so sind die **elektrostatischen Anziehungskräfte wesentlich größer** als die Van-der-Waals-Kräfte, seine Schmelz- und Siedetemperaturen liegen bedeutend höher.

Ein Vergleich der Siedetemperaturen verschiedener Wasserstoffverbindungen zeigt, dass innerhalb einer Gruppe die Werte von den Elementen der 3. Periode bis zu jenen der 5. Periode ansteigen, wie auf Grund der mit der Molekülgröße steigenden Van-der-Waals-Kräfte zu erwarten ist.
Die Werte für H_2O, HF und NH_3 passen allerdings nicht in diesen Trend. Wegen des deutlich größeren Elektronegativitätsunterschiedes der Atome sind diese Moleküle starke Dipole mit großen Anziehungskräften.

Besonders ausgeprägt ist dieser Effekt bei Wasser. Seine Molekülgröße ließe eine Siedetemperatur von ungefähr – 70 °C erwarten, tatsächlich siedet es jedoch bei +100 °C!

Denn die positiv geladenen Wasserstoffatome ziehen die negativ geladenen Sauerstoffatome der benachbarten Moleküle so stark an, dass es zur Ausbildung ganzer Molekülschwärme kommt. Diese werden durch so genannte **Wasserstoffbrückenbindungen** zusammengehalten. Zu ihrer Trennung (beim Übergang in den gasförmigen Zustand) ist eine große Wärmezufuhr nötig. Die Verdampfungswärme von Wasser ist daher außergewöhnlich hoch.

Wasserstoffbrückenbindungen treten in allen Verbindungen auf, die O – H- oder N – H-Bindungen enthalten und bewirken deren vergleichsweise hohen Siedetemperaturen.

Der Dipolcharakter der Wassermoleküle bestimmt auch die Lösungseigenschaften entscheidend (siehe Seite 117).

Kräfte zwischen Molekülen, Atomen und Ionen:

Kräfte zwischen	Wechselwirkung	Stärke in kJ/mol
zeitweiligen Dipolen	δ^- δ^+ δ^- δ^+	0,05–2
ständigen Dipolen	δ^- δ^+ δ^- δ^+	1–5
Ionen und Dipolen	+ δ^- δ^+	10–20
Wasserstoffbrücken	δ^-O Hδ^+ δ^-O	20–40
Atombindungen	+ : +	200–400
Ionen	+ −	300–900

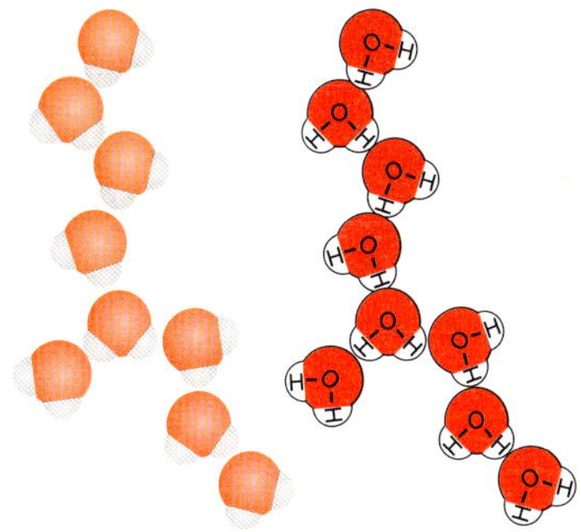

Wasserstoffbrücken im Wasser.

ÜBUNGEN

4.10 Welches Molekül ist stabiler (hat die festeren Bindungen): H_2O oder H_2S? HI oder HCl? Begründe die Antwort.

4.11 Erdgas (Methan, CH_4) verbrennt zu CO_2 und H_2O.
- a) Stelle die Reaktionsgleichung auf.
- b) Überlege, wie stark polar die Bindungen sind.
- c) Berechne mit Hilfe der Bindungsenergien, welche Wärmemenge frei wird.

4.12 Ammoniak (NH_3) wird technisch aus Stickstoff (N_2) und Wasserstoff (H_2) hergestellt.
- a) Stelle die Reaktionsgleichung auf.
- b) Überlege, wie stark polar die Bindungen sind.
- c) Berechne mit Hilfe der Bindungsenergien, welche Wärmemenge frei wird.

4.13 Wie die Siedetemperatur von Methan (CH_4) zeigt, bestehen zwischen diesen Molekülen, im Gegensatz zu HF, H_2O und NH_3, keine Wasserstoffbrückenbindungen. Warum?

4.14 Phosphan (PH_3) weist eine niedrigere Siedetemperatur auf (– 88 °C) als Ammoniak (– 33 °C), obwohl das Molekül größer und schwererer ist. Was ist der Grund?

4.15 Eine Regel in der Chemie lautet: Die Oxide der Metalle sind stets Feststoffe. Begründe, warum diese Regel zutrifft.

4.16 Begründe, unter Hinweis auf Atombau und Bindungstyp, warum nur die im Periodensystem oben und rechts stehende Elemente bei Raumtemperatur gasförmig sind.

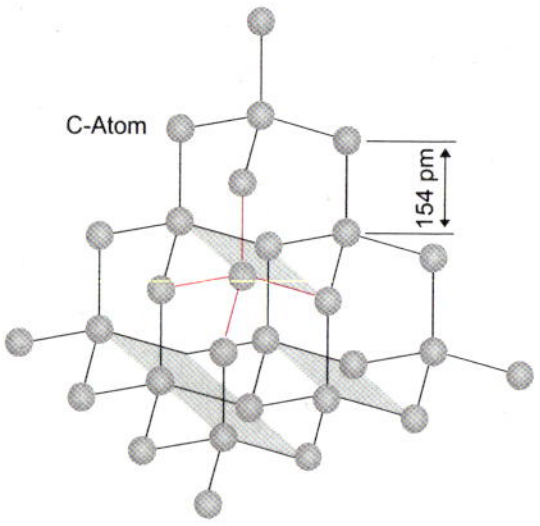

Ausschnitt aus einem Diamantgitter.

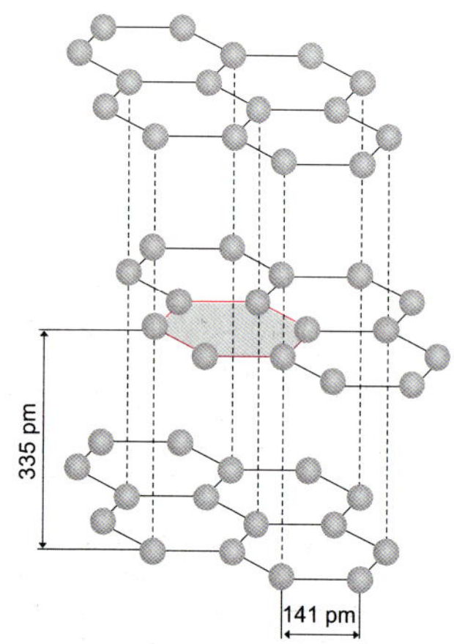

Grafitgitter von der Seite gesehen (Schichtgitter)

Maschinenteile aus Siliciumcarbid

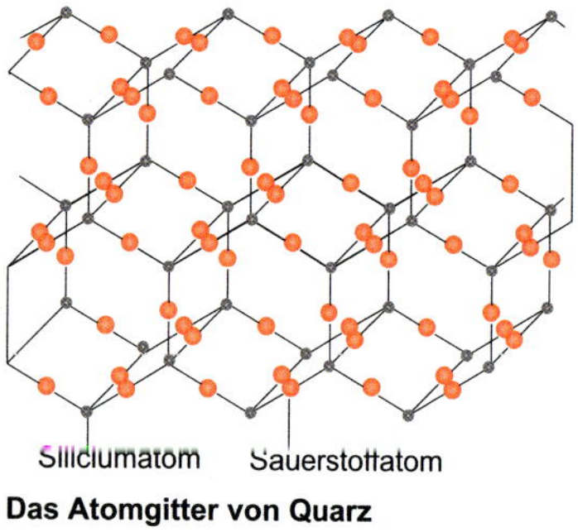

Das Atomgitter von Quarz

4.5 Molekülgitter und Atomgitter

In der Regel bilden Nichtmetalle und Stoffe mit Atombindungen im festen Zustand **Molekülgitter**, d. h. im Kristall sind die einzelnen Moleküle abgrenzbar.

Manche Substanzen bilden jedoch ein **Atomgitter**. Dabei sind die Atome durch bindende Elektronenpaare dreidimensional miteinander verbunden. Im Kristall lassen sich keine einzelnen Moleküle abgrenzen, er bildet ein Riesenmolekül.

Die beiden Erscheinungsformen elementaren Kohlenstoffs – Diamant und Grafit – zeigen deutlich die unterschiedlichen Eigenschaften von Atomgittern (siehe Seite 144).

Diamant

Ein Kohlenstoffatom hat vier Außenelektronen und kann daher vier weitere C-Atome binden, die ihrerseits wiederum Atome binden. Dadurch ergibt sich eine dreidimensionale Verknüpfung und ein sehr fester Zusammenhalt.

Diese Anordnung wird als **Diamantgitter** bezeichnet. Jedes Atom ist von vier anderen Atomen tetraedrisch umgeben; die Atome werden durch starke Atombindungen zusammengehalten. Solche Stoffe sind daher sehr hart, haben hohe Schmelz- und Siedetemperaturen und sind reaktionsträge.

Grafit

Im Grafit hingegen bilden die Kohlenstoffatome ein **Schichtgitter**. Ebenen, in denen ein Atom mit drei weiteren Atomen verbunden ist. Für die dazu nötigen drei bindenden Elektronenpaare werden pro Kohlenstoffatom drei Elektronen benötigt, das vierte Elektron ist nur locker gebunden und innerhalb der Schicht beweglich, was die Ursache der elektrischen Leitfähigkeit des Grafits ist.

Da die Bindungskräfte zwischen den Schichten wesentlich schwächer sind als innerhalb einer Schicht, ist Grafit weich und blättrig.

Auch **Siliciumcarbid**, eine Verbindung von Kohlenstoff und Silicium mit der Formel SiC, bildet ein Diamantgitter. Das Element Silicium ist dem Kohlenstoff sehr ähnlich, da es im Periodensystem in der gleichen Gruppe steht und ebenfalls vier Außenelektronen hat. Dadurch kann es im Diamantgitter jedes zweite Kohlenstoffatom ersetzen. Siliciumcarbid erreicht fast die Härte von Diamant, ist aber wesentlich günstiger herzustellen. Es dient als Schleifmittel und wird in Form von Keramik für stark durch Hitze und aggressive Gase beanspruchte Maschinenteile verwendet.

Die große Härte von **Quarz** (Siliciumdioxid, SiO_2, siehe Seite 151) ist ebenfalls auf ein Atomgitter zurückzuführen, das aus Silicium- und Sauerstoffatomen gebildet wird.

4.6 Die metallische Bindung

Rund drei Viertel aller Elemente sind Metalle (siehe Seite 21). Während die wenigen Halb- und Nichtmetalle (Edelgase und Halogene, Wasserstoff, Sauerstoff, Schwefel, Kohlenstoff, Silicium, …) sehr unterschiedliche chemische und physikalische Eigenschaften aufweisen, verhalten sich die Metalle bemerkenswert einheitlich:

Metalle sind (ausgenommen Quecksilber) bei Raumtemperatur **fest**, sie **leiten** im festen und geschmolzenen Zustand den **Strom**, sind auch **gute Wärmeleiter**, weisen einen typischen **Glanz** auf und sind in der Regel **leicht verformbar**.

Grund dafür sind die Gemeinsamkeiten im Aufbau der Atome. Im Periodensystem finden sich die Metalle im linken und unteren Teil. Der metallische Charakter dieser Elemente nimmt von rechts nach links und von oben nach unten zu.
Genau entgegengesetzt verhält es sich mit der Elektronegativität der Elemente. Sie nimmt von oben nach unten und von rechts nach links im Periodensystem ab.
Die Metalle haben daher nur eine geringe Elektronegativität, ihre Atome besitzen nur wenige, locker gebundene Außenelektronen.

In einem Stück Metall gibt jedes Metallatom Außenelektronen unter Bildung eines positiv geladenen Metall-Ions (= Atomrumpf) ab, die Metall-Ionen bilden ein Kristallgitter.
Die von den Atomen losgelösten Elektronen können sich zwischen den Atomrümpfen weitgehend frei bewegen, ähnlich frei wie die Moleküle eines Gases. Man spricht daher auch von einem **„Elektronengas“**, das sich zwischen den Atomrümpfen befindet. Diese Elektronen bewirken die Festigkeit des Metalls, da sie durch ihre negative Ladung wie ein Klebstoff die positiv geladenen Atomrümpfe zusammenhalten.

Die freie Beweglichkeit der Elektronen ist auch der Grund für die gute **elektrische Leitfähigkeit** der Metalle. Beim Anlegen einer Spannung bewegen sich die Elektronen zum positiven Pol hin. Die Wanderungsgeschwindigkeit der Elektronen ist dabei erstaunlich gering, sie beträgt nur wenige Millimeter pro Sekunde.

Mit steigender Temperatur nimmt die Leitfähigkeit eines Metalls ab, weil die Metall-Ionen heftiger um ihre Ruhelage schwingen und dadurch die Bewegung der Elektronen behindern.

Im Unterschied zu Ionenverbindungen sind die meisten Metalle **gut verformbar**. Sie lassen sich durch Hämmern, Ziehen, Walzen usw. bearbeiten, da die dicht gepackten Schichten leicht übereinander gleiten können und durch die Elektronen in jeder Lage zusammengehalten werden.

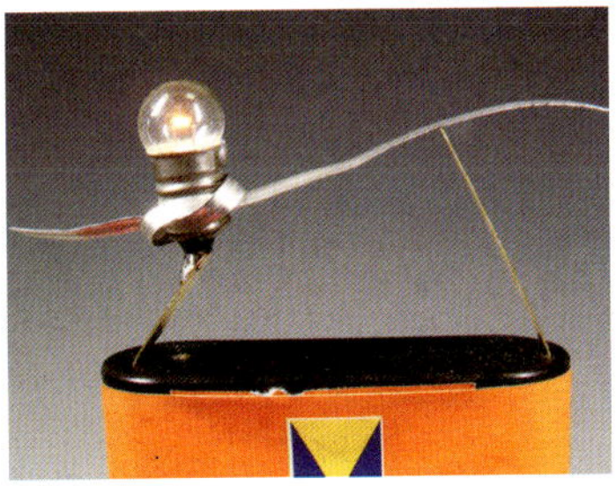

Metalle (hier ein Magnesiumband) sind gute elektrische Leiter und gut verformbar.

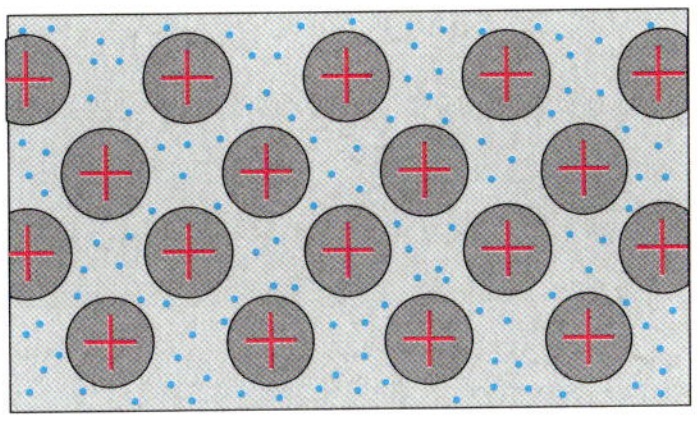

Modell der metallischen Bindung.
Ein Gitter aus regelmäßig angeordneten, positiv geladenen Metall-Ionen ist von frei beweglichen Elektronen durchsetzt.

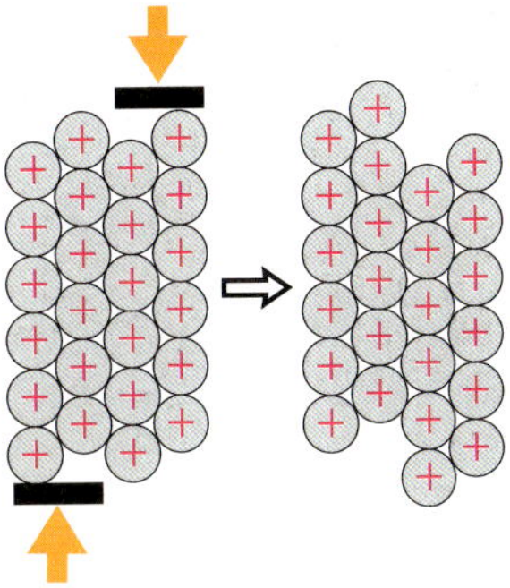

Die Schichten im Metallgitter sind gegeneinander leicht verschiebbar.

ÜBUNG

4.17 Die Regel, dass nur metallische Elemente den Strom leiten, hat eine Ausnahme: den Grafit. Warum haben die Metalle und der Grafit diese Eigenschaft gemeinsam?

Energie ist die Fähigkeit, Arbeit zu verrichten. Einheit der Arbeit und der Energie ist das Joule (J).

exo (griech.) = heraus
endo (griech.) = hinein
therme (griech.) = Wärme
thalpein (griech.) = erwärmen

Exotherme Reaktionen laufen von selbst ab, benötigen aber zu ihrem Start einen kleinen Energiebetrag – die Aktivierungsenergie.

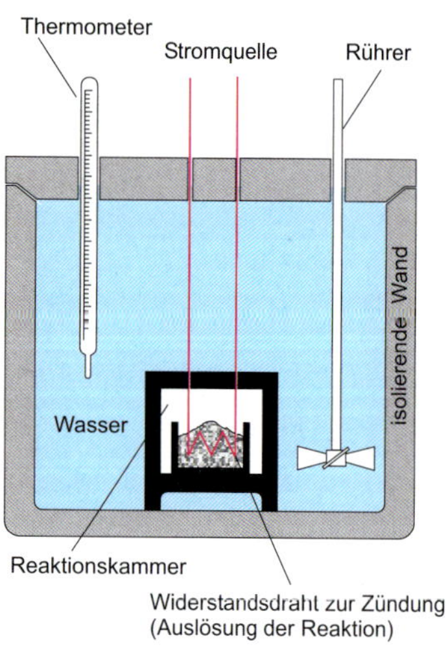

Kalorimeter
Aus der Erwärmung des Wassers kann die freigesetzte Energie berechnet werden.

5. Der Ablauf von Reaktionen

5.1 Chemische Reaktionen und Energie

Bei jeder chemischen Reaktion wird **Energie abgegeben** oder **aufgenommen.** Meist in Form von Wärme, seltener als elektrische Energie oder in Form von Licht.

Betrachten wir Energie liefernde (exotherme) Reaktionen, z. B. Verbrennungen, genauer. Im Brennstoff „steckt" Energie, die bei der Verbrennung freigesetzt wird. Die Verbrennungsprodukte sind daher energieärmer als die Ausgangsstoffe. Einmal in Gang gesetzt, läuft die Reaktion von selbst weiter ab.

Bei einer Energie verbrauchenden (endothermen) Reaktion, zum Beispiel der Elektrolyse von Wasser (siehe Seite 4), wird Energie zugeführt. Die Reaktionsprodukte sind energiereicher als der Ausgangsstoff. Wird die Energiezufuhr beendet, so kommt die Reaktion zum Stillstand.

Die bei chemischen Reaktionen auftretende Energie wird Enthalpie genannt und mit H symbolisiert. Sie wird in kJ pro Mol angegeben.

Mit Hilfe eines **Kalorimeters** kann der bei Reaktionen frei werdende Energiebetrag gemessen werden.

- Bei **exothermen Reaktionen** wird Energie abgegeben, **ΔH** hat ein **negatives Vorzeichen**.

  Beispiel: Die Verbrennung von Kohlenstoff:
  $$C + O_2 \rightarrow CO_2 \qquad \Delta H = -393{,}5\ kJ$$
  Bei der Verbrennung von 1 Mol C mit 1 Mol O_2 entsteht 1 Mol CO_2. Dabei wird eine Wärmeenergie von 393,5 kJ frei.

- Bei **endothermen Reaktionen** wird Energie zugeführt, **ΔH** hat ein **positives Vorzeichen**.

  Beispiel: Die Elektrolyse von Wasser:
  $$H_2O_{(l)} \rightarrow H_2 + \tfrac{1}{2}\,O_2 \qquad \Delta H = +\,286{,}0\ kJ$$
  Um ein Mol Wasser zu spalten, müssen 286,0 kJ in Form von elektrischer Energie zugeführt werden.

Die Energieabgabe oder Energieaufnahme eines Stoffes zeigt, dass in ihm eine bestimmte Energiemenge (Enthalpie) steckt. Mit dem Kalorimeter kann man die **Differenz** zwischen dem Energieinhalt der Ausgangsstoffe und dem der Endprodukte messen.

Dieser Wert ist von mehrfachem Interesse. Einerseits führen wir viele chemische Reaktionen bewusst herbei, um die frei werdende Energie zu nutzen, etwa beim Heizen mit Brennstoffen oder bei der Nutzung einer Batterie. Andererseits liefert dieser Wert einen wichtigen Hinweis darauf, ob eine Reaktion von selbst ablaufen wird.

In der Praxis wäre es allerdings nicht nur unmöglich, die unzähligen bekannten Reaktionen mit einem Kalorimeter zu untersuchen. Es ergäbe auch wenig Sinn. Denn in der Chemie ist man daran interessiert, *vorher berechnen* zu können, ob eine Reaktion exotherm oder endotherm ablaufen wird.

Mit dem Kalorimeter können jedoch immer nur die *Differenzen* der Energieinhalte (der Enthalpien) von Ausgangsstoffen und Endprodukten gemessen werden, keine absoluten Werte.

Ein Vergleich aus der Geografie:
Ein Bergsteiger möchte gerne wissen, wie viele Höhenmeter er auf seinem Weg von der Schutzhütte zum Gipfel aufsteigen muss.
Es wäre unsinnig, in langen Tabellen die Höhen*unterschiede* von allen Schutzhütten zu allen Gipfeln anzugeben. Stattdessen legte man als sinnvollen Bezugspunkt (Nullpunkt) für alle Höhenangaben den Meeresspiegel fest und kann aus der Differenz der Meereshöhen die Höhenunterschiede leicht ausrechnen.

In der Chemie ist es zweckmäßig, die Enthalpie (den Energiegehalt) der Elemente als Nullpunkte der Energieskala festzulegen.

Die Enthalpie der Elemente in ihrem stabilsten Zustand bei 25 °C und 1 bar (Standard-Zustand) hat den Wert null.

Die Enthalpien aller anderen Stoffe werden darauf bezogen.

Bei jeder Substanz ist die Enthalpie im festen Zustand am kleinsten, im gasförmigen Zustand wegen der zugeführten Schmelz- und Verdampfungswärme am größten.

Da die Enthalpie eines Stoffes nur von seinem momentanen Zustand abhängt und nicht vom Weg, auf dem dieser Zustand erreicht wurde, wird sie auch als eine **Zustandsgröße** bezeichnet.

Auch hier passt der Vergleich mit der Geografie: Die Höhe eines Berggipfels hängt nicht davon ab, auf welchem Weg ihn der Bergsteiger erreicht.

Beispiele:

Kohlenstoffdioxid ist um 393,5 kJ energieärmer als die Elemente, aus denen es entstanden ist. Es hat daher eine Enthalpie von – 393,5 kJ.

Wasser hat eine Enthalpie von – 286,0 kJ, denn dieser Energiebetrag muss zugeführt werden, um das Null-Niveau der Elemente zu erreichen.

Mit Hilfe dieser so definierten bzw. experimentell bestimmten und in Tabellen angegebenen **Standard-Enthalpien** der Stoffe kann berechnet werden, ob eine Reaktion exotherm oder endotherm abläuft.

„Steckt" z. B. in den Produkten weniger Energie als in den Ausgangsstoffen (d. h. ist die Summe ihrer Enthalpien geringer), so folgt daraus, dass diese Energiedifferenz bei der Reaktion freigesetzt wird.

$$\Delta H = \Sigma H_{Produkte} - \Sigma H_{Ausgangsstoffe}$$

Standard-Enthalpien (kJ/mol)

$H_2O_{(g)}$	– 241,8	$CH_{4(g)}$	– 74,9
$H_2O_{(l)}$	– 286,0	$CH_3OH_{(l)}$	– 238,6
$H_2S_{(g)}$	– 20,1	$C_2H_5OH_{(l)}$	– 277,6
$HF_{(g)}$	– 286,6	$C_6H_{12}O_{6(s)}$	– 1260,2
$HCl_{(g)}$	– 92,3	$C_8H_{18(l)}$	– 250,0
$HBr_{(g)}$	– 36,2	$SiO_{2(s)}$	– 878,2
$HI_{(g)}$	+ 25,9	$NO_{(g)}$	+ 90,4
$MgO_{(s)}$	– 610,0	$NO_{2(g)}$	+ 33,8
$CaO_{(s)}$	– 635,1	$NH_{3(g)}$	– 45,6
$CaCO_{3(s)}$	– 1260,7	$O_{3(g)}$	+ 142,3
$Al_2O_{3(s)}$	– 1669,8	$SO_{2(g)}$	– 296,9
$CO_{(g)}$	– 110,5	$SO_{3(g)}$	– 395,2
$CO_{2(g)}$	– 393,5	$Fe_2O_{3(s)}$	– 821,7
		$HgO_{(s)}$	– 45,4

(s) = fest (lat. = solidus)
(l) = flüssig (lat. = liquidus)
(g) = gasförmig

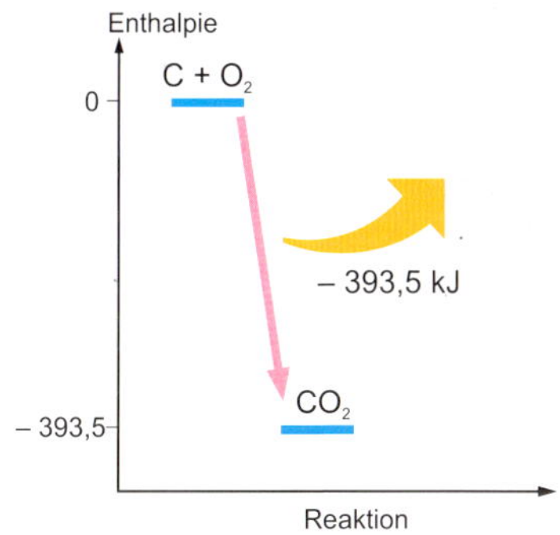

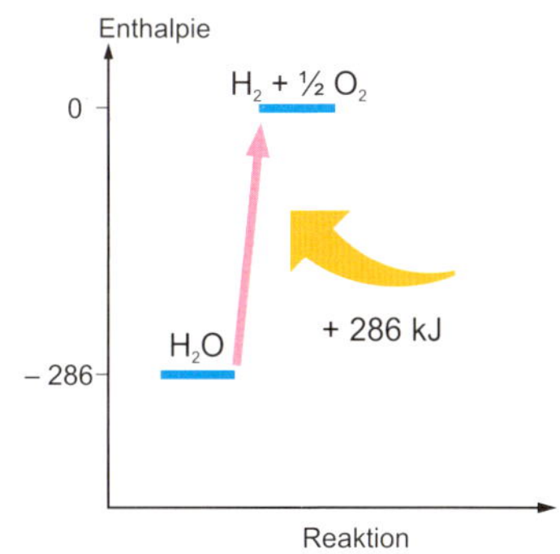

Die Enthalpie der Stoffe.

Δ (Delta) bedeutet „Änderung von ..." bzw. „Differenz von ...".
Σ (Sigma) bedeutet „Summe von ...".

Beispiele:

a) Ein Verfahren zur technischen Gewinnung von Wasserstoff ist die Reaktion von Wasserdampf mit Koks (Kohlenstoff). Ist diese Reaktion exotherm oder endotherm?

	C	+	H_2O	$\rightarrow$	CO	+	H_2	
Standardenthalpien:	0		– 241,8		– 110,5		0	kJ

$$\Delta H = (-110{,}5) - (-241{,}8) = +131{,}3\ \text{kJ}$$

$\Rightarrow$ endotherme Reaktion

b) Welche Wärmemenge wird bei der Verbrennung von Alkohol (Spiritus) frei?

Zunächst muss die Reaktionsgleichung aufgestellt werden:

$$C_2H_5OH + 3\,O_2 \rightarrow 2\,CO_2 + 3\,H_2O_{(g)}$$

Dann werden die Enthalpie-Werte eingesetzt:

H: – 277,6   0   **2** · – 393,5   **3** · – 241,8 kJ

$$\Delta H = 2 \cdot (-393{,}5) + 3 \cdot (-241{,}8) - (-277{,}6) = -1\,234{,}8\ \text{kJ}$$

Die Reaktion ist exotherm, pro Mol Alkohol (46 g) wird eine Wärmemenge von 1 234,8 kJ freigesetzt.

GERMAIN HESS (1802–1850); Chemiker in Sankt Petersburg.

Die in der **Tabelle angegebenen Enthalpiewerte beziehen sich auf ein Mol**. Bei den Berechnungen ist zu berücksichtigen, wie viele Mol des Stoffes benötigt oder gebildet werden. Die Werte sind daher mit den Koeffizienten der Reaktionsgleichungen zu **multiplizieren** (siehe obiges Beispiel).

Da die Enthalpie eine Zustandsgröße ist, hängt die bei einer Reaktion frei werdende Enthalpiedifferenz (Energie) nur von den Ausgangsstoffen und den Produkten ab, nicht vom Weg der Reaktion und von eventuell gebildeten Zwischenprodukten **(Satz von Hess)**.

Dadurch können auch Reaktionsenthalpien ermittelt werden, die nicht direkt messbar sind.

Beispiel:

Wenn kohlenstoffhaltige Brennstoffe (Holz, Kohle, Erdgas, Heizöl) verbrennen, so entsteht CO_2. Bei unzureichender Sauerstoff-Zufuhr entsteht neben dem CO_2 auch Kohlenstoffmonoxid CO. Da das Kohlenstoffmonoxid allerdings nicht rein entsteht, kann seine Bildungsenthalpie nicht direkt bestimmt werden.

Experimentell messbar sind jedoch die Enthalpien der vollständigen Verbrennung von Kohlenstoff zu CO_2 (– 393,5 kJ) und der Verbrennung von (gereinigtem) CO zu CO_2 (– 283,0 kJ).

Aus der Differenz der beiden Werte folgt die Bildungsenthalpie von Kohlenstoffmonoxid mit $\Delta H = -110{,}5$ kJ.

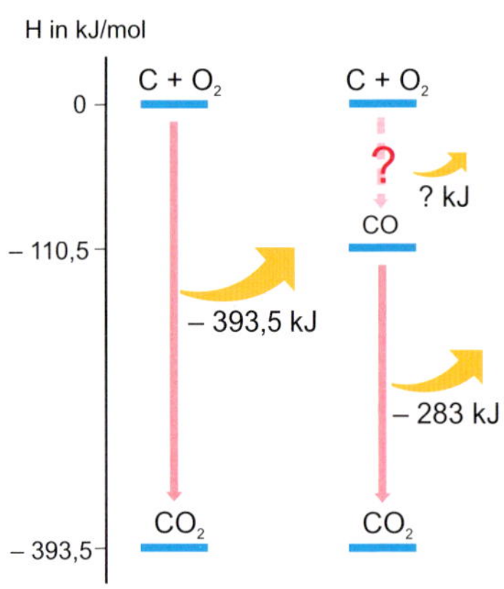

Energiediagramm der Bildung von CO und CO_2

In der Technik wird der **Energieinhalt von Brennstoffen** (ihr **Heizwert**) nicht in kJ pro Mol, sondern in kJ pro Kilogramm angegeben. Er kann aus der Standard-Enthalpie berechnet werden.

Beispiel:

Bei der Verbrennung von einem Mol Kohlenstoff (12 g) zu CO_2 werden 393,5 kJ frei. Der Heizwert von 1 kg Koks (= technisch reiner Kohlenstoff) berechnet sich daher: $\frac{393{,}5 \cdot 1000}{12} = 32\,792$ kJ.

Da ein in der Technik verwendeter Brennstoff nie völlig rein bzw. trocken ist, wird der tatsächliche Heizwert etwas niedriger als der aus den Enthalpiewerten berechnete sein.

Heizwerte einiger Brennstoffe
in kJ/kg (Mittelwerte):

Holz	16 000
Braunkohle	25 000
Koks	30 000
Steinkohle	32 000
Heizöl	41 000

Auch der **Energieinhalt** der **Nahrungsmittel**, ihr **Nährwert**, wird in kJ/kg angegeben.

Da die meisten Nahrungsmittel keine Reinstoffe sind und außerdem unterschiedliche Mengen an Wasser enthalten, lässt sich ihr Nährwert meist nicht aus der Tabelle der Standard-Enthalpien abschätzen, sondern muss gemessen werden.

Bei leichter körperlicher Arbeit benötigt der Mensch 10 000 bis 13 000 kJ pro Tag.

ÜBUNGEN

5.1 Wie groß ist die frei werdende Enthalpie, wenn Magnesium zum Magnesiumoxid MgO verbrennt?

5.2 Wie groß ist ΔH, wenn Magnesium mit Kohlenstoffdioxid zu Magnesiumoxid und Kohlenstoff reagiert? (Formuliere zunächst die Reaktionsgleichung).

5.3 Für Benzin kann in guter Näherung die Formel von Octan, C_8H_{18}, angenommen werden. Welche Wärmemenge wird bei der Verbrennung von Benzin zu CO_2 und $H_2O_{(g)}$ frei?
Formuliere zunächst die Reaktionsgleichung und beachte bei der Berechnung, dass das entstehende Wasser als Wasserdampf frei wird. Wie groß ist der Heizwert in kJ/kg?

5.4 Ein Automotor kann nicht nur mit Benzin, sondern auch mit anderen flüssigen Brennstoffen betrieben werden. Sowohl aus biologischem Material gewonnener Alkohol („Biosprit", C_2H_5OH) als auch aus Kohle oder Erdgas produzierter Methanol CH_3OH eignen würden.
Müsste ein Autofahrer mehr oder weniger von diesen Substanzen tanken, wenn er die gleiche Energiemenge (= Fahrtstrecke) erhalten will wie bei Benzin? Berechne zur Beantwortung der Frage die Heizwerte der Brennstoffe.
Lassen sich die unterschiedlichen Heizwerte der Brennstoffe durch ihre Formeln erklären?

5.5 a) Im menschlichen Organismus wird Energie durch die Oxidation von Traubenzucker $C_6H_{12}O_6$ zu CO_2 und H_2O gewonnen. Formuliere die Reaktionsgleichung und berechne die aus einem Mol Traubenzucker frei werdende Energie. Beachte, dass das entstehende Wasser in flüssiger Form vorliegt. Wie groß ist der Nährwert von Traubenzucker in kJ/kg?
b) Hefezellen gewinnen Energie, indem sie Traubenzucker ohne Zutritt von Sauerstoff in Alkohol (C_2H_5OH) und CO_2 umwandeln. Wie groß ist die dabei frei werdende Energie?

5.6 Erdgas (CH_4) ist ein beliebter Brennstoff für Heizungen, der zu CO_2 und H_2O verbrennt. Während bei älteren Heizkesseln die Abgastemperatur über 100 °C betragen muss, damit das Wasser gasförmig durch den Kamin entweichen kann, kühlen moderne Geräte die Abgase auf unter 100 °C ab, wodurch das Wasser kondensiert und in den Kanal geleitet wird. Um wie viele Prozent mehr Energie erhält man durch dieses neue, Brennwert-Technik genannte Verfahren?
Anleitung: Stelle zuerst die Reaktionsgleichung auf und berechne dann die frei werdende Energie für $H_2O_{(g)}$ und $H_2O_{(l)}$.

5.2 Wann kann eine Reaktion ablaufen?

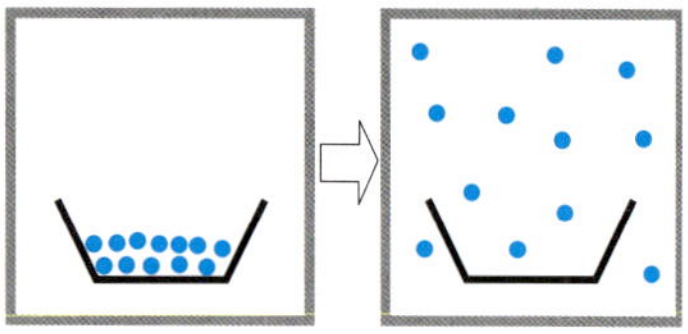

Verdunstung

Zunahme der Unordnung im System

Zerfallsreaktion

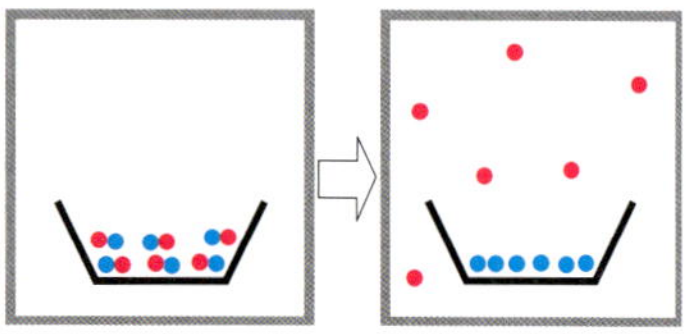

Beispiele für die Zunahme der Unordnung.

Die Alltagserfahrung zeigt, dass **exotherme Reaktionen** wie beispielsweise Verbrennungen nach einem „zündenden Funken" **von selbst weiter ablaufen**.
Daraus schloss man, dass auch in der Chemie das **Prinzip vom Energieminimum** gilt und jedes System bestrebt ist, den Zustand minimaler Energie zu erreichen.

Es gibt aber auch einige **endotherme Reaktionen**, die **freiwillig und spontan erfolgen**; die benötigte Wärme wird dabei der Umgebung entzogen. Beispiele dafür sind Verdunstungs- und Lösungsvorgänge sowie Zerfallsreaktionen, bei denen Gase entstehen.
Ihnen ist gemeinsam, dass die **Unordnung** der Teilchen **zunimmt**. Sie ist im gasförmigen oder gelösten Zustand größer als im flüssigen oder festen.

Anscheinend ist das **Streben nach dem Energieminimum** nicht der einzige Faktor, der über den Ablauf einer Reaktion entscheidet. Es gibt offenbar auch ein Bestreben des Systems, einen **Zustand maximaler Unordnung** zu erreichen.
Als Maß für die Unordnung wurde der Begriff **Entropie** (Symbol **S**) eingeführt. Sie nimmt zu, wenn ein Stoff vom festen in den flüssigen oder gasförmigen Zustand wechselt und bei allen Reaktionen, in deren Verlauf sich die Zahl der Teilchen erhöht.

entrepein (griech.) = umkehren

Wie die Enthalpie H ist auch die Entropie S eine **Zustandsgröße**, hängt also nur vom augenblicklichen Zustand des Systems ab und nicht vom Weg, auf dem dieser Zustand erreicht wurde.

Die Entropie kann sowohl aus statistischen Ableitungen als auch aus komplizierten Messungen berechnet werden. Die **Standard-Entropien** (25 °C, 1 bar, stabilster Zustand) sind in Tabellen angegeben.
Die Entropieänderung ΔS einer Reaktion errechnet sich aus der Differenz der Entropien von Produkten und Ausgangsstoffen.

Standard-Entropien (kJ/molK) ·

$H_{2(g)}$	0,1306	$SiO_{2(s)}$	0,0418
$H_2O_{(g)}$	0,1889	$N_{2(g)}$	0,1912
$H_2O_{(l)}$	0,0700	$NO_{(g)}$	0,2105
$H_2S_{(g)}$	0,2056	$NO_{2(g)}$	0,2405
$HF_{(g)}$	0,1738	$NH_{3(g)}$	0,1926
$HCl_{(g)}$	0,1869	$O_{2(g)}$	0,2050
$HBr_{(g)}$	0,1967	$O_{3(g)}$	0,2377
$HI_{(g)}$	0,2065	$S_{(s)}$	0,0319
$Mg_{(s)}$	0,0325	$SO_{2(g)}$	0,2485
$MgO_{(s)}$	0,0268	$SO_{3(g)}$	0,2560
$Ca_{(s)}$	0,0416	$F_{2(g)}$	0,2033
$CaO_{(s)}$	0,0397	$Cl_{2(g)}$	0,2230
$CaCO_{3(s)}$	0,0929	$Br_{2(g)}$	0,2452
$Al_{(s)}$	0,0283	$Br_{2(l)}$	0,1523
$Al_2O_{3(s)}$	0,0523	$I_{2(g)}$	0,2606
$C_{(Grafit)}$	0,0057	$I_{2(s)}$	0,1167
$CO_{(g)}$	0,1980	$Fe_{(s)}$	0,0272
$CO_{2(g)}$	0,2138	$Fe_2O_{3(s)}$	0,0900
$CH_{4(g)}$	0,1862	$Hg_{(g)}$	0,1749
$C_2H_5OH_{(l)}$	0,2820	$Hg_{(l)}$	0,0474
$C_6H_{12}O_{6(s)}$	0,2889	$Hg_{(s)}O$	0,0719

(s) = fest (lat. = solidus),
(l) = flüssig (lat. = liquidus),
(g) = gasförmig

$$\Delta S = \Sigma S_{Produkte} - \Sigma S_{Ausgangsstoffe}$$

Der Ablauf einer Reaktion wird also begünstigt durch:

- Abnahme der Enthalpie ΔH, d. h. bei Abgabe von Energie,
- Zunahme der Entropie ΔS, d. h. bei Zunahme der Unordnung.

Welche Bedeutung haben die beiden Faktoren beim Ablauf einer Reaktion?
GIBBS und HELMHOLTZ gelang es, eine Formel zu finden, die Enthalpie und Entropie verknüpft und durch eine einzige Größe **ΔG**, die **Gibbs-Energie**, angibt, ob eine Reaktion freiwillig ablaufen kann.

WILLARD GIBBS (1839–1903), amerikanischer Physiker.

HERMANN HELMHOLTZ (1821–1894); deutscher Physiker.

$$\Delta G = \Delta H - T \cdot \Delta S$$

Ein Vorgang läuft freiwillig ab, wenn ΔG negativ ist.

ΔG = Änderung der Gibbs-Energie in kJ/mol
ΔH = Reaktionsenthalpie in kJ/mol
ΔS = Reaktionsentropie in kJ/mol · K
T = Reaktionstemperatur in K

Oder anders ausgedrückt:
Spontane chemische Reaktionen erfolgen so, dass die Gibbs-Energie des Systems abnimmt (ΔG negativ ist).

Mit Hilfe dieser Gleichung ist es daher möglich, vorherzusagen, in welche Richtung eine Reaktion ablaufen kann.

Bei **niedrigen Temperaturen** ist das Produkt $T \cdot \Delta S$ klein. ΔG wird in erster Linie von der Reaktionswärme ΔH bestimmt. Ist ΔH negativ (exotherme Reaktion), so hat auch ΔG einen negativen Wert, die Reaktion kann freiwillig ablaufen. Bei **hohen Temperaturen** wird der Ausdruck $T \cdot \Delta S$ groß, nur bei einer Entropiezunahme (positiver Wert für ΔS) kann ΔG negativ sein und die Reaktion freiwillig ablaufen.

Bei niedrigen Temperaturen überwiegt meist das Streben nach dem Energieminimum, bei hohen Temperaturen das Streben des Systems nach Unordnung.
Hohe Temperaturen begünstigen Reaktionen, bei denen die Zahl der Gasteilchen zunimmt (Zerfallsreaktionen).

Beispiele:

a) Die Bildung von Hydrogenchlorid aus den Elementen

Reaktion:	$H_{2(g)}$ +	$Cl_{2(g)}$	→ $2\ HCl_{(g)}$	
ΔH in kJ:	0	0	$2 \cdot (-92{,}3)$	$\Delta H = -184{,}6$ kJ
ΔS in kJ:	0,1306	0,2230	$2 \cdot 0{,}1869$	$\Delta S = +0{,}0202$ kJ/K

Für 25 °C gilt daher:

$\Delta G = \Delta H - T \cdot \Delta S = -184{,}6 - 298 \cdot 0{,}0202 = -190{,}6$ kJ

Bei der Bildung von HCl nimmt die Enthalpie stark ab, die Entropie schwach zu. Beide Effekte wirken also in die gleiche Richtung. ΔG ist daher stark negativ, die Reaktion kann bei 25 °C (Standardbedingungen) spontan ablaufen.

b) Die Bildung von Ammoniak NH_3 aus den Elementen

Reaktion:	$N_{2(g)}$ +	$3\ H_{2(g)}$	→ $2\ NH_{3(g)}$	
ΔH in kJ:	0	0	$2 \cdot (-45{,}6)$	$\Delta H = -91{,}2$ kJ
ΔS in kJ:	0,1912	$3 \cdot 0{,}1306$	$2 \cdot 0{,}1926$	$\Delta S = -0{,}1978$ kJ/K

$\Delta G = \Delta H - T \cdot \Delta S = -91{,}2 - 298 \cdot (-0{,}1978) = -32{,}3$ kJ

Bei dieser Reaktion nimmt die Enthalpie ab, die Entropie (Unordnung) nimmt ebenfalls ab, da sich die Zahl der Gasteilchen verringert. Bei 25 °C (298 K) überwiegt allerdings noch der Einfluss der Enthalpieabnahme, ΔG ist negativ, die Reaktion kann spontan ablaufen. Bei höheren Temperaturen wird $T \cdot \Delta S$ größer, sodass eine Umkehrung der Reaktion, d. h. der Zerfall von NH_3, zu erwarten ist (siehe Seite 64).

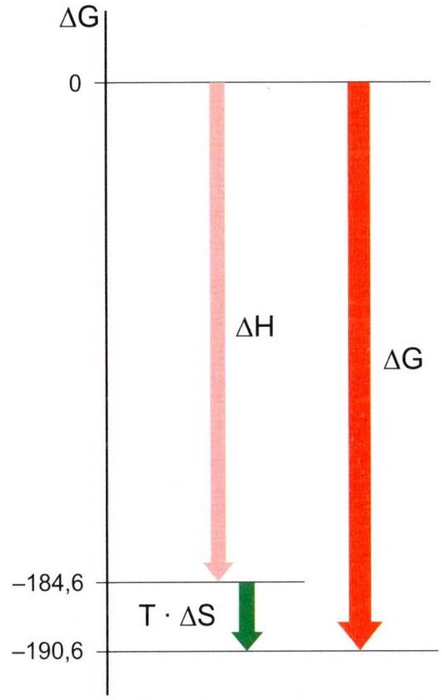

Bildung von Hydrogenchlorid
Enthalpie und Entropie wirken zusammen.

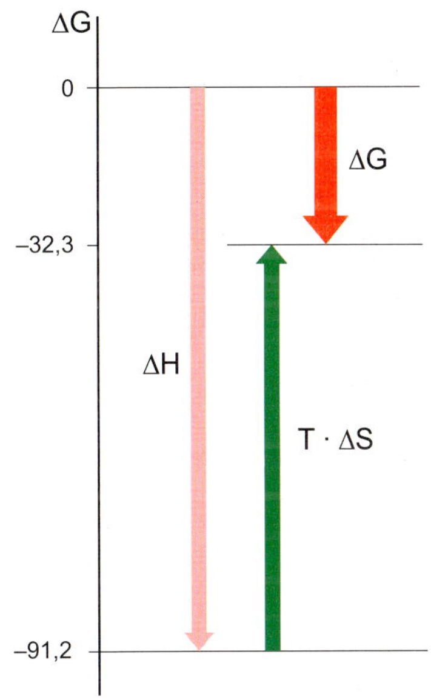

Bildung von Ammoniak
Die Enthalpie begünstigt die Reaktion, die Entropie wirkt entgegen.

ÜBUNGEN

5.7 Bei welchem Stoff ist die Entropie kleiner: bei Wasser oder bei Eis? Beantworte die Frage ohne Zuhilfenahme von Tabellen und begründe die Antwort.

Schätze bei den folgenden Reaktionen zunächst ohne Zuhilfenahme von Tabellen ab, wie sich die Entropie ändert.
Überprüfe dann die Ergebnisse durch Berechnung von ΔH, ΔS und ΔG. Ist ein spontaner Ablauf der Reaktion zu erwarten? Würde die Reaktion bei höherer Temperatur besser ablaufen?

5.8 $2\ H_{2(g)} + O_{2(g)} \rightarrow 2\ H_2O_{(g)}$ (Knallgasreaktion)

5.9 $CaCO_{3(s)} \rightarrow CaO_{(s)} + CO_{2(g)}$ (Kalkbrennen)

5.10 $Fe_2O_{3(s)} + 3\ C_{(s)} \rightarrow 2\ Fe_{(s)} + 3\ CO_{(g)}$
(Gewinnung von Eisen im Hochofen)

5.11 $C_{(s)} + H_2O_{(g)} \rightarrow CO_{(g)} + H_{2(g)}$
(Gewinnung von Wasserstoff aus Wasserdampf und Kohle)

5.12 $2\ HgO_{(s)} \rightarrow 2\ Hg_{(g)} + O_{2(g)}$ (Zersetzung von Quecksilberoxid)

5.3 Die Aktivierungsenergie

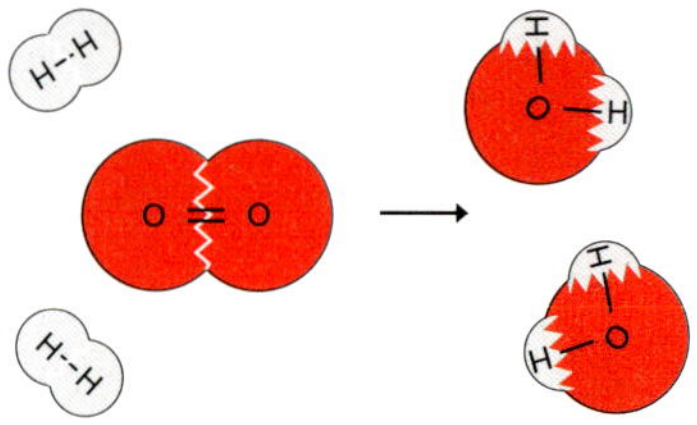

Bestehende Bindungen müssen unter Energieaufwand getrennt werden, bevor neue Bindungen entstehen können.

Viele an sich freiwillig und exotherm ablaufende Reaktionen benötigen zu ihrem Start einen „zündenden Funken“.
Ein gutes Beispiel dafür ist die Reaktion von Wasserstoff mit Sauerstoff (Knallgasreaktion). Obwohl sie zweifellos unter heftiger Energieabgabe verläuft, können die Ausgangsstoffe bei Raumtemperatur gemischt werden, ohne dass selbst nach sehr langer Zeit irgendeine Reaktion feststellbar ist. Um die in den Ausgangsstoffen steckende Energie freizusetzen, ist eine kleine Energiezufuhr in Form einer Flamme oder eines Funkens notwendig.

Die Ursache ist leicht zu erkennen, wenn man die an der Reaktion beteiligten Teilchen betrachtet: Damit es zu einer chemischen Reaktion – einer Umgruppierung der Atome – kommen kann, müssen die Teilchen zusammenstoßen. Da Wasserstoff und Sauerstoff jedoch als stabile Moleküle H_2 und O_2 vorliegen, muss die Wucht des Zusammenstoßes groß genug sein, um die Bindung zu spalten und die Atome so in einen reaktionsfähigen Zustand zu versetzen.

Der Energiebetrag, der zur Bildung reaktionsfähiger Teilchen erforderlich ist, heißt Aktivierungsenergie E_A.

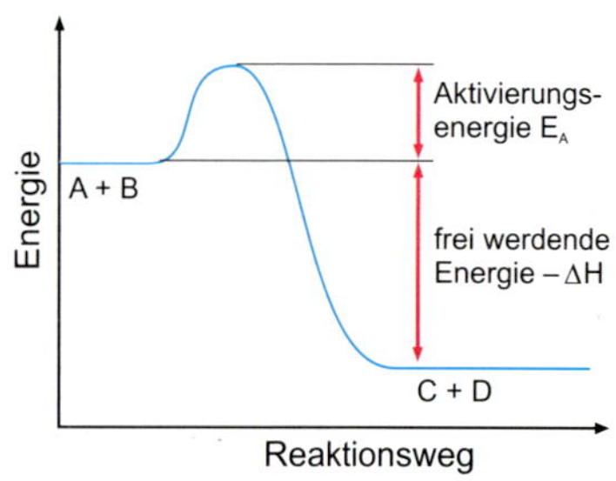

Energiediagramm einer Reaktion:
A + B → C + D
Die Aktivierungsenergie ist eine „Hürde“, die überwunden werden muss, ehe (bei einer exothermen Reaktion) die in den Ausgangsstoffen enthaltene Energie freigesetzt wird.

Bei einer bestimmten Temperatur haben nicht alle Teilchen eines Stoffes die gleiche kinetische Energie. Nur Teilchen, die mindestens die Aktivierungsenergie besitzen, sind reaktionsfähig.

Besitzt kein Teilchen die Aktivierungsenergie, so erfolgt auch keine Reaktion. Das ist in der Praxis häufig der Fall. Daher verbrennt Papier bei Zimmertemperatur nicht spontan zu CO_2 und H_2O, lässt sich Benzin im Tank transportieren, ohne sich sofort in die stabileren Moleküle CO_2 und H_2O umzuwandeln.

Wird von außen Energie zugeführt, so nimmt die Anzahl der Teilchen mit ausreichender Bewegungsenergie zu: Es kommt zu den ersten „erfolgreichen“ Zusammenstößen, Reaktionswärme wird frei, erhöht die Temperatur der Stoffe und beschleunigt so die Reaktion, die nun von selbst weiter ablaufen kann.

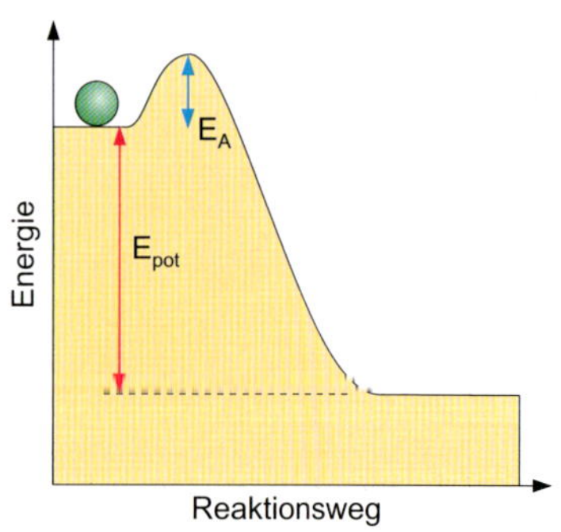

Ein Vergleich aus der Physik:
Um die (potentielle) Energie der Kugel nutzen zu können, muss sie zunächst unter Aufwand von Aktivierungsenergie auf den Berg gehoben werden.

Zur Bildung der Produkte müssen Bindungen zuerst gelöst und dann neu geknüpft werden. Dies geschieht nicht schlagartig, sondern in einem stetigen Übergang. Der „Energieberg“ der Abbildung stellt jenen Zustand dar, in dem die alten Bindungen noch nicht vollständig gelöst und die neuen noch nicht vollständig gebildet sind. Er wird **Übergangszustand** oder **aktivierter Komplex** genannt. Er kann ohne weitere Energiezufuhr zu Produkten weiterreagieren oder wieder in die Ausgangsstoffe zerfallen.

Bei der **Spaltung einer Bindung** können prinzipiell zwei Arten von Zwischenprodukten entstehen:

- Wird das bindende Elektronenpaar gespalten, so entstehen **Radikale**, das sind Bruchstücke mit einzelnen, ungepaarten Elektronen.
  Zum Beispiel: Cl – Cl → Cl • + • Cl
- Bleibt das bindende Elektronenpaar beim stärker elektronegativen Atom, so entstehen **Ionen**.
  Zum Beispiel: H – Cl → H^+ + Cl^-

5.4 Die Reaktionsgeschwindigkeit

Chemische Reaktionen können mit sehr unterschiedlichen Geschwindigkeiten ablaufen. Manche, so zum Beispiel die Neutralisation einer Säure mit einer Base, erfolgen „sofort“, d. h. extrem rasch. Andere, wie das Rosten von Eisen, benötigen hingegen Jahre.

Im Verlauf einer Reaktion nimmt die Menge (Konzentration) der Ausgangsstoffe ab, die Menge (Konzentration) der Produkte zu.
Die Reaktionsgeschwindigkeit wird daher als die pro Sekunde erfolgende Konzentrationsänderung definiert.

$$\textbf{Reaktionsgeschwindigkeit:}\quad v = \frac{\Delta c}{\Delta t}$$

Eine Reaktion zwischen zwei Teilchen kann nur erfolgen, wenn sie zusammenstoßen und ihre Energie mindestens so groß wie die Aktivierungsenergie ist. Die Reaktionsgeschwindigkeit hängt daher direkt von der **Zahl dieser Zusammenstöße** ab, die wiederum von mehreren Faktoren bestimmt wird:

- Von der **Konzentration** der beteiligten Stoffe: Je mehr Teilchen sich in einem bestimmten Volumen befinden, desto größer ist die Wahrscheinlichkeit, dass sie zusammenstoßen.
  Für eine Reaktion vom Typ „A + B → Produkt“ gilt::

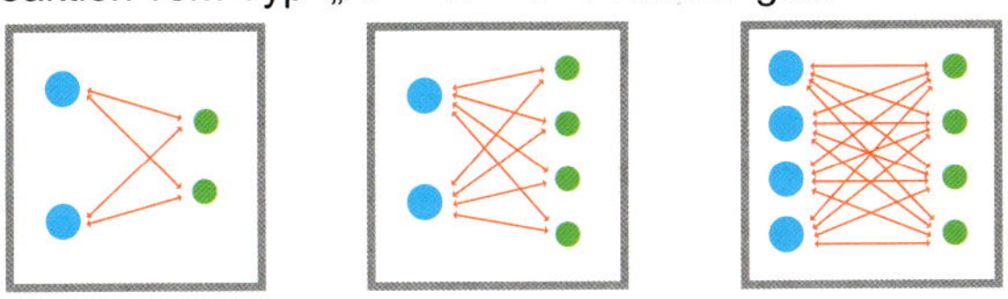

Teilchen	2	2	2	4	4	4
mögliche Zusammenstöße	4		8		16	

  Wird die Konzentration eines Stoffes verdoppelt, so verdoppelt sich die Zahl der Zusammenstöße pro Zeiteinheit und somit auch die Reaktionsgeschwindigkeit. Die Reaktionsgeschwindigkeit ist daher direkt proportional der Konzentration der beteiligten Stoffe.

  Mathematisch formuliert: $v = k \cdot c(A) \cdot c(B)$

  Da die Ausgangsstoffe durch die Reaktion verbraucht werden und ihre Konzentration abnimmt, sinkt die Reaktionsgeschwindigkeit.
  Bei **Gasen** ist die Zahl der Teilchen pro Volumseinheit und damit die **Reaktionsgeschwindigkeit vom Druck abhängig**.
- Von der **Temperatur**: Bei höherer Temperatur bewegen sich die Teilchen heftiger, es erfolgen mehr Zusammenstöße. Zusätzlich ist der Prozentsatz der wirksamen Zusammenstöße größer, da mehr Teilchen die notwendige Aktivierungsenergie besitzen.
  Beide Faktoren zusammen bewirken, dass die Reaktionsgeschwindigkeit bei Erwärmung sehr stark ansteigt. Häufig führt schon eine Temperaturerhöhung um 10 Grad zu einer Verdoppelung der Reaktionsgeschwindigkeit.
- Von einem **Katalysator**: Dieser **verringert** die notwendige **Aktivierungsenergie**, es gibt daher mehr Teilchen mit der geringeren Aktivierungsenergie und mehr erfolgreiche Zusammenstöße.
- Haben die Ausgangsstoffe verschiedene Aggregatzustände, so hängt die Geschwindigkeit zusätzlich von der Größe der **Oberfläche** der Stoffe ab.

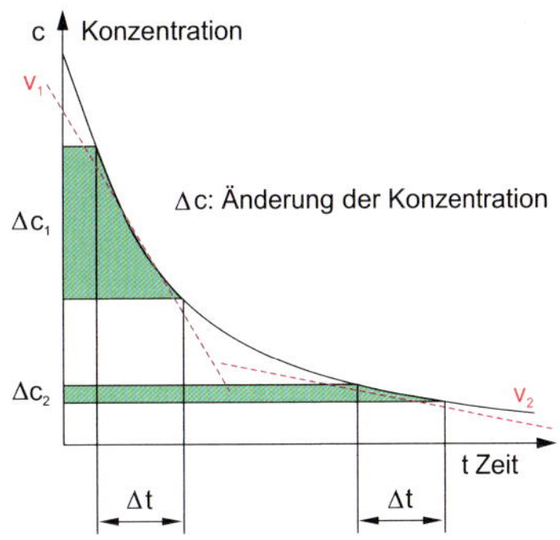

Veränderung der Konzentration eines Ausgangsstoffes im Verlauf einer Reaktion
Δc = Änderung der Konzentration
Betrachtet man gleiche Zeiträume Δt, so nimmt die Konzentration zu Beginn stärker ab.
$\Delta c_1 > \Delta c_2 \quad \Rightarrow \quad v_1 > v_2$

k = Geschwindigkeitskonstante für eine bestimmte Reaktion und Temperatur
c(A), c(B) = Konzentration von A und B in Mol pro Liter

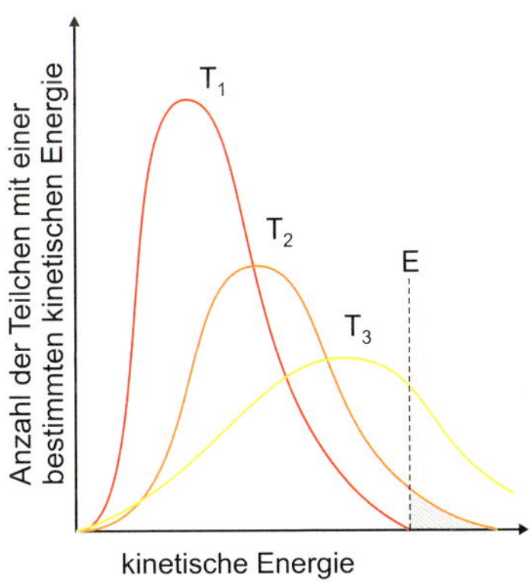

Energieverteilung bei verschiedenen Temperaturen: $T_3 > T_2 > T_1$
Eine geringe Temperaturerhöhung bewirkt eine starke Zunahme des Anteils an reaktionsfähigen Teilchen (vergleiche die Flächenanteile rechts von E für T_1, T_2 und T_3).

Beispiel:
Holzwolle verbrennt viel rascher als ein gleich schwerer Holzwürfel.

Katalysatoren

Für viele Reaktionen, die eine sehr hohe Aktivierungsenergie erfordern, also erst bei hohen Temperaturen mit merkbarer Geschwindigkeit ablaufen, gibt es Substanzen, die sich mit einem der Ausgangsstoffe verbinden und ein energetisch günstigeres, reaktionsfähiges Zwischenprodukt (Katalysatorkomplex) bilden. Die Reaktion kann dann bereits bei tieferen Temperaturen erfolgen. Solche Stoffe werden **Katalysatoren** genannt. Sie setzen die Aktivierungsenergie einer Reaktion herab und erhöhen dadurch die Reaktionsgeschwindigkeit.

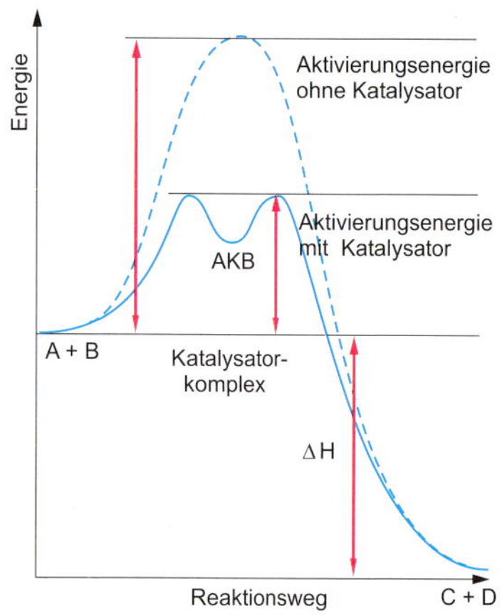

Energiediagramm einer Reaktion mit und ohne Katalysator.

Sie bilden mit einem der Ausgangsstoffe den reaktionsfähigen **Katalysatorkomplex**, der dann zum Produkt weiterreagiert, wobei der Katalysator wieder freigesetzt wird. Er kann nun die nächsten Ausgangsstoffe aktivieren. Der Katalysator wird dabei nicht verbraucht.

Bei der **homogenen Katalyse** haben Katalysator und Ausgangsstoffe gleiche Aggregatzustände (z. B. flüssig – flüssig), bei der **heterogenen Katalyse** sind sie unterschiedlich (z. B. gasförmig – fest).

Ohne Katalysatoren ließen sich in der chemischen Industrie viele Produkte nicht oder nur bei höheren Temperaturen und damit höheren Energiekosten herstellen, zum Beispiel Ammoniak (Seite 64) oder Schwefelsäure (Seite 135). Katalysatoren können meist nicht unbegrenzt lange eingesetzt werden, da ihre Wirksamkeit nachlässt. Ursache kann eine Änderung der Struktur des Katalysators (Altern) oder eine „Vergiftung" durch Verunreinigungen sein. Die meisten Katalysatoren müssen daher von Zeit zu Zeit regeneriert werden.

Beispiel: Der Abgaskatalysator für den Benzinmotor

Seine Aufgabe ist die Umwandlung der schädlichen unverbrannten Kohlenwasserstoffe (C_xH_y), Kohlenstoffmonoxid (CO) und Stickoxide (NO_x) in unschädliche Stoffe.

Es erfolgen mehrere Reaktionen:

$$C_xH_y + (x + y/2)\ O_2 \rightarrow x\ CO_2 + y/2\ H_2O$$
$$CO + ½\ O_2 \rightarrow CO_2$$
$$NO + CO \rightarrow ½\ N_2 + CO_2$$
$$2\ NO \rightarrow N_2 + O_2$$

Diese Reaktionen werden durch Platin und Palladium katalysiert, das sich fein verteilt auf einem Keramikkörper befindet, der durch viele dünne Kanäle eine sehr große Oberfläche besitzt.

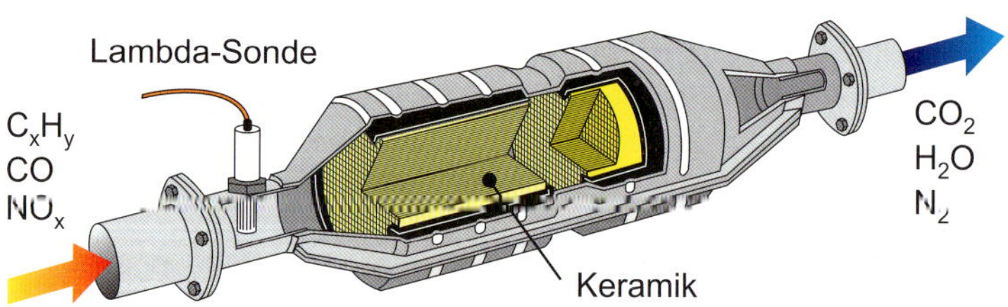

Ein als Lambda-Sonde bezeichneter Fühler misst die Zusammensetzung des Abgases und regelt die Aufbereitung des Benzin-Luft-Gemisches so, dass sich eine für die Reinigung günstige Zusammensetzung der Auspuffgase ergibt.

Auch im lebenden Organismus spielen Katalysatoren eine wichtige Rolle, die **Enzyme**. Das sind Eiweißmoleküle mit einer bevorzugten Bindungsstelle für das zu verändernde Molekül. Bei der Anlagerung an diese Stelle erfolgt eine Lockerung von Bindungen und dadurch eine Herabsetzung der Aktivierungsenergie.

Die Wirkung vieler Gifte, wie z. B. Arsen(III)-oxid (Arsenik), Dihydrogensulfid (Schwefelwasserstoff) oder Hydrogencyanid (Blausäure, HCN) beruht darauf, dass sie diese für den Körper wichtigen Katalysatoren unwirksam machen.

5.5 Das chemische Gleichgewicht

Bei manchen chemischen Vorgängen ist zu beobachten, dass zwar zunächst eine Reaktion einsetzt, die aber nach einiger Zeit zum Stillstand kommt, obwohl noch unverbrauchte Ausgangsstoffe vorhanden sind. Die Konzentrationen von Ausgangsstoffen und Produkten ändern sich nicht mehr, das System befindet sich im **Gleichgewicht**.

Will man beispielsweise Ammoniak NH_3 herstellen und mischt zu diesem Zweck Stickstoff und Wasserstoff in einem Druckgefäß bei 200 bar und 400 °C, so befindet sich in dem Gefäß nach einiger Zeit 33 % Ammoniak und 67 % Stickstoff und Wasserstoff. Auch bei längerem Warten steigt die Ammoniakmenge nicht mehr an.

Grund dafür ist, dass durch die Zusammenstöße zwischen den Molekülen nicht nur Produkt *gebildet* wird:

$$N_2 + 3\,H_2 \rightarrow 2\,NH_3$$

Stoßen Ammoniak-Moleküle zusammen, so können sie auch wieder in die Ausgangsstoffe *zerfallen*:

$$2\,NH_3 \rightarrow N_2 + 3\,H_2$$

Dadurch stellt sich nach einiger Zeit ein Zustand ein, in dem pro Zeiteinheit genauso viele Ammoniakmoleküle gebildet werden wie andererseits wieder zerfallen und sich daher die Konzentration der Stoffe nicht mehr verändert. Von außen betrachtet ist die Reaktion zum Stillstand gekommen, es kann keine Änderung mehr festgestellt werden. Im Inneren laufen jedoch nach wie vor Reaktionen ab, deren Auswirkungen sich aufheben. Man spricht von einem **dynamischen Gleichgewicht**.

Modell eines dynamischen Gleichgewichtes:
Zwei ungleich starke Mannschaften haben die Aufgabe, alle Bälle über das Netz zum Gegner zu werfen.

Nach einiger Zeit wird ein Gleichgewichtszustand erreicht: Bei der schwächeren Mannschaft liegen mehr Bälle am Boden, bei der stärkeren Mannschaft weniger.
Pro Minute fliegen in jeder Richtung gleich viele Bälle über das Netz.

Zur Erklärung dieses Vorganges betrachten wir eine Reaktion, bei der aus den Teilchen A und B exotherm die Produkte C und D gebildet werden.

$$A + B \rightarrow C + D \quad \textbf{Hinreaktion}$$

Für die Reaktionsgeschwindigkeit gilt:

$$v_{Hin} = k_{Hin} \cdot c(A) \cdot c(B)$$

Die Schreibweise c(A) bedeutet „Konzentration des Stoffes A in Mol/L“

v_{Hin} sinkt im Laufe der Zeit, da c(A) und c(B) abnehmen. Umgekehrt steigt die Konzentration der Produkte C und D und damit auch die Zahl der Zusammenstöße zwischen diesen beiden Teilchen. Bei der Kollision zweier besonders energiereicher Teilchen kann es zu einem Aufbrechen der Bindungen in den Produkten und zu einer Rückbildung der Ausgangsstoffe kommen.

$$C + D \rightarrow A + B \quad \textbf{Rückreaktion}$$

In Reaktionsgleichungen soll ein Doppelpfeil diese Umkehrbarkeit der Reaktion und das Vorliegen eines Gleichgewichtszustandes ausdrücken.

$$A + B \rightleftarrows C + D$$

Analog gilt: $v_{Rück} = k_{Rück} \cdot c(C) \cdot c(D)$

Die Geschwindigkeit der Rückreaktion nimmt zu, da die Konzentration der Produkte steigt.
Schließlich wird ein Punkt erreicht, an dem die Geschwindigkeit der Hinreaktion gleich der Geschwindigkeit der Rückreaktion ist. Dann wird pro Zeiteinheit genauso viel Produkt gebildet, wie andererseits wieder in Ausgangsstoffe zerfällt.

Im **Gleichgewichtszustand** gilt daher:

$$v_{Hin} = v_{Rück}$$

und

$$k_{Hin} \cdot c(A) \cdot c(B) = k_{Rück} \cdot c(C) \cdot c(D)$$

$$\frac{k_{Hin}}{k_{Rück}} = K$$

Der Quotient zweier Konstanten ergibt eine neue Konstante.

CATO GULDBERG (1836–1902); Professor für Mathematik, und PETER WAAGE (1833 –1900); Professor für Chemie in Oslo.

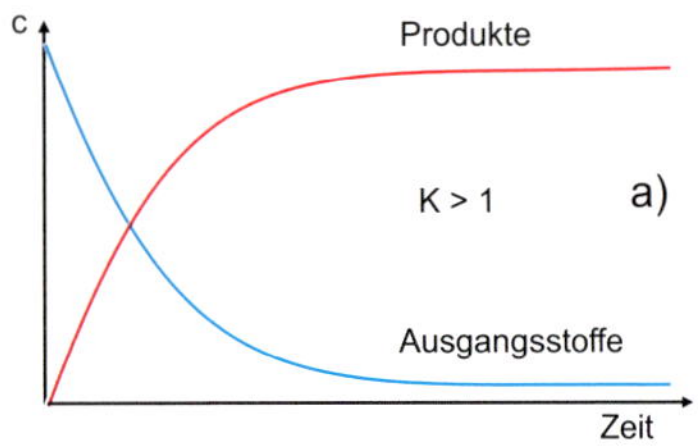

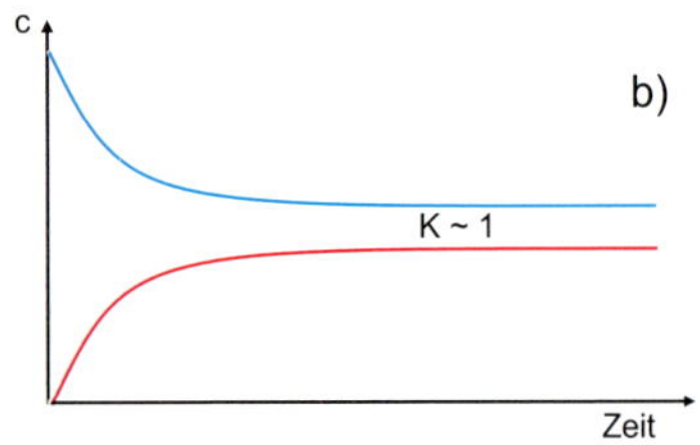

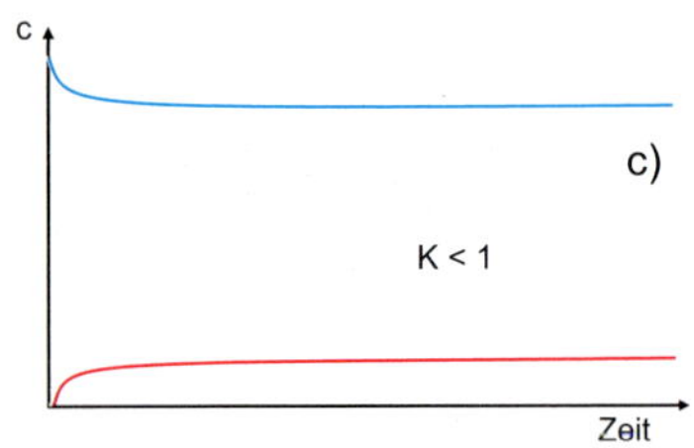

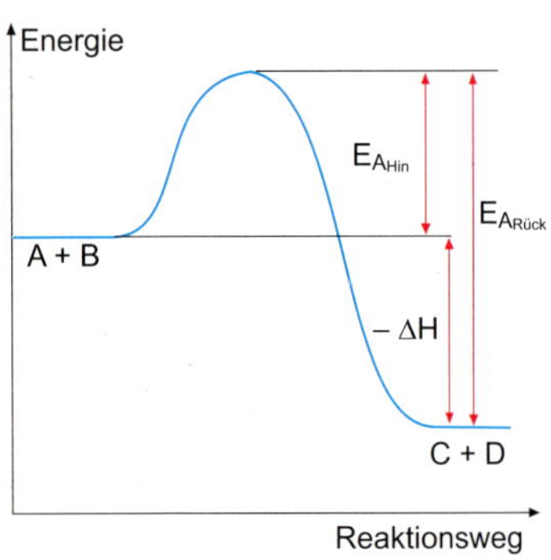

Wie auf Seite 57 gezeigt wurde, ist die Enthalpieänderung ΔH nicht der einzige Faktor, der für den Ablauf einer Reaktion von Bedeutung ist. Bei niedrigen Temperaturen kann jedoch die Entropie für eine erste Abschätzung vernachlässigt werden.

Umformen ergibt: $$\frac{k_{Hin}}{k_{Rück}} = \mathbf{K} = \frac{c(C) \cdot c(D)}{c(A) \cdot c(B)}$$

K wird **Gleichgewichtskonstante** genannt. Sie ist nur von der Temperatur abhängig.

Allgemein gilt für eine beliebige Reaktion:

$$aA + bB + cC \ldots \rightleftarrows dD + eE + fF \ldots$$

$$K = \frac{c(D)^d \cdot c(E)^e \cdot c(F)^f \cdot \ldots}{c(A)^a \cdot c(B)^b \cdot c(C)^c \cdot \ldots}$$

Diese Beziehung wird **Massenwirkungsgesetz** genannt. Es wurde erstmals 1867 von GULDBERG und WAAGE aufgestellt.

Das Massenwirkungsgesetz besagt, dass bei einer bestimmten Temperatur und einem bestimmten Druck das Verhältnis der Produkte der Endstoffkonzentrationen zum Produkt der Ausgangsstoffkonzentrationen immer gleich ist.

Gleichgewichtskonstanten können experimentell bestimmt werden und geben an, in welche Richtung die Reaktion bevorzugt abläuft:

- Ist **K sehr groß**, so liegt das Gleichgewicht auf der Seite der Endprodukte. Die Reaktion läuft fast vollständig ab (Abb. a).
- Ist **K ungefähr gleich eins**, so liegen Ausgangsstoffe und Produkte in vergleichbaren Mengen vor (Abb. b).
- Ist **K sehr klein**, so liegt das Gleichgewicht auf der Seite der Ausgangsstoffe. Es ist kaum eine Reaktion zu beobachten (Abb. c).

Prinzipiell stellt sich bei jeder Reaktion in einem abgeschlossenen System ein Gleichgewichtszustand ein. Die Rückreaktion wird aber nur dann durch einen doppelten Reaktionspfeil betont, wenn die Ausgangsstoffe im Gleichgewicht noch in nennenswerten Mengen vorhanden sind.

Die **Lage eines Gleichgewichts**, d. h. ob mehr Ausgangsstoff oder mehr Produkt vorliegt, hängt unter anderem von der **Enthalpie** ΔH der Reaktion ab.
Das Energiediagramm zeigt: Ist die Reaktion stark exotherm (– ΔH groß), so ist die Aktivierungsenergie der Rückreaktion wesentlich größer als die Aktivierungsenergie der Hinreaktion. Nur wenige Teilchen besitzen diese hohe Energie, die Rückreaktion findet kaum statt, die Produkte überwiegen weitgehend.

Ein **Katalysator** verändert die Energie der Teilchen und damit die Lage des Gleichgewichts nicht. Er erhöht jedoch die Geschwindigkeit der Hin- und der Rückreaktion, der Gleichgewichtszustand wird rascher erreicht.

Mit Hilfe der Gleichgewichtskonstanten K lassen sich die Konzentrationsverhältnisse in einem Gleichgewicht berechnen.

Beispiel:

Für die Bildung von Hydrogeniodid (Iodwasserstoff) aus den Elementen wurde die Gleichgewichtskonstante bei 448 °C mit 50,5 bestimmt. Wie groß ist die Konzentration des entstehenden HI, wenn bei dieser Temperatur 0,1 Mol Wasserstoff und 0,1 Mol Iod in einem 1-Liter-Gefäß miteinander reagieren?

$$H_2 + I_2 \rightleftarrows 2\,HI \qquad K = \frac{c(HI)^2}{c(H_2)\cdot c(I_2)} = 50{,}5$$

Man kann nun nicht einfach $c(H_2) = 0{,}1$ mol/L einsetzen, da dies nicht die Konzentration des Wasserstoffs im Gleichgewicht, sondern die Anfangskonzentration *vor* Einsetzen der Reaktion ist. Durch die Reaktion wird die Konzentration des Wasserstoffs um einen bestimmten Wert, nennen wir ihn x, vermindert. Im Gleichgewichtszustand gilt daher: $c(H_2) = 0{,}1 - x$ mol/L. Aus der Reaktionsgleichung folgt, dass die Konzentration von I_2 um den gleichen Betrag x abnimmt, während c(HI) um 2 x steigt. Somit folgt:

$$\frac{(2\,x)^2}{(0{,}1 - x)\cdot(0{,}1 - x)} = 50{,}5$$

Die Auflösung ergibt: x = 0,078; c(HI) = 2 x = 0,156 mol/L.

Lösungen einer quadratischen Gleichung vom Typ $ax^2 + bx + c = 0$:

$$x_{1,2} = \frac{-b \pm \sqrt{b^2 - 4ac}}{2a}$$

Bei technisch genutzten Gleichgewichtsreaktionen wird versucht, durch Veränderung von Konzentration, Temperatur oder Druck (einen „äußeren Zwang") möglichst viel Produkt im Gleichgewicht zu erhalten. Die Auswirkungen solcher Maßnahmen hat LE CHATELIER 1884 mit dem **Prinzip der „Flucht vor dem Zwang"** zusammengefasst:

Wirkt auf ein im Gleichgewicht befindliches System ein äußerer Zwang, so verschiebt sich das Gleichgewicht so, dass es dem Zwang ausweicht. Jene Reaktion, durch die der Zwang vermindert wird, läuft verstärkt ab.

HENRI LE CHATELIER (1850–1936)

Le Chatelier'sches Prinzip, auch „Prinzip vom kleinsten Zwang" genannt.

Beispiele:

- **Konzentrationsänderung:**
  Wird die Konzentration eines Stoffes erhöht, so läuft jene Teilreaktion verstärkt ab, durch die die Konzentration dieses Stoffes wieder vermindert wird.

$$A + B \rightleftarrows C + D \qquad K = \frac{c(C)\cdot c(D)}{c(A)\cdot c(B)}$$

- Wird mehr A zugegeben, so steigt die Geschwindigkeit der Hinreaktion, es entsteht mehr C + D. Dadurch steigt wiederum die Geschwindigkeit der Rückreaktion, bis ein neuer Gleichgewichtszustand erreicht ist.
  Anders ausgedrückt: Da K eine Konstante ist und unverändert bleibt, muss eine Vergrößerung von c(A) zu einer Vergrößerung von c(C) und c(D) führen, c(B) sinkt.
  Wird andererseits laufend ein Produkt entfernt (falls z. B. C ein Gas ist, das aus dem Reaktionsgefäß entweicht), so wird durch die Hinreaktion so lange C produziert, bis A und B verbraucht sind, reines D bleibt übrig. In einem solchen offenen System wird kein Gleichgewichtszustand erreicht.

FRITZ HABER (1868–1934); Professor für Chemie in Karlsruhe. Erhielt 1919 für seine Ammoniaksynthese den Nobelpreis für Chemie.

CARL BOSCH (1874–1940); Chefchemiker der BASF in Ludwigshafen. Erhielt 1931 den Nobelpreis für Chemie.

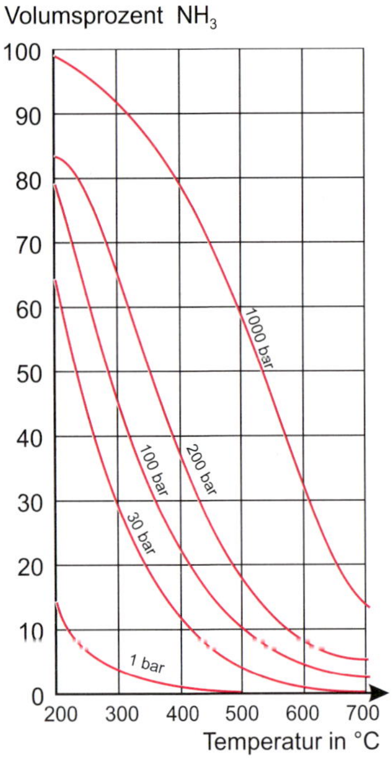

Das **Ammoniak-Gleichgewicht** bei unterschiedlicher **Temperatur** und unterschiedlichem **Druck.**

- **Temperaturänderung:**
  Wird die Temperatur erhöht, so läuft die wärmeverbrauchende (endotherme) Teilreaktion verstärkt ab.
  Die Erwärmung erhöht die Geschwindigkeit von Hin- und Rückreaktion, die endotherme Teilreaktion wird jedoch stärker begünstigt.
- **Druckänderung:**
  Sie ist nur bei Reaktionen, an denen Gase beteiligt sind, von Bedeutung. Bei Druckerhöhung läuft die druckvermindernde Teilreaktion verstärkt ab.
  Der Druck hängt bei sonst gleichen Bedingungen nur von der Zahl der Gasteilchen ab (siehe Seite 12). Druckerhöhung fördert daher jene Reaktion, durch die die Zahl der Gasmoleküle vermindert wird.

Am Beispiel des **Haber-Bosch-Verfahrens** zur Herstellung von Ammoniak (NH_3) lässt sich zeigen, welche wirtschaftliche Bedeutung die Beeinflussung eines Gleichgewichts hat. Ammoniak ist der Grundstoff zur Herstellung aller anderen stickstoffhaltigen Verbindungen wie Salpetersäure, Kunstdünger oder Farbstoffe.

$$N_2 + 3\,H_2 \rightleftarrows 2\,NH_3 \qquad \Delta H = -91{,}2\text{ kJ}$$

Temperaturänderung:
Bei Zimmertemperatur liegt das Gleichgewicht fast vollständig auf der Seite des Ammoniaks. Wegen der hohen Aktivierungsenergie (Dreifachbindung im Stickstoff-Molekül) läuft die Reaktion jedoch nur unmessbar langsam ab. Um eine für technische Prozesse brauchbare Reaktionsgeschwindigkeit zu erzielen, muss die Temperatur auf einige hundert Grad erhöht werden. Nach dem Prinzip von Le Chatelier führt dies aber zu einer Begünstigung der endothermen Reaktion, im Gleichgewicht befindet sich nur mehr sehr wenig Ammoniak. Da geeignete Katalysatoren gefunden werden konnten, reichen Temperaturen von 400 – 500 °C, doch entstehen auch unter diesen Bedingungen nur mehr ca. 0,2 % Ammoniak.

Druckänderung:
Alle an der Reaktion beteiligten Stoffe sind Gase. Bei der Hinreaktion entstehen aus 4 Mol Gas 2 Mol, d. h. die Zahl der Teilchen und damit der Druck im System wird durch die Hinreaktion vermindert. Druckerhöhung begünstigt somit die Bildung von Ammoniak.

Die industrielle Durchführung ist ein Kompromiss zwischen dem theoretisch Wünschenswerten und dem technisch-wirtschaftlich Machbaren. Die Reaktion wird bei ca. 450 °C und 300 – 400 bar durchgeführt. Niedrigere Temperaturen würden die Reaktionszeit zu stark verlängern, höherer Druck ist technisch schwer beherrschbar. Beim Abkühlen des entstandenen Gemisches wird das Ammoniak flüssig und kann so abgetrennt werden. Unverbrauchter Stickstoff und Wasserstoff werden in den Reaktionsraum zurückgeleitet.

Von großer Bedeutung bei der Verbrennung kohlenstoffhaltiger Brennstoffe ist das **Boudouardsche Gleichgewicht** zwischen elementarem Kohlenstoff und seinen Oxiden CO und CO_2.

$$C + CO_2 \rightleftarrows 2\,CO \qquad \Delta H = -172{,}5\text{ kJ}$$

Die Entstehung von Kohlenstoffmonoxid ist endotherm. Nach dem Le Chatelier'schen Prinzip ist daher bei den hohen Temperaturen der Verbrennung die Bildung von Kohlenstoffmonoxid begünstigt. Bei Sauerstoffmangel kann es nicht zu Kohlenstoffdioxid weiterreagieren, beim Abkühlen der Verbrennungsgase kehrt sich daher die Reaktion um, fein verteilter Kohlenstoff (Ruß) scheidet sich ab.

Bei Heizungsanlagen ist dies nicht erwünscht, im Hochofen allerdings dienen Kohlenstoff und Kohlenstoffmonoxid als Reduktionsmittel (siehe Seite 164). Dieses Gleichgewicht ist auch einer der Gründe für die Rußentwicklung eines Dieselmotors. Durch den in Vergleich zum Benzinmotor höheren Druck im Zylinder verschiebt sich das Gleichgewicht auf die Seite der Stoffe mit geringerem Volumen – CO_2 und fester Kohlenstoff wird verstärkt gebildet.

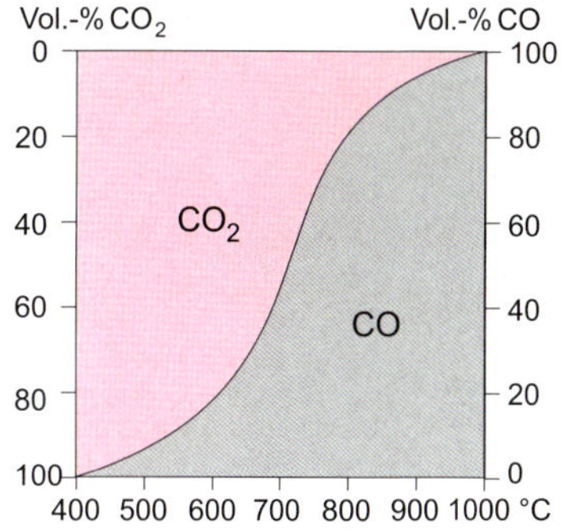

Boudouard'sches Gleichgewicht

OCTAVE BOUDOUARD (1891–1957); französischer Chemiker.

ÜBUNGEN

5.13 Zur Herstellung von Schwefelsäure wird Schwefeltrioxid benötigt, das durch Reaktion von Schwefeldioxid mit Sauerstoff gewonnen wird (siehe Seite 135). $2\,SO_{2(g)} + O_{2(g)} \rightleftarrows 2\,SO_{3(g)}$
Wie wird dieses Gleichgewicht durch Druck und Temperatur beeinflusst? Berechne zunächst mit Hilfe der Angaben in der Tabelle auf Seite 53, welche Teilreaktion exotherm und welche endotherm abläuft. Wie verändert sich das Gleichgewicht, wenn ein Katalysator zugegeben wird?

5.14 Wie wird das Boudouard'sche Gleichgewicht durch Druckerhöhung beeinflusst? Beachte, dass Kohlenstoff ein Feststoff ist, dessen Volumen, verglichen mit dem der Gase, vernachlässigt werden kann.

5.15 Kohlenstoffmonoxid reagiert mit Wasserdampf zu Kohlenstoffdioxid und Wasserstoff. Stelle die Reaktionsgleichung des Gleichgewichtes auf, berechne mit Hilfe der Angaben in der Tabelle auf Seite 53, ob die Hin- oder Rückreaktion exotherm oder endotherm abläuft und bestimme, wie sich Druck und Temperatur auf die Lage des Gleichgewichtes auswirken.

5.16 Wie wirken sich Druck und Temperatur auf das Gleichgewicht zwischen Wasserstoff, Iod und Hydrogeniodid (HI) aus? Berechne zunächst mit Hilfe der Angaben in der Tabelle auf Seite 53, ob die Hin- oder Rückreaktion exotherm oder endotherm abläuft.

5.17 Beim Kalkbrennen (Seite 149) stellt sich ein Gleichgewicht zwischen Kalk, gebranntem Kalk und Kohlenstoffdioxid ein.

$$CaCO_{3(s)} \rightleftarrows CaO_{(s)} + CO_{2(g)}$$

Wie wird dieses Gleichgewicht durch Druck und Temperatur beeinflusst? Wie verschiebt es sich, wenn aus dem Kalkofen laufend Kohlenstoffdioxid entweichen kann?

5.18 In Kapitel 5.3 wurde gezeigt, dass die Gibbs-Energie ΔG die entscheidende Größe beim Ablauf einer Reaktion ist. Vergleiche die Erklärung des Haber-Bosch-Verfahrens auf S 64 f. mit der Berechnung von ΔG für diese Reaktion auf Seite 57.
Schätze ab, wie groß ΔG ist, wenn die Reaktion bei rund 430 °C (700 K) erfolgt.
Was kann daraus für den Zusammenhang zwischen ΔG und der Gleichgewichtskonstanten K gefolgert werden?

	Definition	
	Säuren	**Basen**
Lavoisier 1777	enthalten Sauerstoff	
Davy 1816	enthalten Wasserstoff	
Liebig 1838	enthalten Wasserstoff, der durch Metall ersetzbar ist	
Arrhenius 1884	geben in Wasser H^+-Ionen ab	geben in Wasser OH^--Ionen ab
Brönsted 1923	geben H^+-Ionen ab	nehmen H^+-Ionen auf

indicare (lat.) = anzeigen

im sauren Bereich

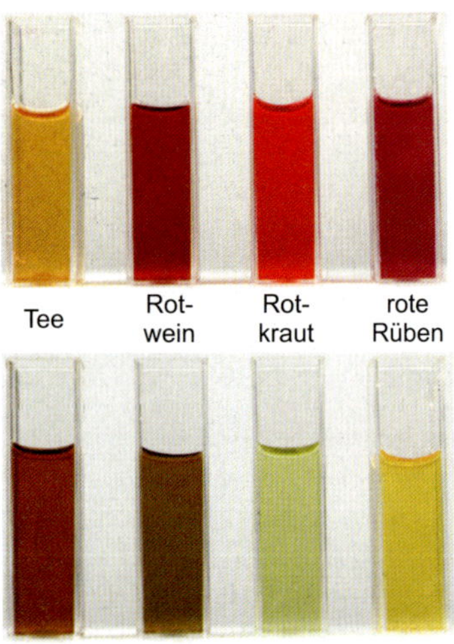

im basischen Bereich

Viele in der Natur vorkommende Farbstoffe wirken als Indikatoren.

Durch die nebenstehenden Reaktionen gelangte LAVOISIER zu der irrigen Annahme, das Element Sauerstoff bewirke die sauren Eigenschaften.

6. Säure-Base-Reaktionen

Die große Zahl der anorganischen Reaktionen lässt sich in zwei Hauptgruppen einteilen:

- **Säure-Base-Reaktionen**, bei denen H^+-Ionen übertragen werden.
- **Redoxreaktionen**, bei denen eine Übertragung von Elektronen erfolgt (siehe Kapitel 7, Seite 84 ff.).

6.1 Eigenschaften von Säuren und Basen

Säuren und Basen sind zwei Substanzgruppen, die schon den Alchimisten bekannt waren. Die eine Gruppe erhielt ihren Namen wegen ihres sauren Geschmacks, die andere Gruppe, deren Lösungen sich seifig anfühlen, hielt man für die Grundlage (Basis) der Salze.
Doch Schmecken und Fühlen sind keine brauchbaren Methoden zur Identifizierung von Stoffen. Daher nutzte man schon damals den Umstand, dass manche Farbstoffe in Säuren und Basen unterschiedliche Farben annehmen und nutzte sie als **Indikatoren**.

Indikatoren sind Stoffe, die durch eine Farbänderung eine Säure oder Base anzeigen.

Der Farbstoff von Schwarztee ist ein natürlicher Indikator.

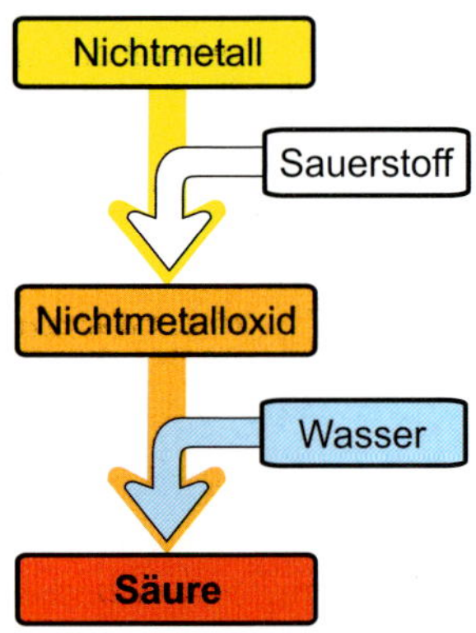

Schema der Herstellung einer Säure

Gemeinsam ist den Säuren und Basen, dass ihre **Lösungen** den **Strom leiten** – ein klarer Hinweis auf das Vorhandensein von **Ionen**.

Eine Reihe von **Säuren** entsteht bei der Reaktion der **Oxide von Nichtmetallen** mit **Wasser**, was dazu führte, dass man zunächst den Sauerstoff für das wesentliche Element jeder Säure hielt und ihm einen entsprechenden Namen gab.

Verbrennt man Schwefel, Kohlenstoff oder Phosphor und löst die entstandenen Oxide in Wasser, so erhält man Säuren.

$SO_2 + H_2O \rightarrow H_2SO_3$ schweflige Säure

$CO_2 + H_2O \rightarrow H_2CO_3$ Kohlensäure

$P_4O_{10} + 6\,H_2O \rightarrow 4\,H_3PO_4$ Phosphorsäure

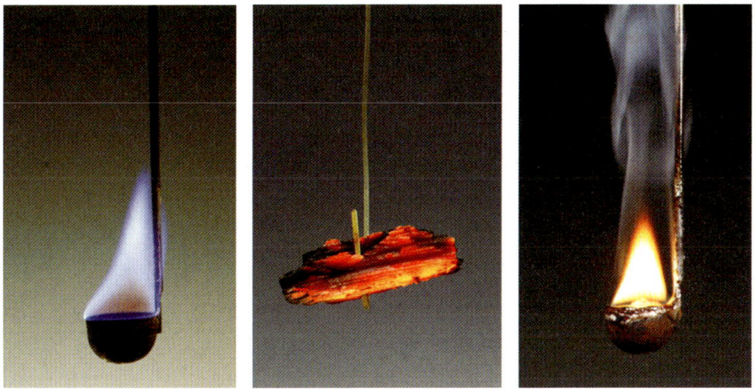

Schwefel, Kohlenstoff (Holzkohle) und Phosphor verbrennen.

Diese Oxide werden auch als **Anhydride** der entsprechenden Säuren bezeichnet (an hydros [griech.] = ohne Wasser).

Die Oxide der Nichtmetalle ergeben zusammen mit Wasser Säuren.

Es gibt aber auch Säuren, die nicht von Oxiden abstammen, z. B. die Salzsäure HCl oder die Essigsäure CH_3COOH.

Allen **Säuren** ist jedoch gemeinsam, dass sie mit **unedlen Metallen** unter Bildung von **Wasserstoff** und der entsprechenden Salze reagieren, was darauf hindeutet, dass Wasserstoff das wesentliche Element der Säuren ist.

Reaktionen von Säuren mit Metallen
Links: Magnesium mit Schwefelsäure, rechts: Zink mit Salzsäure.

Beispiele:

Mg	+	H_2SO_4	→	H_2	+	$MgSO_4$	Magnesiumsulfat
Zn	+	2 HCl	→	H_2	+	$ZnCl_2$	Zinkchlorid

Die Formeln der Säuren

Da der Wasserstoff das wesentliche Element ist, wird er in der Formel einer anorganischen Säure an die erste Stelle geschrieben. Daher ist sofort erkennbar, dass H_2SO_4 eine Säure ist, CH_4 hingegen nicht.

Beim Lösen in Wasser bilden sich aus den Säuremolekülen (stufenweise bzw. je nach Säure in unterschiedlichem Ausmaß) Ionen.

Das Prinzip ist dabei stets gleich: Aus den Wasserstoffatomen in der Formel entstehen H^+-Ionen, die restlichen Atome bleiben zusammen und bilden das Säurerest-Ion. Dieses trägt ebenso viele negative Ladungen, wie H^+-Ionen entstanden sind.

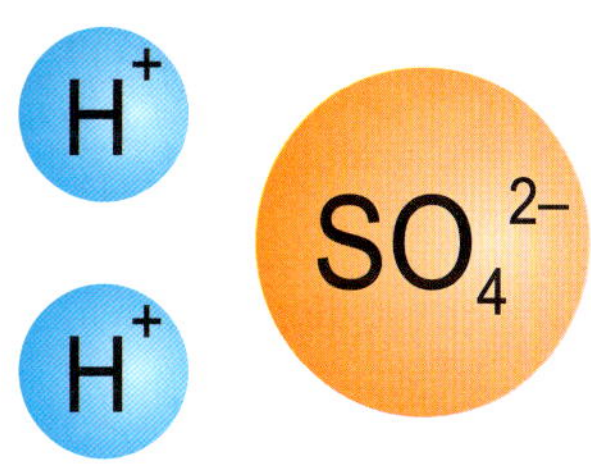

Aus Schwefelsäure entstehende Ionen.

Der Name der Säure enthält (meist) den deutschen Namen des charakteristischen Elementes; der lateinische Name dieses Elementes findet sich im Namen des Säurerest-Ions.

Beispiel:

Formel: H_2SO_4 Name: Schwefelsäure

Ionen: 2 H^+, SO_4^{2-} Name des Säurerest-Ions: Sulfat

Aus Essigsäure entstehende Ionen.

Bei **organischen Säuren** wird eine andere Schreibweise verwendet: Hier zeigt die am Ende der Formel geschriebene Atomgruppe -COOH eine Säure an. Nur dieses Wasserstoffatom kann sich als Ion abspalten, die restlichen Atome bilden wiederum das Säurerest-Ion.

Beispiel:

Formel: CH_3COOH Name: Essigsäure
Ionen: H^+, CH_3COO^- Name: Acetat-Ion (lat. acetum = Essig)

Wichtige Säuren und ihre Ionen

Name	Formel	Säurerest-Ion	
schweflige Säure	H_2SO_3	SO_3^{2-}	Sulfit
Schwefelsäure	H_2SO_4	SO_4^{2-}	Sulfat
Kohlensäure	H_2CO_3	CO_3^{2-}	Carbonat
Phosphorsäure	H_3PO_4	PO_4^{3-}	Phosphat
Salpetersäure	HNO_3	NO_3^-	Nitrat
salpetrige Säure	HNO_2	NO_2^-	Nitrit
Salzsäure	HCl	Cl^-	Chlorid
Essigsäure	CH_3COOH	CH_3COO^-	Acetat

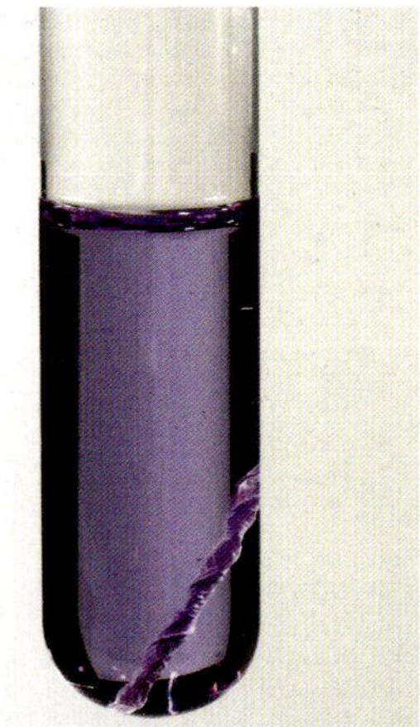

Magnesiumoxid, in heißem Wasser teilweise gelöst, färbt Lackmuslösung blau – eine Base ist entstanden.

Auch manche **Metalloxide** können mit Wasser reagieren. Durch die Reaktion des O^{2-}-Ions des Oxides mit Wasser entstehen OH^--Ionen.

$$O^{2-} + H_2O \rightarrow 2\,OH^-$$

Die so entstandenen **Hydroxide** reagieren basisch.

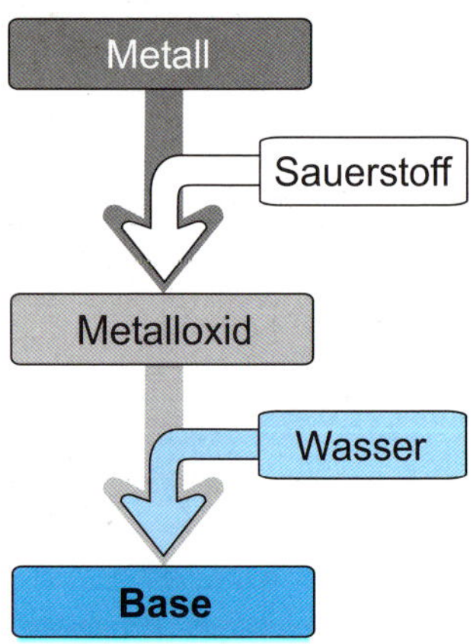

Schema der Herstellung einer Base.

Beispiel:

$$MgO + H_2O \rightarrow Mg(OH)_2 \quad \text{Magnesiumhydroxid}$$

Deren Lösungen sind, wie mit einem Indikator leicht gezeigt werden kann, basisch und leiten, da sie frei bewegliche Ionen enthalten, den Strom.

Magnesiumhydroxid besteht beispielsweise aus Mg^{2+}- und je zwei OH^--Ionen.

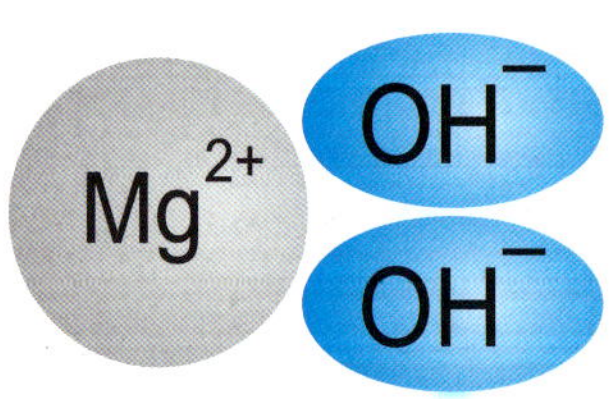

Die Ionen von Magnesiumhydroxid.

Wichtige Hydroxide

Formel	Name	Trivialname	
		des Feststoffes	der Lösung
NaOH	Natriumhydroxid	Ätznatron	Natronlauge
KOH	Kaliumhydroxid	Ätzkali	Kalilauge
$Ca(OH)_2$	Calciumhydroxid	gelöschter Kalk	Kalkwasser
$Mg(OH)_2$	Magnesiumhydroxid	—	—

Manche Metalloxide ergeben mit Wasser Basen.

Aber auch Substanzen, die nicht von einem Metalloxid abstammen, können basische Lösungen bilden, z. B. in Wasser gelöstes Ammoniak (Salmiakgeist, siehe Seite 70).

1	2	13	14	15	16	17	18
H							He
Li	Be	B	C	N	O	F	Ne
Na	Ca	Al	Si	P	S	Cl	Ar
K	Ca	Ga	Ge	As	Se	Br	Kr
Rb	Sr	In	Sn	Sb	Te	I	Xe
Cs	Ba	Tl	Pb	Bi	Po	At	Rn

saure Oxide

amphotere Oxide

basische Oxide

Die Elemente mit sauren und mit basischen Oxiden im Periodensystem
Amphotere Oxide wirken je nach Reaktionspartner als Säuren oder Basen.

Natrium- und Kaliumhydroxid kommen in Form linsenförmiger Plätzchen in den Handel. An der Luft nehmen sie allmählich Feuchtigkeit auf und zerfließen.

ÜBUNGEN

6.1 Vervollständige die folgenden Reaktionsgleichungen:
a) $Li_2O + H_2O \rightarrow$ b) $SrO + H_2O \rightarrow$
c) $SO_3 + H_2O \rightarrow$ d) $1\,x + 1\,H_2O \rightarrow 2\,HNO_3$, x = ?
e) $Zn + H_2SO_4 \rightarrow$ f) $Mg + HCl \rightarrow$

6.2 Welche Ionen sind in Lösungen der folgenden Stoffe vorhanden: $NaOH$, $Ca(OH)_2$, $HClO_3$, $Al(OH)_3$, HBr

6.3 Begründe, warum Magnesiumoxid mit Wasser eine Base ergibt, nicht jedoch Kohlenstoffdioxid.

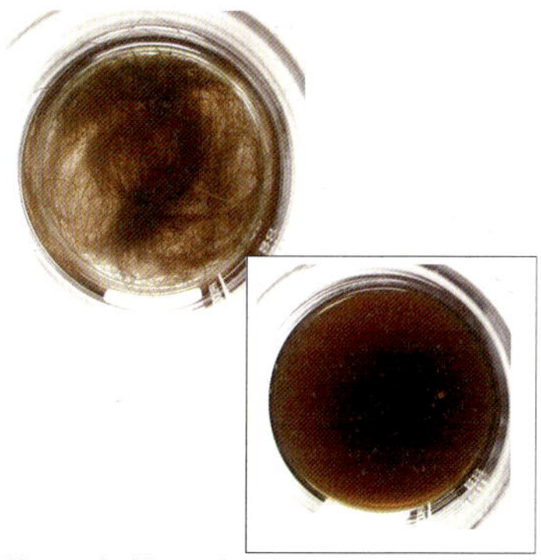

Haare in Natronlauge
Links zu Beginn, rechts nach zwei Stunden. Starke Basen lösen organische Stoffe in kurzer Zeit auf und werden daher für Abflussreiniger verwendet.

6.2 Die Definition von Säuren und Basen

Um herauszufinden, was den **sauren Charakter** einer Lösung ausmacht, betrachten wir Hydrogenchlorid (Chlorwasserstoff, HCl) näher. Durch Abkühlen auf – 85 °C verflüssigtes HCl leitet den Strom nicht, besteht also nicht aus Ionen.
Löst man das Gas jedoch in Wasser, so entsteht eine sauer reagierende Flüssigkeit, die den Strom leitet – die Salzsäure. Zusammen mit den Wassermolekülen müssen Ionen entstanden sein.

Tatsächlich erfolgte beim Lösen in Wasser eine chemische Reaktion:

$$HCl + H_2O \longrightarrow Cl^- + H_3O^+$$

Aus dem Elektronegativitätsunterschied der Atome folgt, dass HCl stark polar ist. Das Chloratom bildet das negative Ende des Dipols, der Wasserstoff trägt eine positive Partialladung (siehe Seite 43).

Auch die Wassermoleküle sind Dipole. Das Sauerstoffatom trägt eine negative Partialladung und zieht das Wasserstoffatom des Hydrogen-

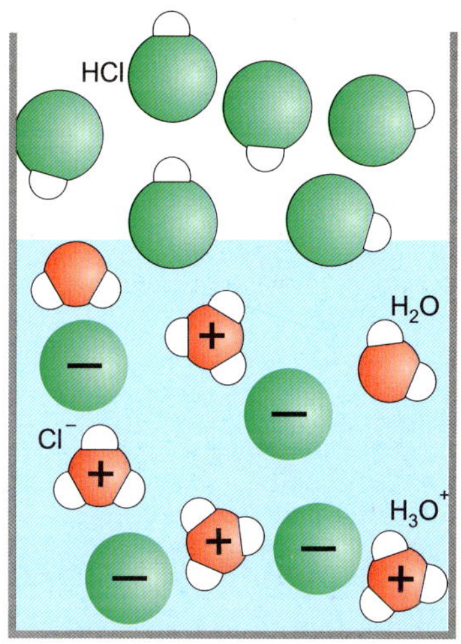

Lösung von Hydrogenchlorid in Wasser

Dissoziation: Spaltung eines Moleküls
dissociatio (lat.) = Trennung

chlorids an sich – ein **H^+-Ion** wechselt den Platz und es entsteht ein **Oxonium-Ion** H_3O^+.

Das bindende Elektronenpaar bleibt beim Chloratom, das dadurch zu einem Cl^--Ion wird. Es bildet den **Säurerest** der Salzsäure. Das HCl-Molekül wurde gespalten, es ist **dissoziiert**.

Das **H^+-Ion** ist nichts anderes als ein **Proton**, da Wasserstoffatome nur ein Elektron enthalten, nach dessen Abgabe nur das einzelne Proton des Kerns übrig bleibt.
Die entstehenden Ionen sind die Ursache der elektrischen Leitfähigkeit der Salzsäure.

JOHANNES NIKOLAUS BRÖNSTED (1879–1947); dänischer Physikochemiker.

Kann ein Molekül zwei oder mehr Wasserstoffionen abgeben, so spricht man von einer **mehrprotonigen Säure**. Es entstehen dann verschiedene Säurerest-Ionen, die zum Teil selbst noch als Säuren wirken können, weil sie noch Wasserstoffatome enthalten.

Beispiel: Schwefelsäure reagiert mit Wasser in zwei Stufen:

$H_2SO_4 + H_2O \rightarrow H_3O^+ + HSO_4^-$ Hydrogensulfat

$HSO_4^- + H_2O \rightleftarrows H_3O^+ + SO_4^{2-}$ Sulfat

Das Auflösen säurebildender Stoffe, d. h. ihre Reaktion mit Wasser, erfolgt meist unter starker Erwärmung. Dies zeigt, dass die Bildung der neuen, stark polaren O – H-Bindung im H_3O^+-Ion und die Bildung der Säurerest-Ionen energetisch begünstigt sind.

Reaktionen, bei denen H^+-Ionen übertragen werden, nennt man Protolysen.

Um den **basischen Charakter** einer Lösung zu verstehen, betrachten wir Ammoniak und seine wässrige Lösung:

Ammoniak (NH_3) ist ebenfalls ein Gas, das im verflüssigten Zustand den Strom nicht leitet und sich gut in Wasser löst. Auch diese Lösung leitet den Strom, reagiert aber basisch, was auf OH^--Ionen hinweist.

Das Ammoniakmolekül ist tetraedrisch gebaut. Die drei Atombindungen sind polar, das Stickstoffatom mit dem nichtbindenden Elektronenpaar bildet den negativen Pol des Dipols (siehe Seite 45).
Dies bewirkt, dass von manchen Wassermolekülen ein Wasserstoff-Atom unter Zurücklassung seines Elektrons als H^+-Ion zu dem freien Elektronenpaar überwechselt, wodurch NH_4^+-Ionen gebildet werden. Das bindende Elektronenpaar bleibt beim stärker elektronegativen Sauerstoffatom zurück, OH^--Ionen entstehen.

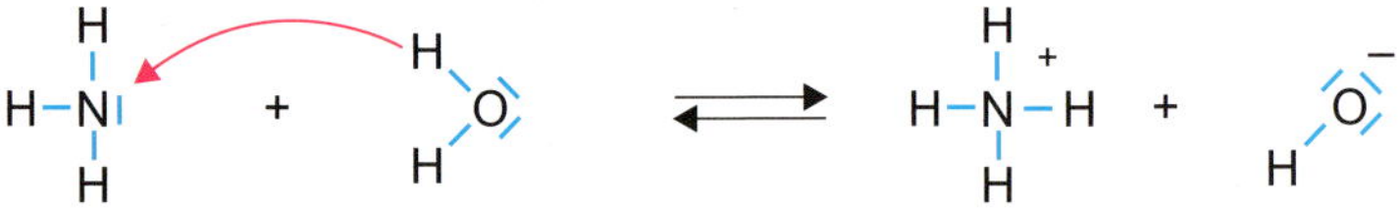

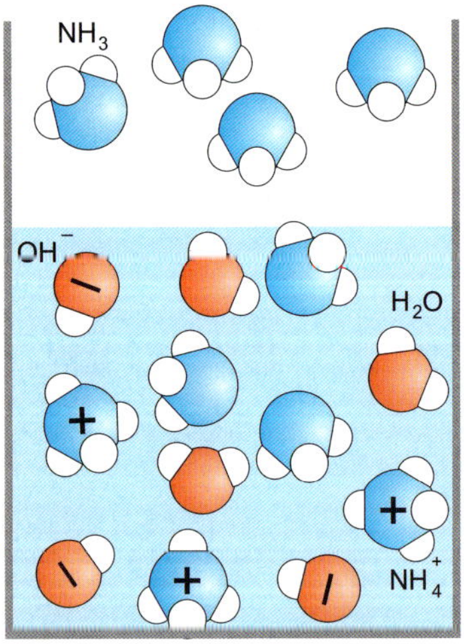

$$NH_3 + H_2O \rightleftarrows NH_4^+ + OH^-$$

Protonenübertragung bei Ammoniak

Je leichter eine Säure Protonen abgibt (je stärker die Säure ist), desto schwerer werden die Protonen von der zugehörigen Base wieder aufgenommen (umso schwächer ist die zugehörige Base).

Auf Grund dieser Überlegungen gelangte BRÖNSTED 1923 zu der auch heute noch gültigen **Definition** von **Säuren** und **Basen**:

- **Säuren sind Teilchen, die Protonen abgeben (Protonenspender, Protonendonatoren).**
- **Basen sind Teilchen, die Protonen aufnehmen (Protonenempfänger, Protonenakzeptoren).**
- **Bei Säure-Base-Reaktionen werden Protonen übertragen.**
- **Der Säurerest ist die konjugierte (zugehörige) Base der Säure.**
- **Der Basenrest ist die zugehörige Säure der Base.**
- **Es existieren immer Säure-Base-Paare.**

donator (lat.) = Geber
acceptor (lat.) = Empfänger
amphoter (griech.) = beides zugleich

Beachte:
Die Definition bezieht sich auf die *Wirkung* eines Teilchens. Ein Teilchen *wirkt* als Säure, wenn es Protonen abgibt. In einer anderen Reaktion, mit einem anderen Reaktionspartner, kann das gleiche Teilchen unter Umständen Protonen aufnehmen; dann *wirkt* es als Base.

Stoffe, die sowohl als Säure wie auch als Base wirken können, bezeichnet man als **amphoter**. Ein Beispiel dafür ist das Wasser.

Bei der Reaktion mit HCl wirkt das Wasser-Molekül als Base, denn es nimmt ein Proton auf. Das HCl-Molekül wirkt als starke Säure, da es ein großes Bestreben hat, H^+-Ionen abzugeben. Die ihm zugehörige konjugierte Base ist das Cl^--Ion. Dieses ist eine schwache Base, denn es hat nur ein sehr geringes Bestreben, wieder H^+-Ionen aufzunehmen. Das Gleichgewicht dieser Reaktion liegt daher weitgehend auf der rechten Seite.

$$\underset{\text{Base}}{H_2O} + \underset{\text{Säure}}{HCl} \rightleftarrows \underset{\text{Säure}}{H_3O^+} + \underset{\text{Base}}{Cl^-}$$

Mit NH_3 als Reaktionspartner wirkt das Wasser-Molekül als Säure, da es ein H^+-Ion an das Ammoniak-Molekül abgibt.

$$\underset{\text{Säure}}{H_2O} + \underset{\text{Base}}{NH_3} \rightleftarrows \underset{\text{Base}}{OH^-} + \underset{\text{Säure}}{NH_4^+}$$

Eine Säure-Basen-Reaktion in der Gasphase.
Hält man die Öffnungen zweier Flaschen mit Ammoniaklösung und Salzsäure nebeneinander, so bildet sich ein weißer Rauch – die entweichenden Gase reagieren miteinander zu einem weißen Feststoff, dem Ammoniumchlorid.

ÜBUNGEN

6.4 Sind HCl-Gas und Ammoniak-Gas leichter oder schwerer als Luft? Begründe die Antwort mit Hilfe der Molekülmassen.

6.5 Durch welche Überlegung auf Grund des Aggregatzustandes der Stoffe könnte man schon ohne Leitfähigkeitsmessung zu dem Schluss kommen, dass HCl und NH_3 nicht aus Ionen aufgebaut sind?

6.6 Gib von den folgenden Säuren die zugehörigen Basen an: H_2SO_4, H_3O^+, HNO_3

6.7 Gib von den folgenden Basen die zugehörigen Säuren an: OH^-, SO_4^{2-}, H_2O

6.8 Formuliere die Reaktionsgleichung für die abgebildete Reaktion von Ammoniak mit Hydrogenchlorid. Welches Molekül wirkt als Säure, welches als Base?

6.3 Der pH-Wert

Da Säuren zusammen mit Wasser H_3O^+-Ionen bilden, lag es nahe, deren Konzentration als Maß für den sauren oder basischen Charakter einer Lösung heranzuziehen.

Die Untersuchung von sorgfältig mehrmals destilliertem Wasser zeigt, dass seine elektrische Leitfähigkeit nicht, wie bei einer reinen Molekülverbindung zu erwarten wäre, auf null zurückgeht. Es müssen also auch in völlig reinem Wasser noch Ionen vorhanden sein, die nur von den Wassermolekülen selbst stammen können.

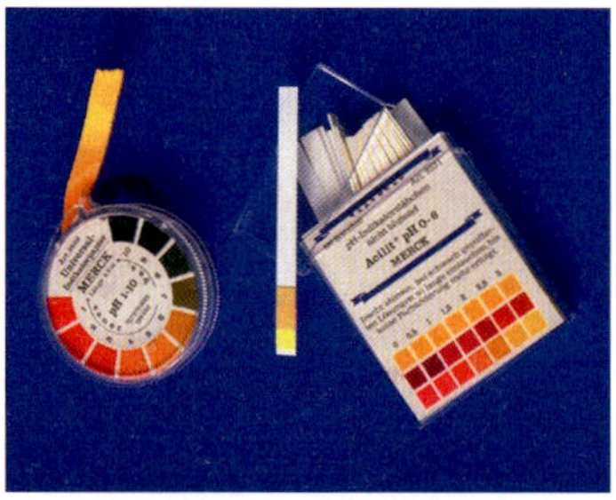

Verschiedene Universalindikatoren
Zur pH-Bestimmung bringt man einige Tropfen der Lösung auf das Indikatorpapier. Es stellt sich ein bestimmter Farbton ein, der mit einer Farbskala verglichen wird; jeder Farbton entspricht einem bestimmten pH-Wert.

Durch den Platzwechsel eines H^+-Ions von einem Wassermolekül auf ein anderes entstehen H_3O^+- und OH^--Ionen.

$$H_2O + H_2O \rightleftarrows H_3O^+ + OH^-$$

Die Gleichgewichtskonstante für diese Reaktion lautet:

$$K = \frac{c(H_3O^+) \cdot c(OH^-)}{c(H_2O)^2}$$

Die Konzentration der H_3O^+- und OH^--Ionen ist in reinem Wasser gleich groß und beträgt, wie aus Messungen der Leitfähigkeit berechnet werden kann, je 10^{-7} mol/L.

Da nur ein sehr kleiner Teil der Wassermoleküle in Ionen zerfällt, kann die H_2O-Konzentration als konstant angesehen und in die Konstante mit einbezogen werden. Somit folgt:

$$\mathbf{K_W = c(H_3O^+) \cdot c(OH^-) = 10^{-14}\ (mol/L)^2}$$

Die Gleichgewichtskonstante K_w wird auch als *Ionenprodukt des Wassers* bezeichnet und gilt für *jede* wässrige Lösung.

Kennt man eine der Konzentrationen, so ergibt sich die andere aus der Gleichung.

- In einer **neutralen** Lösung ist die Anzahl der H_3O^+-Ionen gleich der Anzahl der OH^--Ionen:

  $$c(H_3O^+) = c(OH^-) = \sqrt{10^{-14}} = 10^{-7}\ mol/L$$

  In einem Liter Wasser befinden sich daher $6 \cdot 10^{(23-7)} = 6 \cdot 10^{16}$ H_3O^+- und OH^--Ionen, d. h. auf rund 555 Millionen Wassermoleküle kommt je ein H_3O^+- und ein OH^--Ion.
- In einer **sauren** Lösung überwiegen die H_3O^+-Ionen, ihre Konzentration ist größer als 10^{-7} mol/L.
- In einer **basischen** Lösung überwiegen die OH^--Ionen. Ihre Konzentration ist größer als 10^{-7} mol/L, die Konzentration der H_3O^+-Ionen ist daher kleiner als 10^{-7} mol/L.

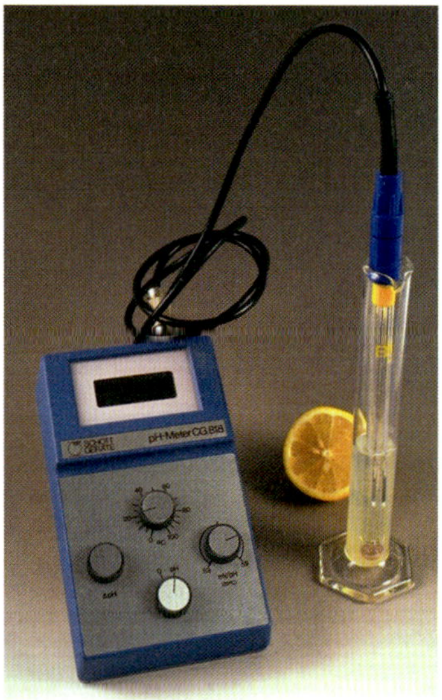

pH-Meter mit Glaselektrode.

Beispiel:
Eine H_3O^+-Ionen-Konzentration von 10^{-3} mol/L entspricht pH 3.

Als Maßzahl für den sauren oder basischen Charakter einer Lösung wurde der negative dekadische Logarithmus der H_3O^+- Ionenkonzentration gewählt, der als pH-Wert bezeichnet wird.

Allgemein formuliert:

$$pH = -\log c(H_3O^+) \qquad c(H_3O^+) = 10^{-pH}\ mol/L$$
$$pOH = -\log c(OH^-) \qquad c(OH^-) = 10^{-pOH}\ mol/L$$

Für das Ionenprodukt ergibt sich daher:

$pH + pOH = 14$

Saure Lösungen: $c(H_3O^+) > 10^{-7}\ mol/L \qquad pH < 7$
Neutrale Lösungen: $c(H_3O^+) = 10^{-7}\ mol/L \qquad pH = 7$
Basische Lösungen: $c(H_3O^+) < 10^{-7}\ mol/L \qquad pH > 7$

ÜBUNGEN

6.9 Welche Säure und welche Base entsteht bei der Protonenübertragung zwischen Wassermolekülen?

6.10 Warum nimmt K_W mit steigender Temperatur zu?

6.11 Um welchen Faktor ändert sich die Konzentration der H_3O^+-Ionen, wenn sich der pH-Wert um eine Einheit verändert?

6.12 Welchen pH-Wert haben Lösungen mit folgenden Konzentrationen:
$c(H_3O^+) = 0{,}01$ mol/L, $c(H_3O^+) = 0{,}03$ mol/L,
$c(OH^-) = 0{,}01$ mol/L, $c(OH^-) = 0{,}005$ mol/L

6.13 Wie groß ist die Konzentration der H_3O^+- und der OH^--Ionen in Lösungen mit folgendem pH-Wert:
pH 5, pH 3,5, pH 10, pH 12,3.

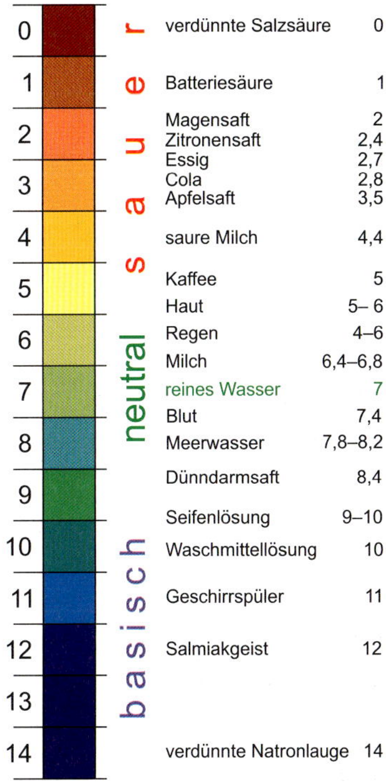

Die pH-Skala

Die Messung des pH-Wertes

Die genaueste Messung des pH-Wertes einer Lösung erfolgt mit einem **pH-Meter**. Bei diesem Gerät entsteht in einer Glaselektrode eine von der Konzentration der H_3O^+-Ionen abhängige (geringe) Gleichspannung, die gemessen und in den pH-Wert umgerechnet wird.

Zur **Abschätzung des pH-Wertes** genügt die Verwendung von **Indikatoren**. Das sind Farbstoffe, die ihre Farbe je nach dem pH-Wert der Lösung verändern.

Indikatoren sind schwache organische Säuren mit komplizierter Struktur (siehe Band 2), bei denen das Säuremolekül (mit H–Ind symbolisiert) eine andere Farbe hat als das Säurerest-Ion (die zugehörige Base) Ind^-.

Im Wasser stellt sich ein Gleichgewicht ein:

$$H\text{–}Ind + H_2O \rightleftarrows Ind^- + H_3O^+$$

Werden H_3O^+-Ionen zugegeben, so verschiebt sich nach dem Le Chatelier'schen Prinzip das Gleichgewicht nach links, die Farbe der H–Ind-Form überwiegt. Umgekehrt führt die Zugabe einer Base zu einer Verminderung der H_3O^+-Konzentration und damit zu einer verstärkten Bildung von Ind^-.

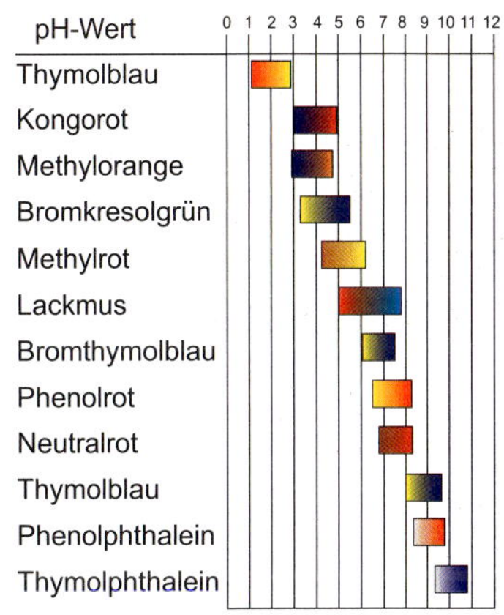

Umschlagbereiche und Farbänderungen verschiedener Indikatoren

Messung des pH-Wertes mit einem Teststreifen.

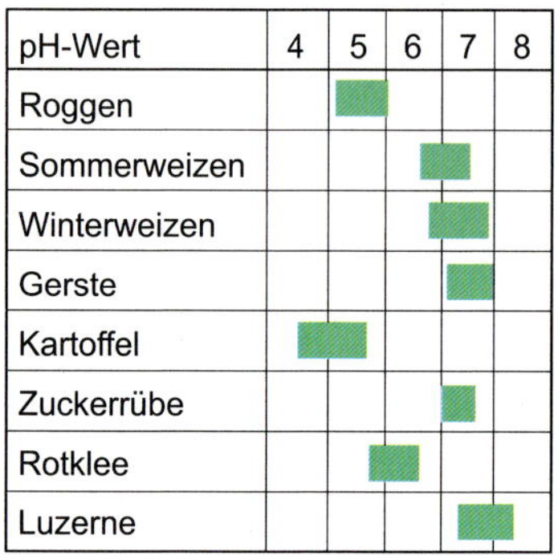

Wünschenswerter pH-Wert des Bodens bei einigen wichtigen Feldfrüchten.

pH-Wert in verschiedenen Verdauungsabschnitten des Menschen

Weg der Nahrung	pH-Wert
Mund	6,8 – 7,0
Speiseröhre	7,0
Magen	2,0
Darm	8,0

Beispiel:

Das Lackmus-Molekül ist in sauren Lösungen rot (Farbe der H–Ind-Form). In basischen Lösungen ändert sich die Farbe, denn die zugehörige Base (das Ind^--Ion) ist blau.

Die Farbänderung eines Indikators erfolgt meist innerhalb eines Bereichs von ein bis zwei pH-Einheiten (Umschlagbereich), wenn die Farbe der einen oder der anderen Form deutlich überwiegt.

Häufig werden **Universalindikatoren** verwendet. Das sind Gemische mehrerer Indikatoren mit verschiedenen Umschlagbereichen, die unterschiedliche, je nach pH-Wert wechselnde Farben zeigen.

Die Bedeutung des pH-Wertes

Der pH-Wert ist für den Ablauf vieler chemischer und biochemischer Reaktionen wesentlich:

Im Alltag kommen vielfach die Oberflächen von Metallen mit wässrigen Lösungen in Berührung (Dachrinne/Regenwasser, Leitungsrohre/Trinkwasser, Waschmaschine/Waschlauge usw.) Je nach dem pH-Wert der Lösungen tritt eine Korrosion (Zersetzung) der Metalle ein.

Das Wachstum der Pflanzen hängt vom pH-Wert des Bodens ab. Kartoffeln benötigen beispielsweise schwach saure, Gerste neutrale bis schwach basische Böden. Zu saure Böden werden durch Streuen von Kalk neutralisiert.
Die Entwicklung der im Boden lebenden Mikroorganismen hängt ebenfalls vom pH-Wert ab. In sauren Böden kommen bevorzugt Pilze, in neutralen und schwach basischen Böden dagegen fast nur Bakterien zur Entwicklung.
Für den Landwirt ist daher die Kenntnis des pH-Wertes von großer Bedeutung.

Die in Schwimmbädern zur Desinfektion verwendeten Chemikalien sind nur in einem bestimmten pH-Bereich wirksam. Daher muss der pH-Wert des Beckenwassers von Zeit zu Zeit gemessen und gegebenenfalls durch Zugabe von Säuren oder Basen korrigiert werden.

Auch der pH-Wert des Wassers in Aquarien verändert sich und muss in dem für die Fische optimalen Bereich gehalten werden.

Auch die chemischen Vorgänge im menschlichen Organismus sind vom pH-Wert abhängig, da die verschiedenen Enzyme nur bei einem bestimmten pH-Wert optimal wirksam sind.
Daher wird der pH-Wert in den einzelnen Organen weitgehend konstant gehalten, im Blut z. B. auf 7,4 (siehe Seite 83, Pufferlösungen).

ÜBUNG

6.14 Welche Farbe hat die H–Ind-Form von: a) Methylorange
b) Phenolphthalein ?

6.4 Die Stärke von Säuren und Basen

Welchen **pH-Wert** eine Lösung hat, hängt von zwei Faktoren ab:

- Von der **Menge** (Konzentration) der zugegebenen **Säure** oder **Base**.
- Vom Anteil jener Säure- oder Basen-Moleküle, die tatsächlich Protonen abgeben bzw. aufnehmen, d. h. von der **Stärke** der jeweiligen **Säure** oder **Base**.

Die **Stärke** einer **Säure** oder **Base**, d. h. ihr Bestreben, Protonen abzugeben oder aufzunehmen, hängt von der **Struktur des Moleküls** ab.

Ein Stoff wirkt dann als starke Säure, wenn seine Moleküle ein großes Bestreben haben, H^+-Ionen abzugeben.
Ausschlaggebend dafür ist die Bindung zwischen dem Wasserstoffatom und dem Rest des Moleküls.
Ist diese Atombindung stark polar, so kann das Wasserstoffatom als H^+-Ion abgespalten werden, wenn sich das Molekül in Wasser löst.

Je stärker elektronegativ der Bindungspartner des Wasserstoffs ist, desto stärker ist daher die Säure:

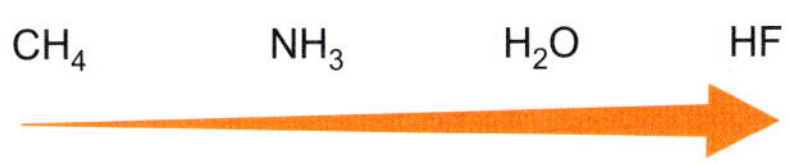

Die Säurestärke nimmt zu.

Innerhalb einer Gruppe des Periodensystems nimmt die Säurestärke der Wasserstoffverbindungen von oben nach unten zu, da die Bindungen zum Wasserstoffatom schwächer werden und das Proton daher leichter abgespalten werden kann.
Daher ist HI eine stärkere Säure als HF und H_2S stärker als H_2O.

In den Sauerstoff enthaltenden Säuren und in vielen Basen (den Hydroxiden) treten O–H-Bindungen auf, z. B. in der Salpetersäure und im Natriumhydroxid.
Trotz der scheinbar ähnlichen Struktur weisen diese Stoffe gegensätzliche Eigenschaften auf. Der Grund dafür liegt in der unterschiedlichen Elektronegativität der an den Sauerstoff gebundenen Atome.

Ist das Sauerstoffatom an ein nur sehr schwach elektronegatives Metallatom (z. B. Na, K, Mg, Ca) gebunden (wie z. B. im Natriumhydroxid NaOH), so kann es die Bindungselektronen vollständig an sich ziehen, ein OH^-- und Na^+-Ion entstehen.

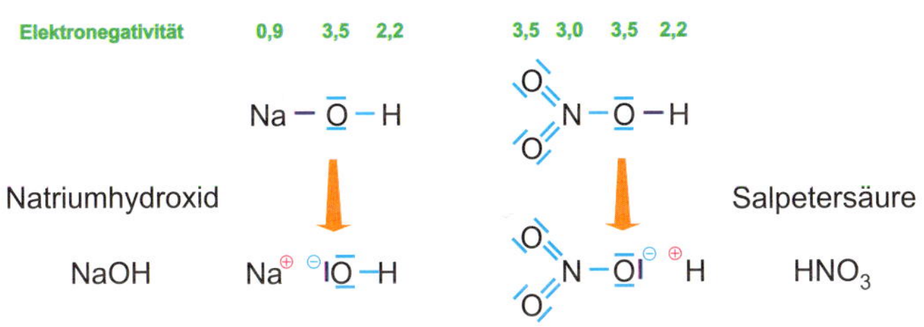

Sind die Atome im Säurerest stark elektronegativ, so ziehen sie die Bindungselektronen an sich und erleichtern die Abspaltung des H^+-Ions.

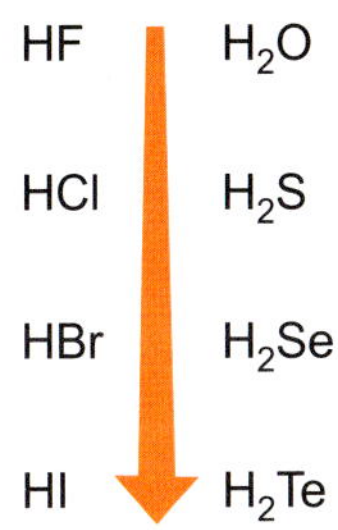

Säurestärke nimmt zu.

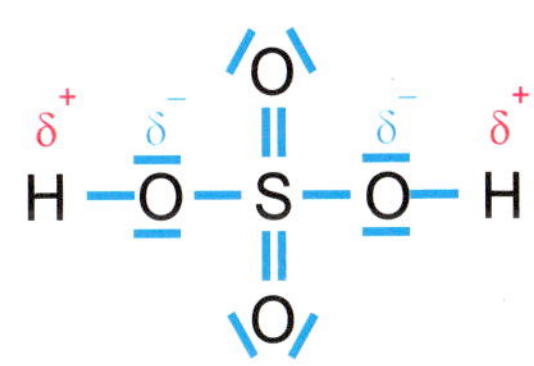

Bindung und Elektronenverteilung im Schwefelsäure-Molekül

Unterschiedliche Säurestärke im Versuch
Magnesiumband reagiert mit gleichen Mengen Essigsäure (linkes Gefäß) und Salzsäure (rechtes Gefäß). Die Wasserstoffentwicklung ist mit Salzsäure deutlich stärker.

Ist jedoch das Sauerstoffatom an eine Atomgruppe mit stark elektronegativen Atomen gebunden (wie z. B. in der Salpetersäure HNO_3), so kann es von dieser Seite keine Bindungselektronen an sich ziehen, sondern nur das Elektronenpaar zum Wasserstoff-Atom. Das Wasserstoff-Atom nimmt daher eine starke positive Partialladung an, sodass bei der Reaktion mit Wasser ein H^+-Ion abgegeben wird.

Bildet ein Element mehrere Sauerstoffsäuren, so nimmt daher die Säurestärke mit jedem hinzukommenden Sauerstoffatom zu.

hypochlorige Säure	chlorige Säure	Chlorsäure	Perchlorsäure
$HClO$	$HClO_2$	$HClO_3$	$HClO_4$

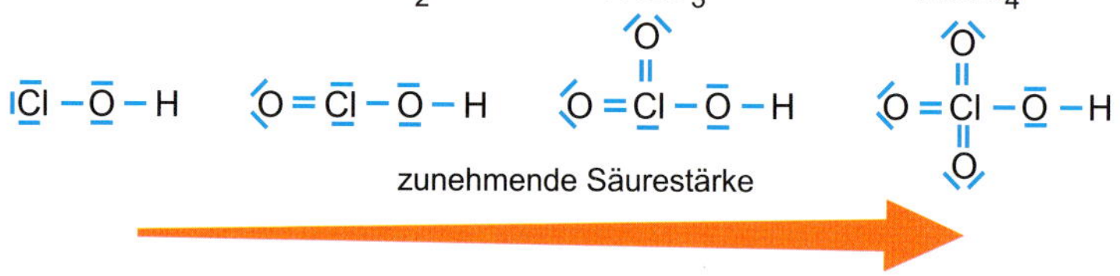

Auch bei den Kohlenstoff-Verbindungen in der **organischen Chemie** zeigt sich, dass die Elektronen absaugende Wirkung des stark elektronegativen Sauerstoff-Atoms entscheidet, ob ein Molekül als Säure wirkt.

Nahezu alle organischen Verbindungen enthalten Wasserstoffatome – doch nur wenige wirken als Säuren.

Die C – H-Bindungen in einem organischen Molekül, wie z. B. dem Ethan, sind wegen des geringen Elektronegativitätsunterschiedes nur sehr schwach polar, es können sich keine H^+-Ionen abspalten.

Die O – H-Bindung im Ethanol ist zwar stärker polar, doch noch nicht ausreichend stark, da das Sauerstoffatom auch Elektronen von den Kohlenstoff-Atomen an sich ziehen kann und die positive Partialladung dieses Wasserstoffatoms nur gering ist.

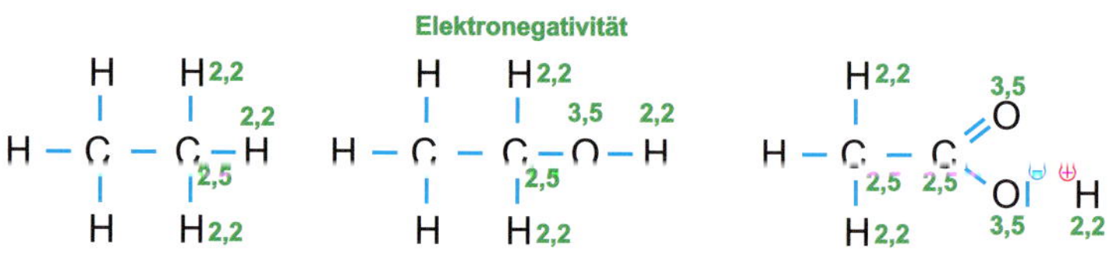

Ethan	Ethanol (Alkohol)	Ethansäure (Essigsäure)

Erst wenn, wie in der Essigsäure, ein zweites Sauerstoff-Atom ebenfalls Bindungselektronen anzieht, kann sich bei rund 1 % der Moleküle ein H^+-Ion abspalten. Die Essigsäure zählt daher zu den schwachen Säuren.

Die Säuren- und Basenkonstante

Zwischen der **Stärke einer Säure** und der **Stärke ihrer zugehörigen Base** besteht eine **Wechselbeziehung**:

Ist die Säure stark, so folgt daraus, dass die zugehörige Base schwach ist, d. h. nur ein sehr geringes Bestreben hat, Protonen aufzunehmen. Das Gleichgewicht liegt weitgehend auf der rechten Seite. Ist die Säure hingegen schwach, so ist die zugehörige Base stark, das Gleichgewicht liegt weitgehend auf der linken Seite.

Beispiele: $HCl + H_2O \rightarrow H_3O^+ + Cl^-$

starke Säure — schwache Base

In der Lösung liegen hauptsächlich H_3O^+- und Cl^--Ionen vor.

$$CH_3COOH + H_2O \rightleftarrows H_3O^+ + CH_3COO^-$$

schwache Säure — starke Base

In der Lösung liegen hauptsächlich CH_3COOH-Moleküle vor.

Zahlenmäßig wird die Lage des Gleichgewichts durch die Säurekonstante K_a angegeben. Sie ist ein Maß für die Stärke einer Säure und gibt an, wie sehr sie in Wasser in Ionen zerfällt. Für eine Säure mit der allgemeinen Formel HA gilt:

$$HA + H_2O \rightleftarrows H_3O^+ + A^-$$

$$K = \frac{c(H_3O^+) \cdot c(A^-)}{c(H_2O) \cdot c(HA)}$$

$c(H_2O)$ ist konstant und wird in die Gleichgewichtskonstante mit einbezogen. Daraus folgt:

$$K_a = \frac{c(H_3O^+) \cdot c(A^-)}{c(HA)}$$

Für Basen gilt analog:

$$B + H_2O \rightleftarrows HB^+ + OH^-$$

und

$$K_b = \frac{c(OH^-) \cdot c(HB^+)}{c(B)}$$

Wie man sich durch Einsetzen der entsprechenden Ausdrücke überzeugen kann, gilt bei jedem **Säure-Base-Paar:**

$$\mathbf{K_a \cdot K_b = 10^{-14}}$$

Je stärker die Säure, desto schwächer die zugehörige Base und umgekehrt.

Wichtige Säure-Base-Paare

Säurestärke nimmt zu ↑	Säure	Base	K_a	Basenstärke nimmt zu ↓
	$HClO_4$	ClO_4^-	10^{+8}	
	HBr	Br^-	10^{+6}	
	HCl	Cl^-	10^{+6}	
stark	$HClO_3$	ClO_3^-	10^{+3}	
	H_2SO_4	HSO_4^-	10^{+3}	
	HNO_3	NO_3^-	$2 \cdot 10^{+1}$	
	H_2SO_3	HSO_3^-	$1{,}54 \cdot 10^{-2}$	
schwach	HSO_4^-	SO_4^{2-}	$1{,}2 \cdot 10^{-2}$	
	H_3PO_4	H_2PO^{4-}	$7{,}52 \cdot 10^{-3}$	
	HF	F^-	$3{,}53 \cdot 10^{-4}$	
	CH_3COOH	CH_3COO^-	$1{,}78 \cdot 10^{-5}$	
	$CO_2 + H_2O$	HCO_3^-	$4{,}3 \cdot 10^{-7}$	
	HSO_3^-	SO_3^{2-}	$1{,}02 \cdot 10^{-7}$	
	H_2S	HS^-	$9{,}1 \cdot 10^{-8}$	
sehr schwach	$H_2PO_4^-$	HPO_4^{2-}	$6{,}23 \cdot 10^{-8}$	
	NH_4^+	NH_3	$5{,}6 \cdot 10^{-10}$	
	HCN	CN^-	$4{,}9 \cdot 10^{-10}$	
	HCO_3^-	CO_3^{2-}	$5{,}6 \cdot 10^{-11}$	
	HS^-	S^{2-}	$1{,}1 \cdot 10^{-12}$	
	HPO_4^{2-}	PO_4^{3-}	$2{,}2 \cdot 10^{-13}$	

Der pH-Wert starker Säuren

Eine starke Säure gibt ihre Protonen fast vollständig ab, daher ist die Konzentration der Säuremoleküle im Gleichgewicht sehr klein und K_a sehr groß (> 100).

Beispiel:
In einer HCl-Lösung mit der Konzentration von 0,1 mol/L werden praktisch alle Protonen an Wassermoleküle abgegeben, es entstehen daher 0,1 mol/L H_3O^+-Ionen, die Lösung hat pH 1.

Der pH-Wert schwacher Säuren

Bei schwachen Säuren lässt sich der pH-Wert mit Hilfe der Säurekonstanten berechnen:

$$c(H_3O^+) \cdot c(A^-) = c(HA) \cdot K_a$$

Da entsprechend der Reaktionsgleichung $c(H_3O^+)$ gleich groß wie $c(A^-)$ sein muss, folgt weiters:

$[c(H_3O^+)]^2 = c(HA) \cdot K_a$ und daher $c(H_3O^+) = \sqrt{c(HA) \cdot K_a}$

Beispiel:
Der pH-Wert von Essigsäure mit einer Konzentration von 0,1 mol/L soll berechnet werden. Da bei einer schwachen Säure nur ein sehr kleiner Teil der Säuremoleküle Protonen abgibt, kann für c(HA) in guter Näherung die Anfangskonzentration, d. h. 0,1 mol/L, eingesetzt werden. Damit ergibt sich:

$$c(H_3O^+) = \sqrt{0{,}1 \cdot 1{,}78 \cdot 10^{-5}} = 1{,}33 \cdot 10^{-3} = 10^{-2{,}87} \Rightarrow \text{pH } 2{,}87$$

Bei einer Säurekonzentration von 10^{-1} mol/L beträgt die Konzentration der H_3O^+-Ionen nur rund 10^{-3} mol/L, d. h. nur 1 % der Säuremoleküle haben ihr Proton abgegeben.

Der pH-Wert starker Basen

Wird eine starke Base wie Natriumhydroxid NaOH in Wasser gelöst, so zerfällt sie praktisch vollständig in Na^+- und OH^--Ionen.

Beispiel:
Werden 0,1 Mol NaOH in einem Liter Wasser gelöst, so beträgt die Konzentration der OH^--Ionen 10^{-1} mol/L, der pOH-Wert ist 1.
Aus der Gleichung pH = 14 – pOH folgt ein pH-Wert von 13.

Der pH-Wert schwacher Basen

In Analogie zu den schwachen Säuren folgt: $c(OH^-) = \sqrt{c(B) \cdot K_b}$

ÜBUNGEN

6.15 Welche Substanz ist jeweils die stärkere Säure?
HF oder HCl, PH_3 oder H_2S, H_2SO_3 oder H_2SO_4, H_2SO_3 oder H_2CO_3, HOCl oder HOI?

6.16 Welches Teilchen ist jeweils die stärkere Base?
Cl^- oder OH^-, PO_4^{3-} oder HPO_4^{2-}, NO_3^- oder NH_3, HCO_3^- oder CO_3^{2-}?

6.17 Calciumoxid (gebrannter Kalk, CaO) wird in der Industrie häufig verwendet, wenn eine billige starke Base benötigt wird. Welches Teilchen wirkt bei diesem Stoff als Base? Wie reagiert CaO mit Wasser?

6.18 Wie viele Gramm NaOH müssen in 10 L Wasser gelöst werden, um eine Lösung mit pH 13 zu erhalten?

6.19 Welchen pH-Wert haben Lösungen von:
a) 0,2 mol/L Essigsäure CH_3COOH
b) 0,001 mol/L Fluorwasserstoffsäure HF
c) 0,1 mol/L Ammoniak NH_3

6.6 Die Neutralisation

Werden gleiche Mengen einer starken Säure und einer starken Base gemischt, so erfolgt eine exotherme Reaktion. Säure und Base heben einander in ihrer Wirkung auf, die entstehende Lösung ist neutral.

Beispiel:
Bei Zugabe von Salzsäure zu einer Natriumhydroxid-Lösung ist eine deutliche Erwärmung festzustellen. Wird die Salzsäure unter Verwendung eines Indikators gerade bis zum Erreichen des Farbumschlages zugegeben, so erhält man nach dem Eindampfen der Lösung einen weißen Feststoff, der hier ausnahmsweise durch vorsichtiges Kosten als Kochsalz (NaCl) identifiziert werden kann.

Die **Neutralisation** von Natriumhydroxid mit Salzsäure ist eine Säure-Base-Reaktion:

$H_3O^+ + Cl^-$ (Salzsäure) + $Na^+ + OH^-$ (Natriumhydroxid) $\rightarrow$ $2\,H_2O$ + $Na^+ + Cl^-$ (Natriumchlorid)

Die Säurerest-Ionen und die Metall-Ionen sind an der Reaktion nicht beteiligt. Nach Verdampfen des Wassers bilden sie ein Ionengitter.
Die Neutralisation ist also eine Reaktion zwischen Oxonium-Ionen und Hydroxid-Ionen:

$$H_3O^+ + OH^- \rightarrow H_2O + H_2O$$

Das Oxonium-Ion ist hier der Protonenspender (Säure), das Hydroxid-Ion der Protonenempfänger (Base).

Die Neutralisation ist eine Säure-Base-Reaktion, bei der Oxonium-Ionen mit Hydroxid-Ionen unter Bildung von Wasser reagieren.
Säurerest-Ionen und Metall-Ionen bilden ein Salz.

Lösungen von Säuren mit mehreren Protonen (z. B. Schwefelsäure H_2SO_4, Phosphorsäure H_3PO_4) enthalten verschiedene Säurerest-Ionen, das entstehende Salz hängt von der zugegebenen Menge der Base ab.

Beispiele:

Neutralisation von Schwefelsäure:

$H_3O^+ + HSO_4^-$ (Schwefelsäure) + $Na^+ + OH^-$ (Natriumhydroxid) $\rightarrow$ $2\,H_2O$ + $Na^+ + HSO_4^-$ (Natriumhydrogensulfat)

Das Hydrogensulfat-Ion HSO_4^- kann jedoch ebenfalls noch als Säure wirken, indem es sein Proton abgibt:

$Na^+ + HSO_4^-$ (Na-hydrogensulfat) + $Na^+ + OH^-$ (Natriumhydroxid) $\rightarrow$ H_2O + $2\,Na^+ + SO_4^{2-}$ (Natriumsulfat)

Auch die **Neutralisation von Phosphorsäure** läuft stufenweise ab:

$H_3O^+ + H_2PO_4^-$ + $Na^+ + OH^-$ $\rightarrow$ $2\,H_2O$ + $Na^+ + H_2PO_4^-$ (Natriumdihydrogenphosphat)

$Na^+ + H_2PO_4^-$ + $Na^+ + OH^-$ $\rightarrow$ H_2O + $2\,Na^+ + HPO_4^{2-}$ (Dinatriumhydrogenphosphat)

$2\,Na^+ + HPO_4^{2-}$ + $Na^+ + OH^-$ $\rightarrow$ H_2O + $3\,Na^+ + PO_4^{3-}$ (Natriumphosphat)

Zu Natronlauge wird Salzsäure zugetropft, bis der Indikator (Phenolphthalein) seine Farbe ändert.

Nach dem Eindampfen der Lösung bleiben weiße Kristalle zurück – Kochsalz NaCl.

Kalk reagiert mit Salzsäure unter Entwicklung von CO^2.
Mit diesem Test kann der Kalkgehalt einer Probe abgeschätzt werden.

Brausetabletten enthalten eine feste schwache Säure (Citronensäure) und Natriumhydrogencarbonat.
Sobald sich die Bestandteile in Wasser lösen, erfolgt die Reaktion – die stärkere Citronensäure verdrängt die Kohlensäure.

Der pH-Wert von Salzlösungen

Zunächst würde man meinen, Salzlösungen, die Endprodukte einer Neutralisation, seien **neutral**.

Bei Natriumchlorid NaCl, dem Salz aus einer starken Säure und einer starken Base, ist dies auch tatsächlich der Fall.

Natriumcarbonat Na_2CO_3, das Salz einer schwachen Säure mit einer starken Base, ergibt hingegen eine **basische** Lösung.

Denn in der Lösung sind Na^+- und CO_3^{2-}-Ionen vorhanden. Die CO_3^{2-}-Ionen sind starke Basen (siehe Tabelle Seite 77), sie entziehen den Wassermolekülen Protonen und setzen so OH^--Ionen frei:

$$CO_3^{2-} + H_2O \rightleftarrows HCO_3^- + OH^-$$

Ammoniumchlorid NH_4Cl (das Salz einer starken Säure mit einer schwachen Base) ergibt eine **saure** Lösung. In der Lösung liegen NH_4^+-Ionen vor, die eine stärkere Säure als Wasser sind und daher Protonen an die Wassermoleküle abgeben:

$$NH_4^+ + H_2O \rightleftarrows NH_3 + H_3O^+$$

- **Salze starker Säuren und starker Basen reagieren neutral.**
- **Salze starker Basen und schwacher Säuren reagieren basisch.**
- **Salze schwacher Basen und starker Säuren reagieren sauer.**

Der pH-Wert kann aus der Säurekonstante berechnet werden.

Beispiel:
Gesucht ist der pH-Wert einer Lösung von 0,1 mol/L Natriumacetat. Als Base wirkt das Acetat-Ion. Dessen Basenkonstante kann mit der Beziehung $K_a \cdot K_b = 10^{-14}$ aus der Säurekonstante berechnet werden:

$$1{,}8 \cdot 10^{-5} \cdot K_b = 10^{-14} \qquad K_b = 5{,}5 \cdot 10^{-10}.$$

Nach der Formel für den pH-Wert schwacher Basen folgt daraus:

$$c(OH^-) = 7{,}4 \cdot 10^{-6} \Rightarrow pH = 8{,}9.$$

Schwache Säuren werden oft **aus** ihren **Salzen gewonnen**. Da die Salze schwacher Säuren basische Säurerest-Ionen enthalten, die Protonen aufnehmen, kann durch Zugabe einer starken Säure die schwächere Säure freigesetzt werden.

Beispiel:
Herstellung von Kohlenstoffdioxid aus Kalk durch Übergießen mit Salzsäure.

$$CaCO_3 + 2\,HCl \rightarrow H_2CO_3 + CaCl_2$$
$$\downarrow$$
$$H_2O + CO_2 \quad \text{Zerfall der Kohlensäure}$$

Die starke Säure verdrängt die schwache Säure aus ihrem Salz.

Die Neutralisationstitration

Neutralisationsreaktionen werden auch verwendet, um die Menge (Konzentration) der Säure oder Base in einer Probe zu bestimmen.

Bei einer **Titration** wird z. B. zu einer Säure unbekannter Konzentration so lange tropfenweise eine Base bekannter Konzentration zugegeben, bis die gesamte Säure neutralisiert ist.

Aus der Menge der benötigten Base kann dann die Konzentration der Säure berechnet werden.

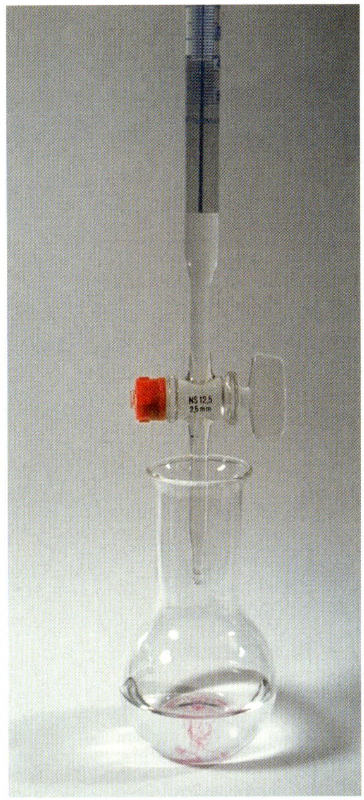

Titration
Aus der Bürette tropft Natronlauge zur Salzsäure. Phenolphthalein dient als Indikator.

Zum besseren Verständnis wollen wir die Vorgänge bei der Neutralisation von **Salzsäure** (c = 0,1 mol/L) mit **Natronlauge** (c = 0,1 mol/L) näher näher betrachten:
Die Säure hat zu Beginn pH 1. Nach Zugabe von 90 % der Lauge sind noch 0,01 mol/L HCl vorhanden, die Lösung hat pH 2 (die Verdünnung der Probe durch die zugegebene Lauge wird dabei vernachlässigt). Nach Zugabe von 99 % der Lauge sind 0,001 Mol Säure vorhanden, ⇒ pH 3; 99,9 % Lauge ⇒ pH 4. Schließlich führt eine sehr kleine Menge Lauge (ein Tropfen) zu einem Anstieg des pH-Wertes um mehrere Einheiten – der Äquivalenzpunkt ist bei pH 7 erreicht.
Wegen des sprunghaften Anstiegs des pH-Wertes ist es nicht notwendig, einen Indikator zu verwenden, der genau bei pH 7 seine Farbe ändert. Auch mit Phenolphthalein (Umschlagbereich pH 8,2–9,6) ergeben sich exakte Werte.

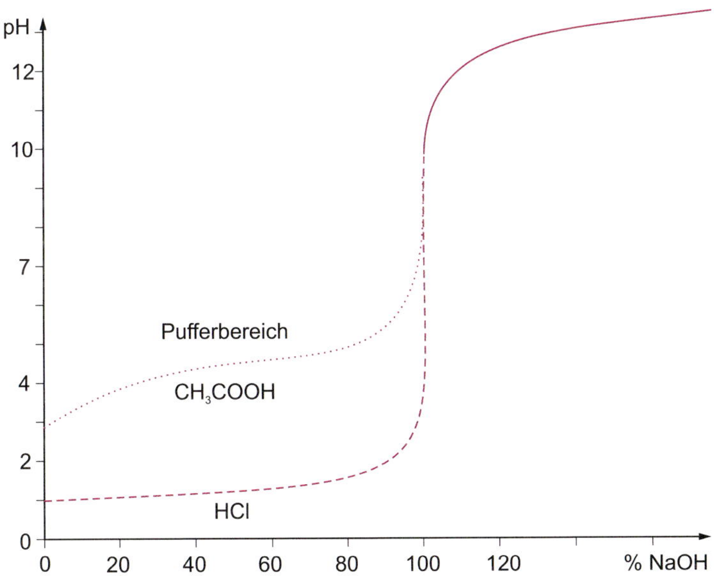

Die Änderung des pH-Wertes bei der Titration von Salzsäure und Essigsäure mit Natronlauge

Etwas anders verläuft die Titration von **Essigsäure** (c = 0,1 mol/L):
Die (schwächere) Essigsäure hat pH 3 (siehe Seite 78), nach Zugabe von etwas NaOH bildet sich eine Pufferlösung (siehe Seite 83), der pH-Wert steigt nur langsam an.
Der Äquivalenzpunkt wird schließlich nicht bei pH 7 erreicht, sondern entsprechend dem pH-Wert des gebildeten Natriumacetats im schwach basischen Bereich bei pH 8,9. Daher ist in diesem Fall nur Phenolphthalein als Indikator geeignet.

titre (franz.) = Teil, Gehalt
burette (franz.) = Kännchen
aequus (lat.) = gleich
valere (lat.) = gelten, mächtig sein

Handelsüblicher Essig enthält 5–7,5 % Essigsäure.

Beispiel einer Titration:

Die Konzentration der Essigsäure in Speiseessig soll bestimmt werden. Dazu werden 10 mL des Essigs mit Natronlauge (c = 1 mol/L) titriert. Bis zum Farbumschlag des Phenolphthaleins müssen 8,40 mL der Lauge zugegeben werden.

Auswertung:

In 1 L der Lauge ist 1 Mol NaOH enthalten, in den 8,40 mL, die zur Neutralisation benötigt wurden, daher 0,0084 Mol. Gemäß der Reaktionsgleichung $CH_3COOH + NaOH \rightarrow CH_3COONa + H_2O$ muss die gleiche Menge Säure vorhanden gewesen sein.

Wenn 10 mL Probe 0,0084 Mol Säure enthalten, dann befindet sich in 1 L (= 1000 ml) die hundertfache Menge, das sind 0,84 Mol. Die Konzentration des Essigs beträgt daher 0,84 Mol Essigsäure pro Liter. Stimmt das mit der Angabe auf der Essigflasche („enthält 5 % Essigsäure") überein?

Essigsäure hat eine Molekülmasse von 60 u. 0,84 Mol entsprechen daher 50,4 g, das sind 5,04 Massenprozent von 1 000 g (die Masse von 1 L Speiseessig kann in guter Näherung mit 1 kg angenommen werden).

ÜBUNGEN

6.20 Die Entschwefelung der Abgase von Kraftwerken erfolgt durch Reaktion des Schwefeldioxides mit Kalklauge $Ca(OH)_2$. Formuliere die Reaktionsgleichung und benenne das Produkt.

6.21 Ergänze die Reaktionsgleichungen und benenne alle Stoffe:
a) $KOH + HNO_3 \rightarrow$
b) $2\ NaOH + H_2SO_4 \rightarrow$
c) … + … $\rightarrow Na_2CO_3 + 2\ H_2O$
d) $Ca(OH)_2 + 2\ HCl \rightarrow$
e) … + … $\rightarrow KHCO_3 + H_2O$
f) $2\ NaOH + H_3PO_4 \rightarrow$
g) $NaHCO_3 + HNO_3 \rightarrow$
h) $FeS + 2\ HCl \rightarrow$
i) $NH_4Cl + KOH \rightarrow$

6.22 Von den folgenden Salzen werden Lösungen gleicher Konzentration hergestellt. Ordne diese Lösungen nach steigendem pH-Wert: Na_2CO_3, NH_4Cl, NaCl, CH_3COONa.

6.23 Zur Titration von 10 mL Essig werden 12,3 mL NaOH (1 mol/L) verbraucht. Wie viele Gewichtsprozent Essigsäure enthält der Speiseessig?

6.24 Natriumhydrogencarbonat (auch „Speisesoda" genannt) kann als Gegenmittel bei Sodbrennen (Überschuss an Magensäure HCl) genommen werden. Erkläre die Wirkung.
Heute werden meist andere Substanzen verwendet, da das Natriumhydrogencarbonat eine zwar harmlose, aber lästige „Nebenwirkung" hat. Welche?

6.25 Die Salzsäure verdankt ihren Namen dem Umstand, dass man HCl-Gas früher durch Reaktion von Schwefelsäure mit Kochsalz hergestellt hat. Formuliere die Reaktionsgleichung dieses Vorganges. Welches Reaktionsprinzip liegt vor?

6.7 Pufferlösungen

Da der pH-Wert den Ablauf vieler chemischer Reaktionen sehr stark beeinflusst, ist es oft wünschenswert, ihn konstant zu halten.

Dazu dienen **Pufferlösungen**. Dies sind meist Mischungen aus schwachen Säuren und ihren Salzen – also aus einer Säure und ihrer zugehörigen Base, z. B. ein Gemisch aus Essigsäure und Natriumacetat.

Gelangen H_3O^+-Ionen in diese Pufferlösung, so reagieren sie mit der Base CH_3COO^- und werden so abgefangen. Zugegebene Basen hingegen werden von den Säuremolekülen CH_3COOH neutralisiert. Der pH-Wert bleibt daher weitgegend konstant.

Sind im Gleichgewicht der Essigsäure

$$CH_3COOH + H_2O \rightleftarrows H_3O^+ + CH_3COO^-$$

Essigsäure (CH_3COOH) und Acetat-Ionen (CH_3COO^-) in gleichen Mengen vorhanden, so gilt:

$$K_a = c(H_3O^+) \quad \text{bzw.} \quad pH = -\log K_a$$

In diesem pH-Bereich erfolgt die optimale Pufferung.

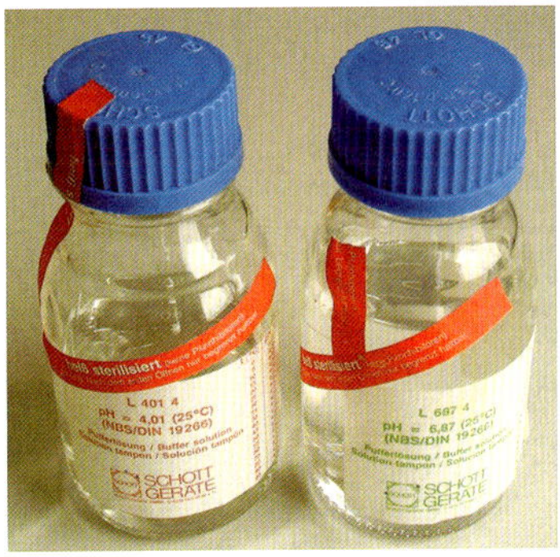

Pufferlösungen werden in der Chemie und Biochemie häufig verwendet, z. B. zum Eichen der pH-Meter.

Beispiele für Pufferlösungen:

Essigsäure/Natriumacetat: Pufferbereich pH 4,5–5
NaH_2PO_4/Na_2HPO_4 (Phosphatpuffer): Pufferbereich pH 7–8
Ammoniak/Ammoniumchlorid: Pufferbereich pH 9–9,5

Pufferlösungen sind in Technik und Forschung unentbehrlich, da bei vielen Reaktionen ein konstanter pH-Wert erforderlich ist.

Sie werden unter anderem in der Bakteriologie (das optimale Wachstum von Bakterien ist an einen bestimmten pH-Wert gebunden), beim Gerben von Leder, bei der Herstellung von fotografischen Materialien und Farbstoffen und beim Galvanisieren benötigt.

Unser Blut wird durch die Pufferwirkung von H_2CO_3/HCO_3^-, $H_2PO_4^-/HPO_4^{2-}$ und der Blutproteine auf einem weitgehend konstanten pH-Wert von 7,4 gehalten, obwohl bei starker körperlicher Anstrengung durch den Zellstoffwechsel Milchsäure entsteht, die vom Blut zur Leber transportiert und erst dort weiter abgebaut wird.

ÜBUNG

6.26 Zu einem Phosphatpuffer wird eine kleine Menge
a) Salzsäure b) Natronlauge gegeben.
Welche Reaktionen laufen ab?

7. Redox-Reaktionen

7.1 Oxidation und Reduktion

oxys (griech.) = sauer
geneo (griech.) = bilden
reducere (lat.) = zurückführen

Im Jahre 1783 gelang es dem Franzosen ANTOINE LAVOISIER, den Verbrennungsvorgang aufzuklären. Er erkannte, dass die Verbrennung von Stoffen eine Reaktion mit Sauerstoff ist. Entsprechend dem französischen Namen *oxygène* für Sauerstoff wurden der Vorgang als **Oxidation** und die Verbrennungsprodukte als **Oxide** bezeichnet.

Eisenwolle reagiert mit Chlorgas.

Beispiele:

Verbrennung von Magnesium: $2\,Mg + O_2 \rightarrow 2\,MgO$
(Magnesium, Sauerstoff, Magnesiumoxid)

Oxidation (Verbrennung) von Eisen: $4\,Fe + 3\,O_2 \rightarrow 2\,Fe_2O_3$
(Eisen, Sauerstoff, Eisenoxid)

Wird hingegen einem Oxid Sauerstoff entzogen, so nennt man dies eine **Reduktion**. Das Element, um dessen Oxid es sich handelt, wird in den elementaren Zustand zurückgeführt.

Beispiel: Reduktion von Eisenerz (Eisenoxid) im Hochofen

$$Fe_2O_3 + 3\,CO \rightarrow 2\,Fe + 3\,CO_2$$
(Eisenoxid, Kohlenstoffmonoxid, Eisen, Kohlenstoffdioxid)

Das Kohlenstoffmonoxid übernimmt bei dieser Reaktion den Sauerstoff, es wirkt als **Reduktionsmittel**.

Die Reaktion des Magnesiums mit Sauerstoff führt zu einer Ionenbindung (siehe Seite 35). Die beiden Außenelektronen des Magnesiumatoms wechseln zum Sauerstoffatom über.

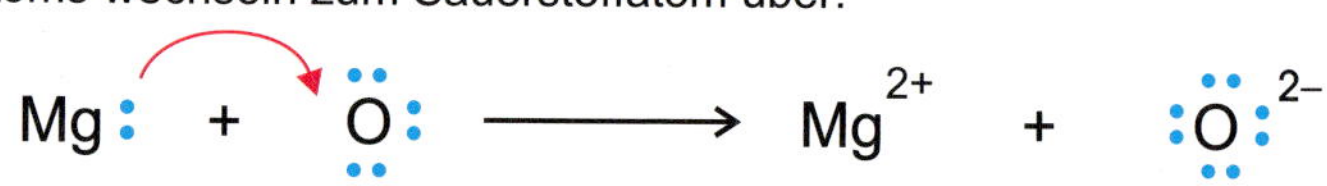

Es gibt nun eine Reihe von Reaktionen, die Verbrennungen sehr ähnlich sehen, an denen aber kein Sauerstoff beteiligt ist. So reagieren zum Beispiel Eisen oder Magnesium mit Chlor unter Feuererscheinungen und auch eine Kerze brennt in Chlorgas weiter.

Eine Kerze brennt in Chlorgas mit rußender Flamme weiter.

Beispiel: $Mg + Cl_2 \rightarrow MgCl_2$
(Magnesium, Chlor, Magnesiumchlorid)

Auch bei diesen Reaktionen werden Elektronen übertragen:

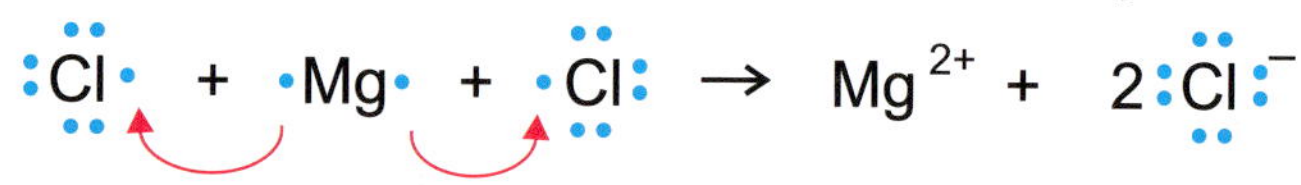

Es hat sich daher als sinnvoll erwiesen, die Begriffe Oxidation und Reduktion zu erweitern und sie auf die an der Reaktion beteiligten Elektronen zu beziehen.

Als **Oxidation** bezeichnet man daher heute jede Reaktion, bei der einem Teilchen **Elektronen entzogen** werden.
Umgekehrt versteht man unter einer **Reduktion** einen Vorgang, bei dem **Elektronen aufgenommen** werden.

Jede Oxidation ist mit einer Reduktion verbunden, denn die Elektronen, die ein Atom abgibt, werden von einem anderen aufgenommen. Daher wird der gesamte Vorgang als **Redoxreaktion** bezeichnet.

Die Thermit-Reaktion

Thermit ist eine Mischung von Aluminiumpulver und Eisen(III)-oxid.
In einer stark exothermen Redox-Reaktion entsteht im Schmelztiegel Aluminiumoxid und flüssiges Eisen, das an Ort und Stelle zum Verschweißen von Eisenbahnschienen dient.

➔ Bei einer Redoxreaktion werden Elektronen von einem Reaktionspartner zum anderen übertragen.

Stark elektronegative Elemente wie Sauerstoff und die Halogene haben ein großes Bestreben, Elektronen aufzunehmen. Sie sind deshalb gute **Oxidationsmittel**.

Zur Abgabe von Elektronen neigen Elemente mit wenigen Außenelektronen und geringer Elektronegativität, vor allem die Alkali- und Erdalkalimetalle, Wasserstoff, aber auch Kohlenstoff. Sie sind deshalb gute **Reduktionsmittel**.

Magnesium ist ein starkes Reduktionsmittel. Es brennt nicht nur an Luft (links), sondern reagiert auch in Wasserdampf (Mitte) und in Kohlenstoffdioxid (rechts) zu Magnesiumoxid.

➔ Oxidationsmittel sind Substanzen, die Elektronen aufnehmen; sie oxidieren andere Stoffe, wobei sie selbst reduziert werden.
Reduktionsmittel sind Stoffe, die Elektronen abgeben; sie werden dabei selbst oxidiert.

Auch **Elektrolysen** sind **Redoxreaktionen**. Dabei wirkt eine Elektrode (der Minuspol) als „Reduktionsmittel“, indem sie Elektronen abgibt, die andere Elektrode als „Oxidationsmittel“, sie nimmt Elektronen auf (siehe Kap. 7.6, Seite 101 ff.).

ÜBUNGEN

7.1 Bei der Thermit-Reaktion (siehe Abbildung) entsteht aus Eisen(III)-oxid und Aluminiumpulver Eisen und Aluminiumoxid.
a) Bestimme die Formeln der beteiligten Stoffe.
b) Stelle die Reaktionsgleichung auf.

7.2 Formuliere die Reaktionsgleichungen für die abgebildeten Reaktionen des Magnesiums mit Wasser und mit Kohlenstoffdioxid. Welcher Stoff wird jeweils oxidiert, welcher reduziert, welche Stoffe entstehen?

7.2 Oxidationszahlen und Redoxgleichungen

Ein nützliches Hilfsmittel bei der Untersuchung chemischer Reaktionen sind die **Oxidationszahlen**. Sie zeigen an, welche Atome bei einer Reaktion Elektronen aufnehmen oder abgeben.

Die Bestimmung der Oxidationszahlen

Bei **Ionenverbindungen** entsprechen die Oxidationszahlen den elektrischen Ladungen der Ionen.

Beispiel:

NaCl ist eine aus Ionen aufgebaute Verbindung. Ein Elektron ist vom Natrium zum Chlor übergewechselt, die Natriumionen sind daher einfach positiv, die Chloridionen einfach negativ geladen.

Natrium hat daher in dieser Verbindung die Oxidationszahl plus Eins, Chlor die Oxidationszahl minus Eins.

Bei **polaren Atombindungen** trifft man eine Vereinfachung: Dem stärker elektronegativen Atom werden die Bindungselektronen zur Gänze zugeordnet.

Beispiel:

Im HCl-Molekül zieht das stärker elektronegative Chloratom das bindende Elektronenpaar etwas, aber nicht vollständig an sich (siehe Seite 43). Das Wasserstoffatom hat daher eine positive, das Chloratom eine negative Partialladung.
Um die Oxidationszahlen zu erhalten, ordnet man dem Chloratom die Bindungselektronen zur Gänze zu. Es wäre dann einfach negativ geladen, das Wasserstoffatom einfach positiv.
Daher hat in dieser Verbindung Wasserstoff die Oxidationszahl plus Eins, Chlor die Oxidationszahl minus Eins.

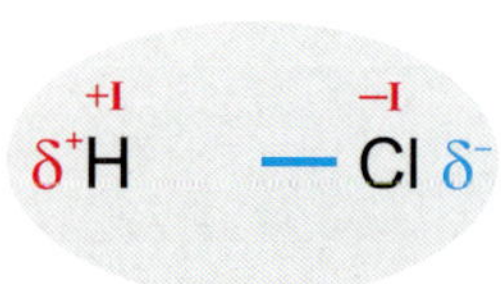

Die polare Atombindung und die Oxidationszahlen im HCl-Molekül.

Um die nur als Hilfsmittel in Reaktionsgleichungen dienenden Oxidationszahlen von den tatsächlich existierenden Ladungen der Ionen zu unterscheiden, ist es üblich, die Oxidationszahlen in römischen Ziffern direkt über das Elementsymbol zu schreiben.

z. B.: $\overset{+I}{H}\ \overset{-I}{Cl}$

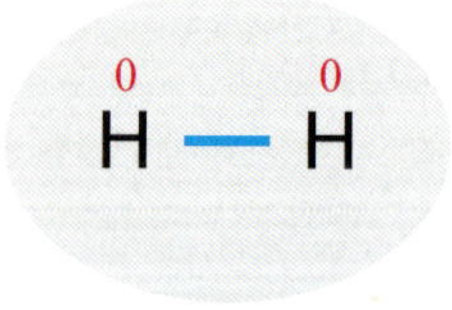

Die unpolare Atombindung und die Oxidationszahlen im Wasserstoff-Molekül.

Bei **unpolaren Atombindungen** ist die Sache wieder eindeutig: Keines der Atome hat Elektronen abgegeben oder aufgenommen, bindende Elektronenpaare befinden sich genau in der Mitte zwischen den Atomen – deren **Oxidationszahl** ist daher **Null**.

Die **Oxidationszahlen** können daher mit Hilfe einfacher **Regeln** bestimmt werden:

- Bei einatomigen Ionen ist die Oxidationszahl gleich der Ladung.

  Beispiel: Al_2O_3 besteht aus Al^{3+}- und O^{2-}-Ionen.

  Oxidationszahlen daher: $\overset{+III}{Al_2}\ \overset{-II}{O_3}$

  (Die Oxidationszahl bezieht sich immer auf ein einzelnes Atom.)

- Die Atome der freien Elemente haben die Oxidationszahl Null.

  Beispiele: $\overset{0}{Fe}$ $\overset{0}{Cl_2}$ $\overset{0}{O_2}$

  Es handelt sich entweder um elektrisch neutrale Atome (Fe) oder um Moleküle mit unpolaren Atombindungen (H_2, Cl_2, O_2), in denen wegen der identischen Elektronegativität beider Bindungspartner kein Atom die Bindungselektronen an sich ziehen kann. Jedem Atom werden daher die Bindungselektronen zur Hälfte zugeordnet, es ist damit elektrisch ungeladen und hat daher die Oxidationszahl Null.

- Bei polaren Atombindungen wird dem stärker elektronegativen Element das bindende Elektronenpaar zur Gänze zugeordnet.

  Beispiele:

  $\overset{+I}{H_2}\overset{-II}{O}$ $\overset{+I}{H}\overset{-I}{Cl}$ 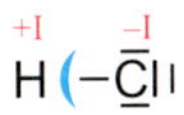 $\overset{-III}{N}\overset{+I}{H_3}$ 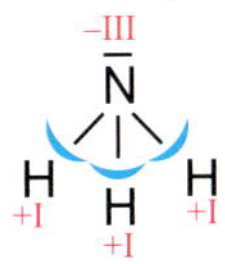

  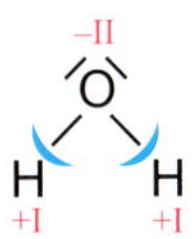 $\overset{+IV}{C}\overset{-II}{O_2}$ 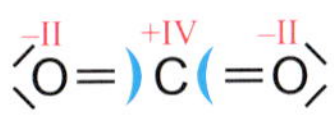

- **Fluor** ist das am stärksten elektronegative Element, kann noch ein Elektron aufnehmen und hat daher in seinen Verbindungen stets die Oxidationszahl –I.

- **Sauerstoff** ist das am zweitstärksten elektronegative Element, ihm fehlen noch zwei Elektronen auf die Edelgasanordnung, es hat daher fast immer die Oxidationszahl –II.

- Auch die **Halogene** (Chlor, Brom, Iod) sind stark elektronegativ. Da ihnen noch ein Elektron auf die Edelgasanordnung fehlt, haben sie meist die Oxidationszahl –I.

- **Wasserstoff** ist in Verbindungen mit Nichtmetallen stets das schwächer elektronegative Element und hat dann die Oxidationszahl +I.

- Die **Metalle** sind nur sehr schwach elektronegativ und haben daher stets **positive** Oxidationszahlen (1. Gruppe immer +I, 2. Gruppe immer +II).

- Die **Summe aller Oxidationszahlen** in einer **Verbindung** muss stets **null** ergeben.
  Die Verbindung ist elektrisch neutral, die Oxidationszahlen geben nur die Verschiebung der Elektronen innerhalb des Moleküls an, ihre Summe ist daher null.

- Die **Summe der Oxidationszahlen** eines mehratomigen **Ions** (SO_4^{2-}, CO_3^{2-}, …) ist **gleich seiner Ladung**.

- Beim Berechnen der Summen ist zu beachten, dass die über den Symbolen der Elemente stehenden Oxidationszahlen mit einer gegebenenfalls vorhandenen tiefgestellten Zahl (Index) nach dem Elementsymbol zu multiplizieren sind.

$\overset{+I}{Na}_2\ \overset{+IV}{C}\ \overset{-II}{O}_3$

$\overset{+VI}{S}\ \overset{-II}{O}_4^{2-}$

Beispiele:

a) Welche Oxidationszahlen haben die Atome in Natriumcarbonat Na_2CO_3?
Natrium ist ein Element der ersten Gruppe und hat daher die Oxidationszahl +I, Sauerstoff hat die Oxidationszahl –II. Die Summe der Oxidationszahlen der Natrium- und der Sauerstoffatome ergibt –IV. Da die Summe aller Oxidationszahlen null ergeben muss, kann der Kohlenstoff nur die Oxidationszahl +IV haben.

b) Welche Oxidationszahlen haben die Atome im Sulfat-Ion SO_4^{2-}?
Die vier Sauerstoffatome haben zusammen eine Oxidationszahl von –VIII. Da die Summe aller Oxidationszahlen –II betragen muss (Ladung des Ions), kann das Schwefelatom nur die Oxidationszahl +VI haben.

Die meisten Elemente liegen in ihren verschiedenen Verbindungen in unterschiedlichen **Oxidationsstufen** (gekennzeichnet durch verschiedene Oxidationszahlen) vor.

Beispiel:
Das Element Kohlenstoff tritt in mehreren Oxidationsstufen auf:

Name des Stoffes	Methan	Kohlenstoff	Kohlenstoffmonoxid	Kohlenstoffdioxid
Chemisches Zeichen bzw. Formel	CH_4	C	CO	CO_2
Oxidationszahl des C	–IV	0	+II	+IV

Ein Vergleich der **Oxidationszahlen** der Elemente mit ihrer **Stellung im Periodensystem** zeigt einen Zusammenhang:

- Bei den **Elementen der langen Gruppen** entspricht die **Einerstelle der Gruppennummer** der **höchstmöglichen positiven Oxidationszahl**. Sie wird in Verbindungen mit stärker elektronegativen Elementen erreicht.
- Die **Differenz der Einerstelle der Gruppennummer auf die Zahl Acht** gibt die **höchstmögliche negative Oxidationszahl** des Elements an. Sie wird in Verbindungen mit schwächer elektronegativen Elementen erreicht.
- Elemente mit großer Elektronegativität sind gute Oxidationsmittel, Elemente mit kleiner Elektronegativität sind gute Reduktionsmittel.

Elemente der 3. bis 12. Gruppe treten häufig in verschiedenen Oxidationszahlen auf. Die jeweils vorliegende Oxidationszahl wird im Namen ausgedrückt.

Beispiele:

$FeCl_2$: $\overset{+II}{Fe}\ \overset{-I}{Cl}_2$ Eisen(II)-chlorid (gelesen: Eisen-zwei-chlorid)

$FeCl_3$: $\overset{+III}{Fe}\ \overset{-I}{Cl}_3$ Eisen(III)-chlorid (gelesen: Eisen-drei-chlorid)

Fe_2O_3: $\overset{+III}{Fe}_2\ \overset{-II}{O}_3$ Eisen(III)-oxid

Fe_3O_4: $\overset{+II}{Fe}\ \overset{-II}{O} \cdot \overset{+III}{Fe}_2\ \overset{-II}{O}_3$ Eisen(II,III)-oxid

ÜBUNGEN

7.3 Bestimme die Oxidationszahlen aller Atome:
KF, Br_2, HNO_3, Na_2SO_4, H_2S, SO_2, $NH_4^+NO_3^-$, $K_2Cr_2O_7$, $CaCO_3$

7.4 Chlor hat in der Regel die Oxidationszahl –I. Es gibt jedoch auch Verbindungen, in denen Chlor positive Oxidationszahlen besitzt. Welche Elemente kommen dann als Bindungspartner des Chlors in Frage?

Ändern sich die Oxidationszahlen der an einer Reaktion beteiligten Atome, so liegt eine Redoxreaktion vor.

Beispiele:

a) Die Herstellung von Wasserstoff aus Zink und Schwefelsäure:

$$\overset{0}{Zn} + \overset{+I}{H_2}\overset{+VI}{S}\overset{-II}{O_4} \rightarrow \overset{0}{H_2} + \overset{+II}{Zn}\overset{+VI}{S}\overset{-II}{O_4}$$

Die Oxidationszahl von Zink ändert sich von 0 auf +II, d. h. das Atom gibt zwei Elektronen ab, es wird oxidiert.
Die Wasserstoffatome ändern ihre Oxidationszahl von +I auf 0, d. h. sie nehmen je ein Elektron auf, sie werden reduziert.

b) Die Reaktion von Natriumcarbonat mit Salzsäure:

$$\overset{+I}{Na_2}\overset{+IV}{C}\overset{-II}{O_3} + 2\,\overset{+I}{H}\overset{-I}{Cl} \rightarrow 2\,\overset{+I}{Na}\overset{-I}{Cl} + \overset{+I}{H_2}\overset{-II}{O} + \overset{+IV}{C}\overset{-II}{O_2}$$

Die Oxidationszahlen sind unverändert – keine Redoxreaktion.

Redox-Gleichungen

Mit Hilfe der Oxidationszahlen lassen sich auch umfangreiche **Reaktionsgleichungen** aufstellen:

Beispiel:

Chlorgas wird im Labor oft durch Reaktion von Salzsäure mit Kaliumpermanganat $KMnO_4$ hergestellt. Als Nebenprodukte entstehen Kaliumchlorid KCl, Mangan(II)-chlorid und Wasser.

Vorgangsweise:

1. Anschreiben der Ausgangsstoffe und Produkte, Bestimmung der Oxidationszahlen.

$$\overset{+I}{K}\overset{+VII}{Mn}\overset{-II}{O_4} + \overset{+I}{H}\overset{-I}{Cl} \rightarrow \overset{0}{Cl_2} + \overset{+II}{Mn}\overset{-I}{Cl_2} + \overset{+I}{K}\overset{-I}{Cl} + \overset{+I}{H_2}\overset{-II}{O}$$

2. Welche Atome werden reduziert, welche oxidiert? Aufstellen und ausgleichen der Elektronenbilanz.

$$\overset{+VII}{Mn} + 5\,e^- \rightarrow \overset{+II}{Mn}$$

$$(\overset{-I}{Cl^-} \rightarrow \tfrac{1}{2}\,\overset{0}{Cl_2} + e^-) \cdot 5$$

$$\overset{+VII}{Mn} + 5\,\overset{-I}{Cl^-} \rightarrow \overset{+II}{Mn} + 2\tfrac{1}{2}\,\overset{0}{Cl_2}$$

Ein Manganatom nimmt fünf Elektronen auf, diese müssen von fünf Chlorid-Ionen stammen, daher ist die untere Gleichung mit fünf zu multiplizieren.

3. Übertragen des Zwischenergebnisses und ausgleichen:

$KMnO_4 + 5\ HCl \rightarrow 2\tfrac{1}{2}\ Cl_2 + MnCl_2 + KCl + H_2O$

K: bereits ausgeglichen
Mn: bereits ausgeglichen
Cl: links 5, rechts 8 Cl, daher noch 3 HCl nötig, ergibt 8 HCl (diese drei Cl-Atome sind am Redox-Vorgang nicht beteiligt)
H: links 8 (8 HCl), rechts 2 (H_2O), daher rechts 4 H_2O
O: bereits ausgeglichen (links 4, rechts 4)

Ergebnis:

$KMnO_4 + 8\ HCl \rightarrow 2\tfrac{1}{2}\ Cl_2 + MnCl_2 + KCl + 4\ H_2O$

ÜBUNGEN

7.5 Welche Reaktion ist ein Redox-Vorgang?
- a) $2\ KOH + H_2SO_4 \rightarrow K_2SO_4 + 2\ H_2O$
- b) $2\ Al + 3\ Br_2 \rightarrow 2\ AlBr_3$
- c) $FeS + 2\ HCl \rightarrow H_2S + FeCl_2$
- d) $CuO + H_2 \rightarrow Cu + H_2O$
- e) $CaCO_3 \rightarrow CaO + CO_2$

7.6 Stelle die folgenden Reaktionsgleichungen auf, gleiche sie mit Hilfe der Oxidationszahlen aus und gib an, welcher Stoff als Oxidationsmittel, welcher als Reduktionsmittel wirkt.
- a) Geschmolzenes Kaliumnitrat (KNO_3) reagiert mit Schwefel zu Kaliumsulfat (K_2SO_4) und Stickstoffmonoxid.
- b) Hydrogeniodid (Iodwasserstoff) reagiert mit Schwefelsäure, es entsteht Dihydrogensulfid (Schwefelwasserstoff), elementares Iod und Wasser.
- c) Mangan(IV)-oxid reagierte mit Salzsäure, es entsteht Mangan(II)-chlorid, elementares Chlor und Wasser.
- d) Kupfer löst sich in Salpetersäure unter Bildung von Kupfernitrat ($Cu(NO_3)_2$), Stickstoffmonoxid und Wasser.
- e) Natriumsulfit (Na_2SO_3) reagiert in Wasser mit Eisen(III)-chlorid unter Bildung von Natriumsulfat (Na_2SO_4), EisenII)-chlorid und Salzsäure.
- f) Permanganat-Ionen (MnO_4^-) reagieren mit Fe^{2+}-Ionen in saurer Lösung (H_3O^+) zu Fe^{3+}-Ionen, Mn^{2+}-Ionen und Wasser.
- g) Dichromat-Ionen ($Cr_2O_7^{2-}$) reagieren mit Fe^{2+}-Ionen in saurer Lösung (H_3O^+) zu Fe^{3+}-Ionen, Cr^{3+}-Ionen und Wasser.
- h) Elementares Iod reagiert mit Sulfit-Ionen (SO_3^{2-}) und Wasser zu Iodid-Ionen, Protonen (H_3O^+) und Sulfat-Ionen (SO_4^{2-})

7.3 Die Stärke von Oxidations- und Reduktionsmitteln

Um den Ablauf von Redoxreaktionen vorhersagen zu können, benötigt man ein **Maß für die Stärke** der oxidierenden oder reduzierenden Wirkung eines Stoffes.

Eine **Reihung** der Stoffe nach ihrer oxidierenden oder reduzierenden Wirkung ist einfach zu erstellen:

Wird beispielsweise ein Zinkstab in eine Lösung von Cu^{2+}-Ionen getaucht, so überzieht er sich rasch mit einer Kupferschicht, während die blaue Farbe der gelösten Cu^{2+}-Ionen langsam verschwindet. Die Cu^{2+}-Ionen werden zu metallischem Kupfer reduziert, die dafür benötigten Elektronen können nur vom Zink stammen, das in Form von farblosen Zn^{2+}-Ionen in Lösung geht.

$$\overset{2\,e^-}{\curvearrowleft}$$
$$Cu^{2+} + Zn \longrightarrow Cu + Zn^{2+}$$

Die Kupfer-Ionen sind also in der Lage, Zink zu oxidieren. Umgekehrt tritt keine Reaktion ein: Ein Stück Kupfer in einer Lösung von Zn^{2+}-Ionen bleibt unverändert.

Taucht jedoch ein Kupferstück in eine Lösung von Silber-Ionen ein, so scheidet sich metallisches Silber ab und Cu^{2+}-Ionen gehen in Lösung.

$$\overset{2\,e^-}{\curvearrowleft}$$
$$2\,Ag^{+} + Cu \longrightarrow 2\,Ag + Cu^{2+}$$

Ähnliche Versuche mit anderen Metallen und deren Ionen zeigen, dass die **Ionen** umso stärkere Oxidationsmittel sind, je edler das entsprechende Metall ist ($Ag^{+} > Cu^{2+} > Zn^{2+}$).

Das **Metall** gibt umso leichter Elektronen ab, je unedler es ist.
Die Elektronenübertragung findet an der Oberfläche des Metalls statt.

Um das Bestreben der Teilchen, Elektronen abzugeben oder aufzunehmen, als **elektrische Spannung** messen oder nutzen zu können, ist es notwendig, Oxidation und Reduktion räumlich zu trennen.

Dazu kann eine Anordnung verwendet werden, die zu Beginn des 19. Jahrhunderts als Stromquelle diente: das **Daniell-Element**.

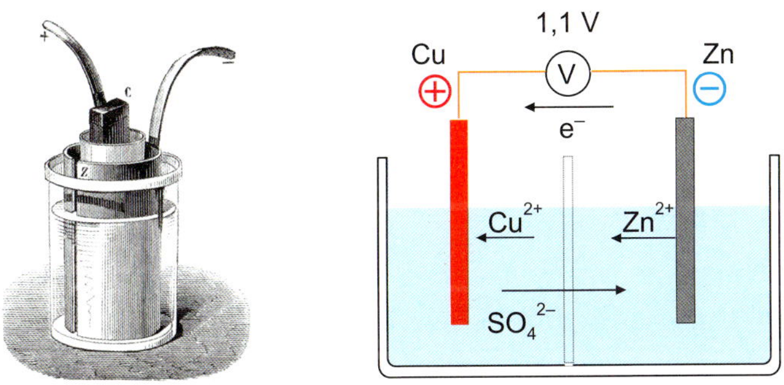

Das Daniell-Element, real und schematisch

Zink taucht in eine $CuSO_4$-Lösung.

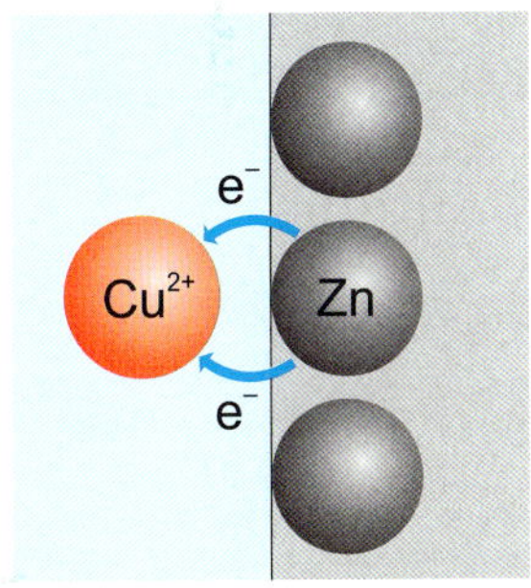

Elektronenübergang an der Metalloberfläche

Kupfer taucht in eine $AgNO_3$-Lösung.

LUIGI GALVANI (1737–1798); italienischer Naturforscher. Er glaubte, die „tierische Elektrizität“ entdeckt zu haben, als frisch präparierte Froschschenkel bei der Berührung mit verschiedenen, miteinander verbundenen Metallen zusammenzuckten.

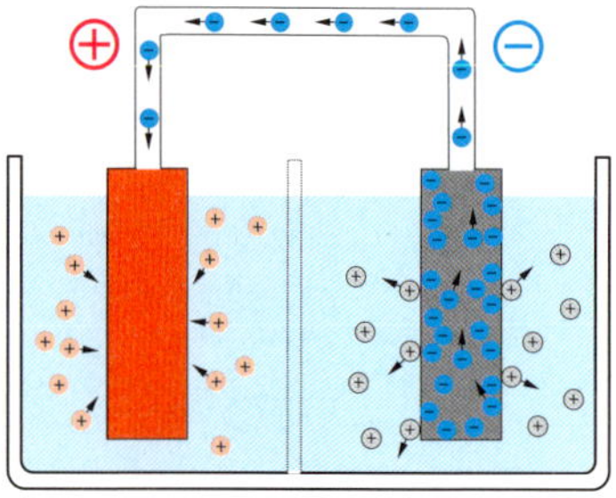

Die Entstehung einer Spannung zwischen den Metallplatten

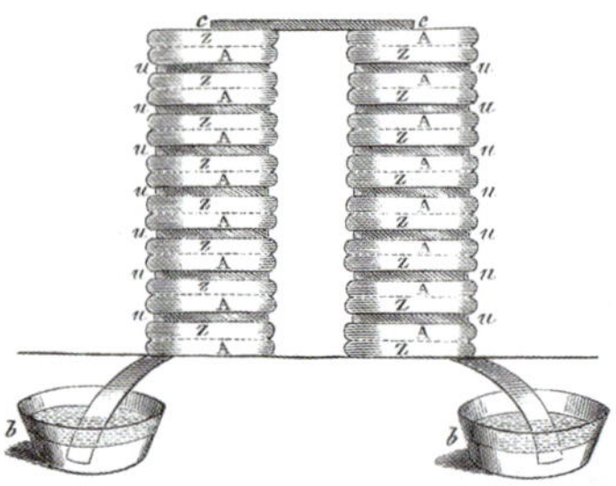

ALESSANDRO VOLTA (1745–1827); italienischer Physiker.
Er schuf um 1800 die erste brauchbare Stromquelle (Volta'sche Säule). Sie bestand aus Kupfer- und Zinkplättchen, dazwischen befanden sich mit Schwefelsäure getränkte Filzstücke.
JOHN DANIELL (1790–1845), amerikanischer Naturforscher.

Bis zur Erfindung des Dynamos 1866 durch WERNER SIEMENS bildeten diese einfachen galvanischen Elemente die einzigen Stromquellen für die Telegrafie und für physikalische und chemische Versuche.

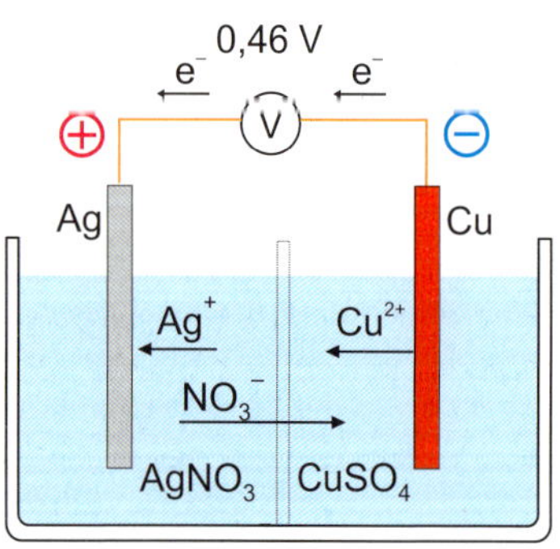

Kupfer und Silber bilden ein galvanisches Element.

Es besteht aus einem Kupfer- und einem Zinkblech, die in eine Lösung von Kupfer- bzw. Zinksulfat eintauchen. Die Lösungen sind durch eine poröse Wand getrennt.

Ein angeschlossenes Voltmeter zeigt eine Spannung von 1,1 Volt; Zink bildet den Minuspol, Kupfer den Pluspol, d. h. die Elektronen fließen vom Zink zum Kupfer.

Die Stromstärke kann ausreichen, einen kleinen Elektromotor anzutreiben – die chemische Energie wird hier nicht in Form von Wärme, sondern als Elektrizität frei.

Eine solche Anordnung wird **galvanisches Element** genannt.

Aus der Richtung des Elektronenflusses lässt sich auf die an den Elektroden ablaufenden Reaktionen schließen:

Zink (– Pol): $Zn \rightarrow Zn^{2+} + 2e^-$

Kupfer (+ Pol): $Cu^{2+} + 2\,e^- \rightarrow Cu$

$$Zn + Cu^{2+} \rightarrow Zn^{2+} + Cu$$

In Summe ergibt sich dieselbe Reaktionsgleichung wie beim vorhergehenden Versuch, nur sind hier die Elektronen zu einem „Umweg“ durch den Draht gezwungen.

Die Trennwand soll eine Durchmischung der beiden Lösungen verhindern, da sonst die Reduktion der Cu^{2+}-Ionen direkt am Zink stattfinden würde.
Um jedoch den Übertritt von Sulfat-Ionen zu ermöglichen, muss die Trennwand porös sein. Bei einer undurchlässigen Wand entstünde durch die Zunahme (Zn^{2+}) bzw. Abnahme der Metall-Ionen ein Mangel bzw. Überschuss an SO_4^{2-}-Ionen, die so verursachte elektrische Aufladung der Zellhälften würde die Reaktion sofort zum Stillstand bringen.

Das **Entstehen einer Spannung** lässt sich verstehen, wenn man die **Vorgänge** an den einzelnen **Elektroden** näher betrachtet:

Auf der Seite des Zinks verlassen einige Ionen das Metall, Elektronen bleiben zurück und verhindern durch ihre Anziehungskräfte, dass sich die Ionen vom Metall entfernen.

Auf der Seite des Kupfers geschieht Ähnliches, nur gehen hier weniger Ionen in Lösung, da das edlere Kupfer ein geringeres Bestreben hat, Elektronen abzugeben. Im Zink herrscht daher ein größerer „Elektronendruck“ als im Kupfer. Werden die beiden Metalle verbunden, so erfolgt ein „Druckausgleich“ – die Elektronen fließen vom Zink zum Kupfer.

Kombiniert man in gleicher Weise Kupfer mit Silber, so ergibt sich eine Spannung von 0,46 Volt. Kupfer ist unedler als Silber, es bildet jetzt den Minuspol.

Kupfer (– Pol): $Cu \rightarrow Cu^{2+} + 2e^-$

Silber (+ Pol): $2\,Ag^+ + 2\,e^- \rightarrow 2\,Ag$

$$Cu + 2\,Ag^+ \rightarrow Cu^{2+} + 2\,Ag$$

Zahlreiche ähnliche Versuche kommen zum gleichen Ergebnis:

> ➔ **Zwei leitend verbundene Metalle, die in einen gemeinsamen Elektrolyten eintauchen, bilden ein galvanisches Element.**
> **Dabei bildet das unedlere Metall den Minuspol und löst sich auf.**

Die entstehende Spannung ist ein Maß für die oxidierende bzw. reduzierende Wirkung der Stoffe, man nennt sie das **Redoxpotential**.

Die Standardpotentiale

Um die Redoxpotentiale verschiedener Substanzen vergleichen zu können, werden sie unter gleichen Bedingungen (Standardbedingungen: 25 °C, 1 013 hPa, Konzentration 1 mol/L) gemessen. Da es nicht sinnvoll wäre, eine riesige Zahl von Redox-Kombinationen zu messen, hat man den Wasserstoff als Nullpunkt festgelegt. Die Potentiale aller anderen Stoffe werden darauf bezogen.

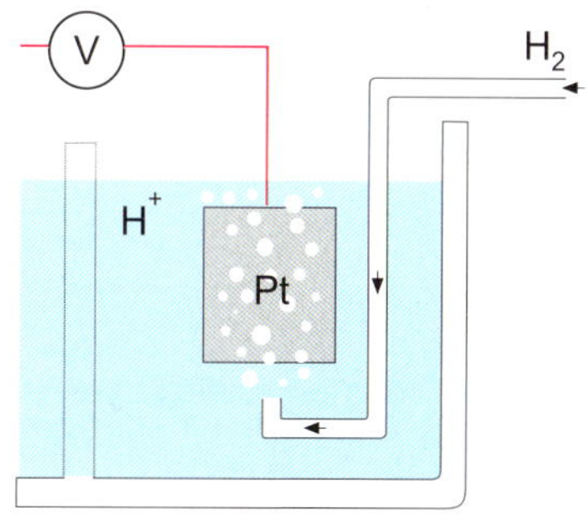

Die Standardwasserstoffelektrode.

Allerdings lässt sich aus dem gasförmigen Wasserstoff nicht so leicht eine Elektrode herstellen wie aus Kupfer. Platin jedoch kann Wasserstoff adsorbieren und so festhalten.
Diese **Standardwasserstoffelektrode** besteht aus einem von Wasserstoff umspülten Platinblech, das in eine Säure mit $c(H_3O)^+$ = 1 mol/L eintaucht.

Für Standardpotentiale wird das Symbol E_0 verwendet.

Beispiele:

a) Bestimmung des Standardpotentials von Zink:
Zink bildet den Minuspol des galvanischen Elementes, die gemessene Spannung beträgt 0,76 V $\Rightarrow$ E_0 von Zink: – 0,76 V

Ablaufende Reaktionen:

$$Zn \rightarrow Zn^{2+} + 2e^- \quad \text{Oxidation}$$
$$2\,H^+ + 2\,e^- \rightarrow H_2 \quad \text{Reduktion}$$
$$\overline{Zn + 2\,H^+ \rightarrow Zn^{2+} + H_2 \quad \text{Redoxreaktion}}$$

Zink hat negatives Standardpotential – es ist unedler als Wasserstoff.

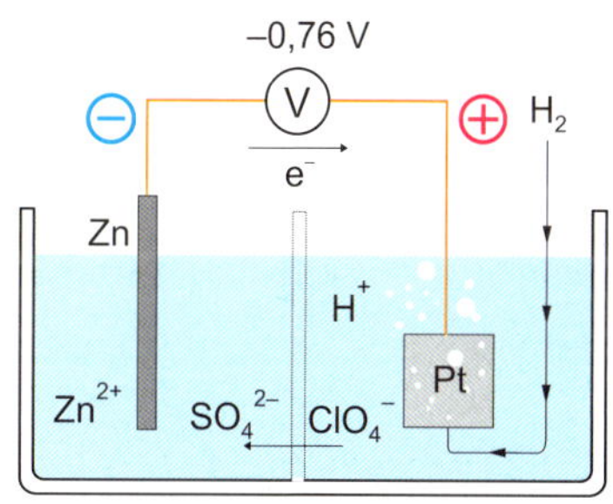

Standardpotential von Zink.

b) Bestimmung des Standardpotentials von Kupfer:
Kupfer bildet den Pluspol, die Spannung beträgt 0,34 V
$\Rightarrow$ E_0 von Kupfer : + 0,34 V

Ablaufende Reaktionen:

$$H_2 \rightarrow 2\,H^+ + 2e^- \quad \text{Oxidation}$$
$$Cu^{2+} + 2e^- \rightarrow Cu \quad \text{Reduktion}$$
$$\overline{H_2 + Cu^{2+} \rightarrow 2\,H^+ + Cu \quad \text{Redoxreaktion}}$$

Kupfer hat positives Standardpotential – es ist edler als Wasserstoff.

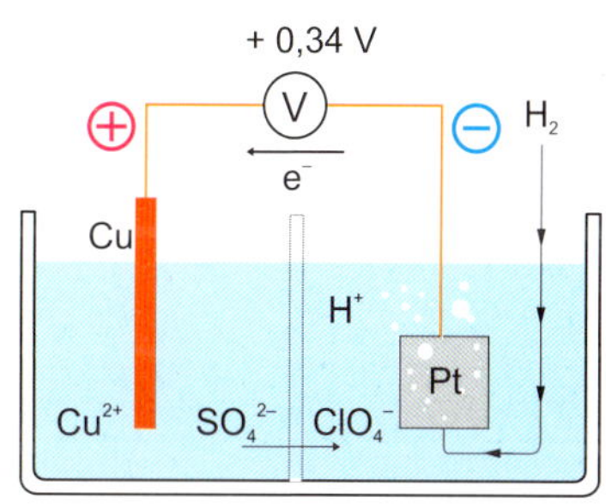

Standardpotential von Kupfer.

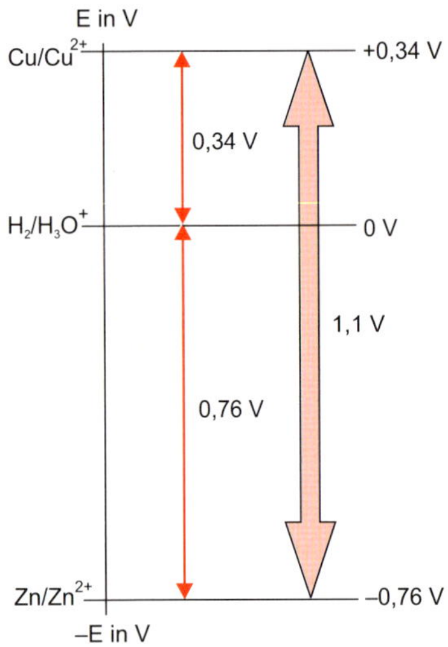

Die Spannung (Potentialdifferenz) eines galvanischen Elements aus Cu/Cu^{2+} und Zn/Zn^{2+} beträgt 1,1 Volt.

Die so bestimmten Standardpotentiale sind in Tabellen verzeichnet und ein Hilfsmittel bei der Untersuchung von Redoxreaktionen.

Die Spannung eines beliebigen galvanischen Elements kann aus der Differenz der Standardpotentiale berechnet werden.
Die Substanz mit dem niedrigeren Standardpotential bildet den Minuspol, sie wird oxidiert.

Tabelle der Standardpotentiale

Stärke des Reduktionsmittels nimmt zu

Reduzierte Form		Oxidierte Form			E_0 in V
Li	→	Li^+	+	e^-	– 3,03
K	→	K^+	+	e^-	– 2,92
Ca	→	Ca^{2+}	+	2 e^-	– 2,76
Na	→	Na^+	+	e^-	– 2,71
Mg	→	Mg^{2+}	+	2 e^-	– 2,40
Al	→	Al^{3+}	+	3 e^-	– 1,69
Zn	→	Zn^{2+}	+	2 e^-	– 0,76
Cr	→	Cr^{3+}	+	3 e^-	– 0,74
S^{2-}	→	S	+	2 e^-	– 0,51
Fe	→	Fe^{2+}	+	2 e^-	– 0,44
Ni	→	Ni^{2+}	+	2 e^-	– 0,23
Sn	→	Sn^{2+}	+	2 e^-	– 0,14
Pb	→	Pb^{2+}	+	2 e^-	– 0,13
H_2 + 2 H_2O	→	2 H_3O^+	+	2 e^-	0,00
Cu	→	Cu^{2+}	+	2 e^-	+ 0,34
2 I^-	→	I_2	+	2 e^-	+ 0,58
Fe^{2+}	→	Fe^{3+}	+	e^-	+ 0,75
Ag	→	Ag^+	+	e^-	+ 0,81
6 H_2O	→	O_2 + 4 H_3O^+	+	4 e^-	+ 0,82
Hg	→	Hg^{2+}	+	2 e^-	+ 0,86
NO + 6 H_2O	→	NO_3^- + 4 H_3O^+	+	3 e^-	+ 0,96
2 Br^-	→	Br_2	+	2 e^-	+ 1,07
2 Cl^-	→	Cl_2	+	2 e^-	+ 1,36
Au	→	Au^{3+}	+	3 e^-	+ 1,42
Mn^{2+} + 12 H_2O	→	MnO_4^- + 8 H_3O^+	+	5 e^-	+ 1,51
2 F^-	→	F_2	+	2 e^-	+ 2,85
Reduzierte Form		**Oxidierte Form**			

Stärke des Oxidationsmittels nimmt zu

Aus der Tabelle ist zu erkennen:

- **Metalle und Nichtmetall-Ionen sind umso stärkere Reduktionsmittel, je negativer ihr Standardpotential ist.**
- **Metall-Ionen und Nichtmetalle sind umso stärkere Oxidationsmittel, je positiver ihr Standardpotential ist.**

Die Tabelle der Standardpotentiale ermöglicht die **Vorhersage** des **Ablaufes von Redoxreaktionen**:

Die Teilreaktion mit dem niedrigeren Standardpotential erfolgt als Oxidation (Elektronenabgabe), die Teilreaktion mit dem höheren Standardpotential als Reduktion (Elektronenaufnahme).

Beispiele:

a) Ag wird von HNO_3, Br_2 und Au^{3+} zu Ag^+ oxidiert (diese Stoffe haben ein höheres Standardpotential), nicht aber von Cu^{2+}.

b) Welche Metalle lösen sich in verdünnter Säure (1 Mol H_3O^+/L) unter Wasserstoffentwicklung auf?
In der allgemein formulierten Reaktion

$$Me + n\,H_3O^+ \rightarrow Me^{n+} + n\,½\,H_2 + n\,H_2O \quad \text{(Me: beliebiges Metall)}$$

wirkt das H_3O^+-Ion als Oxidationsmittel. Es kann allen Metallen mit niedrigerem Standardpotential Elektronen entziehen, das sind die Metalle Li bis Pb (bei manchen ist jedoch die Wasserstoffentwicklung durch sich bildende Schutzschichten stark gehemmt).

c) Ist beim Mischen einer Lösung von Fe^{3+}-Ionen mit I^--Ionen eine Reaktion zu erwarten?
Fe^{3+}-Ionen haben ein größeres Standardpotential als Iod, sie können daher den I^--Ionen Elektronen entziehen.
Eintretende Reaktion: $2\,Fe^{3+} + 2\,I^- \rightarrow 2\,Fe^{2+} + I_2$

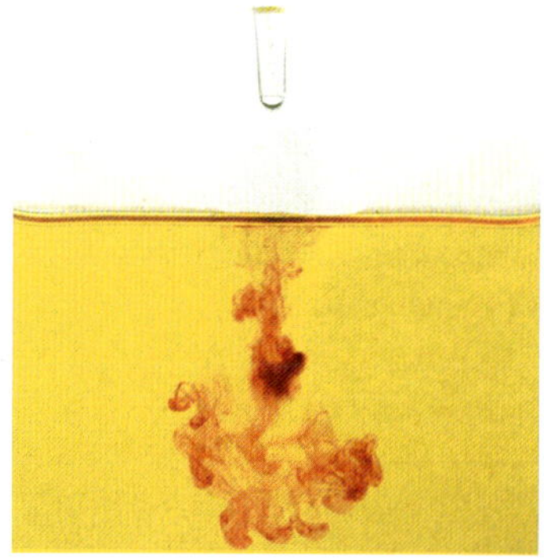

Eine Iodidlösung (farblos) wird zu einer Lösung von Fe^{3+}-Ionen (gelb) getropft. Es entsteht elementares Iod.

ÜBUNGEN

7.7 Welche Reaktion ist zu erwarten, wenn eine Kupfermünze in eine Lösung von $Hg(NO_3)_2$ eingetaucht wird?

7.8 Welche Spannungen können unter Standardbedingungen bei den folgenden galvanischen Elementen gemessen werden, welche Reaktionen laufen ab, wo sind Plus- und Minuspol?
a) Au/$AuCl_3$ mit Zn/$ZnSO_4$ b) Cu/$CuSO_4$ mit Ag/$AgNO_3$

7.9 Eine der ersten brauchbaren Stromquellen war das Volta'sche Element, das aus einer Zink- und einer Kupferplatte besteht, zwischen denen sich ein Stück mit verdünnter Schwefelsäure getränkter Filz befindet.
Welche Reaktionen laufen bei der Stromerzeugung ab?

7.10 Warum ist es sehr unangenehm, wenn man beim Essen von Schokolade versehentlich mit einer Plombe (enthält Silber) auf ein Stückchen Aluminiumfolie beißt?

7.11 Eine der Möglichkeiten, gedruckte Schaltungen herzustellen, besteht darin, das überschüssige Kupfer auf der Leiterplatte mit einer Lösung von Fe^{3+}-Ionen „wegzuätzen". Welche Reaktion läuft ab?

7.12 Welche der in der Tabelle der Standardpotentiale angegebenen Metalle lösen sich in Salpetersäure nicht auf? (Werden von ihr nicht oxidiert.)

7.13 Welches Produkt entsteht bei der Reaktion von
a) Eisen mit Iod b) Eisen mit Chlor c) Eisen mit Salzsäure

Rost auf Autoblech

corrodere (lat.) = zerfressen

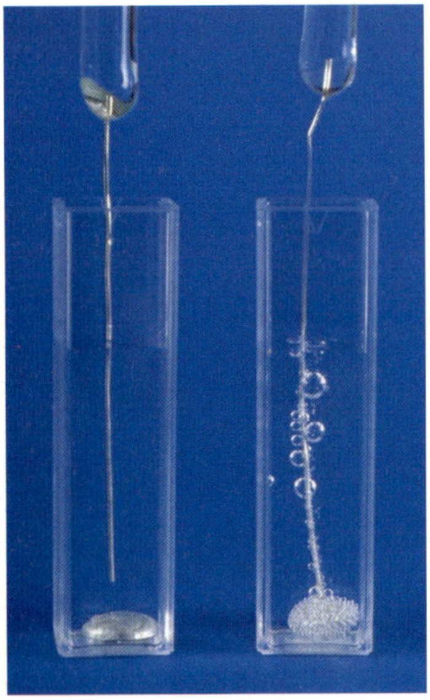

Modell eines Lokalelementes
Links: Sehr reines Zink wird von Salzsäure nur langsam angegriffen.
Rechts: Sobald der Platindraht das Zink berührt, beginnt eine rasche Korrosion.

Beim Feuerverzinken erfolgt der Korrosionsschutz durch Eintauchen in geschmolzenes Zink.

7.4 Korrosion und Korrosionsschutz

Erwartungsgemäß sind unedle Metalle, d. h. solche mit negativem Standardpotential, chemischen Angriffen besonders ausgesetzt. Manche dieser Metalle (z. B. Aluminium, Chrom, ...) überziehen sich aber an Luft mit einer Oxidschicht, die so dicht und fest ist, dass sie das Metall vor weiteren Reaktionen schützt (Passivierung).
Die Oxidschicht des Eisens dagegen ist porös, Sauerstoff kann weiter eindringen, der Rost zerstört das Eisen.

Bei Metallkonstruktionenmuss beachtet werden, dass nicht zwei verschiedene Metalle in unmittelbaren Kontakt geraten. Das Regenwasser reicht als Elektrolyt aus, um mit den beiden Metallen ein galvanisches Element zu bilden – das unedlere Metall löst sich auf.

Alle Metalle sind in sehr reinem Zustand korrosionsbeständiger als in der technisch verwendeten, verunreinigten Form.
Diese unvermeidlichen Verunreinigungen bilden an der Oberfläche des Metalls „edlere" Stellen, bei Zutritt von Wasser entsteht ein kurzgeschlossenes galvanisches Element (Lokalelement), wodurch die Korrosion stark gefördert wird.

Beispiel:
Eisen enthält stets Kohlenstoff. Befindet sich auf der Oberfläche des Eisens eine Elektrolytlösung, so bildet der Kohlenstoff den Pluspol, das Eisen den Minuspol des Lokalelementes – das Eisen löst sich auf.

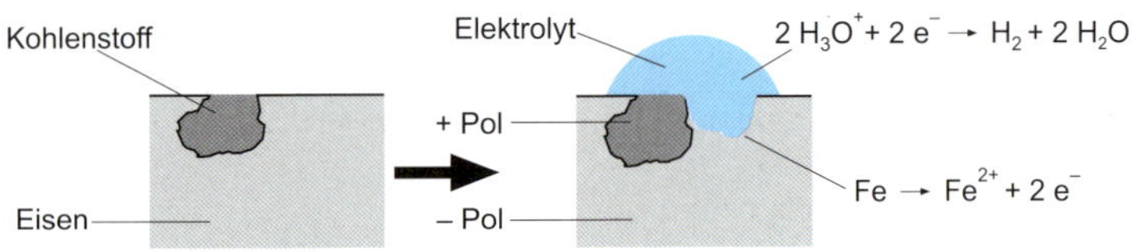

Als Korrosionsschutz sind alle Maßnahmen geeignet, mit denen die Voraussetzungen der Korrosion beseitigt werden:

- Schon bei der Gewinnung der Metalle muss auf die **Reinheit** geachtet werden. Metallverbindungen (Lötstellen, Schweißnähte, Schrauben) bedürfen eines besonders sorgfältigen Schutzes.
- **Ausschluss von Wasser und Sauerstoff** unterbindet die Korrosion. Das kann durch nichtmetallische Überzüge (Email, Lack), durch Verstärken der schützenden Oxidschichte (Eloxal-Verfahren bei Aluminium) oder durch Überzüge aus edleren Metallen (Zinn, Chrom, Nickel, ...) erfolgen.

  Überzug mit einem **edleren** Metall:
  An einem verzinnten Eisenblech bildet sich ein Lokalelement, wenn ein Elektrolyt durch einen Riss im Zinn an das Eisen vordringt: Zinn ist das edlere, Eisen das unedlere Metall, das Eisen löst sich auf. Daraus folgt, dass der Schutz durch einen Überzug aus einem edleren Metall nur besteht, solange die Schicht völlig intakt ist.

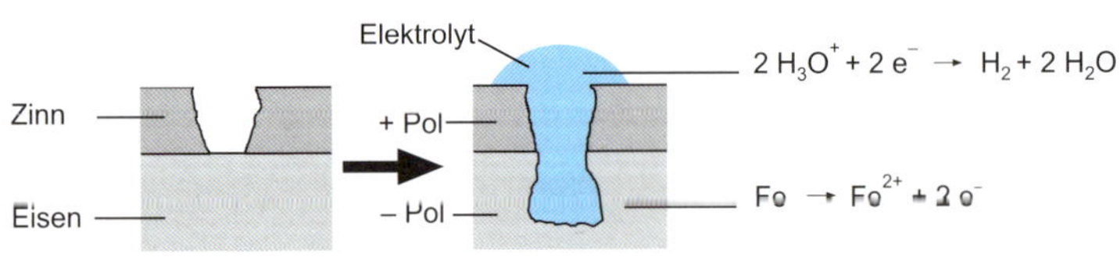

- Beim **aktiven Korrosionsschutz** wird das zu schützende Metall (meist Eisen) mit einem unedleren Metall (z. B. Zink) in Kontakt gebracht. Tritt Korrosion auf, so geht das unedlere Metall in Lösung, das edlere Eisen bleibt erhalten.
  Kleinere Gegenstände aus Eisen werden dazu durch Eintauchen in geschmolzenes Zink mit einer dünnen Schicht dieses Metalls überzogen (Feuerverzinken), größere Objekte wie z. B. Autokarosserien werden galvanisch verzinkt. Schiffe, Tanklager oder Pipelines werden durch eine leitende Verbindung mit einem Stück Zink oder Magnesium (Opferelektrode) geschützt.

  Überzug mit einem **unedleren** Metall:
  An einem Riss im verzinkten Eisenblech bildet sich ein Lokalelement. Zink ist das unedlere, Eisen das edlere Metall; das Eisen löst sich nicht auf.

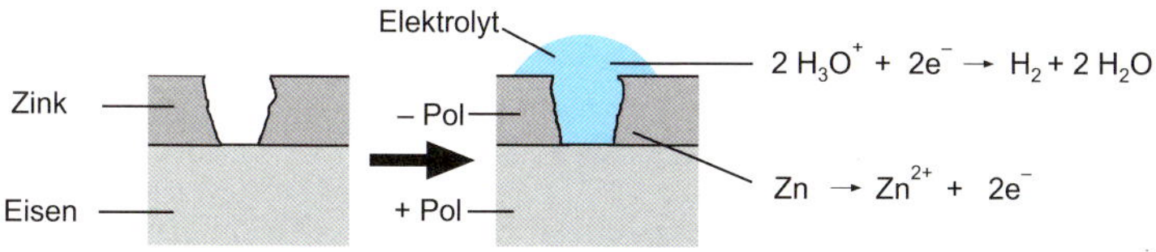

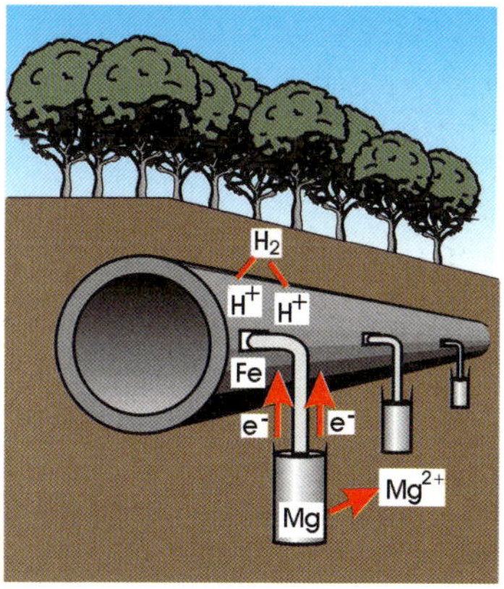

Korrosionsschutz eines Eisenrohres mit einer Opferelektrode aus Magnesium.

7.5 Batterien, Akkumulatoren, Brennstoffzellen

Batterien sind galvanische Elemente, bei denen die den Stromfluss auslösenden Reaktionen nicht mehr rückgängig gemacht werden können. Nach einiger Zeit ist die Batterie erschöpft und muss ausgetauscht werden.

Theoretisch gibt es sehr viele Möglichkeiten, durch Kombination zweier Redoxpaare eine Stromquelle zu erhalten. Praktisch nutzbar sind jedoch nur wenige Reaktionen, da an eine Batterie hohe technische Anforderungen gestellt werden: Sie soll eine hohe Spannung und einen großen Energieinhalt (Kapazität) besitzen, auslaufsicher sein, keine Gase abgeben und über eine große Lagerfähigkeit (geringe Selbstentladung) verfügen. Daher sind die praktisch verwendeten Batterien auf einige wenige Typen beschränkt.

„Bio-Uhr mit Münzbetrieb“
Zwei Paar Zink- und Kupfermünzen in einer Zitrone liefern eine ausreichende Spannung zum Betrieb einer Digitaluhr.

Die Trockenbatterie

Diese Batterie, nach ihrem Erfinder, der sie 1866 patentieren ließ, auch **Leclanché-Element** genannt, ist der für Taschenlampen und ähnliche Zwecke meistverwendete Batterietyp. Die Spannung einer Zelle beträgt 1,5 V, durch Hintereinanderschalten mehrerer Zellen kann ein Vielfaches davon erreicht werden.
Ein Becher aus Zinkblech dient als Elektrode und Gefäß, ein mit Braunsteinpulver (MnO_2) umgebener Kohlestab bildet die andere Elektrode, als Elektrolyt dient eine eingedickte Ammoniumchlorid-Lösung (NH_4Cl).

Das Zink gibt Elektronen ab, der Braunstein nimmt sie auf:

$$Zn \rightarrow Zn^{2+} + 2\,e^- \quad \text{Minuspol}$$
$$2\,MnO_2 + 4\,NH_4^+ + 2\,e^- \rightarrow 2\,Mn^{3+} + 4\,NH_3 + 4\,OH^- \quad \text{Pluspol}$$

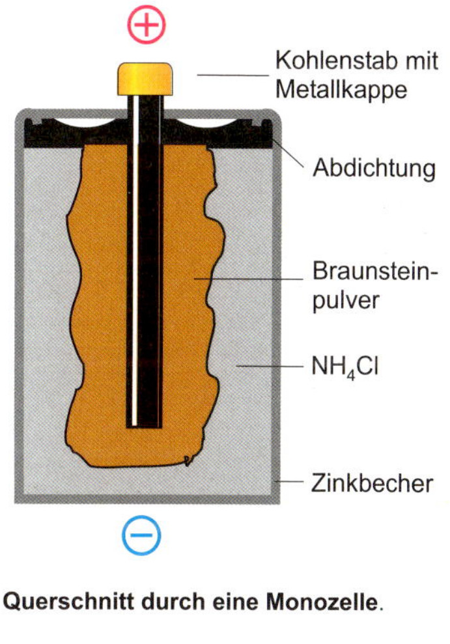

Querschnitt durch eine Monozelle.

Bei Stromentnahme sammeln sich die Reaktionsprodukte bei den Elektroden an, die Spannung sinkt. Nach dem Abschalten diffundieren sie von den Elektroden weg, die Batterie „erholt" sich wieder.
Nach längerem Gebrauch hat sich der Zinkmantel so weit aufgelöst, dass er löchrig wird und der Elektrolyt ausläuft – die Batterie muss ausgetauscht werden. Um eine Beschädigung des Gerätes zu vermeiden, werden die Zellen daher mit einem Mantel aus Kunststoff oder Blech umgeben.

Die **Alkali-Mangan-Batterie** ist ähnlich dem Leclanché-Element aufgebaut, besitzt aber einen basischen Elektrolyten (KOH). Sie hat bei gleicher Spannung eine höhere Kapazität und geringere Selbstentladung.

Die **Lithiumbatterien** nutzen das Potential des sehr unedlen Lithiums und haben Zellspannungen im Bereich von 3,0–3,6 V. Allerdings muss ein wasserfreier Elektrolyt verwendet werden. Kapazität und Lebensdauer dieses Typs sind außergewöhnlich hoch, wodurch er sich besonders für Uhren und Fotoapparate eignet.

Bei **Akkumulatoren** lässt sich die stromliefernde Reaktion rückgängig machen, sie können wieder geladen werden.

Der Bleiakkumulator

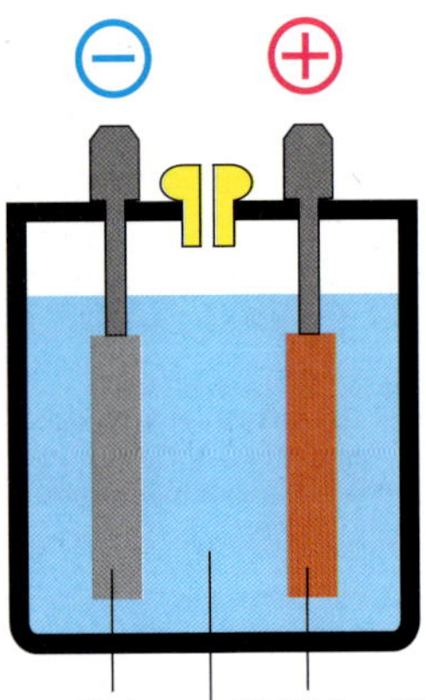

Die Zelle eines geladenen Bleiakkumulators

Der Bleiakkumulator besitzt zwei engmaschige Bleigitter als Elektroden. Im geladenen Zustand ist das eine Gitter mit schwammigem Blei, das andere mit Blei(IV)-oxid gefüllt. Als Elektrolyt dient verdünnte Schwefelsäure. Die Spannung beträgt 2,06 V pro Zelle.

Beim Entladevorgang gibt das Blei Elektronen ab, Blei(IV)-oxid nimmt sie auf:

Minuspol: $\overset{0}{Pb} + SO_4^{2-} \rightarrow \overset{+II}{Pb}SO_4 + 2\,e^-$

Pluspol: $\overset{+IV}{Pb}O_2 + 4\,H_3O^+ + SO_4^{2-} + 2\,e^- \rightarrow \overset{+II}{Pb}SO_4 + 6\,H_2O$

Im entladenen Zustand befindet sich auf beiden Elektroden Bleisulfat.

Beim Laden laufen die Reaktionen in umgekehrter Richtung ab, an den Elektroden bildet sich wiederum Blei und Blei(IV)-oxid.

Der Bleiakkumulator wird als Stromquelle zum Starten des Automotors verwendet, da er sehr hohe Stromstärken abgeben kann.
Aus diesem Grund ist ein Auto-Akku aber mit Vorsicht zu behandeln, trotz seiner „harmlosen" Spannung von nur 12 V. Denn bei einem Kurzschluss liefert er Stromstärken von weit über 100 A, was zu Kabelbränden und anderen Unfällen führen kann.

Der Ausdruck „Batterie" wird manchmal auch für Akkumulatoren verwendet, z. B. wenn man von der „Autobatterie" spricht.

Bei der Stromentnahme wird Schwefelsäure zur Bildung von Bleisulfat verbraucht, sodass die Messung der Dichte der Säure zur Kontrolle des Ladezustandes dienen kann.
In der Endphase des Ladevorganges wird als unerwünschte Nebenreaktion Wasser elektrolysiert, daher muss jede Zelle eine Öffnung zum Entweichen der Gase und zum Nachfüllen von Wasser haben. Moderne Konstruktionen vermeiden diese Nebenreaktion durch die Verwendung spezieller Bleilegierungen und können daher gasdicht hergestellt werden (wartungsfreie Akkumulatoren).

Der allmähliche Kapazitätsverlust des Bleiakkumulators hat seine Ursache in einer Umwandlung des Bleisulfats in eine andere, weniger reaktionsfähige Kristallform. Aus diesem Grund soll der Akku nicht im ungeladenen Zustand gelagert werden.

Der **Nickel-Cadmium-Akkumulator** (NC-Akku) wird hauptsächlich für kleinere elektrische Geräte verwendet. Er hat zwar eine geringere Kapazität und nur eine Zellspannung von 1,2 V, kann aber auslaufsicher und gasdicht hergestellt werden. Der geladene Akku enthält Cadmium, $Ni(OH)_3$ und Kalilauge als Elektrolyten.

Reaktionen beim Entladen:

Minuspol: $\overset{0}{Cd} + 2\ OH^- \rightarrow \overset{+II}{Cd}(OH)_2 + 2\ e^-$

Pluspol: $2\ \overset{+III}{Ni}(OH)_3 + 2\ e^- \rightarrow 2\ \overset{+II}{Ni}(OH)_2 + 2\ OH^-$

Der **Nickel-Metallhydrid-Akkumulator** ist dem NC-Akku überlegen und wird ihn mittelfristig verdrängen. Er vermeidet das giftige Cadmium, hat eine höhere Kapazität und größere Lebensdauer. Die positive Elektrode besteht aus Nickelhydroxid, der negative Pol aus einer Legierung (in der Reaktionsgleichung als Le bezeichnet), die sehr gut Wasserstoff aufnimmt und mit ihm ein Hydrid (Verbindung des Wasserstoffs mit einem Metall) bildet.

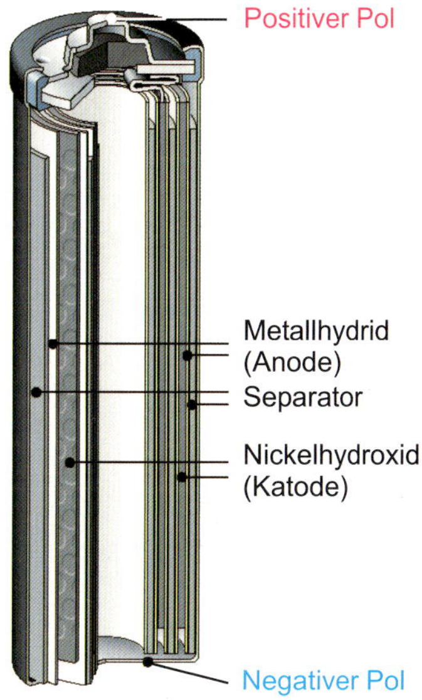

Aufbau des Nickel-Metallhydrid-Akkus.

Reaktionen beim Entladen:

Minuspol: $\overset{+I}{L}\overset{-I}{eH} + OH^- \rightarrow \overset{0}{Le} + \overset{+I}{H_2}O + e^-$

Pluspol: $\overset{+III}{Ni}(OH)_3 + e^- \rightarrow \overset{+II}{Ni}(OH)_2 + OH^-$

Lithium-Akkus unterschiedlicher Bauweise machen sich, ebenso wie die Lithium-Batterien, das stark negative Standardpotential des Lithiums zu Nutze. Bei Zellspannungen von knapp über 3 Volt bieten sie die höchste Speicherfähigkeit aller Akku-Typen.

Mit einer Geschwindigkeit von 105,9 km/h erzielte der Franzose Camille Jenatzky im Jahre 1899 erstmals mit seinem von Bleiakkus angetriebenen Fahrzeug einen Geschwindigkeitsrekord für Automobile von über 100 km/h.

Die Verbesserung bekannter und die Erforschung neuer Akkumulatorentypen ist wegen der technischen Verwertbarkeit (Mobiltelefone, tragbare Computer) ein intensiv bearbeitetes Gebiet.

Als Energiequelle für **Elektro-Autos** eignen sich Akkumulatoren allerdings nur sehr bedingt. Denn auch die besten Akkumulatoren können nur einen Bruchteil der Energie speichern, die in einem vollen Benzintank enthalten ist.

Mit Akkumulatoren angetriebene Autos haben typischerweise Reichweiten von 100 km und eine Höchstgeschwindigkeit von 90 km/h.

Fahrzeuge mit Elektroantrieb haben zwar eine ebenso lange Tradition wie Fahrzeuge mit Benzinmotoren und waren ihnen bis etwa 1910 technisch ebenbürtig. Durch die laufenden Verbesserungen der Verbrennungsmotoren wurden sie jedoch seither in Randbereiche abgedrängt. Erst nach der ersten Erdölkrise 1973 und dem seither steigenden Umweltbewusstsein widmet man ihnen wieder mehr Aufmerksamkeit. Denn der leise und schadstofffreie Elektromotor wäre als Fahrzeugantrieb ideal.

Das Problem ist die Stromversorgung. Obwohl es durch jahrzehntelange Forschungsarbeit gelungen ist, Akkumulatoren-Typen zu entwickeln, die deutlich mehr Energie speichern können als ein Bleiakku, sind die grundsätzlichen Probleme geblieben: Akkumulatoren sind schwer, brauchen mehrere Stunden zum Aufladen, sind nach einigen hundert Lade-Entlade-Vorgängen am Ende ihrer Lebensdauer angelangt und müssen mit hohen Kosten ausgetauscht werden.

Brennstoffzellen

In Brennstoffzellen wird die bei der Oxidation eines Brennstoffes frei werdende chemische Energie direkt in elektrische Energie umgewandelt.

Als Energiequelle für den **Antrieb von Fahrzeugen** hätten sie eine Reihe von Vorteilen. In Verbindung mit einem Elektromotor können rund 50 % der im Brennstoff enthaltenen Energie in nutzbare Arbeit umgewandelt werden, ohne dass Schadstoffe freigesetzt werden.
Ein Verbrennungsmotor hingegen hat, abgesehen von seiner Lärmentwicklung und Schadstoff-Abgabe, nur einen Wirkungsgrad von rund 25 %. Die restliche Energie geht als Abwärme verloren.

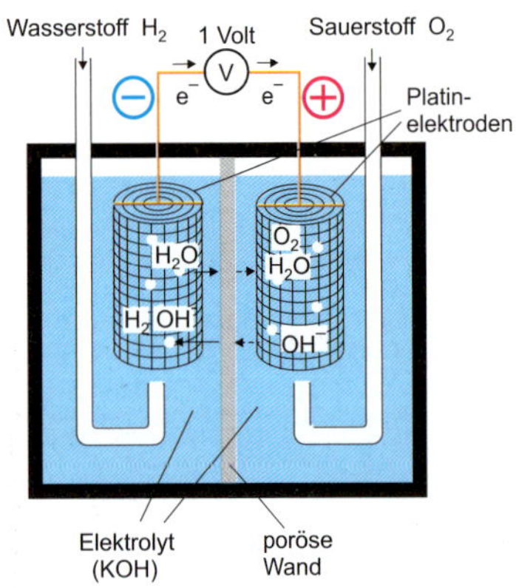

Schema einer Brennstoffzelle.

Die **Knallgaszelle** hat sich seit vielen Jahren, unter anderem in der bemannten Raumfahrt, bewährt. Bei diesem Typ wird die bei der Reaktion von Wasserstoff und Sauerstoff zu Wasser frei werdende Energie genutzt.

Folgende Reaktionen laufen ab:

Am negativen Pol gibt Wasserstoff Elektronen ab:

$$2\ \overset{0}{H_2} + 4\ OH^- \rightarrow 4\ \overset{+I}{H_2}O + 4e^-$$

Am positiven Pol nimmt der Sauerstoff die Elektronen auf:

$$\overset{0}{O_2} + 2\ H_2O + 4e^- \rightarrow 4\ \overset{-II}{O}H^-$$

Gesamtreaktion: $2\ H_2 + O_2 \rightarrow 2\ H_2O$

Die Schwierigkeiten und Nachteile, die mit der Verwendung des gasförmigen Wasserstoffs als Energieträger verbunden sind (siehe Seite 105), haben ihre Nutzung für Fahrzeuge bisher verhindert.

Die Forschungsarbeiten konzentrieren sich daher auf Brennstoffzellen, die mit einem flüssigen Treibstoff (z. B. Methanol, CH_3OH) arbeiten, da dann das bestehende Tankstellennetz ohne größere Änderungen benutzt werden könnte.
Entsprechende Versuchsfahrzeuge werden seit einigen Jahren erprobt, eine Serienproduktion liegt allerdings noch in weiter Ferne.

In einer ökologischen Gesamtbilanz bringen Brennstoffzellen nur dann deutliche Vorteile gegenüber Verbrennungsmotoren, wenn es gelingt, ihren Brennstoff mit – im Vergleich zu Erdölprodukten – geringerer Umweltbelastung und geringerer CO_2-Abgabe wirtschaftlich herzustellen.

7.6 Die Elektrolyse

Elektrolysen sind **Redoxreaktionen**, bei denen eine Elektrode als „Reduktionsmittel" wirkt, indem sie Elektronen abgibt, die andere Elektrode nimmt Elektronen auf, an ihr finden Oxidationen statt.

Beispiel:

Bei der Elektrolyse einer Kupfer(II)-chlorid-Lösung verschwindet die blaue Farbe der Lösung nach einiger Zeit, die Leitfähigkeit der Lösung nimmt ab. An der einen Elektrode scheidet sich Kupfer ab, an der anderen entsteht Chlorgas.

Eine Kupfer(II)-chlorid-Lösung enthält Cu^{2+}- und Cl^--Ionen.
Die positiv geladenen Kupfer-Ionen werden von der negativ geladenen Elektrode (der Katode) angezogen, wandern dorthin und nehmen je zwei Elektronen auf. Die Kupfer-Ionen werden so zu elementarem Kupfer reduziert, das sich abscheidet.
Die negativ geladenen Chlorid-Ionen wandern zur positiv geladenen Elektrode (der Anode), geben je ein Elektron ab und werden zu Chloratomen oxidiert, die sich sofort zu Cl_2-Molekülen verbinden.

Katodenreaktion: $Cu^{2+} + 2\,e^- \rightarrow Cu$ Reduktion
Anodenreaktion: $2\,Cl^- \rightarrow Cl_2 + 2\,e^-$ Oxidation

---

Gesamt: $Cu^{2+} + 2\,Cl^- \rightarrow Cu + Cl_2$ Redoxreaktion

Das Wasser ist hier nur als Lösungsmittel beteiligt und, wie die Reaktionsprodukte zeigen, von der Redoxreaktion nicht betroffen. Das ist nicht immer der Fall.

Meistens befinden sich in einer Elektrolytlösung mehrere verschiedene reduzierbare bzw. oxidierbare Teilchen, z. B. die gelösten Ionen und die Moleküle des Lösungsmittels. An den Elektroden reagieren jene Stoffe zuerst, die am leichtesten oxidiert oder reduziert werden können (siehe Tabelle der Standardpotentiale, Seite 94).
Auch das Anodenmaterial kann oxidiert werden, wenn es genügend unedel ist und keine leichter oxidierbaren Ionen vorhanden sind. Um dies zu vermeiden, werden häufig das schwer oxidierbare Platin oder Kohlenstoff für Elektroden verwendet.

Beispiele:

Elektrolyse von verdünnter Schwefelsäure
In der Lösung sind die Teilchen H_3O^+, H_2O und SO_4^{2-} vorhanden.

Katodenvorgang: $4\,e^- + 4\,H_3O^+ \rightarrow 4\,H_2O + 2\,H_2$
Anodenvorgang: $6\,H_2O \rightarrow 4\,H_3O^+ + O_2 + 4\,e^-$

An der Katode werden H_3O^+-Ionen zu Wasserstoff reduziert, an der Anode Wassermoleküle zu Sauerstoff oxidiert. Die SO_4^{2-}-Ionen und das Elektrodenmaterial Platin sind viel schwerer zu oxidieren als die Wassermoleküle und reagieren daher nicht.
In Summe entsteht aus Wasser Wasserstoff und Sauerstoff.

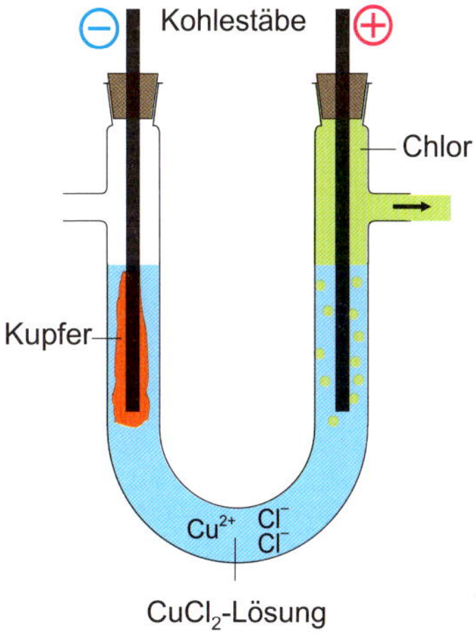

Elektrolyse von Kupfer(II)-chlorid.

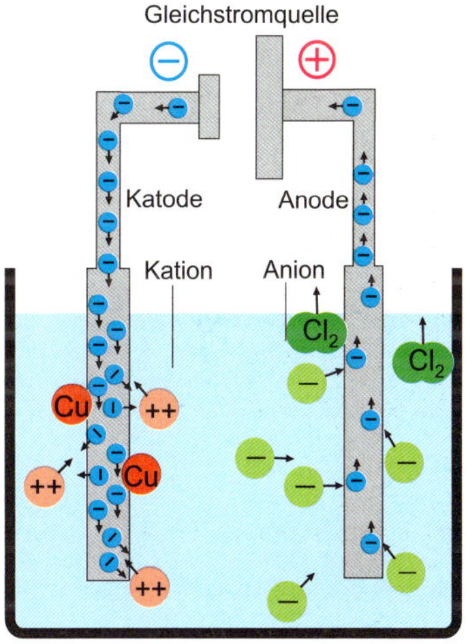

Die Vorgänge an den Elektroden.

Wichtige Begriffe:
Spannung: entspricht dem „Druck" der Elektronen, Einheit Volt (V).
Stromstärke: entspricht der „Durchflussmenge" der Elektronen, Einheit Ampere (A).
Ladungsmenge: entspricht der Gesamtzahl der Elektronen, Einheit Amperesekunde (As). Die Ladungsmenge 1 As wird übertragen, wenn ein Strom von 1 A eine Sekunde lang fließt.
Leistung: Ist das Produkt von Spannung mal Stromstärke. Einheit Watt (W).

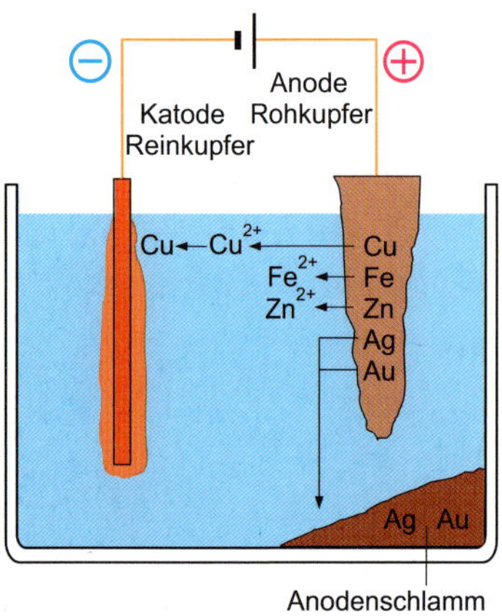

Elektrolytische Kupferraffination:
Bei der Abscheidungsspannung des Kupfers bleiben die Ionen der unedleren Metalle in Lösung, die edleren Metalle lösen sich erst gar nicht auf. Sie fallen als „Anodenschlamm" zu Boden.

Elektrolyse einer NaCl-Lösung

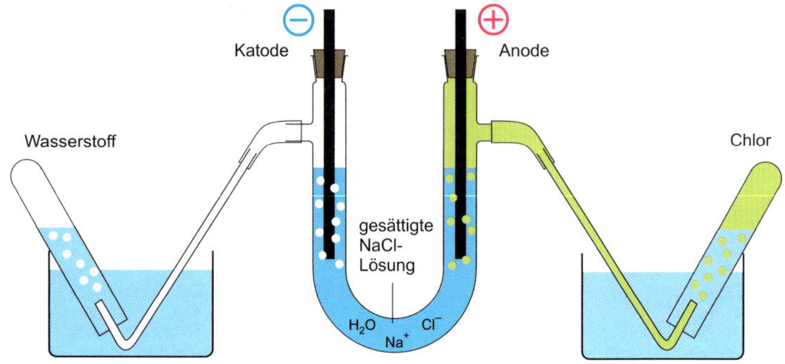

In der Lösung sind die Teilchen Na^+, Cl^- und H_2O vorhanden. Na^+ ist schwerer reduzierbar als H_2O (siehe Tabelle der Standardpotentiale, Seite 94) und reagiert nicht.

Katodenvorgang: $2\ H_2O + 2\ e^- \rightarrow 2\ OH^- + H_2$
Anodenvorgang: $2\ Cl^- \rightarrow Cl_2 + 2\ e^-$

Aus einer NaCl-Lösung lässt sich daher kein elementares Natrium herstellen, es entsteht Chlorgas und eine Lösung von Natriumhydroxid (NaOH). Um Natrium zu gewinnen, muss wasserfreies, d. h. *geschmolzenes* Kochsalz elektrolysiert werden.

Der Strombedarf einer Elektrolyse

Zur Abscheidung von ein Mol einwertiger Ionen (z. B. Ag^+) wird ein Mol Elektronen benötigt. Dies entspricht einer Ladungsmenge von 96 485 As ($6{,}022045 \cdot 10^{23}$ Elektronen mit einer Ladung von je $1{,}6021892 \cdot 10^{-19}$ As).

> **Die Ladungsmenge von 1 Mol Elektronen wird 1 Faraday (F) genannt.**
> **1 F = 96 485 As**

Beispiel:
Wie lange muss mit einer Stromstärke von 10 A elektrolysiert werden, um aus einer Kupfersulfatlösung ($CuSO_4$) 63,5 g (= 1 Mol) Kupfer abzuscheiden?
Jedes Kupfer-Ion nimmt 2 Elektronen auf. Zur Abscheidung von 1 Mol Kupfer sind daher 2 Mol Elektronen erforderlich, das entspricht einer Ladungsmenge von $2 \cdot 96\,485$ As = 192 970 As. Der Strom von 10 A muss daher 19 297 Sekunden (= 5,36 Stunden) fließen.
Da die Stromausbeute (der Wirkungsgrad) nie 100 % beträgt, ist in der Praxis eine etwas größere Zeitdauer zu erwarten.

Anwendung der Elektrolyse

Elektrolysen werden in der Technik und im Labor zur Gewinnung und Veredelung zahlreicher Stoffe eingesetzt:

- **Gewinnung von Chlor und Natronlauge** durch Elektrolyse von Kochsalz-Lösung.
- **Gewinnung sehr reiner Metalle** (z. B. Kupfer, Blei, Zinn).

- **Gewinnung sehr unedler Metalle** (Natrium, Kalium, Magnesium, Aluminium) durch Elektrolyse ihrer geschmolzener Salze (NaCl, KOH, $MgCl_2$, Al_2O_3), siehe Seite 159 f. und 168.
- **Herstellung von Metallüberzügen** (Versilbern, Vergolden, Verchromen, Vernickeln, …)
  Bei diesem Verfahren, dem **Galvanisieren**, wird der zu überziehende Gegenstand in eine Salzlösung des Überzugsmetalls getaucht und als Katode geschaltet. Als Anode dient ein Stück des Überzugsmetalls, das sich langsam auflöst. Dadurch bleibt die Ionenkonzentration in der Lösung konstant.
  Eine besondere Anwendung des Galvanisierens ist die **Galvanoplastik**. Sie ermöglicht die exakte Nachbildung von Gegenständen (Büsten, Münzen usw.).

ÜBUNGEN

7.14 Warum sollen defekte NC-Akkus nicht in den Müll geworfen, sondern bei einer Batterie-Sammelstelle abgegeben werden?

7.15 Welchen Grund haben die nebenstehend abgebildeten Gefahrensymbole auf einem Autoakku?

7.16 Welche Elektrodenreaktionen laufen ab, wenn die folgenden Stoffe elektrolysiert werden?
a) NaF-Lösung
b) $CuSO_4$-Lösung mit Cu-Elektroden
c) Gemisch aus einer NaCl- und einer $CuSO_4$-Lösung
d) gelöstes KCl
e) geschmolzenes KCl

7.17 Calcium wird durch Elektrolyse von Calciumchlorid $CaCl_2$ gewonnen. Muss das Calciumchlorid im geschmolzenen oder im gelösten Zustand elektrolysiert werden? Begründe die Antwort!

7.18 Aluminium wird durch Elektrolyse von geschmolzenem Aluminiumoxid Al_2O_3 gewonnen.
Wie viele Mol Elektronen sind zur Elektrolyse von einem Mol Aluminiumoxid erforderlich?
Welcher Ladungsmenge entspricht das?
Wie viel elektrische Energie (kWh) ist daher zur Gewinnung von 1 kg Aluminium mindestens erforderlich, wenn die Elektrolyse mit einer Spannung von 4 Volt erfolgt?

Gefahrensymbole auf einem Autoakkumulator.

8. Wasserstoff

WASSERSTOFF

Symbol	H
Ordnungszahl	1
Atommasse	1,00797 u
Schmelztemperatur	– 259,2 °C
Siedetemperatur	– 252,77 °C
Dichte	0,08987 g/dm^3
Oxidationszahl	+ I (– I)

Wasserstoff = Hydrogenium
hydor (griech.) = Wasser
geneo (griech.) = bilden

Schon 1783 gelang der erste Flug mit einem Gasballon. 500 kg Eisen und 250 kg Schwefelsäure lieferten den Wasserstoff.

Die Explosion des Luftschiffes Hindenburg bei der Landung in den USA 1937 zeigte in dramatischer Weise die Gefährlichkeit von Wasserstoff und beendete das Zeitalter der Luftschiffe.

Als Entdecker des Wasserstoffs gilt der Engländer HENRY CAVENDISH (1731–1810). Er berichtete 1766 über die „brennbare Luft" und erkannte auch, dass durch die Reaktion mit Sauerstoff Wasser entsteht.

Im gesamten Weltall ist Wasserstoff das häufigste Element, sein Anteil wird auf ca. 90 % geschätzt (9 % Helium, 1 % alle übrigen Elemente). Auf der Erde kommt er nur chemisch gebunden vor: im Wasser, in den organischen Verbindungen und in einigen Mineralien.

Gewinnung

Wasserstoff wird er in erster Linie **aus Wasser**, im **Laborversuch** z. B. durch Reduktion von Wasser mit unedlen Metallen oder durch Elektrolyse hergestellt.

Flüssiges Wasser reagiert mit den Alkalimetallen (1. Gruppe) und einigen Erdalkalimetallen (2. Gruppe), siehe auch Seite 159.

Z. B. $$2\ Li + 2\ H_2O \rightarrow H_2 + 2\ LiOH$$

Wasserdampf wird auch von Magnesium, Zink und Eisen reduziert.

Z. B. $$3\ Fe + 4\ H_2O \rightarrow 4\ H_2 + Fe_3O_4$$

Unedle Metalle setzen auch aus Säuren Wasserstoff frei.

Unedles Metall		+	Säure	→	Salz	+	Wasserstoff
Z. B.	Zn	+	2 HCl	→	$ZnCl_2$	+	H_2
	Zink	+	Salzsäure	→	Zinkchlorid	+	Wasserstoff

Unedle Metalle haben eine geringere Tendenz, Elektronen festzuhalten als der Wasserstoff. Sie wirken als Reduktionsmittel (siehe Seite 94 ff.).

Die derzeit wirtschaftlichste **technische Gewinnung** erfolgt durch Reduktion von Wasserdampf mit Methan (Erdgas) bei Temperaturen über 900 °C mit Hilfe von Katalysatoren:

$$CH_4 + H_2O \rightarrow 3\ H_2 + CO$$

Auch Kohle kann als Reduktionsmittel verwendet werden. In einer endothermen Reaktion entsteht bei über 1 000 °C ein Gemisch aus Wasserstoff und Kohlenstoffmonoxid („Wassergas"):

$$C + H_2O \rightarrow H_2 + CO \qquad \Delta H = +131{,}3\ kJ$$

Durch Reaktion mit Wasserdampf bei 500 °C wird das Kohlenstoffmonoxid in Kohlenstoffdioxid umgewandelt und mit Wasser ausgewaschen:

$$CO + H_2O \rightarrow H_2 + CO_2 \qquad \Delta H = -41{,}2\ kJ$$

Die Elektrolyse von Wasser ist wegen des hohen Strombedarfs nur in Ausnahmefällen rentabel; bei der Elektrolyse von Kochsalzlösung (siehe Seite 102) entsteht jedoch Wasserstoff als wertvolles Nebenprodukt.

Eigenschaften

Wasserstoff ist ein **farb-, geruch- und geschmackloses Gas**. Mit einer Dichte von 0,09 g/dm^3 ist er der **leichteste Stoff**.

Die geringe Größe und Masse seiner Moleküle und deren dadurch bedingte hohe durchschnittliche Geschwindigkeit haben zur Folge, dass er leicht durch poröse Materialien und sogar durch verschiedene Metalle dringt (diffundiert).

Wasserstoff reagiert relativ leicht mit verschiedenen Nichtmetallen, mit den stark elektronegativen Elementen Fluor, Sauerstoff und Chlor sogar explosionsartig.

Wasserstoff-Luft-Gemische explodieren bei Entzündung; das Gemenge wird **Knallgas** genannt.

Die weiten Explosionsgrenzen (4–74 % Wasserstoffanteil in der Luft bilden ein explosionsfähiges Gemisch) bedingen zusammen mit der großen Diffusionsfähigkeit die besondere Gefährlichkeit des Wasserstoffs.

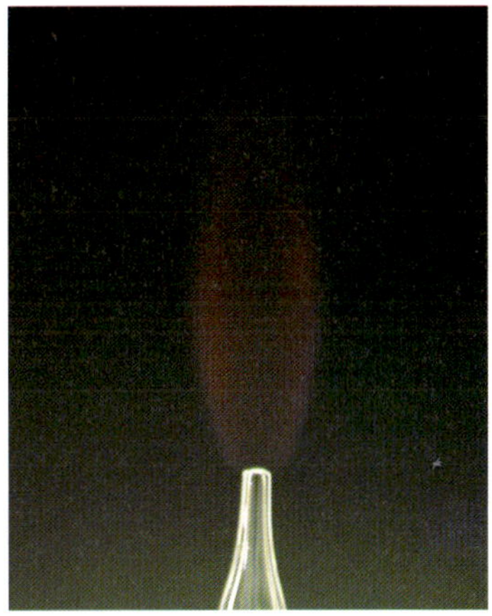

Wasserstoff verbrennt mit blassblauer Flamme.

Verwendung

- Zur Herstellung von **Ammoniak** aus N_2 und H_2 (siehe Seite 137).
- Als **Reduktionsmittel** zur Gewinnung mancher Metalle, z. B. Wolfram: $WO_3 + 3\,H_2 \rightarrow W + 3\,H_2O$ (siehe Seite 158)
- Zum Härten von Fetten (Margarineherstellung). Der Wasserstoff reagiert dabei mit flüssigen pflanzlichen Ölen und es entstehen halbfeste, streichfähige Fette.

Die Knallgas-Reaktion
Der mit Wasserstoff gefüllte Ballon wird mit einem brennenden Holzspan gezündet.

Wasserstoff als Energieträger

Viele **Zukunftsvisionen** schließen die Verwendung von **Wasserstoff** als **Energieträger** mit ein. Denn verglichen mit Kohle oder Erdöl würde bei der Verbrennung von Wasserstoff **kein CO_2** freigesetzt und die Umwelt wesentlich weniger mit Schadstoffen belastet. Auch die Verwendung als **Autotreibstoff** ist möglich. Verbrennungsmotoren lassen sich nach kleinen Änderungen damit betreiben, Elektrofahrzeuge könnten ihre Energie aus Brennstoffzellen beziehen (siehe Seite 100).

Die Verwirklichung dieser Pläne stößt allerdings auf große technische und wirtschaftliche Hindernisse.

Zunächst ist die Frage ungeklärt, wie dieser Wasserstoff sowohl wirtschaftlich als auch ökologisch sinnvoll produziert werden kann.
Denn Wasserstoff ist – im Gegensatz zu Kohle, Öl oder Erdgas – ein -***sekundärer* Energieträger**, d. h. er kommt nirgendwo in nutzbaren Mengen vor, sondern muss erst unter Aufwendung anderer Energieträger produziert werden.

Ihn durch **Reduktion von Wasserdampf** mit Erdgas (Methan) oder Kohle herzustellen, bringt hinsichtlich des Treibhauseffektes nichts: das CO_2 wird dann nur statt beim Auspuff schon bei der Erzeugung des Wasserstoffs freigesetzt.

Wasserstoff ist ein bewährter Energieträger in der Weltraumfahrt.
Die Treibstofftanks enthalten flüssigen Wasserstoff und flüssigen Sauerstoff.

Wasserstoff wird mit einem Druck von 200 bar in Stahlflaschen abgefüllt (Linksgewinde). Die Gasentnahme erfolgt mit einem Druckminderungsventil.

Die Knallgasprobe: Ein gefährliches Wasserstoff-Luft-Gemisch ergibt ein pfeifendes Geräusch, reiner Wasserstoff verbrennt geräuschlos.

Die Gewinnung durch **Elektrolyse** von Wasser ist deutlich teurer, selbst wenn die Elektrizität kostengünstig durch Kohle- und Ölkraftwerke (keine CO_2-Ersparnis) oder durch Atomkraftwerke (in vielen Ländern von der Bevölkerung abgelehnt) hergestellt wird.

Von den **erneuerbaren Energiequellen** ist die Wasserkraft zwar wirtschaftlich, aber nicht unbegrenzt weiter ausbaufähig. Der Strom aus Windkraftwerken ist deutlich, der aus Solarzellen wesentlich teurer. Erschwerend kommt hinzu, dass bei der Umwandlungskette „Elektrische Energie – Elektrolyse – gasförmiger Wasserstoff – Verflüssigung – Brennstoffzelle – elektrische Energie“ mehr als die Hälfte der aufgewendeten Energie verloren geht.
Auch die Größenordnung sollte man nicht aus den Augen verlieren: Wollte man alle österreichischen Autos mit Wasserstoff betreiben, müsste man die Zahl der Kraftwerke verdoppeln.

Eine weitere Hürde ist der Umstand, dass Wasserstoff ein Gas ist und in dieser Form nicht gut gelagert oder transportiert werden kann. In einem Fahrzeug wäre die Speicherung in einem Tank aus Legierungen von Eisen mit Titan oder Magnesium möglich, die Wasserstoff „aufsaugen“ und beim Erwärmen wieder abgeben. Solche Speicher haben sich in Versuchsfahrzeugen bewährt, sie enthalten bei gleichem Volumen aber nur $^1/_{10}$ der Energie eines Benzintanks. Wasserstoff-Autos benötigen daher größere Tanks (auf Kosten des Platzangebotes) und ein dichtes Tankstellennetz.

An den Tankstellen müsste der Wasserstoff in flüssiger Form gelagert werden, in speziell dafür gebauten, bestens isolierten Tanks bei –253 °C. Die Errichtung eines solchen europaweiten Tankstellennetzes erfordert enorme Investitionen.

Der Transport von flüssigem Wasserstoff per Tankwagen, das Hantieren mit dem gasförmigen Wasserstoff beim Auftanken und das Parken in geschlossenen Garagen birgt ein zusätzliches Risiko.

Daher wird noch einige Zeit vergehen, bis uns Wasserstoff-Autos in nennenswerter Zahl auf den Straßen begegnen.

ÜBUNGEN

8.1 Das Element Wasserstoff wird mangels besserer Alternativen in die erste Gruppe des Periodensystems geschrieben. Was spricht für diese Einordnung, wodurch unterscheidet sich der Wasserstoff jedoch von den unter ihm stehenden Elementen?

8.2 Ergänze die folgenden Reaktionsgleichungen. Reaktionstyp ?
a) $Na + H_2O \rightarrow$ b) $Mg + H_2SO_4 \rightarrow$ c) $Fe_2O_3 + H_2 \rightarrow$

8.3 Warum verbinden sich H_2 und O_2 nicht bei Zimmertemperatur?

8.4 Welche Bindung ist fester, S – H oder O – H? Begründe!

8.5 Wie viele Liter Wasserstoff können durch Elektrolyse von 18 g Wasser gewonnen werden?

8.6 Wie viele Gramm Zink müssen mit Salzsäure zur Reaktion gebracht werden, um 10 Liter Wasserstoff zu erhalten?

9. Sauerstoff

In gebundener Form ist Sauerstoff das häufigste Element der Erdkruste (49 Massenprozent), da er in allen Gesteinen enthalten ist. In freier Form kommt er zu 21 Volumsprozent in der Luft vor.

Im **Labor** kann man kleine Mengen an Sauerstoff durch die Zersetzung sauerstoffreicher Verbindungen herstellen.

- Durch Erhitzen sauerstoffreicher Salze, z. B.:
  Kaliumpermanganat: $2\ KMnO_4 \rightarrow O_2 + K_2MnO_4 + MnO_2$
  oder Kaliumnitrat: $2\ KNO_3 \rightarrow O_2 + 2\ KNO_2$
- Durch Zersetzung von Wasserstoffperoxid mit Braunstein (MnO_2) als Katalysator: $2\ H_2O_2 \rightarrow O_2 + 2\ H_2O$

Die **technische Herstellung** erfolgt durch **Verflüssigung** und Destillation **der Luft** im Linde-Verfahren.
Sauerstoff wird unter einem Druck von rund 200 bar in Stahlflaschen gefüllt und so transportiert (weiße, früher blaue, Kennfarbe, Rechtsgewinde).

Sauerstoff ist ein **farb-, geruch- und geschmackloses Gas**. Man erkennt ihn an seiner Fähigkeit, einen glimmenden Holzspan zum Aufflammen zu bringen.

Verwendung

- Zum autogenen Schweißen und Schneiden. Durch Verbrennen von Ethin (Acetylen, C_2H_2) in reinem Sauerstoff werden Temperaturen bis zu 3 000 °C erreicht.
- Zur Stahlerzeugung, um die Verunreinigungen des Roheisens zu entfernen (LD-Verfahren, Seite 166).
- In Atmungsgeräten und in der Medizin.
- In flüssiger Form zur Verbrennung des Raketentreibstoffes in der Weltraumfahrt.

Verbindungen

Sauerstoff verbindet sich mit fast allen Elementen zu **Oxiden**.

In reinem Sauerstoff verbrennen Stoffe viel lebhafter als an Luft, wo der Sauerstoff durch Stickstoff verdünnt ist.
Beispielsweise verbrennt in reinem Sauerstoff auch Eisen.

Viele Oxidationen laufen schon bei niedrigen Temperaturen und wenig spektakulär ab, z. B. das Rosten von Eisen.
Auch die meisten biologischen Abbauvorgänge sind Oxidationen, wobei Enzyme als Katalysatoren eine entscheidende Rolle spielen.

Hydroxide enthalten OH^--Ionen, z. B. Natriumhydroxid NaOH, Kaliumhydroxid KOH und Calciumhydroxid $Ca(OH)_2$. Mit Wasser ergeben sie stark basische Lösungen (siehe Seite 68).

Peroxide enthalten die Atomgruppe – O – O –, in der zwei Sauerstoffatome durch eine Einfachbindung miteinander verbunden sind. In diesen Verbindungen hat Sauerstoff die Oxidationszahl –I.

SAUERSTOFF	
Symbol	O
Ordnungszahl	8
Atommasse	15,9994 u
Schmelztemperatur	– 218,76 °C
Siedetemperatur	– 182,97 °C
Dichte	1,42895 g/dm^3
Oxidationszahl fast immer	– II

Sauerstoff = Oxygenium
oxys (griech) = sauer
geneo (griech.) = bilden

Ein Eisendraht brennt in Sauerstoff.

Die Brennbarkeit von Eisen wird beim autogenen Schneiden zum Trennen großer Eisenstücke genutzt.

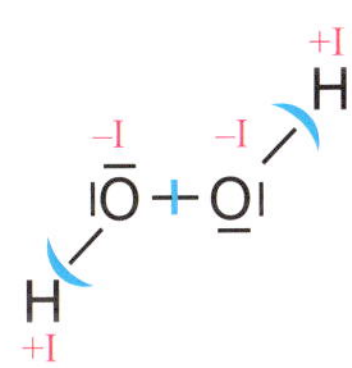

Der Aufbau von Wasserstoffperoxid

Als Nachweis für Sauerstoff kann man seine Fähigkeit nutzen, einen glimmenden Holzspan zu entflammen.

Das Rosten der Stahlwolle im Reagenzglas ist eine langsame Oxidation – $^1/_5$ der Luft wird verbraucht.

Das Vorkommen eines Elements in mehreren Formen (Modifikationen) wird auch Allotropie genannt.
allotropia (griech.) = Vielfalt

Der Zerfall von Ozon

ozein (griech.) = nach etwas riechen

Wasserstoffperoxid H_2O_2 ist unbeständig und spaltet exotherm Sauerstoff ab, der kurzzeitig in atomarer Form vorliegt.

Atomarer Sauerstoff besitzt sechs Außenelektronen und ist ein sehr starkes Oxidationsmittel, da er zwei Elektronen aufnehmen will, um die Edelgaskonfiguration zu erreichen. Er kann viele Farbstoffe oxidieren und dadurch bleichen.
Konzentriertes Wasserstoffperoxid ist gefährlich, da es sich explosionsartig zersetzen kann; daher kommt es nur in 30%iger und 3%iger Verdünnung in den Handel.

Ozon

Durch das energiereiche UV-Licht einer Quecksilberdampflampe (künstliche Höhensonne), bei elektrischen Entladungen oder durch die direkte Sonneneinstrahlung wird aus Sauerstoff (O_2) Ozon (O_3) gebildet. Es ist eine andere Form des Elementes Sauerstoff.

Ozon ist nicht beständig, zerfällt rasch unter Abspaltung eines atomaren, sehr reaktionsfähigen Sauerstoffatoms und ist daher ein starkes **Oxidationsmittel**.

Wegen seiner großen Reaktionsfähigkeit ist Ozon **giftig**.
Es wird zur Desinfektion von Luft, Trinkwasser und Schwimmbadwasser verwendet. Da es im Wasser rasch zerfällt, bestehen keine gesundheitlichen Bedenken.

Ozon bildet einen wesentlichen Bestandteil der oberen Erdatmosphäre, wo es die schädlichen kurzwelligen UV-Strahlen ausfiltert. In den unteren Schichten der Atmosphäre ist es hingegen ein Luftschadstoff (siehe Seite 113).

ÜBUNGEN

9.1 Wie kam der Sauerstoff zu seinem Namen?
9.2 Im Schulversuch wird Sauerstoff mit einem glimmenden Holzspan nachgewiesen. Wäre dies ein geeignetes Verfahren, um in der chemischen Industrie ein unbekanntes Gas zu identifizieren?
9.3 Beim Schweißen verbrennt Ethin mit Sauerstoff. Formuliere die Reaktionsgleichung.
9.4 Begründe (unter Hinweis auf den Bindungstyp), warum die Oxide der Metalle immer Feststoffe, die Oxide der Nichtmetalle oft Gase sind.
9.5 Welche Oxidationszahl hat der Sauerstoff in den folgenden Verbindungen: CaO, O_3, H_2O_2, OF_2
9.6 Alte Ölgemälde sind oft dunkel, weil sich das seinerzeit als weißer Farbstoff verwendete Bleicarbonat ($PbCO_3$) in schwarzes Bleisulfid (PbS) umgewandelt hat. Zur Aufhellung der Farben verwendet der Restaurator Wasserstoffperoxid, wodurch das schwarze Bleisulfid in weißes Bleisulfat ($PbSO_4$) umgewandelt wird. Formuliere die Reaktionsgleichung.
9.7 Bestimme die Formeln der folgenden Substanzen: Strontiumoxid, Mangan(IV)-oxid, Natriumperoxid.
9.8 Warum bilden die Oxide der Nichtmetalle mit Wasser Säuren?

10. Die Luft

CARL SCHEELE (1742–1786); schwedischer Chemiker und Apotheker.

JOSEPH PRIESTLEY (1733–1804); englischer Theologe, Philosoph und Chemiker.

Im Altertum hielt man die Luft für ein Element. Erst Ende des 18. Jahrhunderts wies man nach, dass Luft ein Gemenge aus mindestens zwei Gasen ist.

SCHEELE stellte 1771 eine „Feuerluft" her, „das ist eben diejenige Luft, vermittels welcher das Feuer in der allgemeinen Luft brennt". Fast zur gleichen Zeit gelang dem Engländer PRIESTLEY und dem Franzosen LAVOISIER die Herstellung von Sauerstoff. LAVOISIER gab die genaueste Beschreibung des neuen Elements und verwendete bereits den Begriff „Oxidation". Seine Theorie der Verbrennung trat jedoch erst ihren Siegeszug an, als er auch die Oxidation des Wasserstoffs zu Wasser und die Zerlegung des Wassers in Wasserstoff und Sauerstoff nachweisen konnte.

Bei der Untersuchung der Luft und des Sauerstoffs stieß man auch auf den Stickstoff. SCHEELE bezeichnete ihn als „verdorbene Luft" und 1787 nannte LAVOISIER das Gas „azote", das so viel heißen sollte als „das Leben nicht unterhaltend"; eine Eigenschaft, die auch im deutschen Namen zum Ausdruck kommt.

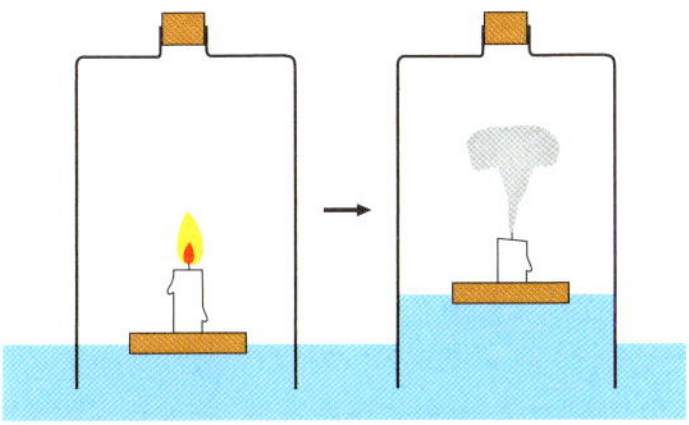

Verbrennung in einem abgeschlossenen Luftvolumen

10.1 Die Zusammensetzung der Luft

Aufschlüsse über die beiden Hauptbestandteile der Luft geben Untersuchungen von Verbrennungsvorgängen:
Brennt eine Kerze in einem abgeschlossenen Luftvolumen, so erlischt sie nach dem Verbrauch eines Teiles der Luft. Für exakte Bestimmungen ist dieser Versuch allerdings nicht geeignet, da die Kerze einerseits nicht den gesamten Sauerstoff verbraucht und andererseits selbst gasförmige Verbrennungsprodukte (CO_2) abgibt. Genauere Werte ergibt die Verbrennung von Phosphor. Am Anstieg des Wassers ist erkennbar, dass ein Fünftel der Luft verbraucht wurde.

Bestandteil	Symbol (Formel)	Volumsprozente
Stickststoff	N_2	78,10
Sauerstoff	O_2	20,93
Argon	Ar	0,9325
Kohlendioxid	CO_2	0,035
Neon	Ne	0,0018
Helium	He	0,0005
Krypton	Kr	0,0001
Xenon	Xe	0,000009

Die Zusammensetzung trockener Luft.

Die Luft besteht rund zu einem Fünftel aus Sauerstoff und zu vier Fünftel aus Stickstoff.

Im Jahr 1894 fiel RAYLEIGH auf, dass der aus Luft isolierte Stickstoff eine größere Dichte besitzt als der aus Stickstoffverbindungen gewonnene. In der Luft müssen demnach noch andere – schwerere – Gase sein. Dies führte zur Entdeckung der **Edelgase** (siehe Kap. 12, Seite 126).

Die Gewinnung der einzelnen Bestandteile erfolgt durch **Verflüssigung der Luft** und anschließender fraktionierter **Destillation** im Linde-Verfahren.

Die Zusammensetzung der Atmosphäre hat sich im Laufe der Erdgeschichte stark verändert. Die Uratmosphäre enthielt große Mengen Methan und Ammoniak, daneben noch Wasserstoff, Dihydrogensulfid (Schwefelwasserstoff) und etwas Kohlenstoffdioxid, jedoch keinen Sauerstoff. Nur in einer solchen reduzierenden Atmosphäre war die Entstehung von Leben möglich. Erst mit der Entstehung der Fotosynthese kam es zur Ansammlung von Sauerstoff.

Umgießen von flüssiger Luft
Da die Temperatur des Becherglases zunächst 200 °C über dem Siedepunkt der flüssigen Luft liegt, verdampft sie sofort. Die entweichende kalte Luft verursacht die Nebelschwaden.

10.2 Luftschadstoffe

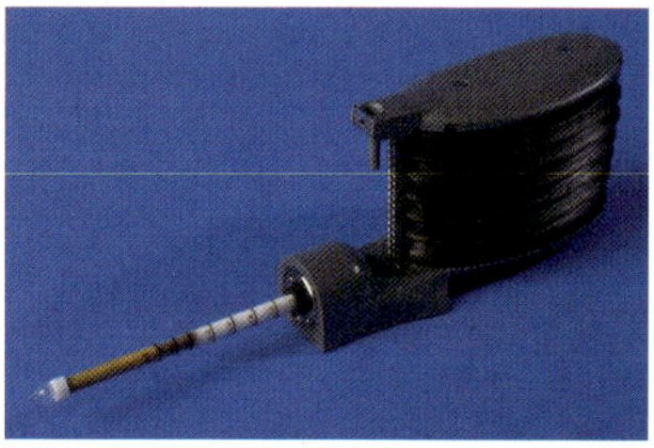

Gasprüfröhrchen sind ein einfaches Verfahren zur Untersuchung der Luftqualität. Ein bestimmtes Luftvolumen wird durch das Röhrchen gesaugt, der Schadstoff reagiert mit den Chemikalien des Röhrchens zu einer farbigen Verbindung. Aus der Länge des verfärbten Bereiches kann auf die Konzentration des Schadstoffes geschlossen werden.

Ein Mensch benötigt täglich mindestens 6 m^3 Luft, bei schwerer körperlicher Arbeit sogar ein Vielfaches davon. Daher können sich auch Schadstoffe, die in der Luft nur in sehr geringen Konzentrationen vorhanden sind, im Körper anreichern.

Die negativen Auswirkungen von Schadstoffen lassen sich in zwei Bereiche gliedern:

- **Luftschadstoffe** am **Arbeitsplatz** und in **Wohnungen**, die zu Gesundheitsschäden führen können. Deren Quellen liegen meist in unmittelbarer Nähe und können durch lokale Maßnahmen bekämpft werden.
- **Luftschadstoffe** in der freien **Atmosphäre**, die Gesundheits- und Umweltschäden bewirken. Deren Verursacher sind oft hunderte Kilometer entfernt, sodass häufig nur europaweite oder sogar weltweite Maßnahmen zu einem dauerhaften Erfolg führen können.

Um gesundheitliche Schäden am Arbeitsplatz zu vermeiden, wurden die **maximalen Arbeitsplatz-Konzentrationen** (MAK-Werte) festgelegt (siehe Seite 177).

Die wirkungsvollste Maßnahme zur Luftreinhaltung

Häufigster Luftschadstoff am Arbeitsplatz und in Wohnungen ist allerdings der **Zigarettenrauch**. Heiße Debatten um Grenzwert-Überschreitungen im Mikrogramm-Bereich wirken manchmal realitätsfern, wenn man bedenkt, dass ein Raucher mit einem Päckchen Zigaretten weitaus mehr Schadstoffe aufnimmt als an einem ganzen Tag in der dicksten Großstadt-Luft.
Das Argument, dass er seine Zigaretten freiwillig raucht, entbehrt der Logik, da die Wirkung von Schadstoffen nicht von der Freiwilligkeit abhängt und überzeugt vor allem jene nicht, die zum Passivrauchen gezwungen werden.

Bei **Luftschadstoffen** in der **freien Atmosphäre** ist zwischen **Emissionen** und **Immissionen** zu unterscheiden.

Unter **Emission** versteht man in die Außenluft entweichende feste, flüssige oder gasförmige, die Luft verunreinigende Stoffe jeder Art und Herkunft. Nach ihrer Emission werden die Luftschadstoffe während des Transportes in der Atmosphäre umso stärker verdünnt, je höher die Emissionsquelle liegt. Autoabgase sind daher in Atemhöhe viel weniger verdünnt als die Abgase aus hohen Schornsteinen.
Immissionen sind Luft verunreinigende Stoffe in Bodennähe.

Die **maximale Immissionskonzentration** (MIK-Wert) gibt jene Konzentration eines Stoffes an, bis zu der bei dauernder Einwirkung keine gesundheitliche Schäden auftreten.

MIK-Werte einiger Stoffe, im mg/m^3 Luft:

Chlor	0,003
Stickstoffdioxid	0,004
Schwefeldioxid	0,15
Kohlenstoffmonoxid	1,0

Für die **Ausbreitung** von **Luftverunreinigungen** sind meteorologische Einflüsse von großer Bedeutung. Im Normalfall nimmt die Lufttemperatur mit der Höhe ab, wodurch es zu einem Austausch der wärmeren und spezifisch leichteren Bodenluft mit den darüber befindlichen Luftmassen kommt. Bei **Inversionswetterlagen**, wie sie besonders im Winter in Beckenlagen auftreten, liegen dagegen über einer kalten Bodenschicht wärmere Luftmassen und verhindern das Aufsteigen der Schadstoffe.

emittere (lat.) = aussenden
immittere (lat.) = hineinschicken

Auch wenn manchmal reißerische Schlagzeilen den gegenteiligen Eindruck vermitteln wollen: Verglichen mit dem Zeitraum von 1975–1985 hat sich die **Luftqualität** in Österreich in allen Bereichen **wesentlich gebessert**.

Luftverschmutzung über Linz 1985. Dank großer Anstrengungen gehören solche Bilder der Vergangenheit an.

Rauchende Schornsteine als Symbol der Umweltverseuchung?
Die Abgase dieser Müllverbrennungsanlage werden nach den modernsten Verfahren gereinigt – was so bedrohlich aussieht, ist harmloser Wasserdampf, der in der kalten Außenluft kondensiert.

Dass jetzt öfter als früher das Erreichen von Vorwarnstufen oder die Überschreitung einzelner Schadstoff-Grenzwerte gemeldet wird, hat einen sehr einfachen Grund: Früher gab es diese Grenzwerte nicht oder sie lagen wesentlich höher oder der konkrete Schadstoff wurde noch nicht systematisch gemessen.

Die Erfolge bei der Luftreinhaltung und der **Reduzierung** der einzelnen **Schadstoffe** kamen nicht von selbst, sondern sind auf eine ganze Reihe von zum Teil sehr aufwändigen **Maßnahmen** zurückzuführen.

Der größte Teil der Luftschadstoffe entsteht im Zusammenhang mit Verbrennungen, bei der Heizung, in Kraftwerken und in Verbrennungsmotoren.

Da alle Brennstoffe **Kohlenstoff** enthalten, entsteht bei ihrer Verbrennung als Hauptprodukt Kohlenstoffdioxid CO_2. Erfolgt die Verbrennung sehr rasch oder bei nicht ausreichender Sauerstoffzufuhr, so entsteht auch zum Teil Kohlenstoffmonoxid CO.

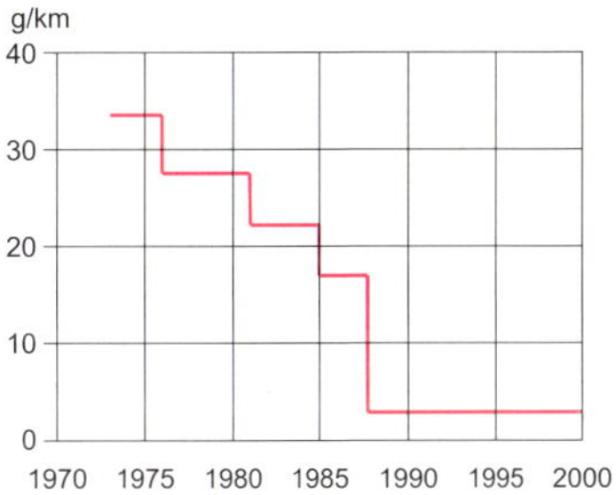

Die Entwicklung der Kohlenstoffmonoxid-Abgasgrenzwerte für Pkw in Österreich.

Kohlenstoffmonoxid

Kohlenstoffmonoxid entsteht bei jeder Verbrennung kohlenstoffhaltiger Substanzen in unterschiedlichen Mengen. Trotz seiner extremen Giftigkeit (siehe Seite 147) stellt es außer an stark befahrenen Straßen und bei Inversionswetterlagen kein Umweltproblem dar, weil es rasch in CO_2 umgewandelt wird und sich daher nicht ansammelt.

Seit der Einführung der Auspuffkatalysatoren (siehe Seite 60) hat sich die CO-Belastung durch den Straßenverkehr wesentlich verringert.

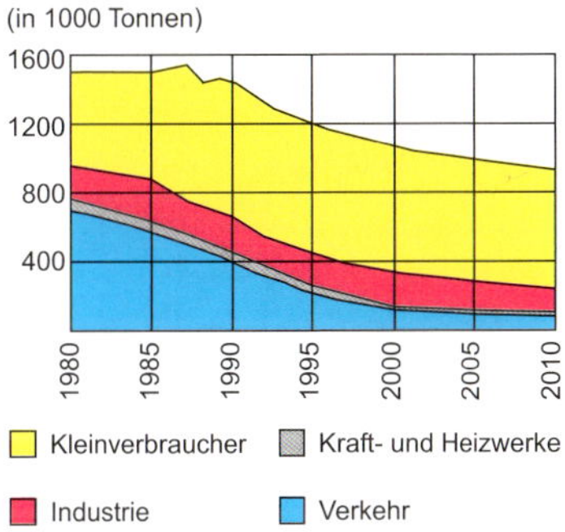

Freisetzung von Kohlenstoffmonoxid in Österreich, nach Verbrauchergruppen.

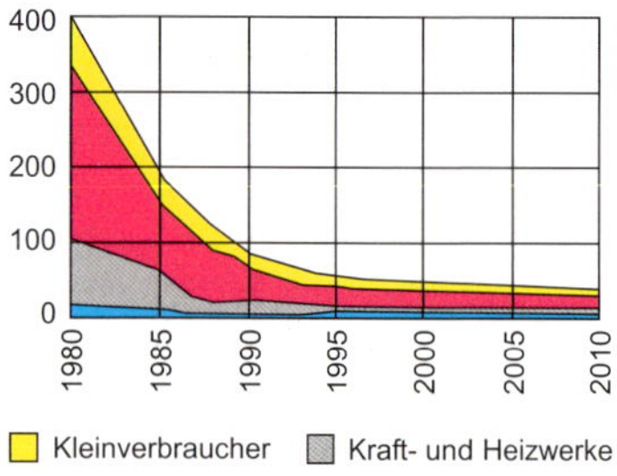

Freisetzung von Schwefeldioxid in Österreich, nach Verbrauchergruppen.

Beim Abbrennen einer Wunderkerze sind die entstehenden Stickoxide gut zu sehen.

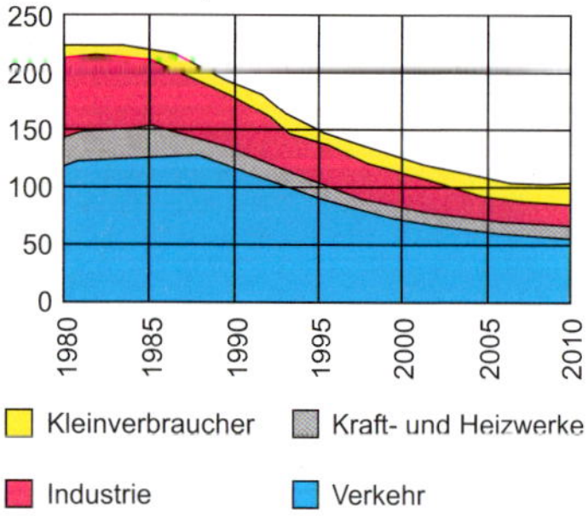

Freisetzung von Stickoxiden in Österreich, nach Verbrauchergruppen.

Schwefeldioxid SO_2

Schwefel verbrennt an der Luft mit blauer Flamme zu Schwefeldioxid, einem farblosen, stechend riechenden und zu Husten reizendem Gas.

$$S + O_2 \rightarrow SO_2$$

Schwefeldioxid ist giftig, seine pflanzenschädigende Wirkung ist seit über 100 Jahren bekannt (Waldschäden in der Umgebung von Erz-Röstanlagen).

Natürliche Quellen für Schwefeldioxid sind die Vulkangase. Bis vor etwa 30 Jahren wurde es auch in großen Mengen bei der Verbrennung von Kohle und Erdölprodukten abgegeben, da diese Brennstoffe Schwefelverbindungen enthalten.

Mit der Feuchtigkeit der Luft reagiert es zu H_2SO_3 (schweflige Säure), die rasch zu H_2SO_4 (Schwefelsäure) weiteroxidiert wird und einen Bestandteil des sauren Regens bildete.
Dieser verursachte in der Vergangenheit nicht nur Materialschäden (verstärkte Korrosion von Metallen, Zerstörung von historischen Bauwerken aus Kalkstein), sondern führte auch in besonders belasteten Gebieten auch zu Schäden an den Wäldern.
Durch energische Gegenmaßnahmen konnte die Menge des abgegebenen Schwefeldioxids so stark verringert werden, dass dieser Schadstoff in Österreich keine Probleme mehr bereitet.

Bei gasförmigen (Erdgas) und flüssigen Brennstoffen (Benzin, Diesel, Heizöl) wird der **Brennstoff** selbst (in der Raffinerie) **entschwefelt** und elementarer Schwefel gewonnen. Diese Produkte gelangen daher heute nahezu schwefelfrei und daher umweltfreundlich zum Endverbraucher, der gewonnene Schwefel wird von der chemischen Industrie genutzt.

Bei Kohle ist die Entschwefelung nicht, bei dem in Kraftwerken verfeuerten schweren Heizöl nur teilweise möglich. Daher müssen bei diesen Brennstoffen die **Rauchgase** vom Schwefeldioxid befreit werden.
Die heute in Kraftwerken verwendeten Verfahren entfernen über 95 %. Sie benötigen dazu Kalk oder Calciumhydroxid, wobei der Kalk bereits im Verbrennungsraum zugesetzt wird und/oder die Rauchgase mit einer Calciumhydroxid-Lösung zur Reaktion gebracht werden.

$$SO_2 + \begin{matrix} CaCO_3 \\ Ca(OH)_2 \end{matrix} \rightarrow CaSO_3 + \begin{matrix} CO_2 \\ H_2O \end{matrix}$$

Das entstehende Calciumsulfit $CaSO_3$ reagiert zum Großteil mit Sauerstoff weiter zu Calciumsulfat ($CaSO_4$, Gips), das Endprodukt kann von der Baustoffindustrie verwendet werden.

Stickstoffoxide NO_x (NO, NO_2)

Sie entstehen überall, wo Stickstoff und Sauerstoff bei hohen Temperaturen zusammentreffen. Mit der Luftfeuchtigkeit reagieren sie weiter zu Salpetersäure.
Natürliche Quellen sind Gewitter (Blitzschlag) und Waldbrände, die Hauptmenge wird aber bei technischen Verbrennungsvorgängen gebildet (Wärmekraftwerke, Öfen, Auspuffgase).

In kleinen Mengen bilden sie den natürlichen Stickstoffdünger der Pflanzen.

Die ungebremste Abgabe von Stickoxiden durch Verbrennungsanlagen und Kraftfahrzeuge wäre jedoch eine zu große Umweltbelastung und muss durch entsprechende Konstruktion der Verbrennungsanlage (niedrige Flammentemperatur – weniger Stickoxide) und durch Reinigung (Entstickung) der Abgase verringert werden.

In Wärmekraftwerken erfolgt die Reinigung durch Reaktion der Rauchgase mit zugesetztem Ammoniak:

$$6\ NO + 4\ NH_3 \xrightarrow{\text{Katalysator}} 5\ N_2 + 6\ H_2O$$

Aus den Auspuffgasen von Benzinmotoren werden sie durch Reaktion mit dem darin enthaltenen Kohlenstoffmonoxid entfernt. Auch für diese Reaktion ist ein Katalysator (Platin) erforderlich (siehe Seite 60).

$$2\ NO + 2\ CO \xrightarrow{\text{Katalysator}} N_2 + 2\ CO_2$$

Die Stickstoffoxide sind auch (unter dem Einfluss ultravioletter Strahlung) Vorläufersubstanzen für die Bildung von bodennahem Ozon:

$$NO_2 + O_2 \rightarrow NO + O_3$$

Sommerliche Schönwetterperioden führen regelmäßig zu einem Anstieg der Ozonwerte und zu entsprechenden Schlagzeilen.

Ozon

Ozon wird in den **höheren Schichten der Atmosphäre** durch die kurzwellige und sehr energiereiche UV-Strahlung der Sonne gebildet. Da Ozon diese Strahlung absorbiert, schützt die in 20–50 km Höhe befindliche Zone erhöhten Ozongehalts (Ozonschild) die Erdoberfläche vor schädlichen Auswirkungen. Zunächst wiesen Modellrechnungen auf eine Gefährdung des Ozonschildes durch die unter anderem als Treibgase in Spraydosen und Kältemittel in Kühlschränken verwendeten Fluorchlorkohlenwasserstoffe (FCKW) hin, da sie den Zerfall des Ozons katalysieren. Als dann tatsächlich über dem Südpol jahreszeitlich auftretende „Ozonlöcher" festgestellt wurden, begannen internationale Bemühungen zur Vermeidung der FCKW.
In Österreich und zahlreichen anderen Industriestaaten ist daher die Verwendung in Spraydosen verboten, die Verwendung in Kühlschränken auf die weniger stark ozonschädlichen Vertreter dieser Substanzgruppe begrenzt.

Bodennahes Ozon hingegen ist unerwünscht, da es sowohl für den Menschen als auch für Pflanzen schädlich ist. Es entsteht bei starker Sonneneinstrahlung und hohen Temperaturen aus den Ozon-Vorläufersubstanzen (Stickstoffoxide und unverbrannte Kohlenwasserstoffe). Sommerliche Schönwetterperioden führen daher regelmäßig zu einem Anstieg der Ozonkonzentration. Bei Überschreitung einer Ozonkonzentration von 180 $\mu g/m^3$ wird die Bevölkerung informiert, bei Überschreiten der Alarmschwelle von 240 $\mu g/m^3$ wird vor anstrengenden Tätigkeiten im Freien gewarnt, empfindliche Personen (Kleinkinder, Atemwegs- und Herzkranke) sollten dann in Innenräumen bleiben.

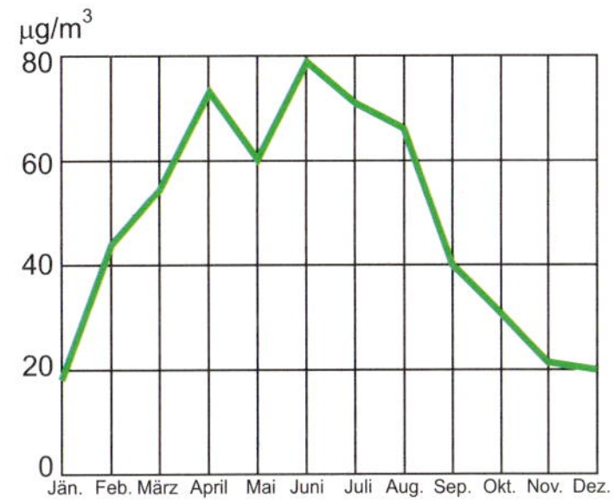

Typische Ozon-Monatsmittelwerte
Wien – Hohe Warte

Unverbrannte Kohlenwasserstoffe

Diese Stoffgruppe gelangt zu einem großen Teil durch den Straßenverkehr und die Erdöl verarbeitende Industrie (Verdunstungsverluste beim Tanken usw.) und als Lösungsmittel (für Lacke usw.) in die Atmosphäre und ist an der Ozon- und Smogproblematik beteiligt. Ent-

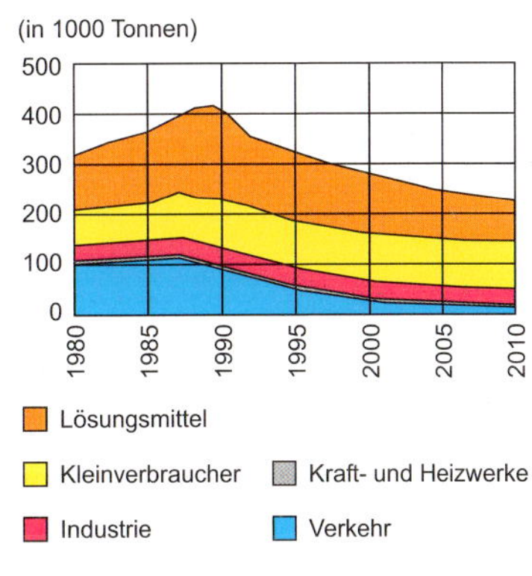

Freisetzung unverbrannter Kohlenwasserstoffe in Österreich.

sprechende Umweltschutzmaßnahmen in der Industrie und im Straßenverkehr sowie neu entwickelte Lacke auf Wasserbasis führten zu einer deutlichen Verbesserung.

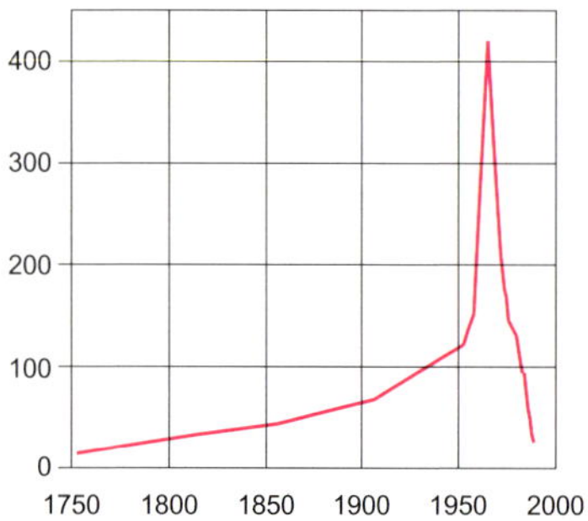

Bleigehalt von grönländischem Inlandeis
Durch Industrialisierung und Motorisierung hatte sich der Bleigehalt vervielfacht. Die Werte der letzten Jahre zeigen eine drastische Verbesserung durch verstärkte Umweltschutzmaßnahmen.

Staubförmige Verunreinigungen

In der Nähe großer Industriezentren (Stahlwerke, Zementfabriken, Wärmekraftwerke) und in Ballungszentren mit starkem Autoverkehr nehmen die Immissionen sprunghaft zu. So fallen beispielsweise in Wien auf einen Quadratmeter Bodenfläche im Jahr bis zu 140 g Staub. Enthält der Staub Metalloxide (z. B. CaO), so kann es in Ballungszentren auch zu einem „basischen Regen" kommen.

Die Staubteilchen bilden Kondensationskeime und führen so zu einer verstärkten Dunst- und Wolkenbildung. Bei Industrieanlagen lässt sich die Staubabgabe durch elektrostatische Filter wirkungsvoll verhindern (Reinigungsgrad 99,5 %).
Durch bessere Entstaubungsanlagen der Industrie und durch die Verdrängung der Kohle als Brennstoff zur Wohnraumheizung hat sich die Staubbelastung in Österreich seit 1980 halbiert.

Ein besonderes Problem bildeten die aus den Autoabgasen stammenden **Bleiverbindungen**. So wurden 1980 in Österreich durch den Straßenverkehr noch ca. 600 t Blei abgegeben. Die Umstellung auf unverbleites Benzin ab 1987 reduzierte diesen Wert auf null.

Smog

Smog: Kunstwort, gebildet aus *smo*ke (Rauch) und *fog* (Nebel).
1952 starben in London über 4 000 Menschen an den Auswirkungen des Smogs.

Erfreulicherweise hat sich die Luftqualität dank der beschriebenen Umweltschutzmaßnahmen deutlich gebessert. Allerdings kann es immer noch, besonders in den Beckenlagen von Graz, Linz und Wien, bei Inversionswetterlagen zu erhöhten Schadstoffkonzentrationen kommen.

Smogalarmpläne sollen dann mithelfen, gesundheitsgefährdende Schadstoffkonzentrationen zu vermeiden. In den letzten Jahren wurde nur in seltenen Ausnahmefällen die Voralarmstufe erreicht. Ein Erreichen der Alarmstufen 1 oder 2, was Einschränkungen im Autoverkehr und bei den Raumheizungen zur Folge hätte, ist in Österreich nicht zu erwarten.

Keiner verzichtet auf Auto

Wieder Smog über Graz

Wenig genützt hat der wegen der schlechten Luft in Graz verfügte Nulltarif auf den öffentlichen Verkehrsmitteln. Die meisten Autofahrer verzichteten nicht auf das geliebte Vehikel – der Alarm änderte die Situation nicht. Übrigens hat Landeshauptmann Josef Krainer nun auf die „ewige" Smog-Lage in Graz reagiert. Für 18. Jänner wurde ein „Luft-Gipfel" einberufen.

Die Wiener Landesregierung stimmte am Dienstag dem Smogalarmgesetz des Bundes zu. Dieses neue Gesetz schafft die Grundlage für wirkungsvolle Maßnahmen bei Smogalarm.

Bild: Lohr

Grazer „Mode": die Schutzmaske als Kleidungsstück

Wegen seiner Beckenlage gerät Graz häufiger als andere Städte in die Schlagzeilen.
Wesentliche Aufgabe der abgebildeten Schutzmaske ist es, die Dramatik des Fotos zu erhöhen. Außer gegen groben Staub ist sie gegen alle anderen Luftschadstoffe wirkungslos.

ÜBUNGEN

10.1 Der Kohlenstoffdioxidgehalt der Atmosphäre ist auf der Nordhalbkugel der Erde etwas größer als auf der Südhalbkugel. Was könnte der Grund dafür sein?

10.2 Warum können auch sehr strenge österreichische Abgasvorschriften nur zu einem Teilerfolg bei der Luftreinhaltung führen?

10.3 Welche Luftschadstoffe wirken sich eher auf die gesamte Erde aus, welche sind in ihrer Wirkung eher auf einzelne Regionen begrenzt?

10.4 Ozon ist in der Atmosphäre sowohl erwünscht wie unerwünscht. Erkläre diesen scheinbaren Widerspruch.

10.5 Welche Brennstoffe setzen kaum Schwefeldioxid frei?

10.3 Atmosphäre und Klima

Nicht nur wegen ihrer direkten, lokalen Auswirkungen auf den Menschen sind verschiedene Schadstoffe in den Mittelpunkt des Interesses gerückt. Schon in sehr geringen, für den Menschen zunächst ungefährlichen Konzentrationen können sie biologische Gleichgewichte verändern.

Die extrem empfindlichen Untersuchungsmethoden der modernen analytischen Chemie ermöglichen das Auffinden schon winzigster Spuren dieser Schadstoffe. Durch Modellrechnungen mit Großcomputern wird dann versucht, ihre wechselseitigen und längerfristigen Auswirkungen vorherzusagen, um vor gefährlichen Entwicklungen rechtzeitig warnen zu können.

Treibhauseffekt und Klimawandel

Der Wärmehaushalt der Erde wird entscheidend von Gasen beeinflusst, die das sichtbare Licht und die kurzwelligen Wärmestrahlen der Sonne auf die Erde durchlassen, nicht aber die von der Erde ins Weltall abgegebenen langwelligen Wärmestrahlen.
Wasserdampf, Kohlenstoffdioxid und Methan sind die am stärksten wirksamen Gase. Sie sind auch schon ohne Zutun des Menschen in der Atmosphäre vorhanden und dieser **natürliche Treibhauseffekt** wirkt sich sehr positiv aus: ohne ihn läge die Durchschnittstemperatur der Erdoberfläche nicht bei +15 °C, sondern bei –18 °C!

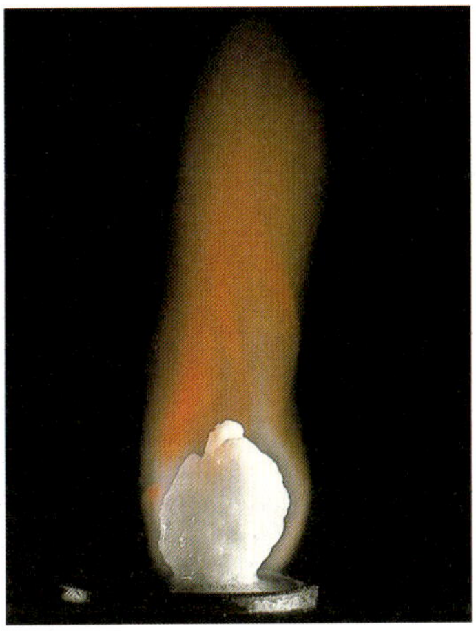

Am Meeresboden bei Temperaturen von 4 °C bildet Methan mit Wasser eine lockere, eisartige Verbindung. An die Oberfläche gebracht, lässt sich dieses Methaneis entzünden.

Sorge bereitet der Anstieg dieser Gase als Folge menschlicher Tätigkeit.

Denn der natürliche Kreislauf – Entstehung von CO_2 (Atmung, biologische Abbauvorgänge) – Verbrauch von CO_2 (Fotosynthese), wurde durch den Einsatz fossiler Brennstoffe (Kohle, Erdölprodukte) und durch das Abholzen von Wäldern empfindlich gestört. Dies führte zu einem Anstieg des CO_2-Gehaltes in den letzten zweihundert Jahren von 0,028 % auf 0,038 %.

Auch Methangas, das bei Gärungsvorgängen (Sümpfe, Reisfelder, Verdauungstrakt der Wiederkäuer) gebildet oder bei der Erdöl- und Erdgasförderung freigesetzt wird, bewirkt einen Treibhauseffekt. Es ist in der Luft zwar nur in Spuren von 1,2 – 1,5 ppm vorhanden, doch ist es etwa 20-mal stärker wirksam als CO_2. Große Mengen sind in Form von Methaneis außerdem relativ labil am Boden der Ozeane gebunden und könnten durch Seebeben oder unterseeische Erdrutsche schlagartig freigesetzt werden. Geologen vermuten dies als Ursache plötzlicher Erwärmungen in der Vergangenheit.

Tatsache ist, dass sich die Durchschnittstemperatur auf der Erde seit 1860 um etwa 1 °C erhöht hat. Dieser Trend setzte schon vor der intensiven Nutzung von Kohle und Öl ein, war zwischen 1940 und 1970 rückläufig und hat sich seither fortgesetzt.

Ob er zum Teil auch auf natürliche Ursachen zurückzuführen ist, welche positiven oder negativen Auswirkungen er haben wird und was dagegen unternommen werden kann und soll, ist Gegenstand heftiger – auch internationaler – politischer Auseinandersetzungen.

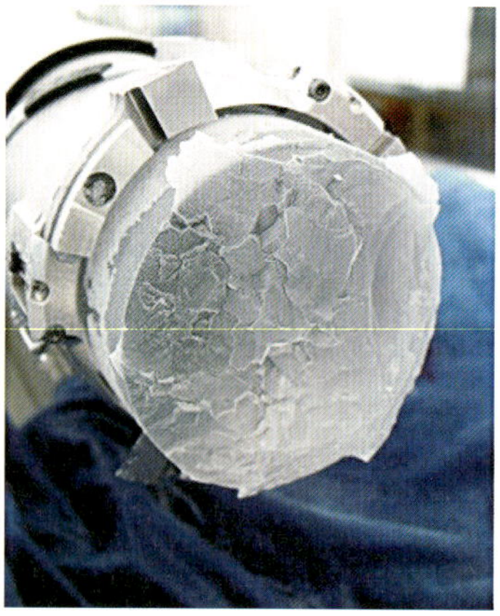

Eisbohrkerne liefern Informationen über das Klima längst vergangene Zeiten. Sommer- und Winterschnee lagert sich mit unterschiedlicher Struktur ab, sodass sich aus der Abfolge der Schichten das Alter einer Eisprobe bestimmen lässt. Die bis zu 3 000 m langen Bohrkerne reichen auf Grönland über 120 000 Jahre, in der Antarktis rund 900 000 Jahre zurück.

Querschnitt durch einen Eisbohrkern, unter dem Mikroskop mit polarisiertem Licht.
Eingelagerte Staubschichten weisen auf Vulkanausbrüche hin, eingeschlossene Luftbläschen liefern Informationen über die Zusammensetzung der Atmosphäre und aus dem $^{16}O/^{18}O$ Isotopenverhältnis des Wassers lässt sich auf die damalige Temperatur schließen.

Die Vorhersagen über das Ausmaß der zu erwartenden Klimaveränderung sind trotz sehr rechenaufwändiger Klimamodelle deswegen so schwierig, weil für die Prognosen die Wechselwirkungen sehr vieler, zum Teil nicht exakt erfassbarer Faktoren berücksichtigt werden müssen. Noch schwieriger ist die Vorhersage für einzelne Regionen, da sich ändernde Wind- und Meeresströmungen trotz einer globalen Erwärmung zu einer regionalen Abkühlung führen können.

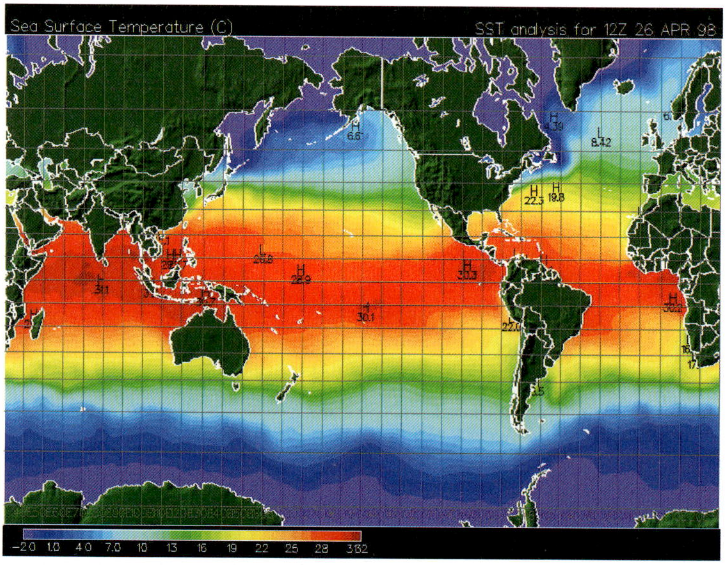

Die Oberflächentemperatur der Ozeane
Das Klima wird durch das hohe Wärmespeicher-Vermögen des Wassers wesentlich bestimmt. Der Golfstrom, auch als „Warmwasserheizung Europas“ bezeichnet, sorgt im Norden Europas für wesentlich mildere Temperaturen, als auf der gleichen geografischen Breite in Nordamerika oder Asien herrschen.

Um möglichen negativen Entwicklungen rechtzeitig gegenzusteuern und die Freisetzung von Treibhausgasen zu reduzieren, verpflichtete sich die Mehrzahl der Industrienationen im Kyoto-Protokoll, bis zum Jahr 2012 ihre Treibhausgas-Emissionen unter das Niveau von 1990 zu senken, Österreich z. B. um 13 %.

Das Protokoll wurde 1997 in der gleichnamigen japanischen Stadt unterzeichnet und trat im Jahr 2005 in Kraft. Absehbar ist allerdings, dass dadurch der Anstieg der Treibhausgase kaum verlangsamt wird. Denn einerseits wird eine Reihe von Industrienationen das selbst auferlegte Sparziel nicht erreichen, andererseits haben andere Staaten das Protokoll nicht unterzeichnet oder sind von Einschränkungen nicht betroffen. Man schätzt, dass im Jahr 2012 nur rund 25 % des weltweiten CO_2-Ausstoßes von Kyoto-Staaten stammen wird.

11. Wasser

Wasser unterscheidet sich in einigen Punkten von anderen Flüssigkeiten. Es besitzt seine größte Dichte bei 4 °C, also einige Grade oberhalb der Schmelztemperatur; es dehnt sich beim Gefrieren aus, Eis hat daher eine geringere Dichte. Die spezifische Wärme von Wasser ist besonders hoch (um 1 kg um 1 °C zu erwärmen sind 4,18 kJ notwendig), wodurch das Klima der Erde entscheidend geprägt wird.

Der Aufbau des Wassermoleküls

Bei der Elektrolyse des Wassers (siehe Seite 4) entstehen zwei Volumsteile Wasserstoff und ein Teil Sauerstoff. Nach dem Satz von Avogadro (siehe Seite 12) sind daher doppelt so viele Wasserstoffatome wie Sauerstoffatome entstanden, die Formel des Wassers lautet daher H_2O.

Auf Grund der Bindungsverhältnisse folgt, dass die O – H-Bindung stark polar ist. Das gewinkelt aufgebaute Wassermolekül ist daher ein starker Dipol. Dies bestimmt die Eigenschaften des Wassers wesentlich (siehe Seite 45).

WASSER

Schmelztemperatur		0 °C
Siedetemperatur		100 °C
Dichte:		
Wasser	bei 0 °C	0,9998 kg/dm^3
Eis	bei 0 °C	0,9168 kg/dm^3
Wasser	bei 4 °C	1,0000 kg/dm^3

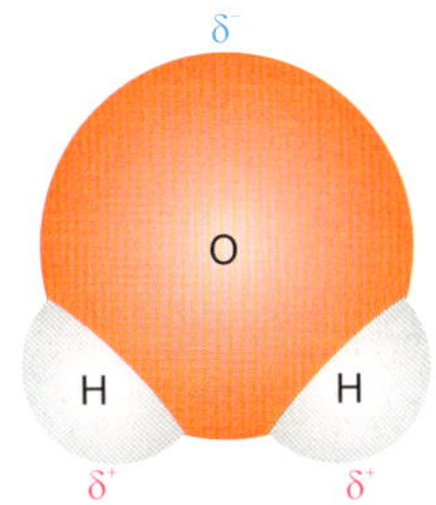

Das Wassermolekül als Dipol.

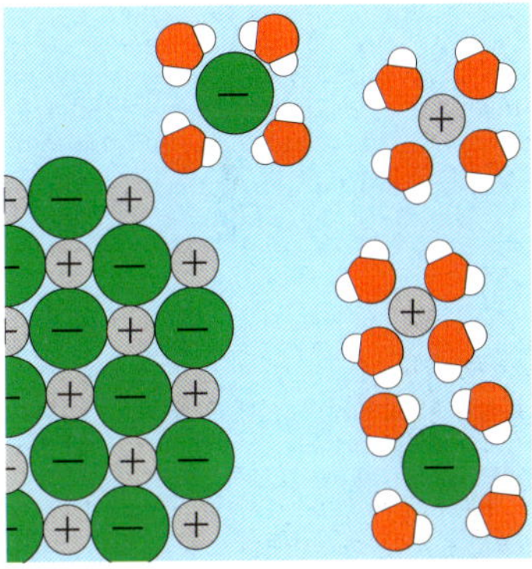

Die Auflösung eines Salzkristalles in Wasser.

11.1 Wasser als Lösungsmittel

Wegen seiner Dipolmoleküle ist Wasser ein gutes Lösungsmittel für viele Stoffe.

Betrachten wir die Vorgänge beim **Lösen** am Beispiel eines Kochsalzkristalls:

Die Wassermolekül-Dipole lagern sich zunächst an die Ionen der Kristalloberfläche an und orientieren sich dabei so, dass dem Ion der jeweils entgegengesetzt geladene Teil des Dipols zugekehrt ist. Die Schwingungen der Ionen infolge der Wärmebewegung ermöglichen es den Wassermolekülen, an der Oberfläche und den Kanten zwischen die Ionen des Gitters einzudringen, sie ganz zu umhüllen (zu hydratisieren) und so aus dem Gitter herauszulösen.

Lösungsvorgänge können exotherm oder endotherm verlaufen. Ist die bei der Hydratisierung der Ionen frei werdende Energie größer als die Gitterenergie des Kristalls (siehe Seite 40), so wird in Summe Energie frei, die Lösung erwärmt sich. Im umgekehrten Fall kühlt sich die Flüssigkeit ab.

Ist die Hydratisierungsenergie wesentlich kleiner als die Gitterenergie, so löst sich der Kristall nur sehr schlecht.

Manche Ionen geben die anhaftenden Wassermoleküle beim Verdampfen nicht frei, sondern bauen sie in das Kristallgitter ein. Man spricht von **Kristallwasser**. Durch Erhitzen der Kristalle kann es entfernt werden. Dieser Vorgang ist umkehrbar, was bei der Verwendung von Gips ausgenutzt wird (siehe Seite 136).

Beispiele für Verbindungen mit Kristallwasser:

Calciumsulfat (Gips) $CaSO_4 \cdot 2\ H_2O$

Kupfersulfat $CuSO_4 \cdot 5\ H_2O$

Kupfersulfat mit Kristallwasser bildet blaue Kristalle, die beim Erhitzen das Wasser abgeben und zu einem weißen Pulver (wasserfreies Kupfersulfat) zerfallen. Bei Zugabe von Wasser bilden sich wieder blaue Kristalle.

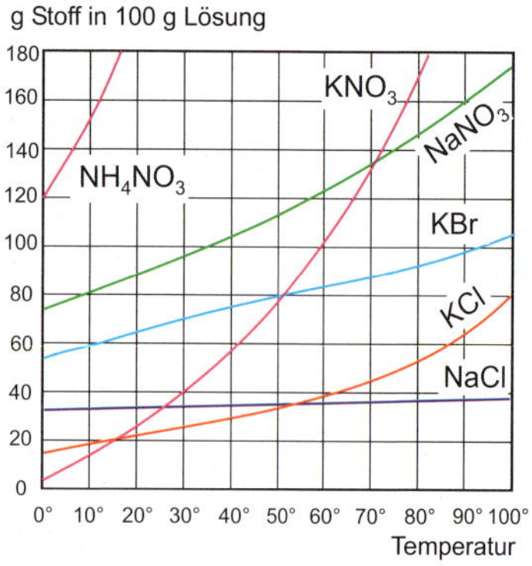

Die Löslichkeit von Salzen in Wasser ist von der Temperatur abhängig.

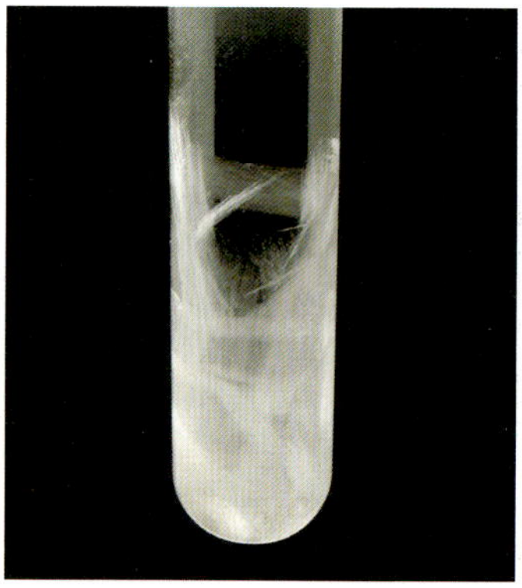

Kühlt man eine heiße, gesättigte Lösung von KNO_3 ab, so scheiden sich Kristalle ab.

Gase lösen sich in heißem Wasser schlechter. Beim Erwärmen scheidet sich die gelöste Luft in Form kleiner Bläschen ab.

Die Zahl der Wassermoleküle pro Formeleinheit wird nach der Formel des Salzes, getrennt durch einen Punkt, angegeben.

Wird genügend Substanz ins Wasser gegeben, so bleibt ein Teil ungelöst. Zwischen diesem Bodensatz und der Flüssigkeit herrscht ein dynamisches Gleichgewicht. Einerseits werden Ionen von Wassermolekülen umhüllt und verlassen die Kristalloberfläche, andererseits stoßen hydratisierte Ionen gegen die Oberfläche und werden wieder festgehalten. Sind beide Vorgänge gleich stark, so gehen in Summe keine Ionen mehr in die Flüssigkeit über, die Lösung ist gesättigt.

In der Regel steigt die Löslichkeit mit der Temperatur. Beim Erkalten einer heißen, gesättigten Lösung scheidet sich die entsprechende Menge wieder in Form von Kristallen ab.

Beim Auflösen **polarer Stoffe** wie z. B. Alkohol oder Zucker kommt es zu Anziehungskräften zwischen den Dipolmolekülen, die ebenfalls zur Hydratisierung führen. Besonders stark ist der Effekt, wenn sich Wasserstoffbrücken zwischen den Wassermolekülen und den Molekülen des zu lösenden Stoffes ausbilden können.

Bei **unpolaren Stoffen** (z. B. Benzin, Fett, Wachs, ...) treten keine Anziehungskräfte zu den Wassermolekülen auf, es kommt nicht zur Durchmischung oder Lösung.

Ionische und polare Stoffe lösen sich in polaren Flüssigkeiten.
Unpolare Stoffe lösen sich in unpolaren Flüssigkeiten.

Der Lösungsvorgang kann beschleunigt werden durch:

- **Zerkleinern** des zu lösenden Stoffes: Die dem Angriff des Wassers ausgesetzte Oberfläche wird vergrößert.
- **Umrühren:** Die hydratisierten Ionen an der Oberfläche des Kristalls werden weggeschafft und verteilt.
- **Erwärmen:** Die Wärmebewegung unterstützt den Lösungsvorgang. Ausnahmen sind die Gase, ihre Löslichkeit nimmt bei höheren Temperaturen ab.

Wegen seines großen Lösungsvermögens gibt es in der Natur kein chemisch reines Wasser. Schon im Kontakt mit der Luft werden Gase gelöst, wobei sich der Sauerstoff etwas besser löst als der Stickstoff. Am leichtesten lösen sich säurebildende Gase wie Kohlenstoffdioxid und Schwefeldioxid.

In einer gesättigten Lösung stehen der feste Bodensatz und die gelösten Teilchen (Ionen) in einem dynamischen Gleichgewicht. Einerseits gehen Ionen vom Kristall weg in Lösung, andererseits stoßen bereits gelöste Ionen auf Grund der Wärmebewegung an die Kristalloberfläche und werden dort durch elektrostatische Kräfte festgehalten. Die Lage dieses Gleichgewichts kann durch eine Gleichgewichtskonstante (hier Löslichkeitsprodukt genannt) angegeben werden.

$$AB_{fest} \leftrightarrows A^+ + B^- \qquad K_L = \frac{c(A^+) \cdot c(B^-)}{c(AB)}$$

Da die Anzahl der gelösten Ionen nicht von der Menge des ungelösten Bodensatzes abhängt, kann $c_{(AB)}$ in die Konstante mit einbezogen werden:

$$K_L = c(A^+) \cdot c(B^-)$$

Beispiel:
Für den relativ schwer löslichen Gips $CaSO_4$ ist $K_L = 6{,}1 \cdot 10^{-5}$. Die Konzentration der Calciumionen in der Lösung kann einfach berechnet werden:

$$c(Ca^{2+}) = c(SO_4^{2-}) = \sqrt{K_L} = 7{,}8 \cdot 10^{-3}\ \text{mol/L}$$

Die Zugabe von gleichen Ionen (z. B. SO_4^{2-}) würde die Löslichkeit verringern (Verschiebung des Gleichgewichts nach links, siehe Le Chatelier'sches Prinzip, Seite 63).
Wird beispielsweise 0,1 mol/L leicht lösliches Natriumsulfat Na_2SO_4 zugesetzt, so verringert dies die Konzentration der Calciumionen:

$$c(Ca^{2+}) = \frac{K_L}{0{,}1} = 6{,}1 \cdot 10^{-4}\ \text{mol/L}$$

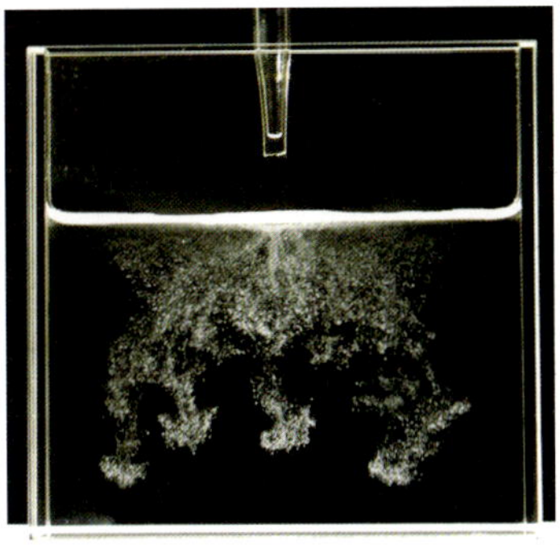

Zu einer gesättigten Kochsalz-Lösung wird konzentrierte Salzsäure getropft.
Durch die Zugabe von Chloridionen wird das Löslichkeitsprodukt für NaCl überschritten, Kristalle scheiden sich ab.

Siede- und Gefriertemperatur von Lösungen

Die Siedetemperatur einer Lösung liegt stets höher als die des reinen Lösungsmittels. Dagegen gefrieren Lösungen erst bei tieferen Temperaturen als das reine Wasser.
Darauf beruht das Schmelzen von Glatteis durch Streuen von Natriumchlorid und die Wirkung von Frostschutzmitteln für das Wasser des Kühlers oder der Scheibenwaschanlage eines Autos.

- **Siedetemperaturerhöhung**
  Wird in einem Lösungsmittel ein nichtflüchtiger Stoff gelöst, so befinden sich die gelösten Teilchen auch an der Flüssigkeitsoberfläche und verdunsten nicht. Außerdem treten zwischen den Teilchen des Lösungsmittels und des gelösten Stoffes Anziehungskräfte auf. Deshalb muss mehr Energie aufgewandt werden, damit die Moleküle des Lösungsmittels die Flüssigkeit verlassen können, die Siedetemperatur steigt.
- **Gefriertemperaturerniedrigung**
  Beim Gefrieren können sich die Teilchen einer Flüssigkeit nicht mehr frei bewegen, sie ordnen sich zu einer Gitterstruktur an. Die Teilchen des gelösten Stoffes sind dabei Fremdkörper, die den Aufbau des Kristallgitters stören. Dieses kann sich daher erst bei geringerer Wärmebewegung (d. h. niedrigerer Temperatur) bilden.

ÜBUNGEN

11.1 Zucker löst sich sehr gut in Wasser, Speiseöl nicht. Welche Schlüsse lässt dies auf den vorherrschenden Bindungstyp in Zucker bzw. Öl zu?

11.2 Beim Lösen von festem Natriumhydroxid NaOH erwärmt sich das Wasser, beim Lösen von Ammoniumchlorid NH_4Cl erfolgt eine Abkühlung. Beurteile daraus das Verhältnis der Gitterenergie zur Hydratisierungsenergie bei beiden Stoffen.

11.3 Warum können Fische in abgekochtem Wasser nicht überleben?

11.4 Bei der Messung der Siedetemperatur von Wasser, das NaCl bzw. $MgCl_2$ gelöst enthält, ist zu beobachten, dass die Siedetemperaturerhöhung doppelt bzw. dreifach so groß ist wie zunächst erwartet. Was könnte die Ursache dieses Effekts sein?

membrana (lat.) = Häutchen
semi (lat.) = halb
permeare (lat.) = durchwandern

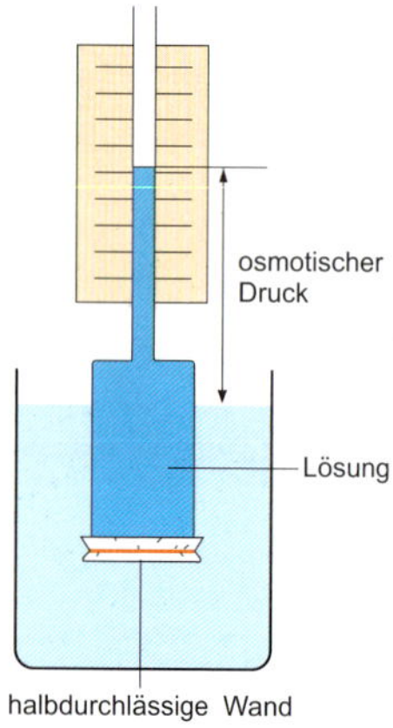

Anordnung zur Messung des osmotischen Druckes

Isotonische Getränke haben den gleichen osmotischen Druck wie die Körperflüssigkeit. Die in der Werbung behauptete leistungssteigernde Wirkung wird von kritischen Konsumenten meist nicht bestätigt.

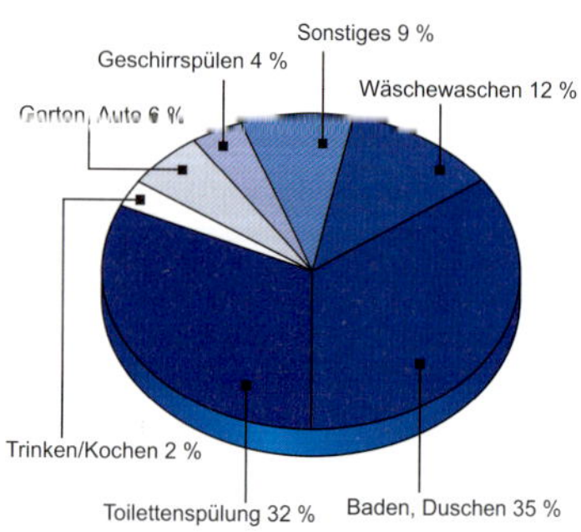

Ein österreichischer Haushalt verbraucht im Durchschnitt pro Person 150 Liter Wasser täglich.

Osmose

Wird ein Gefäß, das mit einem Steigrohr versehen und mit einer halbdurchlässigen Membrane verschlossen ist, mit einer konzentrierten Salz- oder Zuckerlösung gefüllt und in reines Wasser gestellt, so ist nach einiger Zeit ein Ansteigen der Flüssigkeit im Rohr zu beobachten. Schließlich wird ein Gleichgewichtszustand erreicht, der von der Konzentration der gelösten Stoffe abhängt.

Die halbdurchlässige (semipermeable) Membrane ist nur für die Lösungsmittelmoleküle, nicht aber für die Teilchen des gelösten Stoffes durchlässig.
Auf Grund der Wärmebewegung stoßen auf beiden Seiten Teilchen gegen die Membrane, die Gesamtzahl der Stöße pro Zeiteinheit ist auf beiden Seiten gleich. Da jedoch auf der Seite der Lösung die Konzentration der Wassermoleküle geringer ist, können dort nur weniger Wassermoleküle gegen die Membrane prallen und sie durchdringen als auf der Seite des reinen Wassers.
Das hat zur Folge, dass in Summe Wassermoleküle vom reinen Wasser zur Lösung überwechseln und dort der Druck so lange ansteigt, bis ein Gleichgewichtszustand erreicht ist, in dem pro Zeiteinheit gleich viele Wassermoleküle in jeder Richtung durch die Membrane treten.

Die Osmose spielt in der **Biologie** eine überragende Rolle. Zellen erhalten ihre Form dadurch, dass der Raum außerhalb der Zelle mit einer Flüssigkeit niedrigerer Konzentration gefüllt ist. Da die Zellwände semipermeabel sind, kommt es zur Ausbildung des osmotischen Zelldruckes.
Wird die Konzentration der extrazellulären Flüssigkeit erniedrigt, so können die Zellen zum Platzen gebracht werden; erhöht man die Konzentration, so schrumpfen die Zellen.

Meerwasser ist zum Trinken ungeeignet, da sein Salzgehalt größer ist als die Salzkonzentration in den Zellen der Magenschleimhaut. Es kann daher nicht nur von diesen nicht aufgenommen werden, sondern entzieht ihnen im Gegenteil noch Wasser.

Destilliertes Wasser hingegen ist ebenfalls gesundheitsschädlich. Werden größere Mengen getrunken, so steigt der Druck in den Zellen der Magenwände so stark an, dass sie platzen und Magenbluten verursachen können.

Durch die Entwicklung druckfester Kunststoffmembranen ist es gelungen, die Osmose auch technisch nutzbar zu machen. Bei der **umgekehrten Osmose** wird auf der Seite der Lösung ein Druck ausgeübt, der größer ist als der osmotische Druck. Daher wechseln die Wassermoleküle in der umgekehrten Richtung durch die Membrane, von der Lösung zum reinen Wasser. Das Verfahren wird unter anderem zur Gewinnung von reinem („destilliertem“) Wasser und zur Meerwasserentsalzung angewandt.

ÜBUNG

11.5 Warum verwelken Blumen besonders rasch, wenn sie in eine Vase mit Salzwasser gestellt werden?

11.2 Wasser als Rohstoff

Mit der stärkeren Nutzung unserer Wasservorräte für die verschiedensten Zwecke, aber auch mit der intensiven Bodennutzung und dem Zurückdrängen des Waldes tritt Wasserknappheit auf. Ein Mensch in den Entwicklungsländern verbraucht durchschnittlich 40 L Wasser pro Tag, in Österreich 150 L, in der BRD sind es 320 L und in den USA bereits 900 L. Der Ausdruck Wasser*verbrauch* ist dabei irreführend, da diese Wassermenge nicht verbraucht, sondern als Schmutzwasser wieder an die Umwelt abgegeben wird.

Die Gewinnung von gutem Trinkwasser ist vor allem in den Trockengebieten der Erde und in industriellen Ballungsräumen zu einem Problem geworden und muss zum Teil aus Oberflächenwasser erfolgen. Österreich befindet sich in einer vergleichsweise günstigen Lage; die Trinkwasserversorgung erfolgt etwa zu gleichen Teilen durch Quell- und durch Grundwasser.

Alpengletscher sind mögliche Trinkwasserreserven für den mitteleuropäischen Raum.

Die Härte des Wassers

Das Niederschlagswasser sickert in den Boden und löst dabei eine Reihe von Stoffen, hauptsächlich Calcium- und Magnesiumsalze, bis es schließlich entweder von selbst wieder bei einer Quelle zu Tage tritt oder als Grundwasser hochgepumpt wird. Quell- und Grundwasser ist daher niemals „chemisch rein".

Die Calcium- und Magnesiumsalze bewirken die **Härte** des **Wassers**.

- Das gelöste Calcium- und Magnesiumhydrogencarbonat bildet die **temporäre Härte** (Carbonathärte), die beim Erhitzen des Wassers verschwindet, da sich diese Stoffe in Form ihrer wasserunlöslichen Carbonate („Kesselstein") abscheiden:

$$Ca(HCO_3)_2 \rightarrow CaCO_3 + H_2O + CO_2$$
$$Mg(HCO_3)_2 \rightarrow MgCO_3 + H_2O + CO_2$$

- Die **permanente Härte** (Nichtcarbonathärte) wird von Calcium- und Magnesiumsulfat bzw. -chlorid verursacht. Sie lässt sich durch Erhitzen nicht entfernen.

Temporäre und permanente Härte zusammen bilden die **Gesamthärte**. Die Wasserhärte wird in deutschen Graden angegeben: °d.

Ein deutscher Grad (1 °d) entspricht 10 mg CaO in 1 L Wasser.

1 Mol CaO entspricht 1 Mol $Ca(HCO_3)_2$
oder 1 Mol $Mg(HCO_3)_2$
oder 1 Mol $CaSO_4$

Die Wasserhärte wird auch in mmol/L angegeben: 1 mmol/L = 5,60 °d

Calciumoxid selbst ist im Wasser nicht enthalten. Die Einheit stammt aus den Anfängen der Chemie, als zur Härtebestimmung das Wasser verdampft, die Feststoffe weiter geglüht und der schließlich hauptsächlich aus CaO bestehende Rückstand gewogen wurde.
Heute werden die Calcium- und Magnesiumsalze auf einfachere Weise bestimmt und die Werte dann auf mg CaO als einheitliches Vergleichsmaß umgerechnet.

Die Wasserhärte ist kein biologisches, sondern ein technisches Gütekriterium des Wassers. Während aus biologischer Sicht ein Gehalt von ca. 75 mg Calcium (= 10 °d) wünschenswert ist und auch wesentlich höhere Werte unbedenklich sind, ist die Härte überall dort störend, wo Wasser erhitzt oder für Waschzwecke verwendet wird.

Enthält Wasser mehr als 1 g gelöste Feststoffe pro Liter, so darf es als „Mineralwasser" verkauft werden, ansonsten ist nur die Bezeichnung „Tafelwasser" zulässig.

1 kg quellfrisches Mineralwasser enthält:

KATIONEN	mg	ANIONEN	mg
Natrium	335,00	Fluorid	0,38
Kalium	18,20	Chlorid	59,70
Magnesium	57,70	Iodid	0,02
Calcium	261,50	Sulfat	71,60
Strontium	2,00	Nitrat	0,14
Barium	0,12	Nitrit unter	0,01
Eisen*	2,89	Hydrogencarbonat	1 829,30
Mangan	0,28		
Aluminium	0,055		

SCHWACHE ELEKTROLYTE

m-Kieselsäure	78,80 mg
o-Borsäure	7,56 mg

Summe der gelösten festen Stoffe: 2 727,00 mg
Gelöste Kohlensäure (quellfrisch): 1 835,00 mg

Mit Kohlensäure versetzt.

* Eisen (nicht wertbestimmend) fällt beim Speichern aus.

Analyse eines Mineralwassers.

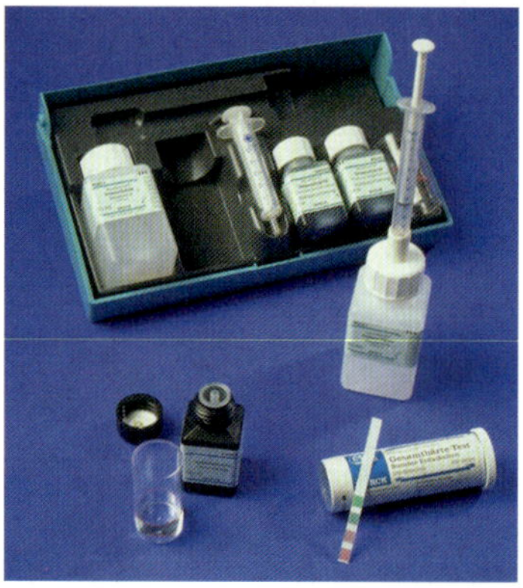

Chemikaliensatz zur Bestimmung der Wasserhärte.

Die Struktur von Sasil (Natrium-Aluminium-Silicat) im Modell
Der Hohlraum in der Mitte nimmt ein Ca^{2+}-Ion auf.

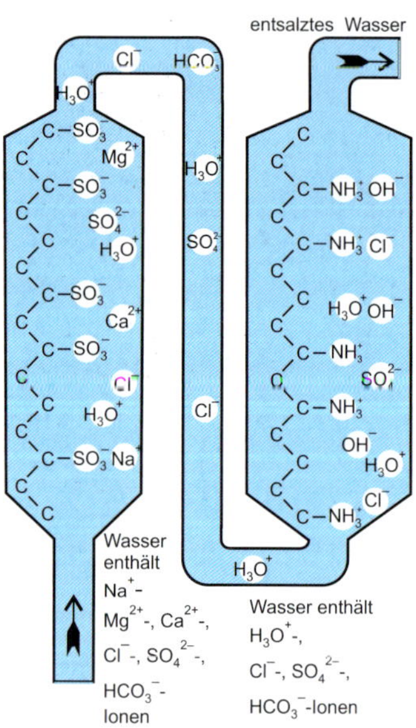

Die Wasserenthärtung durch Ionenaustauscher.

Auswirkungen der Wasserhärte

Beim Erhitzen über ca. 60 °C scheidet sich die temporäre Härte in Form von unlöslichem Calcium- und Magnesiumcarbonat ab, wodurch die Geräte (Heißwasserspeicher, Durchlauferhitzer, Waschmaschinen, Geschirrspüler, Kaffeemaschinen) rasch verkalken und ihre Heizelemente durchbrennen würden.
Auf der Wäsche führt die Ablagerung winziger scharfkantiger Kalkkristalle zu einem rascheren Durchscheuern der Fasern.

Die Gesamthärte wirkt sich vor allem beim Waschen mit Seife aus, da die Ca^{2+}- und Mg^{2+}-Ionen mit der Seife einen unlöslichen, nicht waschwirksamen Niederschlag („Kalkseife“) bilden, wodurch mehr Seife verbraucht und die Wäsche verschmutzt wird.

Wasser aus Gebieten mit wenig Kalkgestein weist nur eine sehr geringe Härte auf (0 °d bis 4 °d), es ist „weich“. Quellwasser aus Kalkgebirgen liegt meist im Bereich von 6 °d bis 15 °d, während Grundwasser aus Kalkschotter oft Werte über 30 °d erreicht.

Zum Enthärten des Wassers dienen verschiedene Verfahren:

- Enthärten mit **Natrium-Aluminium-Silicat**
  Natrium-Aluminium-Silicat (Handelsname *Sasil*, vom engl. *s*odium (= Natrium)-*a*luminium-*sil*icate) hat die Fähigkeit, Calcium- und Magnesium-Ionen aufzunehmen und dafür die bisher von ihm gebundenen Natriumionen abzugeben. Es wird in Waschmitteln eingesetzt (bis zu 40 %).
- Enthärten durch **Ionenaustauscher**
  Eine nahezu vollständige Entfernung aller gelösten Ionen kann durch Ionenaustauscher erreicht werden. Dazu dienen (meist in Form kleiner gelbbrauner Kügelchen hergestellte) Kunstharze, an deren Riesenmoleküle entweder saure ($–SO_3^-H^+$) oder basische Atomgruppen ($–NH_3^+OH^-$) gebunden sind.

  Fließt nun das Wasser zuerst durch den sauren Austauscher, so werden dort alle positiv geladenen Ionen (Ca^{2+}, Mg^{2+}, Na^+, …) gegen H_3O^+-Ionen ausgetauscht. Im darauf folgenden basischen Austauscher werden alle negativ geladenen Ionen (HCO_3^-, SO_4^{2-}, Cl^-, …) gegen OH^--Ionen ausgetauscht. Da die H_3O^+- und OH^--Ionen sofort zu H_2O reagieren, enthält das Wasser nun praktisch keine Ionen mehr, es wurde entionisiert.

  Der Austauscher ist erschöpft, wenn alle seine H^+- und OH^--Ionen ausgetauscht wurden. Er muss dann mit verdünnter Säure (H_3O^+ verdrängt die Metall-Ionen) bzw. mit verdünnter Natronlauge (OH^- verdrängt die negativ geladenen Ionen) regeneriert werden.
  In manchen Fällen, z. B. bei Geschirrspülern, genügt es, nur die härtebildenden Ionen (Ca^{2+} und Mg^{2+}) gegen Na^+-Ionen auszutauschen. Es findet dann nur ein Ionenaustauscher Verwendung, der mit Kochsalzlösung regeneriert wird.

Das früher in Waschmitteln enthaltene **Polyphosphat** (Pentanatriumtriphosphat) bildet mit den Calcium- und Magnesium-Ionen lösliche Verbindungen (Komplexe) und verhindert so die Ablagerung von Kalk. Nachteilig ist jedoch die Düngewirkung des Phosphats. Es wird von zweistufigen Kläranlagen nicht ausreichend beseitigt, gelangt in die Flüsse und führt zu deren Überdüngung. Daher wurde es weitgehend durch Natrium-Aluminium-Silicat ersetzt.

Die Abwasserreinigung

Je nach Herkunft des Abwassers ist eine grobe Unterscheidung möglich:

- **Haushaltsabwässer** setzen sich aus dem Gebrauchswasser der Wohnungen, aus dem Schmutzwasser durch Niederschläge und den Abwässern von Gewerbebetrieben zusammen.
- **Industrielle Abwässer** fallen als Kühl- und Waschwässer an und sind in der Regel mit Schadstoffen belastet, die für die jeweilige Industrie charakteristisch sind.

Abgesehen von der Schadstoffbelastung kann auch die durch Abwässer verursachte **Erwärmung** eines Flusses zum Problem werden, da die erhöhte Temperatur zu einer Verringerung des Sauerstoffgehaltes im Wasser und zu einer Störung biologischer Abläufe führen kann.

Bei fließenden Gewässern, die nur gering durch Abwässer belastet sind, tritt eine **natürliche Selbstreinigung** ein. Die im Wasser vorhandenen Mikroorganismen oxidieren die organischen Verbindungen unter Sauerstoffverbrauch und bilden phosphat- und stickstoffreiche Verbindungen. Diese sind meist wasserlöslich und in geringer Konzentration unschädlich.

Gelangt Phosphat in Flüsse und Seen, so fördert es das Wachstum von Pflanzen, vor allem von Grünalgen (Überdüngung = Eutrophierung). Diese Pflanzen, die einen Teil des Planktons bilden, werden nach ihrem Absterben durch Mikroorganismen oxidiert; dabei wird Sauerstoff verbraucht.
Ist das Wachstum der Algen zu üppig, so reicht der im Wasser gelöste Sauerstoff zum vollständigen Abbau nicht aus.
Nun können anaerobe Fäulnisbakterien wirksam werden, durch deren Tätigkeit Kohlenwasserstoffe – wie Methan – entstehen. Der Abbau von Eiweiß führt unter anderem zur Bildung von Dihydrogensulfid (Schwefelwasserstoff) und Ammoniak. Die natürliche Selbstreinigung des Wassers geht verloren, das Gewässer „kippt um".

Weitere Verschmutzungsfaktoren sind Treibstoffe, Motor- und Heizöle, die durch Unfälle und Sorglosigkeit in den Boden oder in Gewässer gelangen. Schon geringe Mengen dieser Stoffe führen zu einer bedrohlichen Verseuchung des Grundwassers. (1 L Heizöl macht 1 000 m^3 Wasser für den menschlichen Genuss unbrauchbar).

Insgesamt wurden in den letzten Jahrzehnten **große Anstrengungen** zur **Reinhaltung** der Gewässer unternommen. Während 1968 erst 3 % der Abwässer in zweistufigen Kläranlagen gereinigt wurden, stieg dieser Anteil bis 2000 auf rund 85 %.
Große Abwassermengen fallen auch bei der Eisen erzeugenden, der Zellstoff und Papier erzeugenden und der chemischen Industrie an.
Als Vergleichsbasis für die Abwassermenge wurde jene Verschmutzung gewählt, die von einem Einwohner im Durchschnitt verursacht wird (Einwohnerwert, EW).

Die Zellstoff- und Papierfabriken Österreichs verursachten 1980 zusammen eine Gewässerverschmutzung, die der von 10 Millionen Einwohnern entsprach. Durch Verfahrensumstellungen und die Errichtung von Kläranlagen war es möglich, die Abwasserbelastung bis zum Jahr 2000 auf rund 0,5 Millionen EW zu senken.

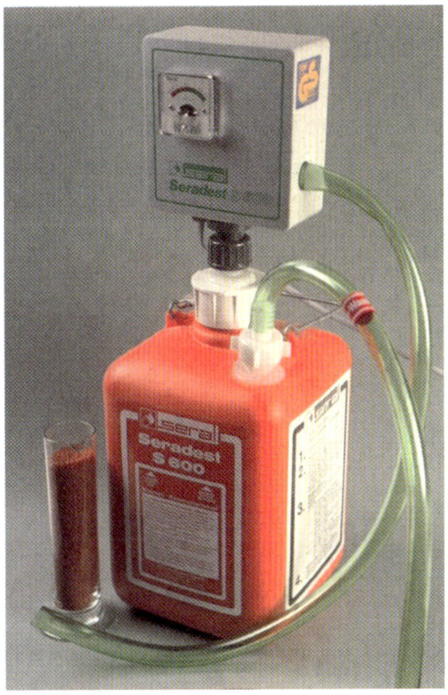

Laboranlage mit Ionenaustauscher zur Herstellung von reinem Wasser.
Der Kanister enthält das Ionenaustauscher-Harz, eine Probe davon befindet sich im Glaszylinder. Mit dem Leitfähigkeitsmessgerät auf dem Kanister wird die Wasserqualität überprüft.

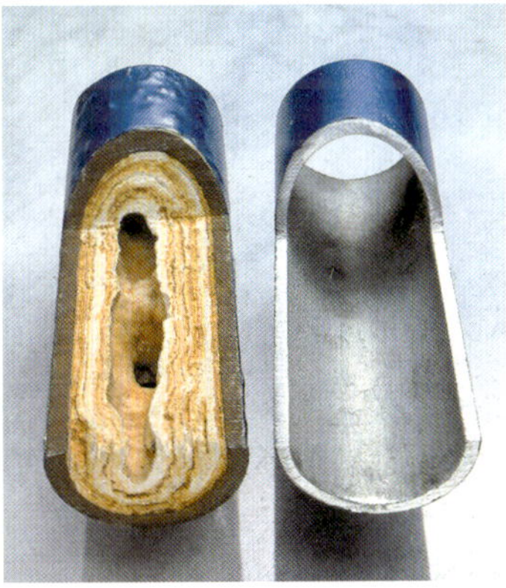

Durch hartes Wasser verkalkte Leitung

Das Reinigungsvermögen einer zweistufigen Kläranlage

Organische Stoffe	95 %
Stickstoffverbindungen	30 %
Phosphorverbindungen	30 %
Chlorid	0 %

Die Kläranlage Wien-Simmering
Reinigungskapazität über 500 000 m³ Abwasser pro Tag (4 Millionen EW)

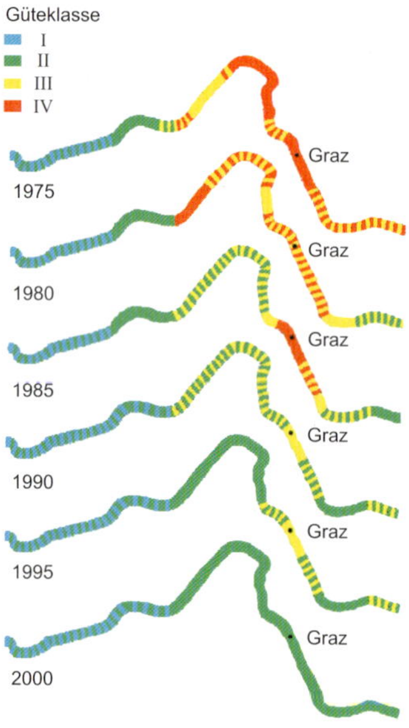

Die Verbesserung der Gewässergüte der Mur zwischen 1975 und 2000

Die Abwasserreinigung in Kläranlagen

Kläranlagen für Haushaltsabwässer bestehen aus bis zu drei Stufen. Zuerst werden in der **mechanische Stufe** Feststoffe durch Rechen und Absetzbecken, Öl durch einen Ölabscheider zurückgehalten.

In der darauf folgenden **biologischen Stufe** werden organische Schmutzstoffe durch Mikroorganismen abgebaut. Dafür sind verschiedene Verfahren im Einsatz.
Bei dem häufig verwendeten Belebtschlamm-Verfahren erfolgt die Klärung in gut durchlüfteten Becken mittels eines von Mikroorganismen belebten Schlammes. Der anfallende **Klärschlamm** wird entweder verbrannt oder in Faultürmen zu Biogas (Methan) und Dünger umgewandelt oder direkt als Dünger verwendet.

Enthält das Abwasser spezielle Verunreinigungen, so können diese noch in einer dritten, **chemischen Stufe** durch Zusatz geeigneter Chemikalien beseitigt werden, z. B. die Polyphosphate durch Ausfällen mit Eisensalzen.

Die Menge der im Wasser enthaltenen organischen Schmutzstoffe wird durch die Sauerstoffmenge, die zu ihrer Oxidation notwendig ist, angegeben. Durch vollständige Oxidation mit starken Oxidationsmitteln erhält man den *c*hemischen *S*auerstoff*b*edarf (CSB-Wert, auch TOC-Wert genannt, von engl. *t*otal *o*rganic *c*arbon).

Die im Wasser vorhandenen Mikroorganismen können den Schmutz nur relativ langsam und oft nur teilweise abbauen; man nimmt daher meist ihren *b*iologischen *S*auerstoff*b*edarf in fünf Tagen (BSB_5-Wert) als Vergleich. Je näher der BSB_5-Wert an den CSB-Wert herankommt, desto besser ist der Schmutz biologisch abbaubar.

Der Zustand der österreichischen Gewässer wird laufend kontrolliert und die Wasserqualität von Fließgewässern nach biologischen Kriterien (Vorkommen bestimmter Pflanzen- und Tierarten) in vier **Güteklassen** eingeteilt.

Die großen Anstrengungen zur Reinhaltung der Gewässer waren erfolgreich. 1970 hatten noch 17 % der Fließgewässer die Güteklassen III oder IV, im Jahr 2000 war dieser Anteil auf rund 1 % gesunken. Ein besonders erfreuliches Beispiel ist die Mur.

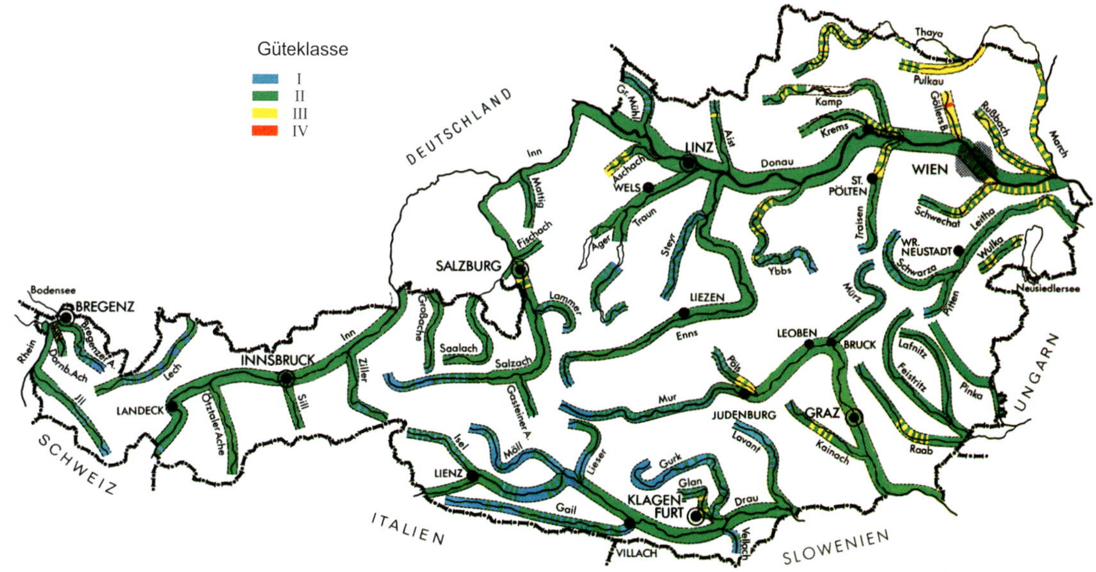

Gewässergütekarte Österreichs, Stand 2005

ÜBUNGEN

11.6 Zähle einige Maßnahmen auf, durch die es möglich ist, den Wasserverbrauch eines Haushaltes ohne Komfortverlust zu verringern.

11.7 Warum ist es sinnvoll, den Heißwasserspeicher (Boiler) so zu regeln, dass die Wassertemperatur 50 °C nicht übersteigt?

11.8 Der Begriff „Carbonathärte“ ist streng genommen nicht ganz korrekt. Wie müsste es besser heißen?

11.9 Wie viel Calciumhydrogencarbonat ist in einem Liter Wasser mit 10 °d enthalten?

11.10 Berechne die Härte des Mineralwassers, dessen Analyse auf Seite 121 abgebildet ist.

11.11 Woraus besteht das für Geschirrspüler benötigte „Regeneriersalz“?

11.12 Zur Finanzierung von Umweltschutzmaßnahmen wird oft das „Verursacherprinzip“ herangezogen. Welche Probleme kann das für stark exportorientierte Industriezweige wie die Papierindustrie mit sich bringen?

11.13 Warum ist die Gefahr einer Sauerstoffverknappung und damit des „Umkippens“ bei Seen wesentlich größer als bei Flüssen?

12. Edelgase

Zu den Edelgasen (18. Gruppe) zählen **Helium**, **Neon**, **Argon**, **Krypton**, **Xenon** und **Radon**.

Auf der Suche nach der „Verunreinigung“ des Stickstoffs (siehe Seite 109) fanden RAYLEIGH und RAMSAY 1894 das in der Luft am meisten vorhandene Edelgas. Da dieses Element keinerlei chemische Reaktionen einging, nannten sie es Argon (= das Träge).
Mit so außergewöhnlichen Eigenschaften konnte Argon kaum alleine im Periodensystem stehen und so folgte eine intensive Suche nach verwandten Elementen, die bis zum Jahr 1900 abgeschlossen war.

THE NEW GAS

A large audience assembled yesterday in the theatre of the University of London to hear Professor Ramsay read the paper on “Argon, a new constituent of the atmosphere” communicated to the Royal Society by Lord Rayleigh and himself.

In a former paper it had been shown that nitrogen obtained from chemical compounds is about ½ per cent lighter than atmospheric nitrogen. …

So stand es in der *Times*.

WILLIAM RAMSAY (1852–1916); englischer Chemiker.
JOHN RAYLEIGH (1842–1919); englischer Physiker.

Die physikalischen Daten der Edelgase:

	Helium	Neon	Argon	Krypton	Xenon	Radon
Symbol	He	Ne	Ar	Kr	Xe	Rn
Ordnungszahl	2	10	18	36	54	86
Atommasse	4,0026 u	20,183 u	39,948 u	83,8 u	131,3 u	222 u
Schmelztemp.	– 272,2 °C	– 248,7 °C	– 189,4 °C	– 157,2 °C	– 111,9 °C	– 71 °C
Siedetemp.	– 268,9 °C	– 245,9 °C	– 185,9 °C	– 153,2 °C	– 108,1 °C	– 61,8 °C
Dichte g/dm^3	0,17845	0,9002	1,7824	3,744	5,851	9,73

argos (griech.) = untätig, träge
neos (griech.) = neu
helios (griech.) = Sonne
kryptos (griech.) = verborgen
xenos (griech.) = fremd

Mit Ausnahme des radioaktiven Radons, das in manchen Thermalquellen (z. B. Gastein) vorkommt, enthält die Luft alle Edelgase in geringen Mengen (siehe Seite 109). Durch Destillation der Luft werden sie gewonnen.

Alle Edelgase sind farb-, geruch- und geschmacklose Gase, deren Siede- und Schmelztemperaturen wegen der schwachen Van-der-Waals-Kräfte zwischen den Atomen sehr tief liegen (siehe Seite 48).

Helium findet sich außerdem im Erdgas mancher amerikanischer Lagerstätten (bis zu 7 %) und als Einschluss in den Kristallen einiger Mineralien. Es stammt vom Zerfall radioaktiver Elemente in den Gesteinen.
Große Mengen Helium sind auf der Sonne vorhanden, wo es durch Kernfusion aus Wasserstoff gebildet wird. Auf Grund seiner Spektrallinien wurde es zuerst auf der Sonne festgestellt und erst 25 Jahre später auf der Erde entdeckt.

Die bunten Lichter der Großstadt – auf Basis edelgasgefüllter Gasentladungsröhren.

Helium wird erst knapp über dem absoluten Nullpunkt flüssig und besitzt eine extrem gute Wärmeleitfähigkeit. Flüssiges Helium dient daher als Kühlmittel in der Tieftemperaturphysik. Bei diesen tiefen Temperaturen haben einige Metalle und Legierungen keinen elektrischen Widerstand mehr, sie sind supraleitend. Dieser Effekt wird unter anderem zur Herstellung sehr starker Elektromagnete, wie sie beispielsweise für die Kernfusion benötigt werden, genutzt.

Weiters wird Helium zum Füllen von Luftballons und – mit 20 % Sauerstoff – als „Heliumluft“ zum Tauchen in Tiefen bis 100 m verwendet (Vermeidung der lebensgefährlichen Taucherkrankheit bei zu raschem Auftauchen).

Neon sendet rote Spektrallinien aus, wenn man es in ein Glasrohr einschließt und eine hohe Spannung anlegt. Dieser Effekt wird in den Neonröhren für Lichtreklamen ausgenutzt.

Argon ist das am häufigsten in der Luft vorkommende und daher billigste Edelgas. Als **Schutzgas** beim Schweißen und in Glühlampen verhindert es Oxidationen. Auch als Füllgas für Leuchtstoffröhren wird es verwendet.

Krypton dient ebenfalls als Füllgas für Glühlampen. Da es eine schlechtere Wärmeleitfähigkeit als das Argon hat, genügt schon eine geringere Stromstärke, um den Glühfaden zum Leuchten zu bringen; der Wirkungsgrad dieser Lampen ist daher höher. Bei besonders gut wärmeisolierenden Fensterverglasungen wird es als Isoliergas verwendet.

Xenon ist in lichtstarken Speziallampen und in den Röhren der Elektronenblitzgeräte enthalten.

Radon entsteht als Zwischenprodukt des radioaktiven Zerfalls von Uran und Thorium. Das langlebigste Isotop ^{222}Rn hat eine Halbwertszeit von 3,8 Tagen. Die Zerfallsprodukte (Po-, Pb- und Bi-Isotope) sind ebenfalls stark radioaktiv und reichern sich, an Staub gebunden, in der Lunge an. Bei ungünstigen geologischen Bedingungen kann aus dem Boden sickerndes Radon zu einem gesundheitlichen Problem werden, das aber durch fugenlos dichte Kellerwände entschärft werden kann.

Durch ihre Elektronenanordnung sind Edelgase äußerst reaktionsträge und kommen elementar nur in Form von Einzelatomen vor. Lange Zeit glaubte man auch, sie gingen keinerlei chemische Reaktionen ein, bis es 1962 gelang, Verbindungen von Fluor mit Xenon, später auch mit Krypton herzustellen.
Heute kennt man eine Reihe von Verbindungen (z. B. XeF_2, XeF_4, XeF_6, XeO_4, KrF_2, KrF_4), die aber keine praktische Bedeutung besitzen.

ÜBUNGEN

12.1 Warum wurden die Edelgase als letzte Elementgruppe entdeckt?

12.2 Was könnte der Grund dafür sein, dass nur Edelgase mit großen Atomen (Xe, Kr) Verbindungen eingehen, und auch das nur mit Fluor oder Sauerstoff?

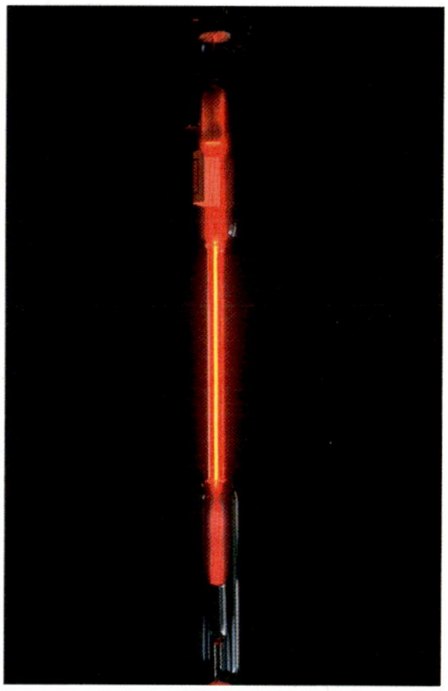

Eine mit Neon gefüllte Gasentladungsröhre sendet intensives rotes Licht aus.

Argon wird, in Gemischen mit Kohlenstoffdioxid, als Schutzgas beim Elektroschweißen verwendet.

Besonders hohe Lungenkrebsrate in Umhausen

Tiroler Gemeinde ist radioaktiv verseucht

Umweltalarm in Tirol: In Ortsteilen der Gemeinde Umhausen bei Imst wurden alarmierend hohe Werte von radioaktivem Radon gemessen. Gleichzeitig ist die Todesrate an Lungenkrebs dort fünfmal höher als im österreichischen Durchschnitt! Jetzt müssen rund 50 Häuser gegen den strahlenden Boden abgedichtet werden.

Radon als Problem in einer Ortschaft des Ötztales.

13. Halogene

Der Name Flussspat, von dem sich auch der Name des Elements herleitet, stammt von der Verwendung des Minerals als Flussmittel für Schlacken bei der Metallgewinnung.

halogen (griech.) = Salzbildner
fluere (lat.) = fließen
chloros (griech.) = gelbgrün
iodes (griech.) = veilchenfarbig
bromos (griech.) = Gestank
astatin (griech.) = das Unbeständige

Chlor, Brom und Iod

Die **Halogene** bilden die **17. Gruppe** des Periodensystems und sind ein gutes Beispiel für die gleichmäßige Änderung der Eigenschaften innerhalb einer Gruppe des Periodensystems.

Bei Zimmertemperatur sind Fluor und Chlor Gase, Brom ist eine dunkelbraune Flüssigkeit mit rotbraunen Dämpfen und Iod ein blauschwarzer, metallisch glänzender Feststoff, der beim Erwärmen in violette Dämpfe übergeht.

Die **Elektronegativität** der Elemente und damit ihre **Reaktionsfähigkeit** nimmt vom Fluor zum Iod hin ab.
Die **Säurestärke** der **Halogenwasserstoffe** nimmt von HF zu HI zu, (siehe Seite 75), die **Festigkeit der Bindung** von HF zu HI ab (siehe Seite 47).

Physikalische und chemische Eigenschaften der Halogene:

	Fluor	Chlor	Brom	Iod	Astat
Symbol	F	Cl	Br	I	At
Ordnungszahl	9	17	35	53	85
Atommasse	18,9984 u	35,453 u	79,909 u	126,9044 u	210 u
Schmelztemp.	– 217,96 °C	–101,0 °C	– 8,25 °C	+ 113,6 °C	–
Siedetemp.	– 187,92 °C	– 34,06 °C	+ 58,78 °C	+ 184,35 °C	–
Dichte	1,695 g/dm³	3,214 g/dm³	3,119 kg/dm³	4,932 kg/dm³	–
Elektroneg.	4,0	3,0	2,8	2,5	2,2
Oxidations-zahlen	– I	– I, +I, +III, +V, +VII	– I, +I, +III, +V	– I, +I, +III, +V, +VII	–

Alle Halogene bilden zweiatomigen Molekülen: F_2, Cl_2, Br_2 und I_2.

Wegen ihrer **großen Reaktionsfähigkeit** kommen sie in der Natur nur chemisch gebunden vor.

13.1 Fluor

Das Mineral Flussspat kommt in der Natur manchmal in Form schöner würfelförmiger Kristalle vor.

Fluor ist in den Mineralien Fluorit (Flussspat, CaF_2), Kryolith Na_3AlF_6 und Apatit 3 $Ca_3(PO_4)_2 \cdot Ca(Cl,F,OH)_2$ enthalten.
Elementares Fluor wird durch Elektrolyse von geschmolzenen oder in wasserfreiem Hydrogenfluorid (Fluorwasserstoff) gelösten Fluoriden gewonnen.

Fluor ist das am stärksten elektronegative und daher reaktionsfähigste Element. Es verbindet sich mit fast allen anderen Elementen zu Fluoriden, reagiert mit Wasserstoff auch noch bei – 200 °C explosionsartig und verdrängt die anderen Halogene und Sauerstoff aus ihren Verbindungen mit Wasserstoff und den Metallen, z. B.:

$$2\,H_2O + 2\,F_2 \rightarrow 4\,HF + O_2$$

Verwendet wird es zur Herstellung fluorhaltiger organischer Verbindungen, z. B. Teflon (Bratpfannenbelag) und zur Herstellung von Uranhexafluorid UF_6 für die Trennung der Uranisotope.

Die **Flusssäure** ist eine Lösung von Hydrogenfluorid (Fluorwasserstoff) HF in Wasser. Sie ist eine mittelstarke Säure, sehr giftig und ätzt Glas und andere Silicate unter Bildung von gasförmigem SiF_4:

$$SiO_2 + 4\,HF \rightarrow SiF_4 + 2\,H_2O$$

Sie dient zum Ätzen von Glas und zur Herstellung anderer Fluorverbindungen.
Fluoride sind die Salze der Flusssäure. Natriumfluorid ist giftig, in winzigen Mengen dient es allerdings der Kariesvorbeugung (Fluortabletten). Das Natriumhexafluoroaluminat Na_3AlF_6 (Kryolith) wird bei der Aluminiumgewinnung benötigt (siehe Seite 168).

Chlorgas ist ein starkes Bleichmittel.

13.2 Chlor

Elementares Chlor kann im Laborversuch durch Oxidation von Salzsäure mit Kaliumpermanganat (Redoxreaktion, siehe Seite 89) hergestellt werden. Technisch gewinnt man es durch Elektrolyse von Natriumchloridlösung (siehe Seite 102, Werk in Brückl/Kärnten).

Chlor ist ein gelbgrünes, stechend riechendes Gas, schwerer als Luft, sehr reaktionsfähig und daher giftig.

Es zählt zu den wichtigsten Grundstoffen der chemischen Industrie. Zur Herstellung sehr vieler anorganischer und organischer Chlorverbindungen wird elementares Chlor benötigt. Da es sich auf Grund seiner Reaktionsfähigkeit mit vielen Farbstoffen verbindet und sie so zerstört, wird es als Bleichmittel verwendet. Außerdem dient es zur Desinfektion von Trink- und Schwimmbadwasser.

Natriumchlorid-Kristalle

Verbindungen des Chlors

Natriumchlorid – NaCl (Kochsalz, Steinsalz) ist die wichtigste Chlorverbindung.
Es findet sich in fester Form in Salzlagerstätten (Ablagerungen von Meeren früherer Erdzeitalter) und kommt gelöst in Natriumchloridquellen (Solequellen) und im Meerwasser vor (NaCl-Gehalt ca. 3 %).

In Österreich wird in Bad Aussee, Bad Ischl und Hallstatt Natriumchlorid gewonnen. Dazu wird das Salzgestein („Haselgebirge") mit Wasser ausgelaugt und die entstandene gesättigte Lösung (Sole) in Sudhütten eingedampft.

In Gebieten mit heißem, trockenem Klima wird Natriumchlorid in so genannten Salzgärten durch Verdunstung von Meerwasser gewonnen.

NaCl bildet würfelförmige Kristalle und löst sich leicht in Wasser.
Neben seiner Verwendung als wichtiger Rohstoff zur Gewinnung von Chlor und Natriumverbindungen dient es auch als Streusalz, Speisesalz und Konservierungsmittel.

Natriumchlorid ist im Körper Ausgangsstoff zur Bildung der Magensäure (0,3%ige Salzsäure). Die Amylase, das Enzym der Stärkespaltung, ist nur in Gegenwart von NaCl wirksam. Von großer Bedeutung ist NaCl für die Bindung von Wasser in Geweben und Körperflüssigkeiten.

Die Gefriertemperatur von Wasser wird durch Salz stark herabgesetzt. Deshalb verwendet man es im Winter als **Streusalz**. Dem Vorteil einer erhöhten Verkehrssicherheit stehen allerdings gewichtige Nachteile gegenüber: Streusalz fördert die Korrosion an Autos und Brücken und beeinträchtigt den Pflanzenwuchs, was unter anderem zum Absterben von Alleebäumen führt. In vielen Städten wird daher, außer in Extremsituationen, kein Streusalz mehr eingesetzt. Auf Überlandstraßen kann jedoch aus Gründen der Verkehrssicherheit nicht darauf verzichtet werden.

NaCl wird durch	zu folgenden Stoffen verarbeitet:	
Elektrolyse	Natriumhydroxid	NaOH
	Wasserstoff	H_2
	Chlor	Cl_2
(aus Elektrolyse)	Natriumhypochlorit	NaClO
(aus Elektrolyse)	Natriumchlorat	$NaClO_3$
Schmelzflusselektrolyse	Natrium	Na
	Chlor	Cl_2
Solvay-Verfahren	Natriumhydrogencarbonat	$NaHCO_3$
	Natriumcarbonat	Na_2CO_3
	Calciumchlorid	$CaCl_2$
Schwefelsäure	Natriumsulfat	Na_2SO_4
	Chlorwasserstoff	HCl

Die Löslichkeit von Hydrogenchlorid in Wasser
Da Wasser ein sehr gutes Lösungsmittel für Hydrogenchlorid ist, bildet sich ein Unterdruck, sobald einige Tropfen Wasser aus der Glasrohrspitze austreten.

Weitere wichtige Chlorverbindungen

Kaliumchlorid (KCl) ist Rohstoff für andere Kaliumverbindungen und Bestandteil vieler Kalidüngersalze.

Calciumchlorid ($CaCl_2$) ist ein Nebenprodukt der Sodafabriken (Solvay-Verfahren, Seite 148). Im Labor wird es als Trocknungsmittel eingesetzt.

Hydrogenchlorid (Chlorwasserstoff)
Wasserstoff verbindet sich mit Chlor zu Hydrogenchlorid:

$$H_2 + Cl_2 \rightarrow 2\,HCl \qquad \Delta H = -184{,}6\ kJ$$

Die **Chlorknallgasreaktion** ist eine fotochemische Reaktion. Die Energie des Lichtes dient hier zur Auslösung der Reaktion (Aktivierungsenergie), die anschließend stark exotherm verläuft.
Es handelt sich um eine Radikalkettenreaktion (siehe auch Seite 58):

Startreaktion:	Cl – Cl (reaktionsträge)			$\xrightarrow{\text{Lichtenergie}}$	2 Cl • (reaktionsfreudig)		
Kettenreaktion:	Cl •	+	H – H	→	H – Cl	+	H •
	H •	+	Cl – Cl	→	H – Cl	+	Cl •
Kettenabbruch:	H •	+	Cl •	→	H – Cl		

Hydrogenchlorid kann durch Reaktion von Kochsalz mit konzentrierter Schwefelsäure oder durch direkte „Verbrennung“ von Wasserstoff in Chlor gewonnen werden.
Es löst sich sehr gut in Wasser (bei 20 °C nimmt 1 dm^3 Wasser 450 dm^3 Hydrogenchlorid auf) und bildet dabei die Salzsäure.

Salzsäure ist eine starke Säure (Seite 68) und ein wichtiger Grundstoff der chemischen Industrie.

Chlorsauerstoffverbindungen

Es gibt eine Reihe von Oxiden des Chlors. Sie sind sehr unbeständig, ClO_2 zum Beispiel explodiert schon beim schwachen Erwärmen.
Mit Wasser ergeben die verschiedenen Chloroxide Säuren (siehe auch Seite 76), wobei Chlor in unterschiedlichen Oxidationszahlen auftritt.

Die Sauerstoffsäuren des Chlors:

Säuren		Salze
hypochlorige Säure	HClO	Hypochlorite
chlorige Säure	$HClO_2$	Chlorite
Chlorsäure	$HClO_3$	Chlorate
Perchlorsäure	$HClO_4$	Perchlorate

Die **hypochlorige Säure** und ihre Salze sind sehr unbeständig. Sie zerfallen leicht in Salzsäure und Sauerstoff:

$$HClO \rightarrow HCl + O\bullet$$

Der bei dieser Reaktion nach und nach frei werdende atomare Sauerstoff hat bleichende und desinfizierende Wirkung (siehe Seite 108). Darauf beruht die Verwendung von Hypochloriten zur Desinfektion von Trink- und Badewasser.

Die **chlorige Säure** und ihre Salze, die Chlorite, dienen als Bleichmittel. Die **Chlorsäure** und die **Perchlorsäure** sowie ihre Salze, die Chlorate und Perchlorate sind starke Oxidationsmittel, sie spalten leicht Sauerstoff ab.

13.3 Brom

Bromide (Salze des HBr) sind in kleinen Mengen im Meerwasser gelöst, angereichert finden sie sich in den Abraumsalzen (obersten Schichten) mancher Salzlagerstätten.

Durch Reaktion mit Chlor wird aus ihren Lösungen Brom gewonnen:

$$2\,KBr + Cl_2 \rightarrow Br_2 + 2\,KCl$$

Auch Brom ist sehr reaktionsfähig und stark giftig, seine Verbindungen sind denen des Chlors sehr ähnlich.

NaBr und KBr werden in der Medizin als Beruhigungsmittel verwendet, Silberbromid AgBr ist lichtempfindlich (Zerfall zu feinverteiltem, schwarzem Silber) und in Filmen und Fotopapier enthalten.

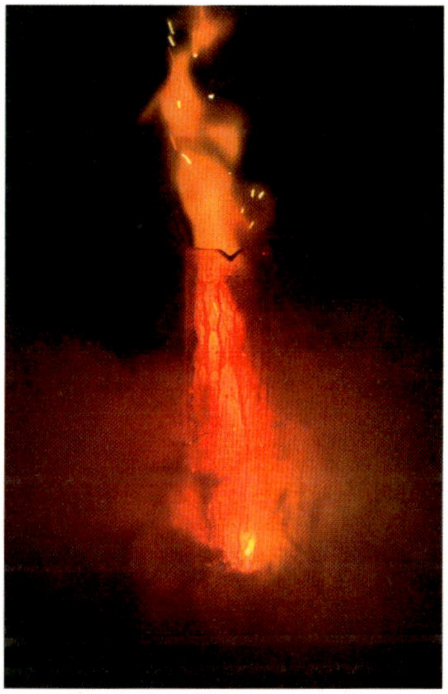

Brom reagiert heftig mit Aluminium

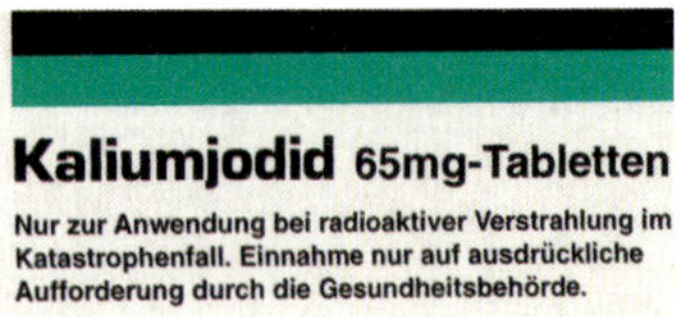

Kaliumiodid-Tabletten für den Katastrophenfall
Besonders heimtückisch sind radioaktive Stoffe, wenn sie vom Körper aufgenommen werden, da dann die von ihnen ausgehende Strahlung voll zur Wirkung kommt. Dies ist besonders der Fall, wenn die radioaktiven Atome den Organismus nicht nur im Zuge des Stoffwechsels passieren und dabei nach relativ kurzer Zeit wieder ausgeschieden werden, sondern in körpereigene Substanz eingebaut werden. Darauf beruht die Gefährlichkeit der radioaktiven Nuklide ^{90}Sr, ^{131}I und ^{137}Cs, die bei Unfällen in Atomreaktoren oder durch Kernwaffenexplosionen in die Umwelt gelangen können. Strontium ist chemisch dem Calcium sehr ähnlich und wird daher statt diesem in den Knochen eingebaut, Caesium ist dem Natrium ähnlich und daher in den Körperflüssigkeiten vorhanden. ^{131}I wird in der Schilddrüse angesammelt. Dieser Effekt kann vermindert werden, wenn dem Körper ein Überschuss an nicht radioaktivem Iod (Kaliumiodid-Tabletten) zur Verfügung gestellt wird.

13.4 Iod

Iodverbindungen finden sich angereichert im Seetang. Aus dessen Asche wird es durch Reaktion mit Chlor gewonnen:

$$2\,NaI + Cl_2 \rightarrow I_2 + 2\,NaCl$$

Elementares Iod bildet grauschwarze, metallisch glänzende Kristalle, beim Erwärmen entsteht violetter Ioddampf.
In reinem Wasser löst es sich kaum, bei Zugabe von Kaliumiodid jedoch leicht mit brauner Farbe. Iodlösung ergibt mit Stärke eine Blaufärbung, was zum Nachweis von Iod oder Stärke ausgenutzt wird. Lösungen von Iod in Alkohol dienten früher zur Wunddesinfektion (Iodtinktur).

Iodide werden vom Organismus zum Aufbau des Schilddrüsenhormons benötigt. Ein Mangel führt zu Schilddrüsenwucherungen (Kropf), daher werden dem Kochsalz kleine Mengen NaI beigegeben (iodiertes Kochsalz).

ÜBUNGEN

13.1 Das Element Fluor tritt nur in zwei Oxidationszahlen auf. Nenne diese Oxidationszahlen und gib an, wo sie auftreten.

13.2 Die Schmelz- und Siedetemperaturen der Halogene steigen vom Fluor zum Iod hin an. Wie ist dieser Effekt zu erklären?

13.3 Die Elektronegativität und damit die Reaktionsfähigkeit der Halogene sinkt vom Fluor zum Iod hin ab. Wie lässt sich dies durch den Atomaufbau erklären?

13.4 Chlor wird durch Elektrolyse von NaCl-Lösung gewonnen. Bei der Elektrolyse von NaF-Lösung wird jedoch kein Fluor, sondern Sauerstoff erhalten. Was könnte der Grund dafür sein?

13.5 Hydrogenfluorid (Fluorwasserstoff) wird durch Reaktion von Flussspat mit konzentrierter Schwefelsäure hergestellt. Formuliere die Reaktionsgleichung. Reaktionstyp?

13.6 Ergänze: $KI + Br_2 \rightarrow \ldots$ Welcher Reaktionstyp liegt vor?

13.7 Hydrogenchlorid kann durch Reaktion von Natriumchlorid mit konzentrierter Schwefelsäure hergestellt werden, als Nebenprodukt entsteht Natriumhydrogensulfat. Formuliere die Reaktionsgleichung und gib an, welcher Reaktionstyp vorliegt.

13.8 Wie ändert sich in der Reihe der Halogenwasserstoffverbindungen von HF zu HI die Bindungsenergie? Wie die Säurestärke? Erkläre die Effekte.

13.9 Was könnte der Grund dafür sein, dass sich Hydrogenchlorid in Wasser sehr gut löst, Wasserstoff hingegen kaum?

13.10 In der Reihe der Sauerstoffsäuren des Chlors ist die hypochlorige Säure die schwächste, die Perchlorsäure die stärkste Säure. Welche Erklärung gibt es dafür?

13.11 In welchen Verbindungen hat Chlor positive Oxidationszahlen?

13.12 Welche der folgenden Substanzen leiten Strom: festes Natriumchlorid, in Wasser gelöstes Natriumfluorid, flüssiges Brom, gasförmiges Hydrogenchlorid, geschmolzenes Magnesiumchlorid, in Wasser gelöstes Hydrogenbromid.

13.13 Bestimme die Formeln der folgenden Verbindungen: Calciumbromid, Kaliumfluorid, Aluminiumchlorid, Kupfer(I)-chlorid, Natriumhypochlorit, Magnesiumperchlorat.

13.14 Benenne die folgenden Substanzen: NaI, $LiClO_3$, MgF_2, KClO

14. Schwefel

Schwefel ist ein Element der **16. Gruppe**, die außerdem die Elemente **Sauerstoff**, **Selen**, **Tellur** und **Polonium** umfasst. Sie werden auch Chalkogene, d. h. Erzbildner genannt, da viele Erze Verbindungen von Metallen mit Sauerstoff oder Schwefel sind.

Innerhalb der Gruppe steigt der Metallcharakter mit zunehmender Ordnungszahl: Sauerstoff und Schwefel sind Nichtmetalle, Selen und Tellur Halbmetalle, Polonium ist ein Metall.

Schwefel kommt in der Natur in elementarer Form und gebunden in den Sulfiden und Sulfaten vor. Die größten Schwefellager befinden sich im Golf von Mexiko, in Japan und Italien. Die wichtigsten mineralischen Schwefelverbindungen sind Pyrit (FeS_2), Zinkblende (ZnS) sowie Gips ($CaSO_4 \cdot 2\,H_2O$) und Kieserit ($MgSO_4 \cdot H_2O$).
Kleine Mengen an gebundenem Schwefel sind in allen tierischen und pflanzlichen Organismen im Eiweiß enthalten.

Gewonnen wird er entweder durch Ausschmelzen von schwefelhaltigem Gestein mit überhitztem Wasserdampf oder bei der Entschwefelung von Erdölprodukten in der Raffinerie.

Schwefel ist ein gelber Feststoff. Da er unpolar ist, löst er sich nicht in Wasser, sondern nur in unpolaren Flüssigkeiten wie z. B. Kohlenstoffdisulfid (Schwefelkohlenstoff) CS_2.

Innerhalb bestimmter Temperaturbereiche tritt Schwefel in verschiedenen **Modifikationen** (Erscheinungsformen) auf.
Im festen Schwefel existieren Moleküle, in denen jeweils acht Schwefelatome zu einem S_8-Ring verknüpft sind.

Diese Ringe lassen sich auch noch in der dünnflüssigen, gelben Schmelze unterhalb 160 °C nachweisen. In dem Augenblick, in dem die Schmelze schlagartig zähflüssig und dunkelbraun wird, brechen die S_8-Ringe auf und bilden kurze, kettenförmige sich zu langen Ketten, bestehend aus tausenden von Schwefelatomen, vereinigen. Es entstehen Riesenmoleküle (Makromoleküle).
Zwischen diesen Ketten wirken Kräfte, die eine Verringerung der Beweglichkeit der Moleküle verursachen (Van-der-Waals-Kräfte, siehe Seite 48).

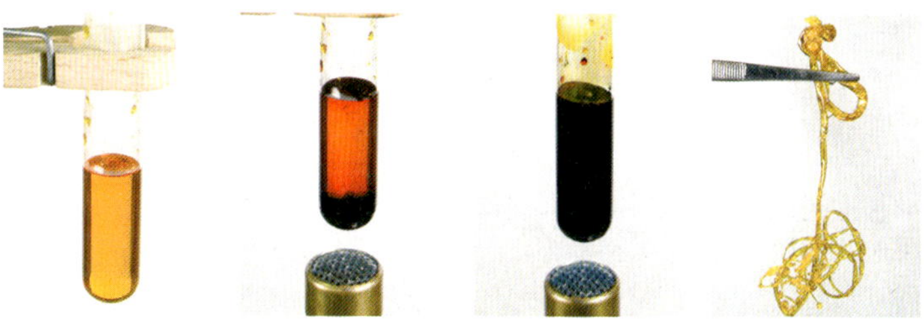

Erhitzen von Schwefel

Wird makromolekularer Schwefel weiter erhitzt, so zerreißen die langen Ketten infolge der sich verstärkenden Wärmebewegungen; es entstehen kleinere Bruchstücke, die leichter beweglich sind. Dies zeigt sich in der Abnahme der Zähigkeit (Viskosität) der Schmelze. Oberhalb 800 °C liegen S_2-Moleküle vor.

SCHWEFEL

Symbol	S
Ordnungszahl	16
Atommasse	32,0645 u
Schmelztemperatur	119 °C
Siedetemperatur	444 °C
Dichte	2,07 kg/dm³
Oxidationszahl	– II; + IV, + VI

sulfur (lat.) = Schwefel

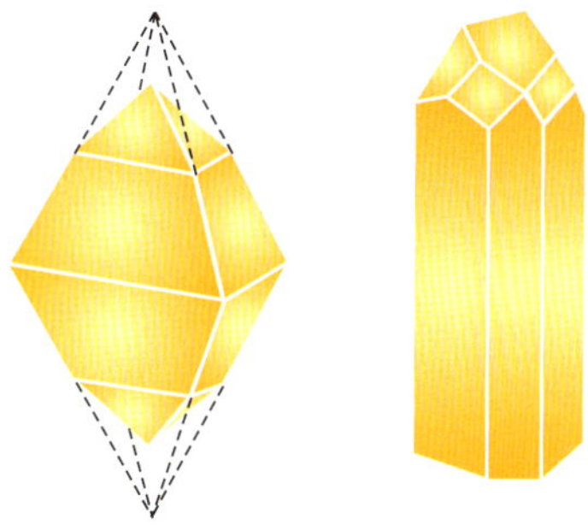

Schwefel kristallisiert in rhombischer Form (α-Schwefel) oder in monokliner Form (β-Schwefel).

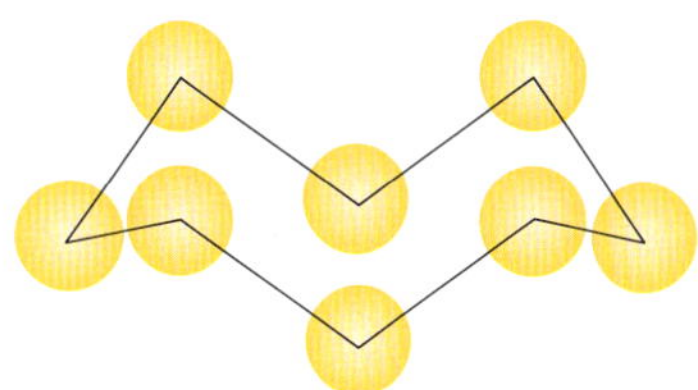

Stäbchenmodell von S_8-Molekülen
Das S_8-Molekül ist unterhalb 160 °C beständig. Oberhalb 160 °C entstehen aus den Ringen unterschiedlich lange Ketten.

In reinem Sauerstoff brennt Schwefel mit weißblauer Flamme.

Durch rasches Abkühlen von heißem, dünnflüssigem Schwefel entsteht eine braune, gummiartig-elastische Masse (plastischer Schwefel). Die Makromoleküle bleiben dabei erhalten, es tritt keine Ordnung zu Kristallen ein. Erst nach einigen Stunden entstehen die bei Raumtemperatur beständigen Molekülformen und Kristalle.

Schwefelkristalle aus dem Labor und aus der Natur.

Elementarer Schwefel wird in großen Mengen zum Vulkanisieren von Kautschuk (Autoreifenherstellung) und zur Herstellung von Schwefelsäure und Schwefelkohlenstoff verwendet.

Dihydrogensulfid (Schwefelwasserstoff) – H_2S

$$H_2 + S \rightleftarrows H_2S \quad \Delta H = -20{,}1\,kJ$$

Schwefeldampf reagiert (bei ca. 500 °C) mit Wasserstoff zu Schwefelwasserstoff. Beim Erhitzen auf hohe Temperaturen (ca. 800 °C) zerfällt er wieder.
Bei Zimmertemperatur ist Dihydrogensulfid gasförmig und riecht nach faulen Eiern. Selbst bei großer Verdünnung ist der unangenehme Geruch noch merkbar. H_2S ist stark giftig.

Eisensulfid FeS reagiert mit Salzsäure – Hydrogensulfid entsteht.

Er entsteht in der Natur beim Verfaulen eiweißhaltiger Stoffe durch die Tätigkeit von Bakterien (Faulschlamm, Abwasser, Jauchegruben, verdorbenes Fleisch). In Gebieten mit (früherer) vulkanischer Aktivität entströmt er als Gas oder in Wasser gelöst dem Erdboden.

Die Lösung von H_2S in Wasser ist eine schwache zweiprotonige Säure, ihre Salze heißen **Sulfide**.

$$H_2S + H_2O \rightleftarrows HS^- + H_3O^+$$
$$HS^- + H_2O \rightleftarrows S^{2-} + H_3O^+$$

Metallsulfide sind wichtige **Erze**, z. B. Kupferkies $CuFeS_2$, Bleiglanz PbS und Zinkblende ZnS.
Sie werden zuerst „geröstet" (mit Sauerstoff erhitzt). Dabei entstehen die Metalloxide und SO_2.
Aus den Metalloxiden wird anschließend durch Reduktion das reine Metall gewonnen, aus SO_2 wird Schwefelsäure hergestellt.
Ein Beispiel dafür ist die Verhüttung von Zinkblende:

$$2\,ZnS + 3\,O_2 \rightarrow \underset{\displaystyle Zn}{\underset{\downarrow}{2\,ZnO}} + \underset{\displaystyle H_2SO_4}{\underset{\downarrow}{2\,SO_2}}$$

Schwefeldioxid – SO_2

Schwefeldioxid entsteht bei der Verbrennung von Schwefel oder schwefelhaltigen Brennstoffen. Wegen seiner bakterientötenden Wirkung dient Schwefeldioxid als Konservierungsmittel für Wein und Trockenfrüchte („Schwefeln" von Wein, Rosinen, ...).

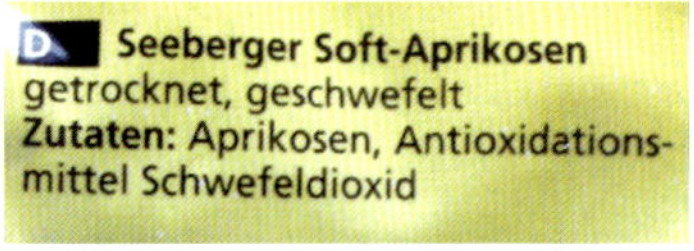

Schwefeldioxid dient als Bleich- und Konservierungsmittel in Lebensmitteln.

Schweflige Säure – H_2SO_3

Schwefeldioxid ist gut in Wasser löslich, wobei ein Teil der Moleküle mit Wasser zu schwefliger Säure reagiert.

$$SO_2 + H_2O \rightleftarrows H_2SO_3 \quad \text{schweflige Säure}$$

Die schweflige Säure ist eine zweiprotonige Säure. Die Reaktion von SO_2 in wässriger Lösung erfolgt in zwei Stufen:

1. Stufe: $SO_2 + 2\ H_2O \rightleftarrows H_3O^+ + HSO_3^-$ Hydrogensulfit-Ion
2. Stufe: $HSO_3^- + H_2O \rightleftarrows H_3O^+ + SO_3^{2-}$ Sulfit-Ion

Die schweflige Säure ist nicht beständig. Sie nimmt langsam Luftsauerstoff auf und wird zu Schwefelsäure oxidiert. Sie wirkt stark reduzierend und ist ein gutes Bleichmittel für Wolle, Seide und Stroh.

Schwefelsäure – H_2SO_4

Beim Verbrennen des Schwefels entsteht neben dem farblosen Schwefeldioxid immer eine kleine Menge eines zweiten Schwefeloxids, das an der Bildung von weißem Rauch zu erkennen ist, das **Schwefeltrioxid** SO_3.

Mit Wasser reagiert Schwefeltrioxid zu **Schwefelsäure**.

$$SO_3 + H_2O \rightarrow H_2SO_4$$

Die großtechnische Herstellung von Schwefelsäure erfolgt im **Kontaktverfahren**. Schwefeltrioxid wird durch Verbrennen von Schwefel oder Rösten von sulfidischen Erzen und anschließender Oxidation des Schwefeldioxids an einem Vanadiumpentoxid-Katalysator hergestellt.

$$2\ \overset{+IV}{S}O_2 + O_2 \xrightarrow{V_2O_5} 2\ \overset{+VI}{S}O_3$$

Die in konzentrierter Schwefelsäure vorliegenden H_2SO_4-Moleküle sind stark polar. Zusammen mit Wasser bilden sich in stark exothermer Reaktion hydratisierte Ionen. Wegen der starken Wärmeentwicklung ist beim Verdünnen von Schwefelsäure Vorsicht angebracht. Immer die Säure (unter Umrühren) in viel Wasser gießen!

Konzentrierte Schwefelsäure entzieht organischen Stoffen (z. B. Zucker) die Elemente des Wassers, wodurch diese Stoffe verkohlen. Wegen ihrer stark wasseranziehenden Wirkung wird sie im Labor als Trocknungsmittel verwendet.

In verdünnter Schwefelsäure wirken die H_3O^+-Ionen als Oxidationsmittel für unedle Metalle; es entsteht Wasserstoff und das entsprechende Metall-Ion. Heiße, konzentrierte Schwefelsäure kann jedoch auch edle Metalle wie Kupfer, Quecksilber und Silber oxidieren. Dabei wird die Schwefelsäure zu schwefliger Säure reduziert (diese zerfällt in SO_2 und H_2O), das zunächst entstehende Metalloxid ergibt mit weiterer Schwefelsäure ein Sulfat.

Die Schwefelsäure zählt zu den wichtigsten anorganischen Säuren und ist in zahlreichen chemischen Prozessen notwendig.

In konzentrierter Schwefelsäure verkohlt Zucker schon nach kurzer Zeit.

SCHWEFELSÄURE
- ➔ Düngemittelherstellung
- ➔ Herstellung von Viskosefasern
- ➔ Erzaufbereitung
- ➔ Herstellung von Kunststoffen
- ➔ Akkumulatorensäure
- ➔ Elektrolytbäder
- ➔ Erdölverarbeitung
- ➔ Farb- und Lackherstellung
- ➔ Heilmittelfabrikation
- ➔ Herstellung von Explosivstoffen
- ➔ Laborchemikalien

Die vielseitige Verwendung der Schwefelsäure

Manchmal kommt Gips in der Natur auch in Form schöner Kristalle vor.

Gipsrose
Eine Kristallbildung im Wüstensand

Salze der Schwefelsäure

Schwefelsäure ist eine zweiprotonige Säure, sie reagiert mit Wasser in zwei Stufen:

1. Stufe: $H_2SO_4 + H_2O \rightarrow H_3O^+ + HSO_4^-$ (Hydrogensulfat-Ion)

2. Stufe: $HSO_4^- + H_2O \rightleftarrows H_3O^+ + SO_4^{2-}$ (Sulfat-Ion)

Daher unterscheidet man zwei Arten von Salzen.

Viele Sulfate bauen in ihr Ionengitter Wassermoleküle ein (Kristallwasser). Es kann durch Erhitzen entfernt werden.
So wird beim Brennen von **Gips** bei 140 °C das Kristallwasser zum Großteil entfernt, beim Anrühren mit Wasser nimmt es der gebrannte Gips wieder auf und erstarrt zu einer festen Masse.

$$CaSO_4 \cdot 2\,H_2O \underset{\text{Härten}}{\overset{\text{Brennen}}{\rightleftarrows}} CaSO_4 \cdot \tfrac{1}{2}\,H_2O + 1\tfrac{1}{2}\,H_2O$$

ÜBUNGEN

14.1 Schwefel hat in seinen Verbindungen Oxidationszahlen zwischen –II und +VI. Wie lässt sich die niedrigste und die höchste Oxidationszahl mit dem Atomaufbau erklären?

14.2 Warum sind S_2-Moleküle, im Gegensatz zu Sauerstoff, bei Raumtemperatur nicht stabil?

14.3 Formuliere die Reaktionsgleichung für das Rösten von Pyrit (FeS_2). Es entsteht unter anderem Eisen(III)-oxid.

14.4 Dihydrogensulfid kann durch Reaktion von Eisensulfid FeS mit Salzsäure hergestellt werden. Formuliere die Reaktionsgleichung. Welcher Reaktionstyp liegt vor?

14.5 Sind die Dihydrogensulfidmoleküle gestreckt oder gewinkelt aufgebaut?

14.6 Welche Stoffe entstehen bei der Verbrennung von Schwefel an der Luft?

14.7 Gelegentlich ist zu lesen, dass Schwefeldioxid aus den Rauchgasen durch „Filter" entfernt wird. Warum ist diese Ausdrucksweise nicht korrekt?

14.8 Das Schwefeldioxid-Molekül ist ein Beispiel für Mesomerie. Was versteht man unter diesem Begriff?

14.9 Ist das Schwefeldioxid-Molekül ein Dipol?

14.10 Konzentrierte Schwefelsäure reagiert mit Silber. Dabei entsteht Silbersulfat Ag_2SO_4, Schwefeldioxid und Wasser. Gib die Reaktionsgleichung und den Reaktionstyp an.

14.11 Bei der Reaktion von Schwefelsäure mit Natriumsulfit entsteht ein farbloses, stechend riechendes Gas. Gib die Reaktionsgleichung und den Reaktionstyp an.

14.12 Im sauren Regen enthaltene Schwefelsäure richtete an historischen Bauten aus Kalkstein großen Schaden an. Welche Reaktion läuft ab, welcher Reaktionstyp liegt vor?

14.13 Warum ist die schweflige Säure eine schwächere Säure als die Schwefelsäure?

14.14 Bestimme die Formeln der folgenden Substanzen: Natriumsulfid, Bariumsulfat, Kaliumhydrogensulfit.

15. Stickstoff und Phosphor

15.1 Stickstoff

STICKSTOFF

Symbol	N
Ordnungszahl	7
Atommasse	14,0067 u
Schmelztemperatur	– 209,86 °C
Siedetemperatur	– 195,82 °C
Dichte	1,2506 g/dm^3
Oxidationszahl	+I bis +V; –III

Symbol N, von lat.: nitrogenium = Salpeterbildner

Bei der Untersuchung der Luft stießen die Chemiker des 18. Jahrhunderts auch auf den Stickstoff. SCHEELE bezeichnete ihn als „verdorbene Luft" und 1787 nannte LAVOISIER das Gas „azote", das so viel heißen sollte wie „das Leben nicht unterhaltend"; eine Eigenschaft, die auch im deutschen Namen zum Ausdruck kommt.

Elementarer Stickstoff ist der Hauptbestandteil der Luft (78 %) und wird durch Destillation von flüssiger Luft gewonnen. Chemisch gebunden kommt er hauptsächlich in den Nitraten und in organischen Stoffen vor (Proteine, Nucleinsäuren).

Er ist ein farbloses, **sehr reaktionsträges Gas**. Wegen seiner stabilen Dreifachbindung reagiert er bei gewöhnlicher Temperatur mit keinem anderen Element und dient daher als Schutzgas bei Reaktionen mit feuergefährlichen oder sauerstoffempfindlichen Substanzen.

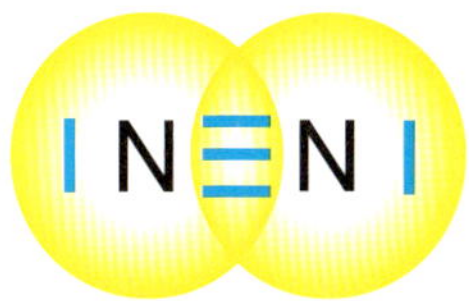

Die Dreifachbindung im N_2-Molekül

Die **Verbindungen** des **Stickstoffs** sind **wichtige Grundstoffe** der chemischen Industrie.

Ammoniak – NH_3

Ausgangsstoff zur Produktion aller anderen Stickstoffverbindungen ist Ammoniak), ein farbloses, stechend riechendes und zu Tränen reizendes Gas.
Es wird im **Haber-Bosch-Verfahren** in riesigen Mengen aus den Elementen hergestellt (siehe Seite 64).

$$N_2 \quad + \quad 3\ H_2 \quad \rightleftarrows \quad 2\ NH_3$$

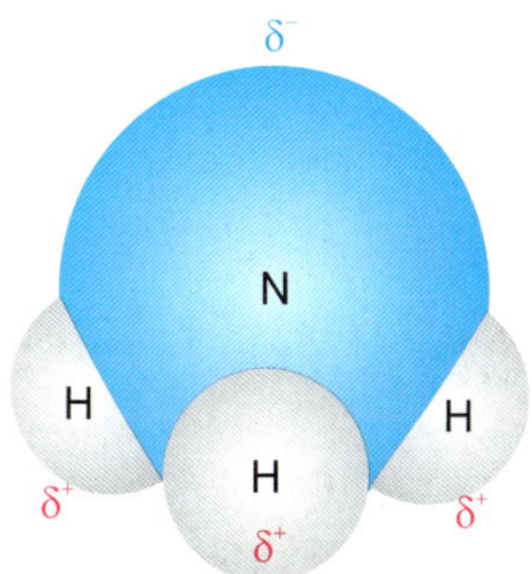

Der Aufbau eines Ammoniak-Moleküls (Kalottenmodell).

In Wasser löst sich Ammoniak sehr leicht unter Bildung einer Base (Ammoniakwasser, „Salmiakgeist"), siehe Seite 70.

$$\underset{\text{Ammoniak}}{NH_3} \quad + \quad H_2O \quad \rightleftarrows \quad \underset{\text{Ammonium-Ion}}{NH_4^+} \quad + \quad OH^- \quad \text{Ammoniumhydroxid}$$

Etwa 80 % des weltweit produzierten Ammoniaks wird entweder direkt oder auf dem Umweg über die **Salpetersäure** zu **Düngemitteln** weiterverarbeitet.

Ammoniumsalze

Mit Säuren bildet Ammoniak Salze, das Ammonium-Ion verhält sich dabei ähnlich wie das Ion eines Alkalimetalls (Na^+ oder K^+).

Ammoniumnitrat (Ammonsalpeter), NH_4NO_3, ist ein wichtiger Stickstoffdünger. Da es durch Initialzündung zur Explosion gebracht werden kann, ist es auch Bestandteil mancher Sprengstoffe, z. B. Donarit.

Ammoniumsulfat $(NH_4)_2SO_4$ ist ebenfalls ein wichtiges Düngemittel.

Ammoniumhydrogencarbonat (Hirschhornsalz), NH_4HCO_3, zerfällt schon bei geringer Erwärmung in Gase:

$$NH_4HCO_3 \xrightarrow{\text{Erhitzen}} NH_3 \quad + \quad H_2O \quad + \quad CO_2$$

Es findet als Backpulver Verwendung, die Gase lockern den Teig.

Hirschhornsalz (Ammoniumhydrogencarbonat) dient als Backpulver.

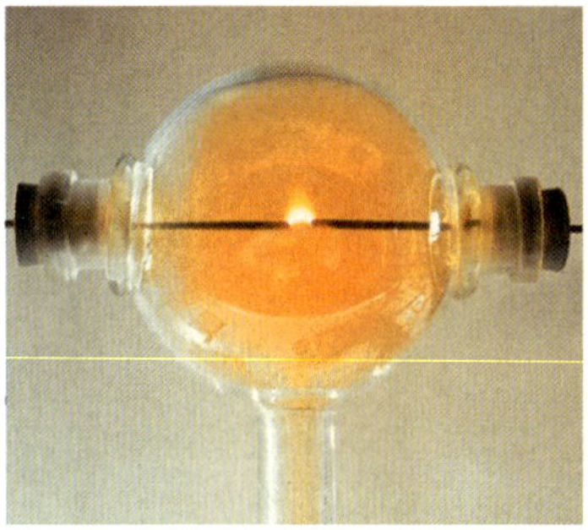

Stickstoff reagiert mit Sauerstoff im Lichtbogen.
Es entsteht rotbraunes Stickstoffdioxid, mit Wasser bildet sich Salpetersäure. In der Natur findet die gleiche Reaktion bei Blitzentladungen statt.

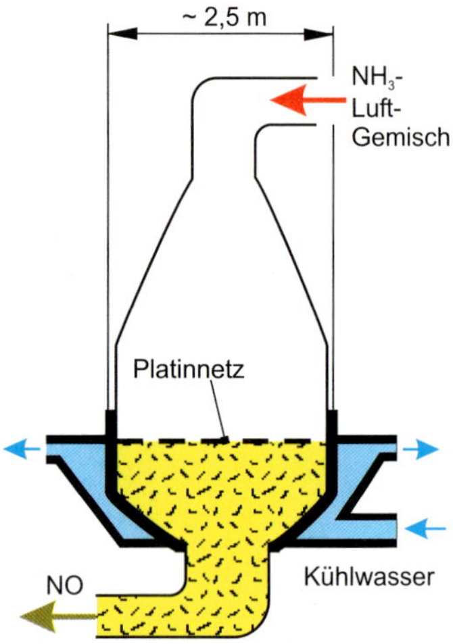

Schema eines Ammoniakverbrennungsofens

WILHELM OSTWALD (1853–1932); deutscher Chemiker.

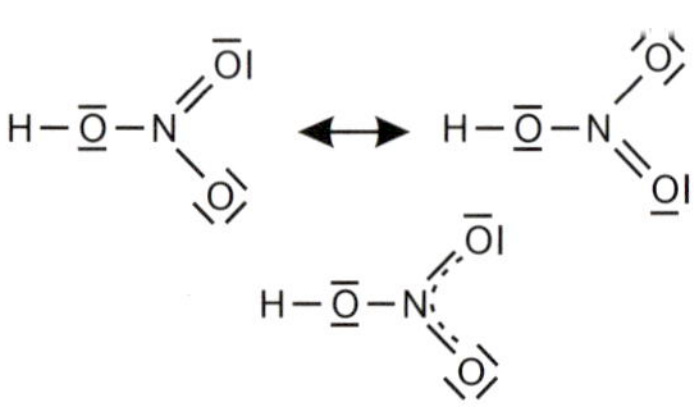

Strukturformel der Salpetersäure, mesomere Formen.

Oxide des Stickstoffs

Distickstoffmonoxid N_2O (Lachgas) ist ein farbloses Gas, das beim Erhitzen von Ammoniumnitrat entsteht:

$$NH_4NO_3 \rightarrow N_2O + 2\ H_2O$$

In großen Mengen eingeatmet, ruft es Rauschzustände hervor; es dient in Mischungen mit Sauerstoff als Narkosemittel. Auch als Treibgas in Apparaten zur Schlagoberserzeugung wird es verwendet.

Wegen seiner Dreifachbindung reagiert elementarer Stickstoff erst bei Temperaturen über 1 000 °C mit dem Sauerstoff der Luft.
In Flammen und in elektrischen Lichtbögen entsteht NO und NO_2. Sie werden unter der Bezeichnung **Stickoxide** mit der allgemeinen Formel $\mathbf{NO_x}$ zusammengefasst.

Stickstoffmonoxid NO ist ein farbloses, giftiges Gas, das sich an der Luft zu NO_2 umwandelt, **Stickstoffdioxid** NO_2 ist ein rotbraunes, giftiges Gas.

Mit Wasser und Sauerstoff reagieren sie zur **Salpetersäure** HNO_3 weiter und sind ein Bestandteil des sauren Regens.

In den kleinen Mengen, in denen sie z. B. durch Blitzschlag entstehen, bilden sie einen natürlichen Stickstoffdünger, in größeren Mengen zählen sie jedoch zu den Luftschadstoffen (siehe Seite 112).

Salpetersäure – HNO_3

Die Herstellung erfolgt in einer mehrstufigen Reaktion aus Ammoniak: Zunächst werden mit Hilfe eines Katalysators durch Oxidation von Ammoniak Stickstoffoxide gebildet (Ostwald-Verfahren).

1. Teilreaktion: $4\ NH_3 + 5\ O_2 \xrightarrow{Pt,\ Rh} 4\ NO + 6\ H_2O$
2. Teilreaktion: $4\ NO + 2\ O_2 \longrightarrow 4\ NO_2$

Beim Einleiten von Stickstoffdioxid und Sauerstoff in Wasser bildet sich dann Salpetersäure.

$$4\ NO_2 + 2\ H_2O + O_2 \rightarrow 4\ HNO_3 \quad \text{Salpetersäure}$$

Konzentrierte Salpetersäure ist farblos, durch Lichteinwirkung wird aber leicht NO_2 abgespalten, das die Säure dann gelb färbt. Sie ist ein starkes Oxidationsmittel und löst alle Metalle außer Gold und Platin unter Bildung von giftigem NO oder NO_2.

Salpetersäure kann daher zur Trennung von Gold und Silber in Legierungen verwendet werden („Scheidewasser"). Ein Gemisch von Salpetersäure und Salzsäure löst sogar Gold, den „König" aller Metalle („Königswasser"). Erst in sehr stark verdünnter Salpetersäure überwiegt die Wirkung der H_3O^+-Ionen. Sehr unedle Metalle (z. B. Magnesium) lösen sich darin unter Bildung von Wasserstoff.

In Österreich wird Ammoniak und Salpetersäure in Linz (Firma Agrolinz) produziert.

Nitrate

Nitrate sind die Salze der Salpetersäure. Da sie beim Erhitzen Sauerstoff abspalten, sind sie Bestandteil mancher Sprengstoffe.
Kaliumnitrat (KNO_3), **Natriumnitrat** ($NaNO_3$), **Calciumnitrat** ($Ca(NO_3)_2$) und **Ammoniumnitrat** (NH_4NO_3) sind wichtige Dünger.

Kaliumnitrat (Kalisalpeter) ist ein Bestandteil des Schießpulvers (Schwarzpulver), das heute noch für Feuerwerkskörper verwendet wird. Natriumnitrat (Natron- oder Chilesalpeter) kommt in Chile in großen Lagerstätten vor, die bis zur Entwicklung des Haber-Bosch-Verfahrens die wichtigste Rohstoffbasis zur Herstellung von Handelsdünger und Salpetersäure waren.

Nitrate werden auch als Pökelsalz (Natriumchlorid mit 1 % Kalium- oder Natriumnitrat) den meisten Fleischwaren zugesetzt. Die Nitrate werden dabei langsam in Nitrite (Salze der salpetrigen Säure, HNO_2) umgewandelt, welche die rote Farbe des Fleisches erhalten. Diese Verwendung ist jedoch problematisch, da bei der Zubereitung oder Verdauung stark Krebs erregende Stoffe (die Nitrosamine) entstehen können.

Reaktion von Kupfer mit Salpetersäure
Es entsteht rotbraunes NO_2 und Kupfernitrat, das die Salpetersäure grün färbt.

Der Name Salpeter stammt vom lat. sal petrae (= Felsensalz), da sich in manchen Trockengebieten nach der Regenzeit Kaliumnitrat in kleinen Kristallen auf dem Boden abscheidet.

ÜBUNGEN

15.1 Chemisch reiner Stickstoff kann durch Erhitzen von Ammoniumnitrit hergestellt werden. Als Nebenprodukt entsteht Wasser. Formuliere die Reaktionsgleichung.

15.2 Lord Rayleigh entdeckte 1894, dass der aus Luft durch Entfernen von Sauerstoff und Kohlenstoffdioxid isolierte Stickstoff mit 1,2567 g/L eine größere Dichte aufwies als der aus Stickstoffverbindungen gewonnene (1,2505 g/L). Was folgerte er?

15.3 Warum löst sich Ammoniak sehr gut in Wasser, Stickstoff und Wasserstoff jedoch kaum?

15.4 Löst sich NH_3 besser in kaltem oder in warmem Wasser?

15.5 Magnesiumnitrid Mg_3N_2 reagiert mit Wasser zu Ammoniak und Magnesiumhydroxid. Gib die Reaktionsgleichung und den Reaktionstyp an.

15.6 Aus welchen Stoffen können die Düngemittel Ammoniumnitrat und Ammoniumsulfat hergestellt werden? Gib die Reaktionsgleichungen und den Reaktionstyp an.

15.7 Ergänze die Reaktionsgleichung: $NH_4Cl + NaOH \rightarrow \ldots$ Welcher Reaktionstyp liegt vor?

15.8 Wie viele Massenprozente Stickstoff sind in den Düngemitteln Kaliumnitrat, Ammoniumnitrat und Calciumnitrat enthalten?

15.9 Salpetersäure wurde früher durch Reaktion von Natriumnitrat mit konzentrierter Schwefelsäure hergestellt. Bestimme die Reaktionsgleichung und den Reaktionstyp.

15.10 Schießpulver ist ein Gemenge aus Schwefel, Holzkohlepulver und Kaliumnitrat. Welche chemische Funktion haben die Bestandteile?

15.11 Warum verläuft die Bildung von Stickstoffmonoxid aus den Elementen stark endotherm?

15.12 Salpetersäure reagiert mit Silber unter Bildung von Silbernitrat $AgNO_3$, Stickstoffmonoxid und Wasser. Bestimme die Reaktionsgleichung und den Reaktionstyp.

15.13 Das Haber-Bosch-Verfahren wurde 1913 in Deutschland fertig entwickelt. Wie hat sich dieses Verfahren auf die politischen Ereignisse der folgenden Jahre ausgewirkt?

15.14 Bestimme die Formeln der folgenden Verbindungen: Ammoniumbromid, Magnesiumnitrat, Kaliumnitrit, Distickstoffpentoxid.

15.15 Benenne die folgenden Substanzen: $(NH_4)_3PO_4$, $Sr(NO_3)_2$, $NaNO_2$, N_2O

Geschmolzenes KNO_3 gibt so viel Sauerstoff ab, dass ein Holzspan darin verbrennt.

15.2 Phosphor

HENNIG BRAND entdeckt den Phospor (idealisierte Darstellung).

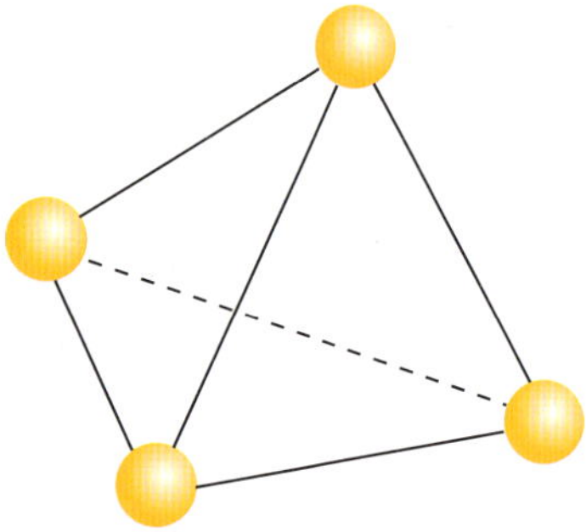

P_4-Moleküle des weißen Phosphors.

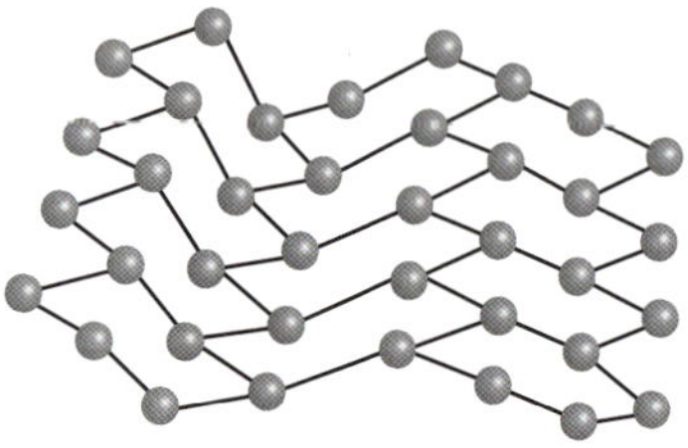

Struktur des schwarzen Phosphors.

Roter und weißer Phosphor.

Was den Hamburger Alchimisten HENNIG BRAND im Jahre 1669 veranlasste, Urin einzudampfen, ist unbekannt. Er stellte fest, dass nach dem Glühen des Rückstandes eine gelbliche Substanz übrig blieb, die im Dunkeln geheimnisvoll leuchtet und sich an der Luft von selbst entzündet. Brand verkaufte seine Erfindung an Interessenten, die sie auf Jahrmärkten vorführten.

Phosphor kommt wegen seiner großen Reaktionsfähigkeit nicht elementar, sondern nur gebunden in Mineralien (z. B. im Phosphorit) und Organismen (Knochen, Nerven, im Blut, in der Gehirnsubstanz) vor.

Zur **Gewinnung** von Phosphor wird aus phosphorhältigen Mineralien zunächst Rohphosphat gewonnen und dieses dann mit Hilfe von Quarzkies und Koks im elektrischen Lichtbogen zu weißem Phosphor reduziert.

Phosphor tritt in **drei Modifikationen** auf, als weißer, roter und schwarzer Phosphor. Sie unterscheiden sich durch die Struktur der Moleküle und haben daher unterschiedliche Eigenschaften.

- **Weißer Phosphor** (auch als gelber Phosphor bezeichnet) ist äußerst reaktionsfähig, sehr giftig, an der Luft selbstentzündlich und in Kohlenstoffdisulfid (Schwefelkohlenstoff, CS_2) löslich. Aus Sicherheitsgründen wird er unter Wasser aufbewahrt. Er leuchtet im Dunkeln, da er langsam oxidiert wird und die Energie als Licht frei wird (Luminiszenz). Die Atome sind zu P_4-Tetraedern verbunden (Bindungswinkel 60°). Die starken Spannungen im Tetraeder sind der Grund für die große Reaktionsfähigkeit dieser Modifikation.
- **Roter Phosphor** ist nicht so reaktionsfähig wie der weiße und ungiftig; er entsteht durch Erhitzen des weißen Phosphors unter Luftabschluss, die Atome bilden Riesenmoleküle komplizierter Struktur. Er ist in CS_2 unlöslich und muss nicht geschützt aufbewahrt werden.
- **Schwarzer Phosphor** ist äußerst reaktionsträge; er wird unter hohem Druck aus weißem Phosphor hergestellt und ist aus metallisch glänzenden Kriställchen aufgebaut. Er leitet den elektrischen Strom, seine Atome bilden ein gewelltes Schichtgitter.

Phosphor verbrennt mit heller Flamme, es bildet sich ein weißer Rauch aus Tetraphosphordecaoxid:

$$P_4 + 5\ O_2 \rightarrow P_4O_{10} \quad \Delta H = -3059\ kJ$$

Tetraphosphordecaoxid

Dieses weiße, schneeartige Pulver ist stark Wasser anziehend und reagiert unter Wärmeentwicklung zu Phosphorsäure:

$$P_4O_{10} + 6\ H_2O \rightarrow 4\ H_3PO_4 \quad \text{Phosphorsäure}$$

Phosphorsäure – H_3PO_4

Zwischen der Phosphorsäure und Wasser findet eine stufenweise Reaktion statt, wobei bis zu drei Protonen an Wassermoleküle abgegeben werden können:

1. Stufe: $H_3PO_4 + H_2O \rightleftarrows H_3O^+ + H_2PO_4^-$
   Dihydrogenphosphat-Ion
2. Stufe: $H_2PO_4^- + H_2O \rightleftarrows H_3O^+ + HPO_4^{2-}$
   Hydrogenphosphat-Ion
3. Stufe: $HPO_4^{2-} + H_2O \rightleftarrows H_3O^+ + PO_4^{3-}$
   Phosphat-Ion

Die Protonen werden umso schwerer an Wassermoleküle abgegeben, je höher die Ladung des entstehenden Ions ist. Deshalb sind in verdünnter Phosphorsäure vor allem Dihydrogenphosphat-Ionen vorhanden. Eine weitere Protonenabgabe kann durch Zusatz von Basen erreicht werden. Dabei entstehen drei Arten von Salzen (Seite 79).

Phosphate sind wichtige **Düngemittel** (siehe folgende Seite). In Gewässern sind sie allerdings unerwünscht, da sie ein starkes Algenwachstum auslösen.

Cola-Getränke enthalten rund 0,5 g Phosphorsäure pro Liter (E 338).

Der Phosphatgehalt des Bodensees.

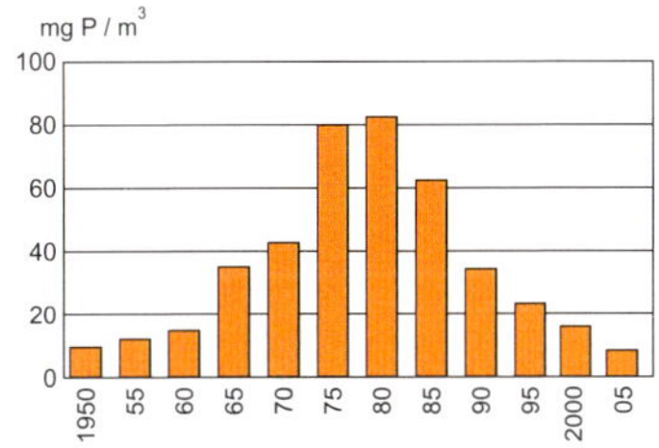

Die Verwendung phosphatfreier Waschmittel, der Bau von Kläranlagen und der sparsamere Einsatz von Dünger in der Landwirtschaft führte zu einer deutlichen Verbesserung der Wasserqualität.

ÜBUNGEN

15.16 Warum kommt Stickstoff, nicht aber Phosphor elementar in der Natur vor?

15.17 Warum tritt Phosphor nicht, so wie Stickstoff, in Form von P_2-Molekülen auf?

15.18 Phosphor wird durch Reaktion von Calciumphosphat mit Quarzkies (SiO_2) und Koks (C) hergestellt. Als Nebenprodukte entstehen Calciumsilicat ($CaSiO_3$) und Kohlenstoffmonoxid. Stelle die Reaktionsgleichung auf. Welcher Reaktionstyp liegt vor?

15.19 Durch welche einfache Reaktion könnte man nachweisen, dass gelber und roter Phosphor zwei Modifikationen eines Elementes sind?

15.20 Phosphan (PH_3) weist eine niedrigere Siedetemperatur auf (– 88 °C) als Ammoniak (– 33 °C), obwohl es größer und schwerer ist. Was ist der Grund?

15.21 Warum ist Phosphorsäure eine schwächere Säure als Schwefelsäure oder Perchlorsäure?

15.22 In einem der Verfahren zur Produktion von Phosphordünger wird unlösliches Calciumphosphat mit Schwefelsäure zur Reaktion gebracht. Es entsteht das besser wasserlösliche Calciumdihydrogenphosphat und Calciumsulfat (dieses Gemisch wird Superphosphat genannt). Bestimme die Reaktionsgleichung und den Reaktionstyp.

15.23 Bestimme die Formeln der folgenden Substanzen bzw. benenne die Stoffe: Kaliumdihydrogenphosphat, Magnesiumphosphat, $(NH_4)_2HPO_4$.

15.3 Düngemittel

Die Pflanzen entnehmen dem Boden eine Reihe von Nährstoffen. Während diese in einer unberührten Natur dem Boden wieder durch Verwesung zugeführt werden, ist bei einer intensiven Bewirtschaftung eine Ergänzung der mit dem Abernten entfernten Nährstoffe nötig.

Die Hauptnährstoffe enthalten jene Elemente, die von der Pflanze in größeren Mengen benötigt werden. Es sind dies Stickstoff, Phosphor, Kalium, Calcium, Magnesium und Schwefel. Sie müssen der Pflanze in Form wasserlöslicher Verbindungen zur Verfügung stehen. Daneben sind für das Pflanzenwachstum auch noch eine Reihe von Spurenelementen nötig (Fe, Cu, Zn, …), die aber in der Regel im Boden in ausreichenden Mengen vorhanden sind.

Nährstoffbedarf in kg/ha

	N	P	K	Ca
Weizen	70	30	60	12
Zuckerrübe	150	60	180	120
Kartoffel	90	40	160	50

Bei der Düngung ist darauf zu achten, dass die Feldfrüchte die Nährstoffe in der jeweils von ihnen benötigten Menge erhalten. Denn nach dem von LIEBIG 1842 entdeckten **Gesetz vom Minimum** richtet sich das Wachstum einer Pflanze nach jenem Nährstoff, der in der geringsten Menge vorhanden ist. Der Mangel eines Stoffes kann nicht durch den Überschuss eines anderen ausgeglichen werden.
Daher muss vor jeder sinnvollen Düngung der Nährstoffgehalt des Bodens und der Nährstoffbedarf der jeweiligen Feldfrucht bestimmt werden, damit eine unwirtschaftliche und ökologisch schädliche Überdüngung vermieden wird.

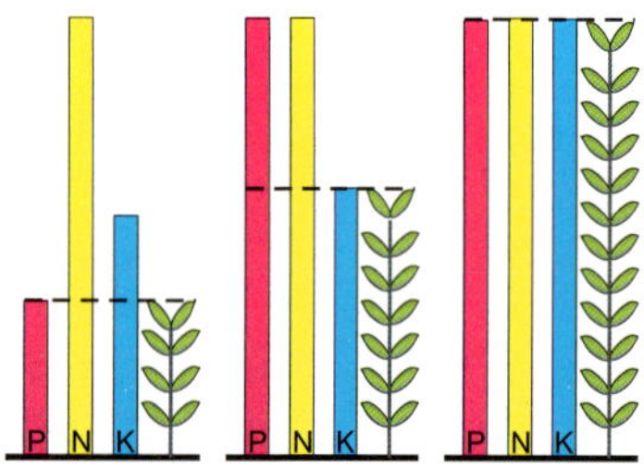

Gesetz vom Minimum:
Das Wachstum richtet sich nach jenem Nährstoff, der in der geringsten Menge vorhanden ist.

JUSTUS LIEBIG (1803–1873); deutscher Chemiker

Da in der modernen Landwirtschaft die Düngung durch **Wirtschaftsdünger** (Jauche, Stallmist) nicht ausreicht oder bei der weitgehenden Spezialisierung auch gar nicht möglich wäre, ist ein richtig dosierter Einsatz von **Handelsdünger** erforderlich.

Stickstoffdünger

Schlüsselreaktion für alle Stickstoffdünger ist das Haber-Bosch-Verfahren (Seiten 64).

Verwendet werden:
Ammoniumsulfat $(NH_4)_2SO_4$
„Nitramoncal“: max. 78 % NH_4NO_3, der Rest $CaCO_3$ und $MgCO_3$
Harnstoff $(H_2N)_2CO$

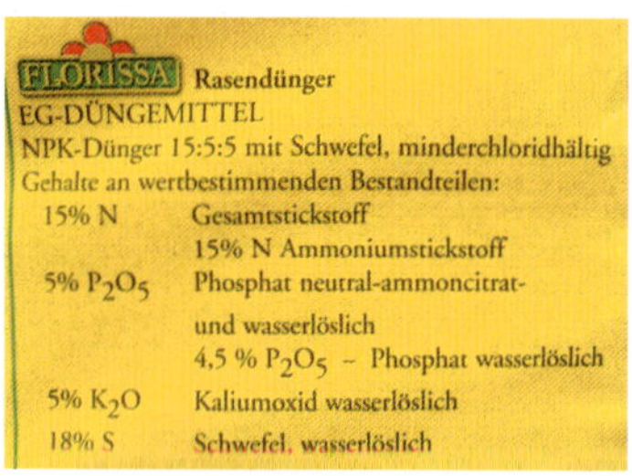

Der Nährstoffgehalt von Handelsdünger ist auf der Verpackung angegeben.

Phosphatdünger

Die in der Natur vorkommenden Phosphatmineralien Phosphorit $Ca_3(PO_4)_2$ und Apatit $3\ Ca_3(PO_4)_2 \cdot Ca(Cl, F, OH)_2$ sind nicht wasserlöslich und daher nicht direkt als Dünger geeignet.
Erst durch Reaktion mit Säuren entstehen besser lösliche Hydrogenphosphate. Z. B.:

$$Ca_3(PO_4)_2 + 2\ H_2SO_4 \rightarrow 2\ CaSO_4 + Ca(H_2PO_4)_2$$

Dieses Gemisch aus Calciumsulfat und Calciumdihydrogenphosphat kommt als **„Superphosphat“** in den Handel. Im Odda-Verfahren wird Salpetersäure verwendet, als Nebenprodukt entsteht Calciumnitrat.

Neben den Düngemitteln, die eine bestimmte Verbindung schwerpunktmäßig in den Boden einbringen sollen, gibt es eine Reihe von Mischdüngern mit Breitbandwirkung.

Schema der Düngemittelerzeugung

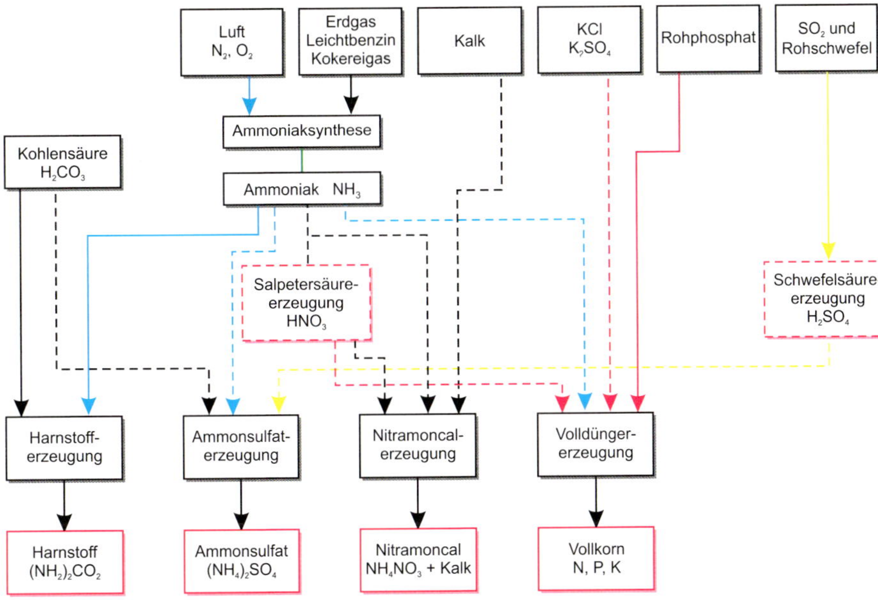

Die größte Düngemittelfabrik Österreichs ist die Firma Agrolinz Melamin, die einen Teil der Ausgangsmaterialien aus Nebenprodukten der Eisen- und Stahlerzeugung (VOEST-Linz) bezieht.

Die Verwendung von Handelsdünger wird, zum Teil mit Recht, kritisiert. Leicht lösliche Stickstoff- und Phosphordünger ziehen die wichtigen Mikroorganismen des Bodens in Mitleidenschaft, sie werden rasch durch den Regen ausgewaschen, gelangen ins Grundwasser und machen es ungenießbar.

Dies ist in einigen landwirtschaftlich intensiv genutzten Gebieten Österreichs bereits eingetreten. Dort enthält Brunnenwasser zum Teil weit mehr als die höchstzulässigen 50 mg Nitrat pro Liter und ist daher als Trinkwasser nicht mehr geeignet. Auch die Überdüngung der Flüsse und Seen wird zum Teil durch das Auswaschen von Phosphatdünger verursacht.

Zielsetzung einer ökologisch orientierten Landwirtschaft ist es daher, die leicht wasserlöslichen Substanzen durch solche mit einer längerfristigen Wirkstoffabgabe (Depotdünger) zu ersetzen und den Düngereinsatz durch geeignete Fruchtfolge gering zu halten. Klee z. B. führt durch die an seinen Wurzeln in Symbiose lebenden Knöllchenbakterien, die den Luftstickstoff verarbeiten können, zu einer natürlichen Düngung.

Andererseits darf nicht übersehen werden, dass die Ernährung der Weltbevölkerung mit der zur Verfügung stehenden landwirtschaftlich nutzbaren Fläche nur durch den Einsatz von Handelsdünger möglich ist. Der Umstand, dass sich die Hektarerträge in Europa seit 1800 rund verfünffacht haben, ist zu einem großen Teil auf die Verwendung von Handelsdünger zurückzuführen.

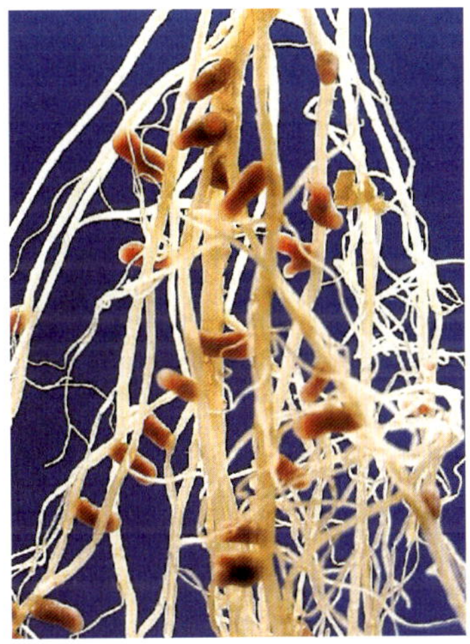

Nur die in kleinen Knöllchen an den Wurzeln des Klees und einiger anderer Pflanzen lebenden Bakterien sind in der Lage, den Stickstoff der Luft in wasserlösliche Stickstoffverbindungen umzuwandeln.

ÜBUNG

15.24 Warum müssen fast alle Pflanzen Stickstoffverbindungen durch die Wurzeln aufnehmen und können nicht den in der Luft vorhandenen Stickstoff nutzen?

KOHLENSTOFF

Symbol	C
Ordnungszahl	6
Atommasse	12,01115 u
Schmelztemperatur	3 550 °C
Siedetemperatur	4 200 °C
Dichte:	
amorph	1,8–2,1 kg/dm^3
Grafit	2,25 kg/dm^3
Diamant	3,51 kg/dm^3
Oxidationszahl	+IV bis –IV

carbo (lat.) = Kohle
adamos (griech.) = unbezwingbar
graphein (griech.) = schreiben

Diamant (ungeschliffen)
Deutlich ist die oktaedrische Kristallform zu erkennen. Allerdings eignen sich nur 5 % aller Diamanten für Schmuckstücke.

Grafit

Unter dem Rasterelektronenmikroskop ist die Blättchenstruktur des Grafits gut erkennbar.

16. Kohlenstoff

Seite 50b

Der Wert kohlenstoffhaltiger Brennstoffe ist den Menschen seit langem bekannt. Die Nutzung des (Holz-)Feuers ist untrennbar mit der frühesten kulturellen Entwicklung verbunden, die Gewinnung der Metalle erfolgte mit Hilfe von Holzkohle. Aber auch eine andere Form des Kohlenstoffs war frühzeitig bekannt: der Diamant. Wegen seiner großen Härte nannten ihn die Griechen „adamos", d. h. der Unbezwingbare.

Obwohl die Erdkruste nur 0,032 % Kohlenstoff enthält, ist Kohlenstoff von größter Bedeutung. Alle Stoffe der belebten Natur enthalten Kohlenstoff, seine außergewöhnliche Bindungsfähigkeit ermöglicht eine enorme Vielfalt verschiedener Verbindungen. 96 % aller bekannten Verbindungen enthalten Kohlenstoff!

Elementar kommt er als Grafit und Diamant vor, auch Steinkohle besteht großteils aus Kohlenstoff. Kohlenstoffverbindungen in mineralischer Form sind gebirgsbildend: Kalk ($CaCO_3$), Magnesit ($MgCO_3$), Spateisenstein ($FeCO_3$) und Dolomit ($CaCO_3 \cdot MgCO_3$).

Luft enthält Kohlenstoff als Kohlenstoffdioxid mit einem Anteil von nur 0,038 %. Dennoch übersteigt dieser an sich geringe Prozentsatz alle im Pflanzen- und Tierreich gebundenen Kohlenstoffmengen.

Kohlenstoff und seine Verbindungen werden aus Kohle (Koks), Erdöl und Erdgas gewonnen.

16.1 Elementarer Kohlenstoff

Als **Element** tritt **Kohlenstoff** als **Grafit** und **Diamant** in zwei Formen mit gegensätzlichen Eigenschaften auf. Grund dafür sind die unterschiedlichen Bindungsverhältnisse (siehe Seite 50).

Die unterschiedlichen Eigenschaften von Diamant und Grafit:

Diamant	Grafit
sehr hart (Mohs-Skala Härte 10)	sehr weich (Mohs-Skala Härte 1–2)
farblos, stark lichtbrechend	schwarz, undurchsichtig
keine elektrische Leitfähigkeit	elektrischer Leiter
Spaltbarkeit schlecht, oktaedrisch	sehr leicht blättrig spaltbar
Dichte 3,51 kg/dm^3	Dichte 2,25 kg/dm^3
Verwendung für Bohrer, zum Schleifen und Schneiden. Klare, geschliffene Diamanten (Brillanten) als Edelsteine (0,2 g = 1 Karat).	Verwendung als Schmiermittel bei hohen Temperaturen, für Elektroden, Schmelztiegel und Bleistiftminen.

Unter einem Druck von 50 000–100 000 bar und Temperaturen zwischen 1 500 °C und 2 000 °C kann Grafit in technisch verwertbare Diamantkristalle umgewandelt werden (Prinzip vom kleinsten Zwang, siehe Seite 63: Das Volumen des Diamanten ist kleiner als das des Grafits). Auch die umgekehrte Umwandlung ist möglich. Erhitzt man Diamant unter Luftabschluss auf über 1 500 °C, so geht er unter Wärmeentwicklung in Grafit über.

$$C_{Grafit} \rightleftarrows C_{Diamant} \qquad \Delta H = +1{,}9\ kJ$$

Kohle

Die Kohle ist ein **Energieträger** mit großer Vergangenheit und ungewisser Zukunft.

Als im 18. Jahrhundert das bis dahin als Energieträger dienende Holz immer knapper wurde, ging man, zuerst auf den Britischen Inseln, daran, die Kohlelagerstätten zu erschließen. Die Verwendung von Kohle und der Einsatz der kohlebetriebenen Dampfmaschinen markieren den Beginn der technischen Revolution.

Bis zum Ende des Zweiten Weltkrieges blieb Kohle der wichtigste Energieträger und Chemierohstoff aller Industriestaaten. Dann wurde sie vom Erdöl verdrängt.

Kohle gilt als schmutziger Energieträger, denn bei ihrer Verbrennung in einfachen Öfen oder Heizkesseln werden große Mengen an Schadstoffen frei – Schwefeldioxid, Stickoxide, Ruß, …

In Ländern mit niedrigen Sicherheitsstandards führt das beim Abbau der Kohle frei werdende Grubengas (Methan) oder der in der Luft fein verteilte Kohlestaub immer wieder zu Explosionskatastrophen.

Schweres Grubenunglück

Peking – Durch eine Explosion in einer Kohlenmine im Nordosten Chinas sind am Montag vermutlich 37 Bergarbeiter ums Leben gekommen. Die Helfer konnten in dem Bergwerk in der Stadt Jixi bisher nur acht Leichen bergen, teilte ein Behördensprecher mit. Es gebe wenig Hoffnung, Überlebende zu finden, wurde ein Rettungshelfer von der lokalen Nachrichtenagentur zitiert. Da sich in der Mine giftiges Gas entwickelt habe, konnten die Rettungskräfte nicht in den Schacht steigen. Die Arbeiter seien nach der Explosion in einem Stollen eingeschlossen worden. (dpa)

Der Ersatz der Kohle als Heizmaterial für Wohnungen durch umweltfreundlichere Energieträger (Erdgas und Fernwärme) trug daher entscheidend zur Verbesserung der Luftqualität in den Städten bei.

Moderne Kohlekraftwerke sind, dank hochentwickelter Abgasreinigung (siehe Seite 112 f.), keine Bedrohung für die Umwelt mehr.
Ein Problem können aber auch sie nicht aus der Welt schaffen: Kohle ist jener fossile Energieträger, bei dessen Verbrennung, bezogen auf die gewonnene Wärmemenge, das meiste Kohlenstoffdioxid frei wird.

Steinkohle (links) wird auch unter Tage, mit riesigen Fräsmaschinen, abgebaut. Bei Braunkohle lohnt sich nur die Gewinnung im Tagbau.

Die **verschiedenen Kohlearten** wurden im Laufe von Jahrmillionen aus den Überresten von Landpflanzen unter Luftabschluss, hohem Druck und hohen Temperaturen gebildet. Mit zunehmendem geologischem Alter steigt der Kohlenstoffgehalt an, der Heizwert nimmt zu.

Heizwert:
Die Wärmemenge in kJ, die beim vollständigen Verbrennen von 1 kg Brennstoff freigesetzt wird.

Die Zusammensetzung verschiedener Brennstoffe:

	Geologisches Alter	Gehalt in Massen-%			Heizwert in kJ/kg
		C	O	H	
Holz	Gegenwart	50	44	6	16 500
Torf	einige 1 000 J.	55 – 60	30 – 40	5 – 7	21 000 – 25 000
Braunkohle	5 Mill. J.	65 – 75	20 – 30	5 – 6	25 000 – 29 000
Steinkohle	500 Mill. J.	75 – 90	5 – 18	4 – 6	29 000 – 35 000
Anthrazit	1 000 Mill. J.	90	2 – 3	5 – 6	35 000 – 38 000

Kohle kann aber auch veredelt, d. h. in wertvollere Zwischenprodukte umgewandelt werden.

Beim **Erhitzen** von Braunkohle, Steinkohle oder anderen organischen Substanzen unter **Luftabschluss** (Pyrolyse) bildet sich poröser Kohlenstoff, während gasförmige und flüssige Produkte entweichen.

Aus **Holz** entsteht Holzkohle und Holzgas.

Aus **Steinkohle** erhält man:

- **Steinkohlengas**, bestehend aus H_2 und CH_4, neben kleineren Mengen CO, NH_3, und H_2S, das früher als Leuchtgas Verwendung fand.
- **Gaswasser** (Wasser mit gelöstem NH_3 und H_2S).
- **Steinkohlenteer**, ein Gemisch aromatischer Kohlenwasserstoffe wie Benzol, Toluol und Naphthalin, die von der chemischen Industrie genutzt werden.
- **Koks**, der zur Erzeugung von Eisen im Hochofen verwendet wird (siehe Seite 164 f.).

Aktivkohle-Tabletten werden in der Medizin zur Behandlung leichter Verdauungsstörungen eingesetzt.

Aktivkohle (Tierkohle) ist eine sehr porenreiche Kohle mit großer Oberfläche (1 g bis zu 800 m^2), die durch Pyrolyse pflanzlicher (Holz, Nussschalen, ...) oder tierischer (Blut, Knochen) Rohstoffe hergestellt wird.
An dieser Oberfläche können die Moleküle anderer Stoffe festgehalten (adsorbiert) werden. Verwendung unter anderem für Gasmaskenfilter, Dunstabzüge, zur Trinkwasserreinigung sowie für Schuheinlagen und Kohletabletten in der Medizin.

Kohle lässt sich mit Hilfe von Katalysatoren und bestimmten Druck- und Temperaturbedingungen durch Hydrierung (Reaktion mit Wasserstoff) in **Treibstoffe** umwandeln (Fischer-Tropsch-Verfahren, Bergius-Verfahren).

Zurzeit sind diese Verfahren unwirtschaftlich und nur in Südafrika, wo Steinkohle sehr kostengünstig abgebaut wird, im Einsatz. Während des Zweiten Weltkrieges wurde in Deutschland der größte Teil des Benzins auf diese Weise hergestellt.

16.2 Oxide des Kohlenstoffs

Bei der Verbrennung kohlenstoffhaltiger Substanzen entsteht **Kohlenstoffdioxid** CO_2 und, je nach Sauerstoffzufuhr, ein unterschiedlich großer Anteil **Kohlenstoffmonoxid** CO.

Kohlenstoffmonoxid

Kohlenstoffmonoxid ist sehr giftig und besonders gefährlich, da es farb- und geruchlos ist. Das Hämoglobin des Blutes bindet Kohlenstoffmonoxid wesentlich stärker als den Sauerstoff und verliert damit die Fähigkeit zum Sauerstofftransport. Schon 0,01 % in der Luft führen zu Vergiftungserscheinungen.
Es ist Bestandteil von Rauch- und Auspuffgasen und führt immer wieder zu Todesfällen. Schlecht ziehende Öfen und Durchlauferhitzer ohne eigenen Abzug sind häufige Unfallursachen. Bei Bränden stellt das Rauchgas meist durch seinen Kohlenstoffmonoxid-Gehalt eine größere Gefahr dar als die Flammen selbst.

Erste Hilfe bei Kohlenstoffmonoxidvergiftungen: Reichliche Frischluftzufuhr, nach Möglichkeit zusätzlich reinen Sauerstoff, sofortige ärztliche Behandlung.

In der Technik findet Kohlenstoffmonoxid als **Reduktionsmittel** (Hochofenprozess, Seite 164 f.) und in **Heizgasen** Verwendung.

Kohlenstoffdioxid

Bei der vollständigen Verbrennung von Kohlenstoff und kohlenstoffhaltigen Verbindungen entsteht CO_2; es ist der Hauptbestandteil der Abgase von Feuerungsanlagen.

$$C + O_2 \rightarrow CO_2 \qquad \Delta H = -393{,}5\ kJ$$

Ebenso wird es bei der Atmung aller Lebewesen abgegeben, bei der alkoholischen Gärung und bei Fäulnisvorgängen. Es kommt als Gas in der Erdrinde vor und wird von Mineralquellen mitgeführt. An einigen Stellen der Erde entströmt es in größeren Mengen dem Boden (Todestal auf Java, Hundsgrotte bei Neapel).
Die grünen Pflanzen nehmen CO_2 aus der Luft auf und wandeln es durch Fotosynthese in organische Substanzen um (Kreislauf des Kohlenstoffs).

Kohlenstoffdioxid ist schwerer als Luft, unbrennbar und erstickt die Flamme, sodass es zur Brandbekämpfung eingesetzt wird (Handfeuerlöscher).

Ist der CO_2-Gehalt der Luft so groß wie der von ausgeatmeter Luft (ca. 5 %), so kann in der Lunge CO_2 nicht mehr gegen Sauerstoff ausgetauscht werden. Daher kommt es in Weinkellern, Brunnenschächten und Futtersilos, wo Kohlenstoffdioxid durch Gärungsvorgänge gebildet wird und sich am Boden ansammelt, immer wieder zu tödlichen Unfällen. Die Überprüfung der Atemluft durch eine in Bodennähe gehaltene brennende Kerze ist hier eine ebenso sinnvolle Sicherheitsmaßnahme wie eine Seilsicherung durch einen außerhalb stehenden Helfer.

Die Gefährlichkeit von Kohlenstoffmonoxid:

1 % Kohlenstoffmonoxid in der Atemluft führt zum sofortigen Tod.
0,1 % Kohlenstoffmonoxid in der Atemluft ruft Bewusstlosigkeit hervor und führt in wenigen Stunden zum Tod.
0,01 % Kohlenstoffmonoxid in der Atemluft bewirkt deutliche Vergiftungserscheinungen.
Die Abgase von Öfen enthalten 0,1 – 0,5 % Kohlenstoffmonoxid, ungereinigte Auspuffgase von Motoren bis zu 3 %.
Zigarettenrauch enthält ca. 0,05 % CO, wodurch bei Rauchern ca. 5 % des Hämoglobins blockiert sind.

Mit offenem Backrohr Küche geheizt: 70jährige Frau starb

Trauriger Advent: Sie starb, wie sie in den letzten Jahren gelebt hatte – allein. Die 70jährige Wienerin Anna L. hatte am Freitag in ihrer Wohnung in Mariahilf, Mollardgasse, das Backrohr des Gasherdes angezündet, um es in der Küche ein wenig warm zu haben. Sie ließ die Backrohrtür offenstehen und setzte sich auf eine Sitzbank. Dort wurde sie am späten Abend tot aufgefunden: Ermittlungen der Polizei ergaben, daß die alleinstehende Frau an einer Kohlenmonoxid-Vergiftung gestorben war.

Kohlenstoffdioxid ist schwerer als Luft. Die Kerze erlischt, wenn das Kohlenstoffdioxid die Flamme erreicht.

Die ersten Gärgastoten

Ehepaar aus Gols starb an Gärgasen

Da sie keine Vorsichtsmaßnahmen getroffen haben, bevor sie den mit Gärgasen gefüllten kleinen Hauskeller betreten haben, kostete das Ehepaar Mathias und Caroline Resch in Gols, Bezirk Neusiedl am Abendessen standen noch am Küchentisch. Der hohe Anteil an Gärgasen führte dazu, daß der pensionierte Schuldirektor von Zurndorf im nur vier mal fünf Meter großen und zweieinhalb Meter hohen Keller zusammenbrach.

Beim Versuch, ihren Mann über die Kellerstiege ins Freie zu zerren, muß auch seine 63jährige Ehefrau das Bewußtsein verloren haben. Der Keller weist nur ein kleines Entlüftungsfenster von 70 mal 40

Ein hoher Kohlenstoffdioxidgehalt der Luft wirkt erstickend.

Die Herstellung von CO_2 erfolgt im Labor am einfachsten aus Kalk:

$$CaCO_3 + 2\ HCl \rightarrow CaCl_2 + H_2O + CO_2$$

Bei Raumtemperatur wird Kohlenstoffdioxid bei einem Druck von ca. 55 bar flüssig und kommt in dieser Form, in Stahlflaschen abgefüllt, in den Handel.

Unter Normaldruck wird es bei –78 °C fest und erstarrt zu einer eisartigen Masse. Dieses **Trockeneis** wird als Kühlmittel verwendet.

Kohlenstoffdioxid dient unter anderem als Schutzgas beim Elektroschweißen und zur Produktion von Erfrischungsgetränken.

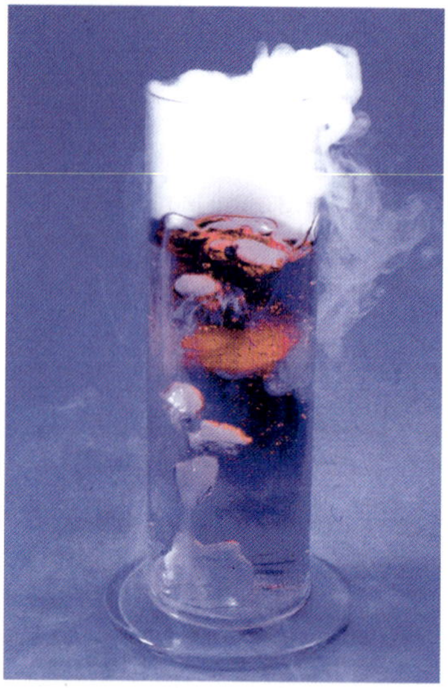

Trockeneis in Wasser
Zu Wasser wurden einige Tropfen Natronlauge und der Indikator Phenolphthalein gegeben. Eingeworfenes Trockeneis entfärbt die Lösung (Neutralisation), das aufsteigende kalte Kohlenstoffdioxid bildet die Nebelschwaden.

16.3 Kohlensäure und Carbonate

Kohlenstoffdioxid löst sich gut in Wasser, wobei ein kleiner Teil (ca. 0,1 %) der Moleküle zu Kohlensäure weiterreagiert:

$$CO_2 + H_2O \rightleftarrows H_2CO_3$$

Daher ist die **Kohlensäure** eine sehr schwache Säure, deren Protonenabgabe in zwei Stufen erfolgt.

1. Stufe: $H_2CO_3 + H_2O \rightleftarrows H_3O^+ + HCO_3^-$ Hydrogencarbonat-Ion
2. Stufe: $HCO_3^- + H_2O \rightleftarrows H_3O^+ + CO_3^{2-}$ Carbonat-Ion

Im Gegensatz zur Kohlensäure selbst sind ihre Salze, die Carbonate und Hydrogencarbonate, von sehr großer technischer Bedeutung.

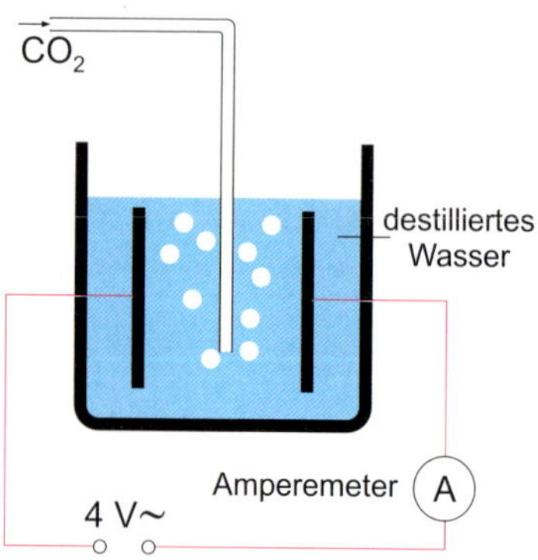

Beim Einleiten von CO_2 in Wasser steigt die Leitfähigkeit zunächst an und erreicht dann einen Grenzwert.

Natriumcarbonat (Soda) – $\mathbf{Na_2CO_3}$

Natriumcarbonat ist ein wichtiger Rohstoff zur Herstellung von Glas (Seite 154) und Seife. Es wird mit dem **Solvay-Verfahren** produziert.

Beim Solvay-Verfahren wird eine konzentrierte Kochsalzlösung mit Ammoniakgas gesättigt und danach Kohlenstoffdioxid eingeleitet. Es entsteht Ammoniumchlorid und Natriumhydrogencarbonat.

1. $NaCl + NH_3 + CO_2 + H_2O \rightarrow NH_4Cl + NaHCO_3$

Durch Abfiltrieren des Natriumhydrogencarbonates und anschließendes Erhitzen wird das Reinprodukt Soda gewonnen. Außerdem wird ein Teil des zugesetzten Kohlenstoffdioxids wieder frei.

2. $2\ NaHCO_3 \rightarrow \mathbf{Na_2CO_3} + H_2O + CO_2$

Durch Reaktion des aus der ersten Stufe übrig bleibenden Ammoniumchlorids mit gebranntem Kalk wird Ammoniak wiedergewonnen:

3. $2\ NH_4Cl + CaO \rightarrow 2\ NH_3 + H_2O + CaCl_2$

Ernest Solvay (1838–1922); belgischer Chemiker. Erfand 1863 das nach ihm benannte Verfahren.

Natriumhydrogencarbonat (Speisesoda) – $\mathbf{NaHCO_3}$ – kommt gelöst in vielen Mineralquellen und in abflusslosen Steppenseen (auch im Neusiedler See) vor.

In der Medizin dient es gelegentlich zur Beseitigung überschüssiger Magensäure. Mischungen von $NaHCO_3$ und festen organischen Säuren (z. B. Citronensäure) dienen als Brausepulver. Beim Erwärmen zerfällt es unter CO_2-Abgabe und wird aus diesem Grund als Backpulver und in Trockenfeuerlöschern (Pulverlöscher) verwendet.

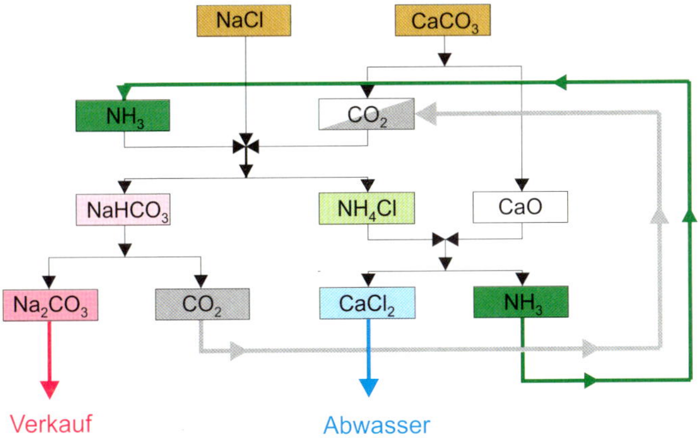

Calciumcarbonat – $CaCO_3$

Calciumcarbonat ist in der Natur als Kalkstein weit verbreitet. In kristalliner Form wird er als Marmor, in Form einzelner Kristalle als Kalkspat oder Calcit bezeichnet. Kalk dient als **Baumaterial**.

Zur Herstellung von **Kalkmörtel** wird im ersten Schritt, dem **Kalkbrennen**, das Calciumcarbonat in Drehrohröfen durch Erhitzen auf über 900 °C in Calciumoxid und Kohlenstoffdioxid zersetzt:

$$\underset{\text{Kalk}}{CaCO_3} \xrightarrow{\text{Erhitzen}} \underset{\text{gebrannter Kalk}}{CaO} + CO_2$$

In einer stark exothermen Reaktion mit Wasser, dem **Kalklöschen**, entsteht Calciumhydroxid (gelöschter Kalk).

$$CaO + H_2O \rightarrow Ca(OH)_2$$

Durch Anrühren des gelöschten Kalkes mit Wasser und Sand erhält man **Mörtel**, der mit dem Kohlenstoffdioxid der Luft langsam erhärtet.

$$Ca(OH)_2 + CO_2 \rightarrow CaCO_3 + H_2O$$

Die **Verwitterung von Kalk** und die Karsterscheinungen beruhen auf dem Umstand, dass sich Calcium- und Magnesiumcarbonat in CO_2-haltigem Wasser lösen, wobei die wasserlöslichen Hydrogencarbonate entstehen. Wird das Wasser erhitzt, so läuft die Reaktion wieder in umgekehrter Richtung ab (Bildung von Kesselstein, Seite 121).

$$CaCO_3 + H_2O + CO_2 \rightleftarrows Ca(HCO_3)_2$$
$$MgCO_3 + H_2O + CO_2 \rightleftarrows Mg(HCO_3)_2$$

Magnesiumcarbonat – $MgCO_3$ – kommt gesteinsbildend als **Magnesit** vor. Durch Erhitzen entsteht Magnesiumoxid.
Die günstigen physikalischen und chemischen Eigenschaften von Magnesitprodukten (hohe Schmelztemperatur, unbrennbar, gute Wärme- und Schalldämmung, wasserfest, säure- und alkalibeständig) werden nicht nur in der Hochofentechnologie, sondern auch in der Bauindustrie genutzt.

Österreich verfügt in Veitsch, Radenthein und Trieben über Magnesitvorkommen und Aufbereitungsanlagen. Dort werden hochwertige Magnesitprodukte erzeugt und zum Großteil exportiert.

Calciumcarbonat ist in der Natur auch in Form großer Kristalle zu finden (Calcit), die Doppelbrechung zeigen.

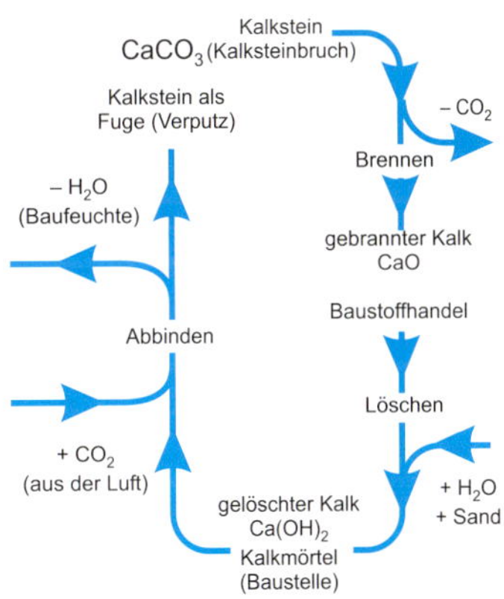

Schematische Darstellung des Kalkbrennens und der Verwendung als Mörtel.

Dachstein-Südwand
Kalkgebirge sind an ihren typischen schroffen Formen erkennbar.

Tropfsteine.

Querschnitt durch einen Tropfstein
Deutlich sind die Jahresringe erkennbar.

Rohmagnesit.

Carbide

Carbide sind Verbindungen des Kohlenstoffs mit einem Metall oder Halbmetall. Manche Carbide ergeben mit Wasser oder Säuren Kohlenwasserstoffe; so entsteht aus Calciumcarbid CaC_2 Ethin C_2H_2, aus Aluminiumcarbid Al_4C_3 Methan CH_4.
Andere Carbide, wie Siliciumcarbid SiC und Wolframcarbid W_2C, zeichnen sich durch besondere Härte aus. Sie werden für Bohr- und Schneidwerkzeuge und als Schleifmittel verwendet.

Cyanide

Cyanide sind die Salze des Hydrogencyanides (Blausäure) HCN, einer farblosen, extrem giftigen, bei 26 °C siedenden Flüssigkeit. Schon 0,05 g sind in wenigen Sekunden tödlich (Blockierung der Enzyme der Atmungskette). Auch die Cyanide sind stark giftig (tödliche Dosis von Kaliumcyanid „Cyankali" 0,15 g). Sie werden beim Galvanisieren benötigt.

ÜBUNGEN

16.1 Durch welche einfache Reaktion könnte man beweisen, dass Diamant eine Modifikation des Kohlenstoffs ist?
16.2 Wieso ist der Kohlenstoffmonoxidgehalt der Rauchgase ein Maß für die Wirtschaftlichkeit einer Feuerungsanlage?
16.3 Leistungssportler sind vor dem Start oft sehr nervös. Warum rauchen sie trotzdem keine „Beruhigungszigarette"?
16.4 Warum können ungekühlte Limonadenflaschen beim Öffnen überschäumen?
16.5 Destilliertes Wasser hat meist nicht exakt pH 7, sondern ist schwach sauer, z. B. pH 6. Warum?
16.6 Wird für den Teig zu viel Backpulver verwendet, so kann der Kuchen einen unangenehmen, leicht „seifigen" Nachgeschmack bekommen. Was könnte der Grund dafür sein?
16.7 Beim Hantieren mit gelöschtem Kalk müssen besonders die Augen vor Spritzern geschützt werden. Warum?
16.8 Warum sind mit Kalkmörtel verputzte Räume noch einige Zeit hindurch feucht?
16.9 Beim Einleiten von CO_2 in eine Lösung von $Ca(OH)_2$ bildet sich ein weißer Niederschlag, der sich dann wieder auflöst. Formuliere die Reaktionsgleichungen. Welche dieser Reaktionen läuft in der Natur ab?
16.10 Kalkablagerungen in Heißwassergeräten können im Haushalt leicht mit Essig entfernt werden. Bestimme die Reaktionsgleichung und den Reaktionstyp.
16.11 Warum ist eine Sodalösung stark basisch?
16.12 Welche Reaktionsschritte im Solvay-Verfahren sind Säure-Base-Reaktionen?
16.13 Kaliumcyanid muss vor Luftzutritt geschützt werden, da es bei Einwirkung von Luftfeuchtigkeit und Kohlenstoffdioxid Hydrogencyanid abgibt. Bestimme die Reaktionsgleichung und den Reaktionstyp. Was lässt sich über die Säurestärke des Hydrogencyanids aussagen?
16.14 Benenne die Substanzen: $KHCO_3$, $BaCO_3$, NaCN, TiC

17. Silicium und Silicate

Siliciumverbindungen werden seit alters her verwendet. In Ägypten, Syrien, Phönizien und an den Küsten des Schwarzen Meeres stand schon vor 3 000–4 000 Jahren die Glasmacherkunst in hoher Blüte.

Silicium ist das zweithäufigste Element der Erdkruste, kommt allerdings nie frei, sondern nur in Form seiner Verbindungen vor. Die meisten Gesteine und Böden enthalten Quarz und Silicate.

Elementares **Silicium** ist ein **Halbleiter** und bildet dunkelgraue, spröde Kristalle. Die Herstellung erfolgt durch Reduktion von Quarz mit Koks.

$$SiO_2 + 2\,C \rightarrow Si + 2\,CO$$

Silicium ist ein wichtiger Legierungsbestandteil für die Stahlerzeugung und wird auch als Ausgangsstoff zur Produktion von Siliconen (temperaturbeständigen Kunststoffen) verwendet.
Zur Herstellung elektronischer Bauelemente (Dioden, Transistoren, Sonnenzellen, ...) wird extrem reines Silicium benötigt.

SILICIUM

Symbol	Si
Ordnungszahl	14
Atommasse	28,086 u
Schmelztemperatur	1 412 °C
Siedetemperatur	2 355 °C
Dichte	2,326 kg/dm^3
Oxidationszahl	+ IV

silex (lat.) = Kiesel

Bergkristall.

17.1 Quarz

Quarz ist Siliciumdioxid SiO_2. Er zählt zu den **härtesten Mineralien** (Härte 7 auf der Mohs'schen Härteskala), ist auch chemisch sehr widerstandsfähig und bleibt daher bei der Verwitterung der Gesteine übrig (Quarzsand).

Farblos durchsichtige Quarzkristalle werden Bergkristall genannt, zusammen mit farbigen Abarten dienen sie als Schmucksteine, z. B. Amethyst (violett), Rauchquarz (braun), Citrin (gelb) und Rosenquarz (rosa).

Neben kristallisiertem Siliciumdioxid kommt in der Natur auch amorphes vor (Opal, Achat, Feuerstein, ...). SiO_2 ist auch in den Zellwänden von Gräsern und Schachtelhalmen sowie in den Gehäusen von Kieselalgen, Sonnentierchen und Strahlentierchen eingelagert. Deren Ablagerung heißt Kieselgur.

Opal

Achat

Feuerstein

Kieselalge

So wie die anderen Elemente höherer Perioden hat auch Silicium keine Tendenz, Doppelbindungen auszubilden. Es gibt daher keine dem Kohlenstoffdioxid O = C = O entsprechende Siliciumverbindung. Im Quarz bilden Silicium- und Sauerstoffatome ein **Gitter** aus tetraederförmigen SiO_4-Gruppen.

Der SiO_4-Tetraeder

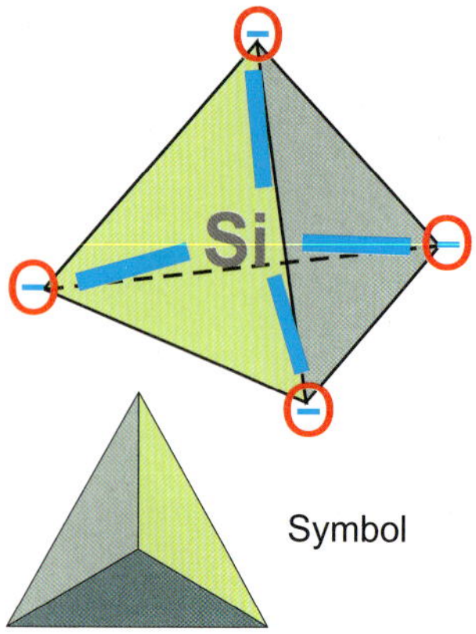

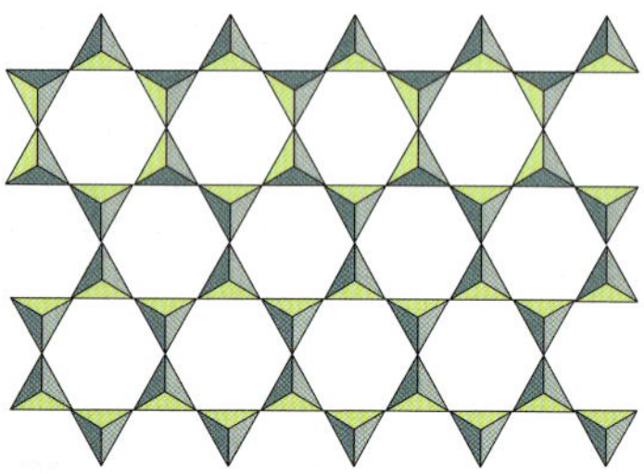

Struktur eines Quarzkristalles
Bei Quarz ist jedes Sauerstoffatom an ein weiteres Siliciumatom gebunden, wodurch ein dreidimensionales Atomgitter entsteht.

Bei den **Silicaten** sind – je nach Typ – einzelne Sauerstoffatome nicht mit Silicium-Atomen verbunden, sie tragen eine negative Ladung.

Bei Granit sind die Bestandteile schon mit freiem Auge gut zu erkennen.

Ein **Quarzkristall** ist demnach praktisch ein einziges **Riesenmolekül**. SiO_2 ist die Verhältnisformel des Atomgitters. Jedes Siliciumatom ist tetraedrisch von vier Sauerstoffatomen umgeben, jedes Sauerstoffatom von zwei Siliciumatomen.
Das Gitter wird durch stabile, polare Atombindungen zusammengehalten, daraus resultiert die Härte, die chemische Reaktionsträgheit und die hohe Schmelztemperatur.

Kleine Plättchen aus Quarzkristallen dienen in der Elektronik zur Erzeugung konstanter elektrischer Schwingungen und werden daher unter anderem für Uhren und Funkgeräte verwendet.

Wird reiner Quarz bei etwa 1 700 °C geschmolzen und rasch abgekühlt, so tritt keine Kristallisation ein, es entsteht amorphes **Quarzglas**. Dieses zeigt nur eine sehr geringe Wärmeausdehnung, ist unempfindlich gegen schroffen Temperaturwechsel und durchlässig für UV-Strahlung (Verwendung für künstliche Höhensonnen, Quecksilberdampflampen, Laborgeräte).

17.2 Natürliche Silicate

Silicium kann vier Hydroxidgruppen binden. Das entstehende Molekül, die **Orthokieselsäure** H_4SiO_4, ist jedoch nicht beständig und reagiert unter Abspaltung von Wasser zu **Polykieselsäuren** $(H_2SiO_3)_n$ weiter (Kondensationsreaktion).

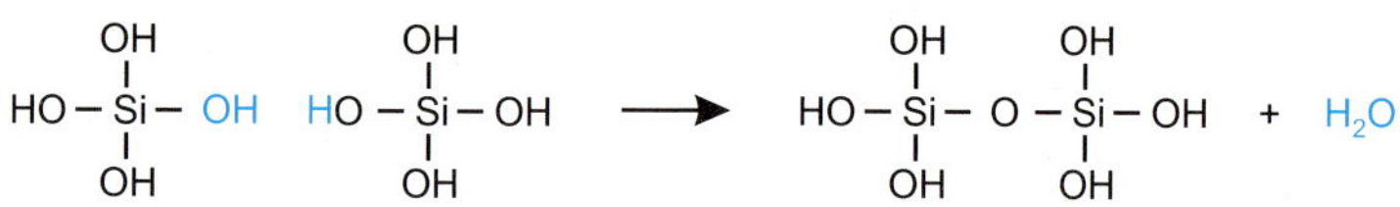

Orthokieselsäure + Orthokieselsäure → Orthodikieselsäure + Wasser

Wasserglas ist ein Gemisch der Natrium- oder Kaliumsalze von Polykieselsäuren. Bei Zugabe einer Säure bilden sich die gallertigen Polykieselsäuren.

Die natürlichen Silicate sind die **Salze der Kieselsäuren** und in der Erdrinde in unzähligen Formen und Mischungen anzutreffen. Als kleine Auswahl sei hier angeführt:

- **Granit**, aus Feldspat, Quarz und Glimmer (Hauptbestandteile)
- **Gneis**, aus den gleichen Bestandteilen, jedoch mit streifigem, schiefrigem Gefüge (hervorgerufen durch den Gebirgsdruck)
- sowie Basalt, Porphyr, Ton, Talk usw.

Die natürlichen Silicate enthalten komplizierte, aus **SiO_4-Tetraedern** aufgebaute Ionen.

Je nach Verknüpfung dieser Tetraeder unterscheidet man:

- **Ketten- und Bandsilicate**, z. B. die Hornblenden. Sie bilden Mineralien mit fasriger Struktur.

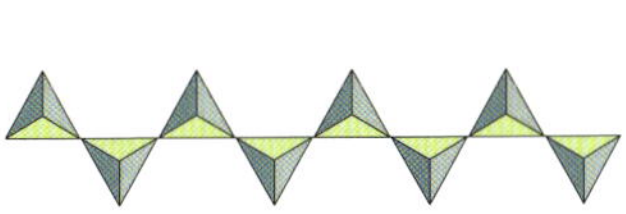

Kettensilicat $(SiO_3)_n^{2-}$

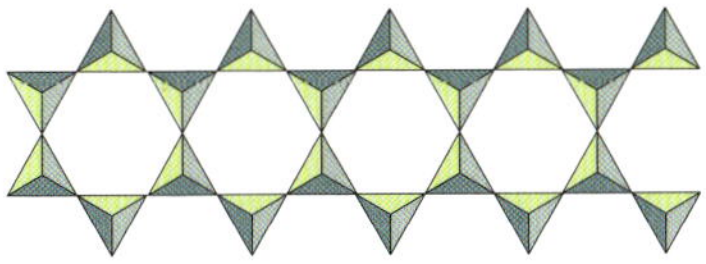

Bandsilicat $(Si_4O_{11})_n^{6-}$

Asbest zählt zu dieser Gruppe. Seine Fasern wurden für feuerfeste Gewebe (Feuerschutzanzüge) und zur Herstellung von Baumaterialien (Eternit) verwendet.
Da eingeatmeter Asbeststaub Lungenkrebs verursachen kann, wurde Asbest durch ungefährlichere Stoffe ersetzt. Bei der Bearbeitung alter Asbestprodukte ist große Vorsicht geboten (Atemschutz).

Hornblende (Asbest).

- **Schichtsilicate** haben ein ebenes Netzwerk aus SiO_4-Tetraedern. Manchmal sind die Schichten leicht spaltbar, z. B. bei Glimmer.

Struktur eines Schichtsilicates $(Si_2O_5)_n^{2-}$
Zwischen den SiO_4-Tetraedern sind positiv geladene Ionen eingelagert.

Biotit (Glimmer).

- **Gerüstsilicate**, haben den gleichen Aufbau wie Quarz. Aluminium (drei Außenelektronen) kann Silicium (vier Außenelektronen) im Gitter teilweise ersetzen. Dies erfordert einen Ladungsausgleich durch positive Ionen wie K^+, Na^+ oder Ca^{2+}, z. B. Kalifeldspat: $KAlSi_3O_8$.

Viele Edelsteine sind Silicate: Smaragd, Granat, ...

Smaragd

Granatkristalle

Einziger europäischer Fundort für Smaragde ist das Habachtal in Salzburg. Granatkristalle hingegen sind an vielen Stellen der Tauern zu finden.

Bei der **Verwitterung** der Silicate werden OH-Gruppen in das Gitter eingelagert (Tone, Lehm). Diese Alumosilicat-Anionen enthalten die positiven Ionen locker gebunden in Gitterhohlräumen. Darauf beruht das Ionenaustauschvermögen guter Erden (Zeolithmineralien). Die Calcium-Zeolithe des Bodens binden K^+- und NH_4^+-Ionen viel stärker als Ca^{2+} und Na^+. Beim Düngen mit Kalium- oder Ammoniumsalzen werden diese Ionen in der Erde gebunden. Die Pflanzenwurzeln scheiden H_3O^+-Ionen aus, wodurch die NH_4^+- und K^+-Ionen aus den Zeolithen verdrängt und von den Wurzeln aufgenommen werden.

Künstlich hergestellte Alumosilicate werden als Ionenaustauscher (Enthärter) in Waschmitteln verwendet (Sasil, Seite 122).

17.3 Künstliche Silicate

Ein Glasbläser bei der Arbeit

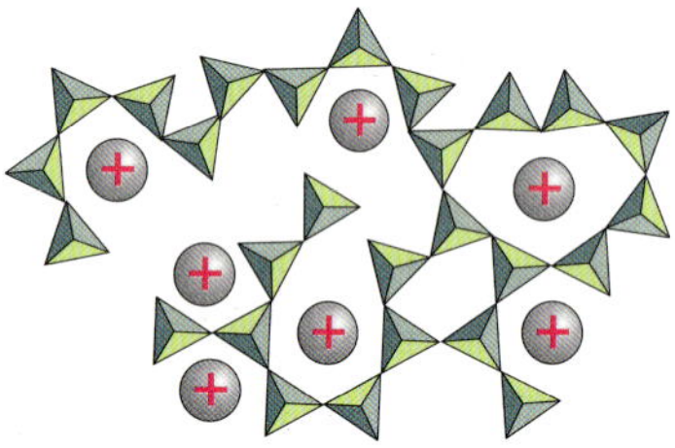

Die Struktur von Glas

Glas

Durch Zusammenschmelzen von Quarz mit Carbonaten oder Metalloxiden entsteht Glas. Beim Abkühlen der Schmelze bildet sich kein Kristallgitter, sodass Glas in physikalischer Hinsicht nicht als Feststoff, sondern als eine extrem zähe, unterkühlte Flüssigkeit aufzufassen ist. Glas schmilzt daher nicht bei einer bestimmten Temperatur, sondern ist in einem weiten Temperaturbereich zähflüssig und lässt sich dann durch Blasen, Gießen, Walzen oder Ziehen verarbeiten.
Nur wertvolles Zierglas wird heute noch handwerklich hergestellt. Flaschenglas und vergleichbare Produkte werden maschinell geblasen.

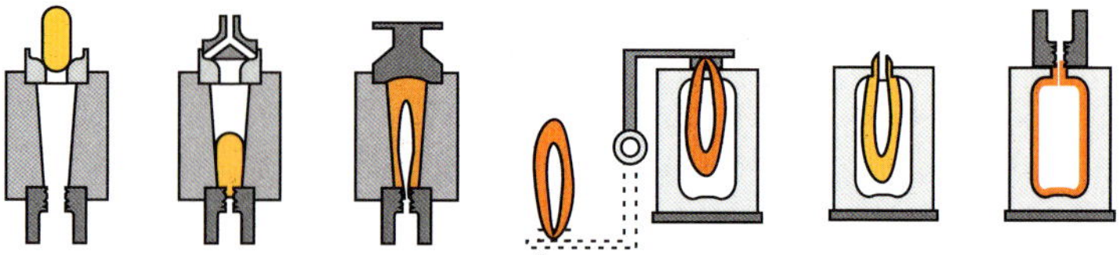

Maschinelle Herstellung von Glasflaschen

Einfaches **Gebrauchsglas** wird aus Quarz, Kalk und Soda hergestellt, doch gibt es viele Spezialgläser mit anderen Bestandteilen.

Die Wiederverwertung von Altglas hilft mit, Rohstoffe und Energie zu sparen.

Wichtige Glassorten:

Rohstoffe	Eigenschaften	Verwendung
Gebrauchsglas: Na_2CO_3, $CaCO_3$, SiO_2	Dichte 2,5 kg/dm^3. Erweicht leicht, chemisch und thermisch wenig widerstandsfähig.	Fensterscheiben, Flaschenglas
Jenaer Geräteglas: Na_2CO_3, $CaCO_3$, Al_2O_3, $BaCO_3$, B_2O_3, SiO_2	Dichte 2,2 bis 2,4 kg/dm^3. Widerstandsfähig gegen Temperaturschwankungen und chemische Einwirkung.	Küchengeräte, Thermometer, Laborgeräte
Bleiglas: K_2CO_3, $PbCO_3$, SiO_2	Dichte 2,9 kg/dm^3. Bricht das Licht sehr stark.	Kristallgläser, Prismen, Linsen
Sicherheitsglas: wie Gebrauchsglas	Verbundglas: Mehrere Glasscheiben sind durch eine Kunststoffschicht verbunden, die Splitter werden zusammengehalten. Sekuritglas: Im Glas werden durch Erhitzen und Abkühlen Spannungen erzeugt. Daher haben die Splitter krümelige Struktur.	Verglasung von Fahrzeugen

Glas kann auch durch spezielle Verfahren zu feinen Glasfasern mit nur 4 µm Durchmesser ausgezogen werden. Aus 1 g Glas entstehen bis zu 32 km Faser. Durch Verfilzung der Glasfasern entsteht ein Isolierstoff (*Tel-Wolle*), der unbrennbar und fäulnisfest ist. Aus Glasfasern hergestellte Gewebe werden zur Verstärkung von Kunststoffen (Polyesterharze) verwendet.

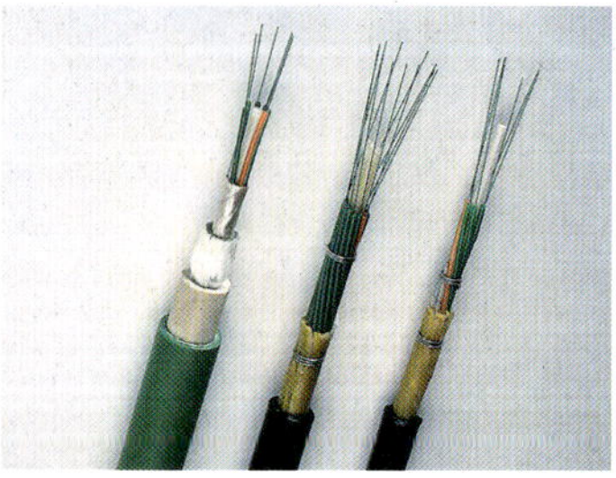

Glasfaserkabel

Glasfaserkabel werden in zunehmendem Maße zur Nachrichtenübertragung eingesetzt, da durch Lichtwellen in einem Glasfaserkabel wesentlich mehr Informationen übertragen werden können als mit Strom durch ein gleich dickes Kupferkabel. Dazu werden Fasern aus hochreinem Glas benötigt, in denen die Lichtstärke über eine Strecke von 1 km nur um 1 % abnimmt.

Keramische Erzeugnisse

Tone und Lehm enthalten OH-Gruppen. Diese können Wasser anlagern, dadurch quillt das Material und lässt sich plastisch verformen. Durch Trocknen bei Normaltemperatur wird das adsorbierte Wasser unter Beibehaltung der Form und Volumsverkleinerung (Schwinden) teilweise abgegeben. Beim Erhitzen auf 900 °C (1. Brand) entsteht dann unter Wasserabspaltung ein wasserdurchlässiger, poröser „Scherben“. Erhitzt man ein zweites Mal auf 1 500 °C (2. Brand), so werden die Poren durch glasartig erstarrte Silicate abgedichtet, die Keramik ist nun wasserundurchlässig.

Wertvolles Augartenporzellan

Zusammenstellung wichtiger keramischer Erzeugnisse:

	Rohstoffe	Vorgänge beim Brennen	Eigenschaften	Herstellung
Porzellan	Kaolin, Feldspat, Quarz	Kaolin zerfällt in Al_2O_3 und SiO_2. Diese werden vom Feldspat aufgenommen und bilden mit ihm fein verfilzte, neue Silicate	dicht, durchscheinend weiß	1. Brand bei 900 °C glasieren, 2. Brand bei 1 500 °C evtl. verzieren, 3. Brand
Steinzeug (z. B. Gebrauchsgeschirr)	Ton	Abgabe von Wasser, Neubildung von Silicaten	dicht, durchscheinend weiß oder graubraun, hart	1. Brand bei 900 °C, glasieren, 2. Brand bei 1 000 °C
Töpferwaren	Ton	Abgabe von Wasser	Scherben porös, nicht durchscheinend, farbig	1. Brand bei 900 °C, glasieren, 2. Brand bei 1 000 °C
Ziegelsteine	Lehm (= Ton + Sand)	Abgabe von Wasser	porös, grobkörnig, durch Eisenoxid rot gefärbt	einmaliges Brennen bei 900 °C
Feuerfeste Steine (Schamotte)	Ton mit Quarzsand und Silicaten	Abgabe von Wasser, Neubildung von Silicaten	porös oder dicht, schmilzt nicht unter 1 600 °C	

Zement und Beton

Zement wird durch Brennen von Kalk und Ton in Drehrohröfen bei 1 500 °C hergestellt. Beim Anrühren mit Wasser bildet sich ein Brei, der nach einiger Zeit zu einer festen Masse aus feinen, verfilzten Calcium- und Aluminiumsilicatkristallen erstarrt.

Wird beim Anrühren Sand und Kies zugesetzt, so erhält man Beton, einen Baustoff mit hoher Festigkeit. Durch Einbetten von Stahlstäben und Drahtgeflechten wird die Zugfestigkeit erhöht (Stahlbeton). Im Gegensatz zu Kalkmörtel härtet Beton auch unter Wasser aus, da er kein Kohlenstoffdioxid benötigt.

Drehofenanlage eines Zementwerkes

ÜBUNGEN

17.1 Ist bei zunehmender Verwendung von Silicium für Sonnenzellen eine Rohstoffverknappung zu befürchten?

17.2 Schätze auf Grund der Formel ab, ob die Kieselsäure eine starke oder eine schwache Säure ist.

17.3 Welche Rohstoffe müssen abgebaut werden, um Glas zu erzeugen? Ist mit einer Verknappung zu rechnen? Welchen Vorteil bringt die Wiederverwertung von Altglas?

18. Metalle

Gediegenes Gold
Da die Metalle aus regellos angeordneten kleinsten Kriställchen aufgebaut sind, ist jedoch die Kristallstruktur meist nicht mit freiem Auge zu erkennen.

Mit der Entwicklung des Menschen ist das Wissen um die Gewinnung und Bearbeitung der Metalle eng verbunden. Das kommt auch in der Benennung der geschichtlichen Zeitabschnitte zur Geltung: Auf die Steinzeit folgt die Bronzezeit und schließlich die Eisenzeit.

Die Metalle können nach verschiedenen Kriterien geordnet werden. Je nach ihrer Dichte spricht man von Leichtmetallen (< 5 kg/dm^3) oder Schwermetallen (> 5 kg/dm^3), je nach ihrer Reaktionsfähigkeit von edlen und unedlen Metallen.

18.1 Charakteristische Eigenschaften

Rund drei Viertel aller Elemente sind Metalle. Während die wenigen Halb- und Nichtmetalle (Edelgase und Halogene, Wasserstoff, Sauerstoff, Schwefel, Kohlenstoff, Silicium, ...) sehr unterschiedliche chemische und physikalische Eigenschaften aufweisen, verhalten sich die Metalle bemerkenswert einheitlich:

Metalle sind (ausgenommen Quecksilber) bei Raumtemperatur **fest**, **leiten** im festen und geschmolzenen Zustand den **Strom**, sind auch **gute Wärmeleiter**, weisen einen typischen **Glanz** auf und sind in der Regel **leicht verformbar**.

Grund dafür sind die Gemeinsamkeiten im Atombau. Im Periodensystem finden sich die Metalle im linken und unteren Teil. Der metallische Charakter der Elemente nimmt von rechts nach links und von oben nach unten zu. Genau entgegengesetzt verhält es sich mit der Elektronegativität der Elemente. Die Metalle haben daher nur eine geringe Elektronegativität, ihre Atome besitzen nur wenige, locker gebundene Außenelektronen. Der Zusammenhalt der Atome erfolgt durch einen einheitlichen Bindungstyp.

Die metallische Bindung

In einem Metall gibt jedes Metallatom seine Außenelektronen unter Bildung eines positv geladenen Metall-Ions (= Atomrumpf) ab, die Metall-Ionen bilden ein Kristallgitter.
Die von den Atomen losgelösten Elektronen können sich zwischen den Atomrümpfen weitgehend frei bewegen und bilden das so genannte **Elektronengas**. Sie bewirken die Festigkeit des Metallgitters, da sie durch ihre Ladung wie ein „Kitt" die positiv geladenen Atomrümpfe zusammenhalten.

Alle Metalle liegen im festen Zustand kristallisiert vor, wobei die Metall-Ionen dicht gepackt sind, da sie, im Gegensatz zum Ionengitter, alle den gleichen Radius haben. Ihre schichtweise Anordnung entspricht meist einer dichtesten Kugelpackung.

Die Kugeln ordnen sich dabei so, dass sie einen möglichst geringen Raum einnehmen. Innerhalb einer Schichtebene ist jede Kugel von sechs anderen umgeben, die Kugeln einer höheren Schicht liegen in den Vertiefungen zwischen den Kugeln der unteren Schicht.

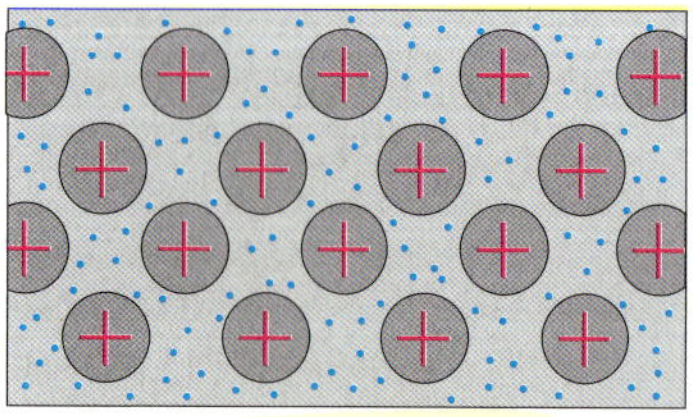

Nach dem Elektronengas-Modell wird ein regelmäßig geordnetes Gitter positiv geladener Metall-Ionen von frei beweglichen Elektronen durchsetzt.

In der **hexagonal dichtesten Kugelpackung** (Abb. a) sind die Schichtebenen so angeordnet, dass die Teilchen der dritten Schicht über jenen der ersten Schicht liegen.

In der **kubisch dichtesten Kugelpackung** (Abb. b) stehen die Teilchen der vierten Schicht über jenen der ersten.
In beiden Gittern hat jedes Atom 12 nächste Nachbarn (sechs in der gleichen Schicht und je drei in der darunter bzw. darüber liegenden Schicht), die Koordinationszahl ist 12.

Metalle mit großen Atomen treten im etwas lockerer gebauten **kubisch raumzentrierten Gitter** auf (Abb. c), bei dem sich jedes Atom im Zentrum eines Würfels befindet, dessen Ecken von den acht benachbarten Atomen gebildet werden (Koordinationszahl Acht).

Die verschiedenen Kugelpackungen:

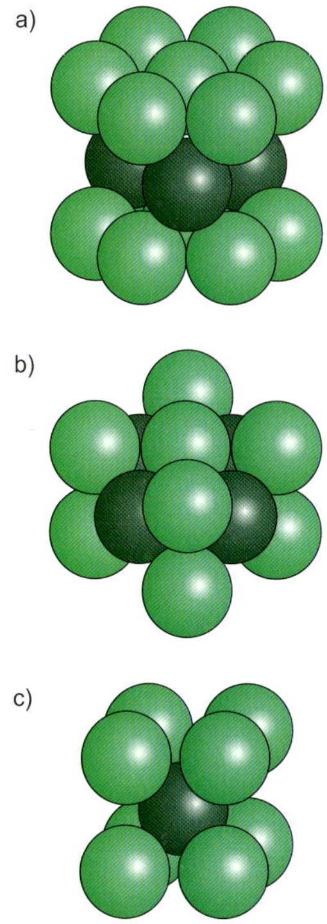

Die freie Beweglichkeit der Elektronen bewirkt die gute elektrische **Leitfähigkeit** der Metalle. Beim Anlegen einer Spannung bewegen sich die Elektronen des Elektronengases zum positiven Pol hin. Mit steigender Temperatur nimmt die Leitfähigkeit ab, weil die Metall-Ionen heftiger um ihre Ruhelage schwingen und die Bewegung der Elektronen behindern.

Auch Fremdatome können die Bewegung der Elektronen stören. In der Elektrotechnik wird deshalb für Leitungen nur sehr reines Kupfer verwendet. Die Widerstandsdrähte in Elektroheizungen bestehen hingegen aus schlecht leitenden Legierungen.

Reine Metalle sind bessere Leiter als ihre Legierungen.

Die meisten Metalle sind **gut verformbar**. Sie lassen sich durch Hämmern, Ziehen, Walzen usw. bearbeiten, da die dichtgepackten Schichten leicht übereinander gleiten können.
Fremdatome können das Gleiten der Schichten erschweren. Daher ist reines Eisen biegsam und relativ weich, wird aber durch die Einlagerung von Kohlenstoffatomen zu einem festen Werkstoff – dem Stahl.

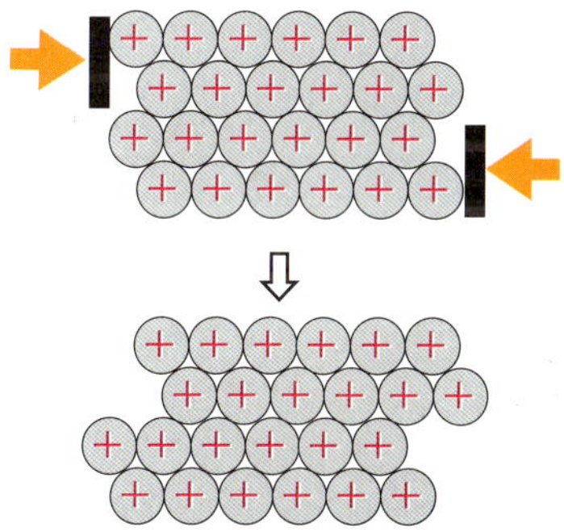

Die Schichten im Metallgitter sind gegeneinander leicht verschiebbar.

Stoffe, die aus einem Gemisch verschiedener Metalle bestehen, nennt man **Legierungen**. Sie haben oft deutlich andere Eigenschaften als die reinen Metalle.

Legierungen sind meist härter als die reinen Metalle und haben einen niedrigeren Schmelzpunkt.

ÜBUNGEN

18.1 Sowohl Metalle als auch geschmolzene Salze leiten den Strom. Worin unterscheiden sich die beiden Vorgänge?

18.2 Salzkristalle sind spröde, Metallkristalle jedoch verformbar. Worauf ist dieses unterschiedliche Verhalten zurückzuführen?

18.3 Warum sind Legierungen in der Regel härter als die Metalle, aus denen sie hergestellt wurden?

18.4 Warum haben Legierungen in der Regel eine geringere Schmelztemperatur als die Metalle, aus denen sie hergestellt wurden?

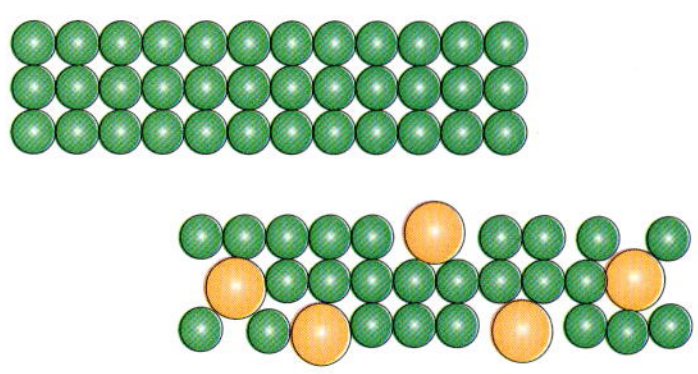

Fremdatome erschweren den Aufbau eines Kristallgitters und das Übereinandergleiten der Schichten.

18.2 Die Gewinnung der Metalle

Nur wenige Edelmetalle wie Gold oder Platin kommen in der Natur in elementarer Form (gediegen) vor. Die meisten Metalle müssen aus **Erzen** durch geeignete Reaktionen hergestellt werden.

Als Erze bezeichnet man Mineralien, aus denen ein Metall wirtschaftlich gewonnen werden kann.

Die meisten Erze sind Oxide, Sulfide oder Carbonate. Aus den Oxiden wird das Metall durch **Reduktion** gewonnen. Sulfide und Carbonate werden zuvor durch **Rösten** oder **Brennen** in Oxide übergeführt.

Schema der Metallgewinnung

Brennen: Abspalten von CO_2 aus Carbonaten durch Erhitzen.

Rösten: Erhitzen sulfidischer Erze unter Luftzutritt.

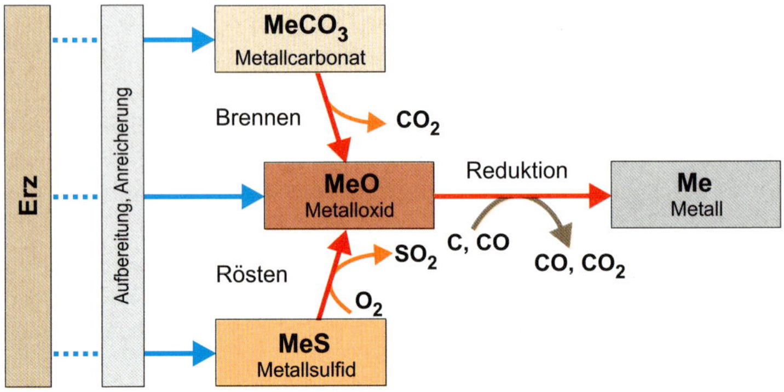

Wichtigstes weil billigstes Reduktionsmittel ist Koks (C) bzw. Kohlenstoffmonoxid (CO). Damit wird unter anderem Eisen, Zink, Zinn, Nickel und Blei gewonnen.

Metalle, die sich leicht mit Kohlenstoff verbinden, erfordern andere Reduktionsmittel, z. B. Wasserstoff oder Aluminium:

Gewinnung von Wolfram: $WO_3 + 3\ H_2 \rightarrow W + 3\ H_2O$

Gewinnung von Chrom: $Cr_2O_3 + 2\ Al \rightarrow 2\ Cr + Al_2O_3$

Die sehr unedlen Metalle der 1. und 2. Gruppe und Aluminium werden durch Elektrolyse ihrer geschmolzenen Salze gewonnen (Seite 103).

WC => Wolframcharbid

ÜBUNGEN

18.5 Warum können beim Rösten sulfidischer Erze große Umweltschäden entstehen?

18.6 Warum kommen Gold und Platin elementar in der Natur vor, nicht aber Magnesium oder Aluminium?

Das Raumschiff Erde
Dieses Bild, aufgenommen 1969 von Astronauten auf dem Rückflug vom Mond, zeigt unmissverständlich, dass unsere Erde ein geschlossenes System bildet und trug damit wesentlich zur Entwicklung des Umweltschutzes bei.

Wie lange reichen unsere Rohstoffvorräte?

Fragestellungen dieser Art erscheinen regelmäßig in den Medien. Die beängstigende Antwort wird meist gleich mitgeliefert: Die Rohstoffe reichen nur noch für kurze Zeit, meist nur mehr für wenige Jahrzehnte. Rein mathematisch betrachtet ist die dabei gemeldet Anzahl der Jahre meist richtig: das Ausmaß der *derzeit bekannten, sicheren* Lagerstätten, die mit *derzeitigen* Fördertechniken *wirtschaftlich* abbaubar sind, wurde durch den *derzeitigen* Jahresverbrauch dividiert, was bei den meisten Rohstoffen eine Zeitdauer von wenigen Jahrzehnten ergibt.

Doch solche Berechnungen gehen an der technischen und wirtschaftlichen Realität vorbei. Durch neue Erkundungsmethoden werden neue Lagerstätten entdeckt und eine laufend verbesserte Fördertechnik ermöglicht die wirtschaftliche Nutzung von schwerer zugänglicher Lagerstätten (in größerer Tiefe, am Meeresboden, ...) und von solchen mit geringerem Erzgehalt.
Auch der Verbrauch muss keineswegs stetig steigen – neue Technologien machen manche Rohstoffe entbehrlich. Während etwa im Jahr 2000 noch rund die Hälfte der Jahresförderung an Silber für die Fotografie verbraucht wurde (lichtempfindliche Silberverbindungen im Film und Fotopapier), verringert sich dieser Anteil seither ständig. Denn der Film wurde weitgehend durch die Digitalkamera und das Fotopapier durch den Farbdruck abgelöst.
Auch Kupferkabel werden, zumindest für die Nachrichtenübermittlung, zunehmend durch Glasfaserkabel oder Funk ersetzt.

Katastrophen-Prognosen finden stets ein breites Echo in den Medien. Der Umstand, dass diese Katastrophen dann nicht eintreten, bleibt weitgehend unbemerkt.

Die bekannteste Fehlprognose dieser Art stammt vom „Club of Rome“, einer in der Stadt Rom gegründeten Vereinigung von Wissenschaftlern. Er prophezeite 1972 spätestens für das Jahr 2000 eine dramatische Rohstoffverknappung mit katastrophalen wirtschaftlichen Folgen. Das genaue Gegenteil davon ist eingetreten: alle mineralischen Rohstoffe sind heute billiger als 1970.

Die Tatsache, dass es keine Rohstoffverknappung gibt, ist allerdings kein Freibrief für Vergeudung. Denn die Gewinnung jedes Rohstoffes erfordert Energie. Ihre Bereitstellung ist, ebenso wie der Abbau des Rohstoffs und die Beseitigung von Abfallprodukten, mit Umweltbelastungen verbunden. Ein bewusster und sorgsamer Umgang mit Rohstoffen ist daher ein sinnvoller Beitrag für den Umweltschutz.

18.3 Alkalimetalle

lithos (griech.) = Stein
Der Name Natrium leitet sich vom ägyptischen Wort „neter“, d. h. Soda, das früher „Natron“ genannt wurde, her;
Kalium von al kalja (arabisch) = Pflanzenasche, die Kaliumcarbonat enthält.
Rubidium und Caesium haben die Namen nach ihrer Flammenfärbung erhalten.
rubidus (lat.) = dunkelrot
caesius (lat.) = himmelblau

Die Elemente der **1. Gruppe** werden als **Alkalimetalle** bezeichnet. Dazu zählen Lithium (Li), Natrium (Na), Kalium (K), Rubidium (Rb), Caesium (Cs) und Francium (Fr).

Die Salze der Alkalimetalle sind seit dem Altertum bekannt, doch die Herstellung der Metalle selbst war erst mit Hilfe des elektrischen Stromes möglich.
Der englische Chemiker DAVY leistete Pionierarbeit, indem er die von VOLTA erfundene einfache Batterie benutzte. 1807 entdeckte er in der Pottasche das erste Alkalimetall und nannte er es „Potassium“ – wir sagen heute Kalium. Wenig später entdeckte er durch Elektrolyse von Soda (Natriumcarbonat) ein weiteres Element, das er „Sodium“ nannte. Beide Bezeichnungen werden heute noch in der englischen Sprache verwendet. Die deutschen und internationalen Bezeichnungen „Natrium“ und „Kalium“ stammen von BERZELIUS.

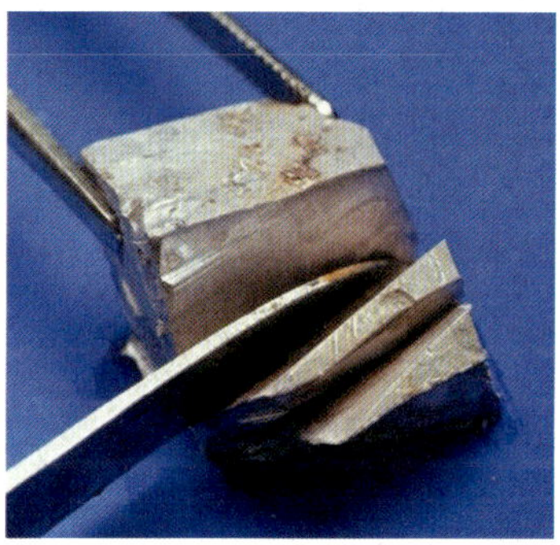

Die Alkalimetalle sind sehr weich und lassen sich, wie hier Natrium, mit dem Messer schneiden.

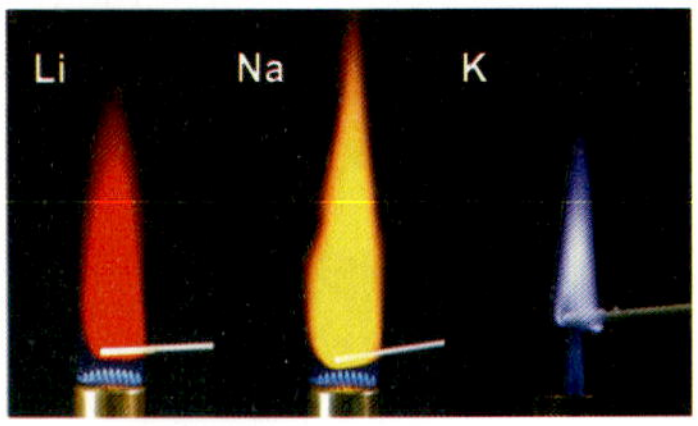

Die Alkalimetalle zeigen charakteristische Flammenfärbungen.

Mit Wasser reagieren die Alkalimetalle heftig unter Entwicklung von Wasserstoff.

Natrium schmilzt durch die Hitze der Reaktion mit Wasser und schwimmt zischend an der Oberfläche.

Die chemischen und physikalischen Daten der Alkalimetalle:

	Lithium	Natrium	Kalium	Rubidium	Caesium	Francium
Symbol	Li	Na	K	Rb	Cs	Fr
Ordnungszahl	3	11	19	37	55	87
Atommasse	6,39 u	22,99 u	39,10 u	85,47 u	132,90 u	(233) u
Schmelztemp.	180 °C	97,81 °C	63,4 °C	39 °C	28,65 °C	ca. 30 °C
Siedetemp.	1326 °C	889 °C	775 °C	696 °C	685 °C	ca. 680 °C
Dichte kg/dm^3	0,534	0,971	0,862	1,52	1,9	–
Elektroneg.	1,0	0,9	0,8	0,8	0,8	0,8
Flammenfärb.	rot	gelb	violett	rotviolett	blau	–

Die **Alkalimetalle** bilden eine Elementgruppe von sehr einheitlichem Charakter. Sie treten in der Natur nur in Verbindungen auf (Oxidationszahl stets +I) und werden durch Elektrolyse ihrer geschmolzenen Salze (Chloride und Hydroxide) gewonnen (siehe Seite 103).

Es sind durchwegs leichte, weiche, glänzende, niedrig schmelzende Metalle, die sich an der Luft schnell mit einer Schicht von Hydroxiden und Carbonaten überziehen und daher unter Petroleum aufbewahrt werden.
Die **Reaktionsfähigkeit** nimmt vom Lithium zum Caesium zu. Mit Wasser entstehen salzartige, stark basisch reagierende Hydroxide.

Die Alkalimetalle ergeben schon in geringen Mengen eine typische **Flammenfärbung**, die zu ihrem Nachweis und in der Feuerwerkstechnik genützt wird.

Alkalihydroxide

Alkalimetalle reagieren mit Wasser unter Bildung von Hydroxiden.

Z. B. $2\ Na + 2\ H_2O \quad \rightarrow \quad H_2 + 2\ NaOH$ Natriumhydroxid

Alkalihydroxide sind weiße, salzartige, feste Stoffe, stark hygroskopisch, lösen sich in Wasser und bilden starke Basen.

Natronlauge wird aus Kochsalz hergestellt. Sie ist für die chemische Industrie unersetzbar und dient zur Neutralisation von Säuren und Herstellung von Salzen, Seife und Natron-Cellulose usw.

Oxide

An Luft verbrennt nur Lithium zum „normalen“ Oxid Li_2O. Natrium ergibt Natriumperoxid Na_2O_2, aus den anderen Alkalimetallen entstehen Hyperoxide vom Typ MeO_2.

Die wichtigsten Salze der Alkalimetalle wurden bei den entsprechenden Säuren beschrieben.

ÜBUNG

18.7 Bei den Alkalimetallen nimmt die Reaktionsfähigkeit vom Lithium zum Caesium hin zu. Wie lässt sich dies durch den Atomaufbau begründen?

18.4 Erdalkalimetalle

Die Elemente der **2. Gruppe** werden als **Erdalkalimetalle** bezeichnet. Dazu zählen Beryllium (Be), Magnesium (Mg), Calcium (Ca), Strontium (Sr), Barium (Ba) und Radium (Ra).

Auch die Erdalkalimetalle sind sehr unedel, kommen daher in der Natur nicht frei vor und werden durch Schmelzelektrolyse ihrer Salze gewonnen (siehe Seite 103). Einige Erdalkalimetalle zeigen charakteristische Flammenfärbungen.
In ihren Verbindungen haben sie stets die Oxidationszahl +II.

beryllos (griech.) = hellgrüner Stein
Magnesia: eine Stadt in Kleinasien
calculus (lat.) = kleiner Stein
Strontian: eine Stadt in Schottland, bei der das strontiumhaltige Mineral Strontianit gefunden wurde.
barys (griech.) = schwer
radius (lat.) = der Strahl

Die chemischen und physikalischen Daten der Erdalkalimetalle:

	Beryllium	Magnesium	Calcium	Strontium	Barium	Radium
Symbol	Be	Mg	Ca	Sr	Ba	Ra
Ordnungszahl	4	12	20	38	56	88
Atommasse	9,012 u	24,312 u	40,08 u	87,62 u	137,34 u	226 u
Schmelztemp.	1 283 °C	650 °C	850 °C	770 °C	710,0 °C	700°C
Siedetemp.	2 970 °C	1 107 °C	1 487°C	1 366 °C	1 638 °C	1 140 °C
Dichte kg/dm^3	1,85	1,74	1,55	2,5	3,5	ca. 6
Elektroneg.	1,5	1,2	1,0	1,0	0,9	0,9
Flammenfärb.	–	–	orangerot	rot	grün	–

Beryll

Beryllium ist in manchen seltenen Mineralien enthalten z. B. im Beryll, (Smaragd).

Magnesium wird als einziges Metall dieser Gruppe als Werkstoff verwendet (Leichtmetall, meist in Legierungen mit Aluminium). An Luft verbrennt es mit grellem Licht.

Auch die Erdalkalimetalle zeigen typische Flammenfärbungen, die, zusammen mit dem leuchtend hell verbrennenden Magnesium, für Feuerwerkskörper genutzt wird.

Magnesiumoxid – MgO – ist ein weißes Pulver mit sehr hoher Schmelztemperatur (2 800 °C), das durch Glühen von Magnesiumcarbonat hergestellt wird. Verwendung findet es für feuerfeste Steine zum Auskleiden von Öfen (hauptsächlich für die Schwerindustrie); weiters als Neutralisationsmittel in der Pharmazie (z. B. gegen überschüssige Magensäure) und im Sport als schweißbindendes Mittel (gebrannte Magnesia).

Calcium ist als Metall ohne nennenswerte Bedeutung. Seine Verbindungen hingegen sind weit verbreitet.

Die wichtigsten Calcium- und Magnesiumsalze wurden bei den entsprechenden Säuren erwähnt (z. B. Kalk, Gips, Flussspat, Magnesit).

Strontiumverbindungen werden – wegen ihrer schönen Flammenfärbung – in der Feuerwerkstechnik eingesetzt.

Bariumsulfat wird (in Form eines weißen Breies) als Röntgenkontrastmittel bei Magen- und Darmuntersuchungen verwendet (Stoffe, die aus leichten Atomen aufgebaut sind, wie die inneren Organe unseres Körpers, absorbieren Röntgenstrahlen nur schwach und sind daher am Röntgenschirm kaum erkennbar, wohl aber das sie ausfüllende $BaSO_4$).

ÜBUNGEN

18.8 Warum lassen sich Alkali- und Erdalkalimetalle nur durch Elektrolyse ihrer geschmolzenen Salze und nicht durch Elektrolyse ihrer wässrigen Lösungen gewinnen?

18.9 Wie lässt sich erklären, dass die Erdalkalimetalle ausschließlich mit der Oxidationszahl +II auftreten?

18.10 Magnesiumfackeln brennen auch unter Wasser. Welche Reaktion läuft dabei ab?

18.11 Versucht man, brennendes Magnesium mit einem Trockenfeuerlöscher (Löschmittel Kohlenstoffdioxid) zu löschen, so brennt es unter Rußentwicklung weiter. Welche Reaktion läuft ab? Warum ist es auch mit Wasser oder Sand (= Quarz) unmöglich, brennendes Magnesium zu löschen?

18.12 In einem Labor ist die Beschriftung eines Chemikalienbehälters verloren gegangen. Das Gefäß enthält ein weißes Pulver, das eine violette Flammenfärbung zeigt, mit Wasser eine basische Lösung bildet und bei Zugabe von Salzsäure lebhaft aufschäumt. Um welche Substanz könnte es sich handeln?

18.5 Eisen und Stahl

In welcher Kultur das erste Eisen hergestellt wurde, ist unbekannt, doch erfolgte die Entdeckung vermutlich an mehreren Orten.

In Mitteleuropa hatten die Illyrer den größten Einfluss auf die Entwicklung der Eisentechnik. Nach dem bedeutendsten Fundplatz wird ihre Kultur als Hallstattzeit (1 100–850 v. Chr.) bezeichnet. Anfangs war Eisen noch ein seltenes und wertvolles Metall, mehr Zierde als Gebrauchsgegenstand. In der späteren Hallstattzeit tauchten die ersten eisernen Waffen auf, in der La-Tène-Zeit wurde schließlich die Bronze durch das Eisen verdrängt. Den Siegeszug als wichtigstes Gebrauchsmetall trat das Eisen durch die Einführung rentabler Produktionsmethoden im 19. Jahrhundert an.

EISEN

Symbol	Fe
Ordnungszahl	26
Atommasse	55,847 u
Schmelztemperatur	1 535 °C
Siedetemperatur	3 070 °C
Dichte	7,86 kg/dm^3
Oxidationszahl	+II, +III

ferrum (lat.) = Eisen

Eisen ist zu rund 5 % am Aufbau der Erdrinde beteiligt und damit das **vierthäufigste Element**. In Form seiner Verbindungen ist es weit verbreitet, als Eisenerz nutzbar sind jedoch nur Mineralien, in denen es zu mindestens 30 % enthalten ist. Metallisches Eisen kommt in der Natur nur sehr selten vor und stammt von Meteoriten.

Die wichtigsten **Eisenerze** sind:

Name		Formel
Magneteisenstein	(Magnetit)	Fe_3O_4
Roteisenstein	(Hämatit)	Fe_2O_3
Brauneisenstein	(Limonit)	$Fe_2O_3 \cdot x\,H_2O$
Spateisenstein	(Siderit)	$FeCO_3$
Pyrit	(Eisenkies)	FeS_2

Spateisenstein vom Erzberg.

In Österreich wird am **Erzberg** Spateisenstein im Tagbau gefördert. Er deckt den österreichischen Bedarf zu etwa 50 %. Wegen des geringen Eisengehaltes von nur rund 30 % müssen hochwertigere Erze aus Brasilien, Liberia, den USA und Russland eingeführt werden.

Der Erzberg

Pyrit bildet goldglänzende, würfelförmige Kristalle.

Die Weiterverarbeitung zu Roheisen (Hochofenprozess) und Stahl (LD-Verfahren) wird in der VOEST in Linz und zu einem kleinen Teil auch in Donawitz durchgeführt.

Der Hochofenprozess

Im Hochofen erfolgt die Reduktion der oxidischen Eisenerze durch Kohlenstoff und Kohlenstoffmonoxid. Nichtoxidische Erze wie Spateisenstein oder Pyrit müssen vorher durch Brennen oder Rösten in die Oxide umgewandelt werden.

Der Hochofen ist ein ca. 100 m hoher Schachtofen, der durch einen Schrägaufzug von oben laufend abwechselnd mit einer Schicht Koks und einer Schicht Eisenerz und Zuschlagstoffen beschickt wird. Die Zuschläge haben die Aufgabe, das im Erz enthaltene taube Gestein in eine leicht schmelzende Schlacke umzuwandeln. Bei basischen (kalkhaltigen) Erzen wird Quarz, bei sauren (quarzhaltigen) Erzen wird Kalk als Zuschlag verwendet. nicht Eisenerze

Die Füllung des Hochofens sinkt langsam tiefer und gelangt in immer heißere Bereiche, in denen unterschiedliche Reaktionen ablaufen.

Schema einer Hochofenanlage

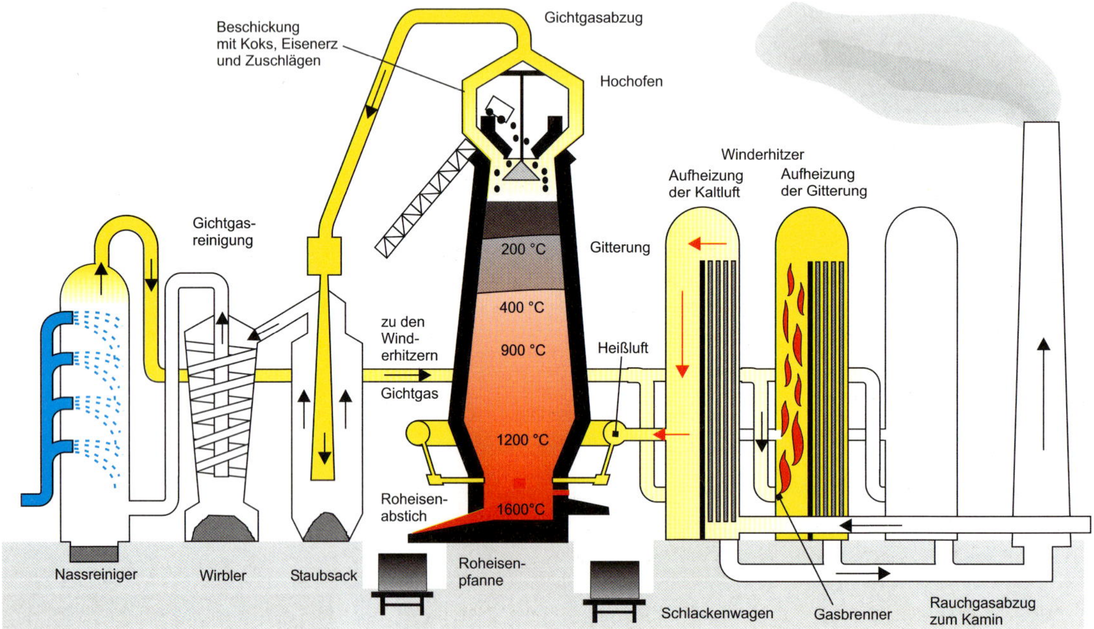

Das entstehende Roheisen ist das Endprodukt einer ganzen Kette von chemischen Vorgängen:

Im untersten Teil des Hochofens verbrennt Koks durch den Heißwind zu Kohlenstoffdioxid:

$$C + O_2 \rightarrow CO_2$$

Das entstehende CO_2 reagiert mit dem Kohlenstoff bei den dort herrschenden Temperaturen von rund 1 800 °C zu Kohlenstoffmonoxid (Boudouard'sches Gleichgewicht, siehe Seite 64):

$$CO_2 + C \rightleftarrows 2\,CO \quad \Delta H = +172{,}5 \text{ kJ}$$

Die **Reduktion** des Erzes zu Eisen erfolgt durch Kohlenstoffmonoxid und durch sich abscheidenden, feinverteilten Kohlenstoff:

$$Fe_2O_3 + 3\ CO \rightarrow 2\ Fe + 3\ CO_2$$
$$Fe_2O_3 + 3\ C \rightarrow 2\ Fe + 3\ CO$$

Im obersten Teil, der **Vorwärmzone**, erfolgt bei 200–400 °C eine Trocknung und Vorwärmung.

In der daran anschließenden **Reduktionszone** entsteht bei 500–900 °C festes, metallisches Eisen. An seiner Oberfläche wandelt sich das Kohlenstoffmonoxid in Kohlenstoffdioxid und Kohlenstoff um, der dann ebenfalls als Reduktionsmittel wirkt. Auch die Reaktion der Zuschlagstoffe mit den Verunreinigungen erfolgt in diesem Bereich:

$$SiO_2 + CaO \rightarrow CaSiO_3 \quad \text{Calciumsilicat (Schlacke)}$$

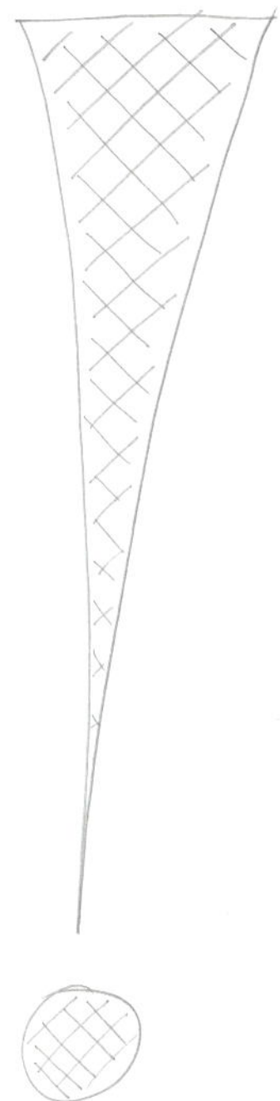

In der **Schmelzzone** schließlich werden Temperaturen bis zu 1 800 °C erreicht. Dort wird vorgewärmte Luft, der Heißwind, eingeblasen. Im untersten Teil des Hochofens sammelt sich das flüssige Roheisen und, darauf schwimmend, die flüssige Schlacke. Beide werden in Abständen von einigen Stunden abgelassen (Abstich).

Einmal „angeblasen“, ist ein Hochofen fünf bis zehn Jahre lang ununterbrochen in Betrieb, bis die Ausmauerung erneuert werden muss.

Das vom Hochofen kommende **Roheisen** enthält noch ca. 4 % Kohlenstoff und kleinere Mengen an Silicium, Mangan, Phosphor und Schwefel. Dadurch hat es einen vergleichsweise niedrigen Schmelzpunkt von ca. 1 200 °C und dient als **Gusseisen**.

Die **Schlacke** wird zu Baustoffen und Schlackenwolle (Isoliermaterial) weiterverarbeitet.

Die Abgase des Hochofens, die **Gichtgase**, enthalten noch rund 25 % Kohlenstoffmonoxid, sind daher brennbar und werden nach einer Entstaubung zum Aufheizen der **Winderhitzer** verwendet. Das sind meist drei ca. 30 m hohe Türme, die mit Kanälen aus feuerfesten Steinen ausgemauert sind. Während jeweils ein Winderhitzer durch die verbrennenden Gichtgase aufgeheizt wird, geben die beiden anderen ihre Wärme an die Frischluft ab und erhitzen sie auf ca. 800 °C (Heißwind).

Ein moderner Hochofen erzeugt bis zu 5 000 t Roheisen täglich. Für eine Tonne Roheisen werden im Durchschnitt 2 t Erz, 0,8 t Koks, 0,3 t Kalk und 10 m^3 Wasser benötigt, 1 t Schlacke entsteht.

Hochofenabstich
Entnahme eine Eisenprobe zur Untersuchung im Labor.

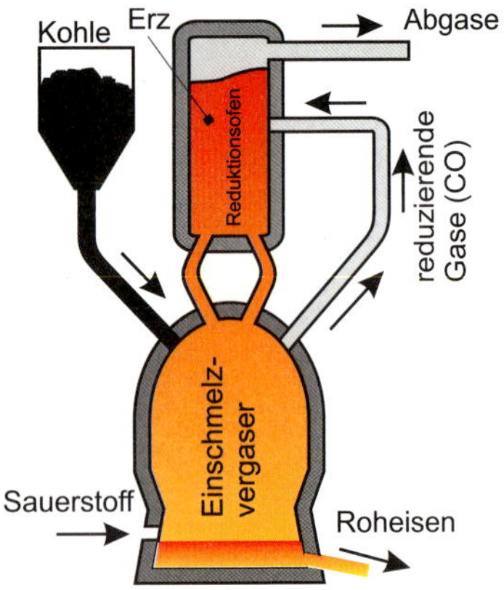

Schema einer Corex-Anlage.

LD-Konverter.

Das Corex-Verfahren

Bei diesem neueren, in Deutschland und Österreich entwickelten Verfahren, werden in einem Einschmelzvergaser reduzierende Gase (CO) erzeugt und in einem davon getrennten Reduktionsofen mit dem Erz zur Reaktion gebracht.
Es entsteht fester Eisenschwamm, der in den Einschmelzvergaser befördert und dort geschmolzen wird. Der Abstich des Roheisens erfolgt im Abstand einiger Stunden.

Das Verfahren ist umweltfreundlicher als der Hochofenprozess und kann auch nicht verkokbare, billigere Kohle nutzen.

Die Stahlerzeugung

Roheisen lässt sich nicht schmieden, da es bis knapp unterhalb der Schmelztemperatur spröde ist und dann schlagartig schmilzt. Schmiedbar und hart ist nur Eisen mit einem Kohlenstoffgehalt von 0,5–1,7 %. Die Verminderung des Kohlenstoffgehaltes wird durch einen Oxidationsvorgang, das Frischen, erreicht.

Im Idealfall erfolgt die Oxidation der Verunreinigungen mit reinem Sauerstoff, der seit 1930 durch das Linde-Verfahren in großtechnischen Mengen und zu wirtschaftlichen Preisen zur Verfügung steht. Seit dieser Zeit wurde versucht, ein Frischverfahren mit reinem Sauerstoff zu finden. Doch erst nach dem Zweiten Weltkrieg gelang es österreichischen Technikern, die Probleme zu meistern. 1949 war bei der VOEST in Linz die erste Versuchsanlage erfolgreich, 1952 und 1953 wurden die ersten nach diesem System arbeitenden Stahlwerke in Linz und Donawitz in Betrieb genommen. Von diesen beiden Orten hat das LD-Verfahren seinen Namen bekommen und sich weltweit durchgesetzt.

Das Frischen des Roheisens erfolgt beim **LD-Verfahren** in birnenförmigen Konvertern mit einem Fassungsvermögen bis zu 400 t. Durch ein wassergekühltes Rohr, die Lanze, wird reiner Sauerstoff auf das flüssige Roheisen geblasen. Nach etwa 20 Minuten ist die Reaktion beendet. Die frei werdende Wärme wird zum Einschmelzen von Schrott genutzt.

Tiegel im LD-Stahlwerk der VOEST-Alpine in Linz.

Eigenschaften des Stahls

Im Gegensatz zu Roheisen ist Stahl hart und elastisch. Beim Erhitzen erweicht er allmählich und lässt sich schmieden, walzen oder ziehen.

Die Härte des Stahls kann durch Wärmebehandlung beeinflusst werden: Erwärmen und rasches Abkühlen in Wasser ergibt einen besonders harten Stahl, langsames Abkühlen an Luft einen eher weichen und leicht zu bearbeitenden Stahl.

Auch der Zusatz von Legierungsmetallen kann die Eigenschaften in weiten Grenzen verändern; man erhält Stahlsorten, die den unterschiedlichsten Anforderungen genügen.

Der Einfluss einiger Legierungselemente:

Zusatz von:	C	Si	Mn	Ni	Cr	W	Mo	V	Co
Zugfestigkeit	+	+	+	+	+	+		+	
Zähigkeit	–	–	+	+				+	–
chemische Widerstandsfähigkeit			+	+	+	–		+	
Härte bei hohen Temp.				+		+	+	+	+

ÜBUNGEN

18.13 Wie viele Massenprozente Eisen sind in reinem Magneteisenstein, Roteisenstein und Spateisenstein enthalten? Welches Erz hat den höchsten Eisengehalt?

18.14 Welche Reaktionen laufen im Hochofen ab, wenn aus Magneteisenstein Roheisen hergestellt wird? Formuliere die Reaktionsgleichungen.

18.15 Wie verschiebt sich das Boudouard'sche Gleichgewicht bei Temperaturerniedrigung?

18.16 Warum schützt eine dünne Zinkschicht Eisen vor Korrosion?

18.17 Wodurch unterscheidet sich Roheisen chemisch und physikalisch von Stahl?

18.6 Aluminium

Der deutsche Chemiker MARGGRAF entdeckte 1754 das Aluminiumoxid. Doch erst 1845 war es möglich, metallisches Aluminium in Stecknadelkopfgröße zu produzieren. Der französische Chemiker DEVILLE befasste sich seit 1854 mit der Abscheidung von Aluminium und zeigte 1855 auf der Weltausstellung in Paris einen kleinen Aluminiumblock, dem er die Erklärung mitgab: „Silber aus Lehm". Der Siegeszug des neuen Metalls war damals noch nicht abzuschätzen, erst die Entwicklung der Schmelzflusselektrolyse brachte den Durchbruch zur großtechnischen Produktion.

Aluminium ist mit einem Anteil von 7,5 % das dritthäufigste Element der Erdkruste, kommt in der Natur ausschließlich in Form seiner Verbindungen vor und ist in vielen Silicaten enthalten.

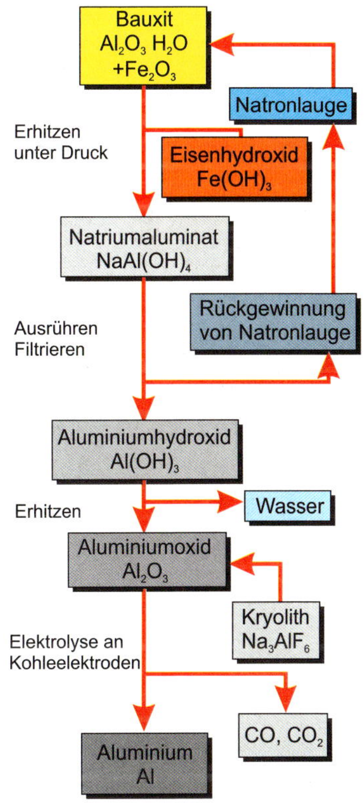

Prozessfolge der Aluminiumproduktion.

ALUMINIUM	
Symbol	Al
Ordnungszahl	13
Atommasse	26,9825 u
Schmelztemperatur	660,1 °C
Siedetemperatur	2450 °C
Dichte	2,7 kg/dm^3
Oxidationszahl	+III

Der Name Aluminium leitet sich vom lat. alumen = Alaun, $KAl(SO_4)_2$, her.

Aluminiumoxid Al_2O_3 kommt in grobkristalliner Form auch in der Natur vor (Korund). Wegen seiner großen Härte (Stufe 9 auf der Mohs'schen Härteskala) dient es als Schleifmittel. Rubine und Saphire sind durch Metalloxide gefärbte Korundkristalle; durch Schmelzen von pulverförmigem Aluminiumoxid mit einer Knallgasflamme können sie auch künstlich hergestellt werden. Große, künstliche Rubinkristalle werden für Laser verwendet.

Korund

Künstlicher Saphir

Gewinnung

Rohstoff für die Gewinnung von Aluminium ist **Bauxit**, ein durch Eisenverbindungen verunreinigtes Aluminiumoxidhydroxid mit einem Al_2O_3-Gehalt von ca. 60 %, das noch gereinigt werden muss.
Dazu nutzt man beim **Bayer-Verfahren** den Umstand, dass die Aluminiumverbindungen mit Natronlauge unter hohem Druck und hoher Temperatur lösliches Natriumaluminat $Na[Al(OH)_4]$ ergeben, die Eisen-Verunreinigungen jedoch unlösliches Eisenhydroxid $Fe(OH)_3$, das durch Filtrieren entfernt wird. Beim Abkühlen der Lösung scheidet sich Aluminiumhydroxid $Al(OH)_3$ ab, wird abfiltriert und durch Erhitzen in Aluminiumoxid umgewandelt.

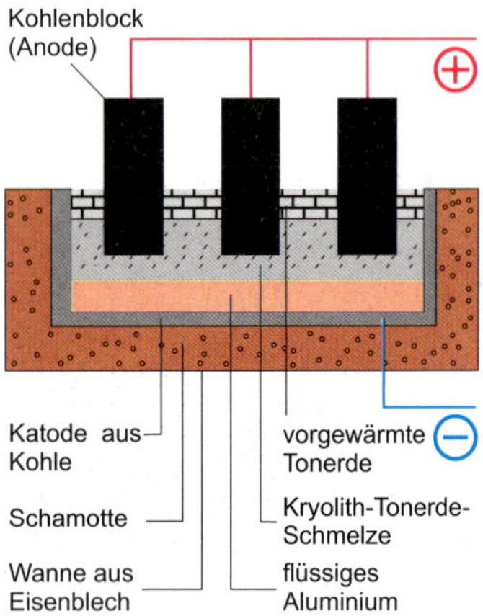

Schematischer Querschnitt durch einen Elektrolyseofen.

Aus diesem wird dann durch **Schmelzflusselektrolyse** das Metall gewonnen. Aluminiumoxid hat allerdings eine sehr hohe Schmelztemperatur von 2 050 °C. Durch die Verwendung von geschmolzenem Kryolith Na_3AlF_6 als Lösungsmittel kann jedoch mit etwa 950 °C das Auslangen gefunden werden.

Der **Elektrolyseofen** besteht aus einer mit Kohleplatten ausgekleideten Wanne, die als Katode (Minuspol) dient. Baumstammdicke Kohlestäbe tauchen in die Schmelze ein und bilden die Anode (Pluspol). Die Elektrolyse erfolgt mit einer Spannung von 4 V und Stromstärken bis zu 200 000 A.

CARL BAYER (1847–1904); österreichischer Chemiker.

Im geschmolzenen Aluminiumoxid liegen frei bewegliche Al^{3+}- und O^{2-}-Ionen vor. Die Al^{3+}-Ionen wandern zur Katode, nehmen dort je drei Elektronen auf und bilden metallisches Aluminium, das sich in flüssiger Form am Boden der Wanne sammelt und abgesaugt wird. Die Sauerstoff-Ionen wandern zur Anode und geben dort je zwei Elektronen ab, wodurch elementarer Sauerstoff entsteht, der mit dem Elektrodenmaterial sofort zu CO und CO_2 weiterreagiert. Die Anoden werden daher während der Elektrolyse verbraucht.

Zur Produktion von einer Tonne Aluminium sind 4 t Bauxit erforderlich, aus denen zunächst unter Aufwand von 7 000 kWh Energie 2 t Aluminiumoxid entstehen.

Zur Elektrolyse werden dann noch 50 kg Kryolith, 0,5 t Elektrodenkohle und 14 000 kWh elektrische Energie benötigt.

Daher sind Elektrolysewerke nur an Standorten mit sehr billiger elektrischer Energie (aus Wasserkraft) wirtschaftlich. Aluminium ist „elektrische Energie in fester Form".

In Österreich wird Aluminium in Ranshofen (Oberösterreich) und in Lend (Salzburg) weiterverarbeitet.

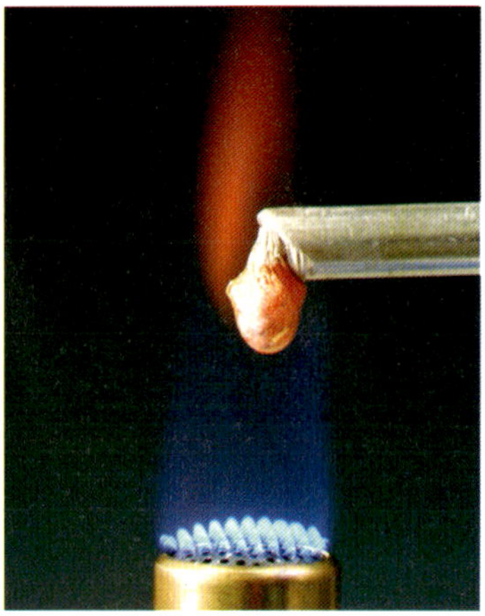

Beim Schmelzen von Aluminium ist die Oxidschicht gut zu erkennen – sie hält das flüssige Metall.

Eigenschaften

Aluminium ist ein silbrig glänzendes **Leichtmetall**, das sich leicht verformen und zu dünnen Folien auswalzen lässt. Durch Zusatz anderer Metalle (Magnesium, Kupfer, Silicium, ...) lassen sich seine Eigenschaften (Härte, chemische Widerstandsfähigkeit, ...) in weiten Grenzen verändern und der jeweiligen Verwendung anpassen.

An der Luft überzieht sich Aluminium rasch mit einer **Oxidschicht** die (im Gegensatz zu Eisenoxid) sehr dicht und fest ist und das Metall vor weiteren chemischen Angriffen schützt (Passivierung). Daher ist Aluminium, obwohl es ein sehr unedles Metall ist, ein sehr beständiger Werkstoff. Durch elektrolytische Oxidation kann die Oxidschicht verstärkt und anschließend gefärbt werden (Eloxal-Verfahren).

Die Aluminium-Münze wurde auf einer Hälfte mit der Lösung eines Quecksilbersalzes bestrichen, wodurch die geschlossene Schutzschicht des Aluminiums zerstört und eine Neubildung verhindert wird. Das Aluminium reagiert dann sehr rasch mit dem Sauerstoff der Luft, es entsteht nadelförmiges Al_2O_3.

Auf Grund dieser Eigenschaften werden Aluminium und seine Legierungen in vielen Bereichen eingesetzt, vom Fahrzeugbau (Waggons und Flugzeuge) über das Baugewerbe (Fassadenverkleidungen, Fenster, Türgriffe, ...) bis zu Haushaltsgeräten. In der Lebensmittelindustrie dient es als Verpackungsmaterial (Folien, Tuben, Getränkedosen). Da Aluminium den Strom besser leitet als ein gleich schweres Kupferkabel, wird es auch für Hochspannungsleitungen verwendet.

Die Produktion von Aluminium benötigt große Mengen an elektrischer Energie, deren Erzeugung die Umwelt belastet. Daher ist eine weitestgehende **Wiederverwertung** des Aluminiums anzustreben, da, verglichen mit der Elektrolyse, zum Einschmelzen von Aluminiumschrott weniger als 10 % der Energie benötigt werden.
Allerdings gibt es kein Verfahren, Aluminium aus dem Müll abzutrennen und Sammelaktionen zeigen nur begrenzte Erfolge. Besonders kritisiert wird in diesem Zusammenhang die Verwendung für Getränkedosen, da diese zusätzlich die Müllmenge erhöhen oder überhaupt in der freien Natur „deponiert" werden.

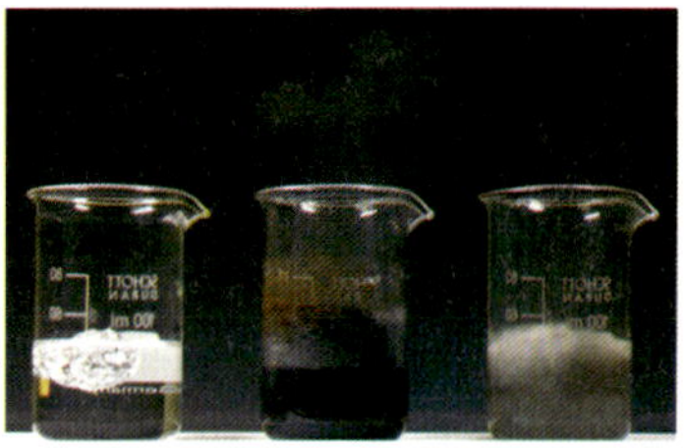

HNO_3 HCl NaOH

Gegen Salpetersäure wird Aluminium durch seine Oxidschicht geschützt und reagiert nicht. Die Chloridionen der Salzsäure und die Hydroxidionen der Natronlauge dagegen unterwandern die Oxidschicht bzw. lösen sie auf – das Aluminium reagiert heftig.

ÜBUNGEN

18.18 Warum kann Aluminium nicht durch Elektrolyse einer Aluminiumchlorid-Lösung gewonnen werden?

18.19 Formuliere die Reaktionsgleichung für die abgebildete Reaktion des Aluminiums mit Salzsäure.

18.20 Eine leere Alu-Getränkedose hat eine Masse von 17,5 g. Welche Energiemenge war zu ihrer Produktion aus Bauxit nötig?

18.7 Buntmetalle

Unter diesem Begriff werden alle selbst oder in ihren Verbindungen farbigen Schwermetalle zusammengefasst, ausgenommen Eisen und die Edelmetalle.

Chemische und physikalische Daten wichtiger Buntmetalle:

	Kupfer	Zink	Blei	Zinn	Cadmium	Chrom	Nickel	Kobalt	Wolfram	Mangan	Titan
Symbol	Cu	Zn	Pb	Sn	Cd	Cr	Ni	Co	W	Mn	Ti
Ordnungszahl	29	30	82	50	48	24	28	27	74	25	22
Atommasse	63,55 u	65,37 u	207,19 u	118,69 u	112,41 u	51,996 u	58,69 u	58,93 u	183,85 u	54,938 u	47,88 u
Schmelztemp.	1 083 °C	419,5 °C	327,3 °C	231,9 °C	321 °C	1920 °C	1 455 °C	1 490 °C	3 380 °C	1 247 °C	1 670 °C
Siedetemp.	2 582 °C	907 °C	1 750 °C	2 337 °C	767 °C	2 480 °C	3 350 °C	3 185 °C	6 000 °C	2 090 °C	3 262 °C
Dichte kg/dm^3	8,92	7,13	11,37	7,31	8,6	7,2	8,9	8,8	19,3	7,3	4,49
Oxidations-zahlen	+II, (+I)	+II	+II, +IV	+II, +IV	+II	+II,+III, +VI	+II	+II, +III	+VI	+II, +IV, +VII	+IV

Ötzi's Beil mit einer Klinge aus Kupfer ist 5 000 Jahre alt.

Der Name des Elements leitet sich von der Insel Zypern (griech.: Kypros) her, wo sich im Altertum wichtige Lagerstätten befanden.

Kupfer (Cu)

Der Steinzeit folgte die Bronzezeit, die im Orient von 2 500–1 100 v. Chr. und in Mitteleuropa von 1 800–850 v. Chr. dauerte. Um Bronze zu erzeugen, muss vorher schon Kupfer bekannt gewesen sei. Man nimmt an, dass dies schon 500 Jahre früher der Fall war. Anfangs wurde zum Kupfererz vorwiegend Bleierz beigemischt, später setzte sich der Zusatz von Zinnerz durch.

In der Natur ist Kupfer nur selten gediegen zu finden. Die wichtigsten Kupfererze sind Kupferglanz Cu_2S und Kupferkies $CuFeS_2$.

Die meisten Erze weisen einen hohen Gehalt an taubem Gestein auf. Bei der derzeitigen Technik der Erzanreicherung durch Flotation genügt zur wirtschaftlichen Gewinnung bereits ein Kupfergehalt von 0,5–1 %.
Dabei wird das Erz zu Pulver zerrieben und mit einem Öl-Wasser-Gemisch vermengt. Durch Einleiten von Luft entsteht ein Schaum, der die Kupfererz-Teilchen mit sich reißt und abgeschöpft wird.

Durch Rösten und nachfolgende Reduktion entsteht Rohkupfer, das durch Elektrolyse in Feinkupfer (Cu-Gehalt über 99,95 %) umgewandelt wird (siehe Seite 102, Werk in Brixlegg / Tirol). Aus dem dabei anfallenden Anodenschlamm können Silber, Gold und Platin gewonnen werden.

Kupfer ist ein rötliches, weiches, leicht zu bearbeitendes Metall. Wegen seiner guten elektrischen Leitfähigkeit wird es in der Elektrotechnik für Kabel verwendet, seine gute Wärmeleitfähigkeit macht es zum geeigneten Material für Kessel, Heizschlangen und dergleichen.

Wichtige Kupferlegierungen sind **Messing** (ca. 25 % Zink) und **Bronze** (ca. 25 % Zinn).

Zink (Zn)

Zink ist ein bläulich weißes, sprödes Metall, das chemisch recht beständig ist, da es sich mit einer dichten Schicht aus Zinkoxid und Zinkcarbonat überzieht.
Es dient als Legierungsbestandteil (Messing), zum Verzinken von Eisengegenständen (Korrosionsschutz, siehe Seite 97) und für Taschenlampenbatterien (Seite 97).

Blei (Pb)

Bleiglanz PbS ist ein wichtiges Bleierz.

Blei ist ein bläulich weißes, sehr schweres, außergewöhnlich weiches und biegsames Metall. Es dient für Kabelummantelungen, Akkumulatoren und als Legierungsbestandteil.

Lösliche Bleiverbindungen sind sehr giftig. Daher sind in Blei verarbeitenden Betrieben besondere Arbeitsschutzmaßnahmen erforderlich, um schwere gesundheitliche Schäden der Beschäftigten zu vermeiden.

Zunehmend bedrohlich wurde die Belastung der Umwelt mit Blei. Hauptursache war die Verwendung von Bleitetraethyl $Pb(C_2H_5)_4$ als qualitätsverbessernder Zusatz in Benzin. Dies führte in der Folge zur Freisetzung von Bleiverbindungen, die entweder direkt (eingeatmeter Staub) oder über die Nahrungskette (Staub auf Gras – Kuh – Milch – Mensch) aufgenommen wurden. Der Umstieg auf bleifreies Benzin hat dieses Problem gelöst.

Zinn (Sn)

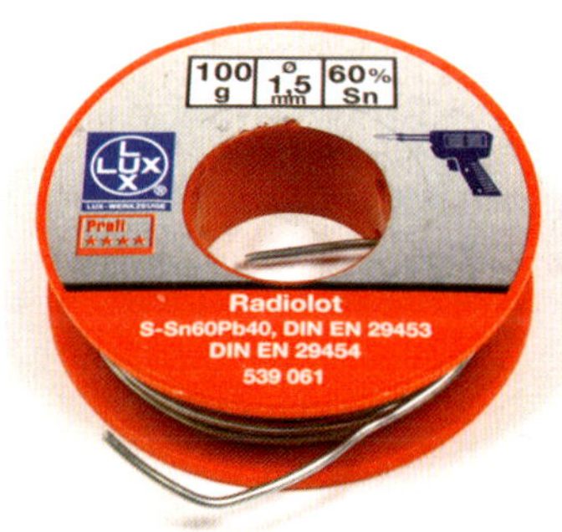

Legierungen des Zinns mit Blei haben einen niedrigen Schmelzpunkt und werden als Lötzinn verwendet.

Zinn ist ein silbrig glänzendes Metall mit guter chemischer Beständigkeit. Es dient für Ziergegenstände (gegossene Teller und Krüge), als Überzugsmetall zum Korrosionsschutz von Eisenblech (Weißblech) und als Legierungsbestandteil (Bronze).

Bei Durchschnittstemperaturen unter 13 °C zerfallen Zinngegenstände zu einem grauen Pulver (Zinnpest). Ursache ist die Umwandlung des Zinns in eine andere Modifikation.

Cadmium (Cd)

Cadmium und seine Verbindungen sind sehr giftig.
Traurige Berühmtheit erlangte in diesem Zusammenhang eine 1970 in Japan aufgetretene Umweltkatastrophe (Itai-Itai-Krankheit). Das zur Bewässerung der Reisfelder verwendete Flusswasser war mit den Abwässern einer Erzaufbereitungsanlage verunreinigt, der Reis führte zur Vergiftung von mehreren hundert Menschen. Cadmium reicherte sich in den Knochen an und verursachte deren Erweichung, was schwere Verkrüppelungen, Skelettschrumpfungen bis zu 30 cm und vielfach einen qualvollen Tod zur Folge hatte.

Bodenverseuchung in Arnoldstein: Erboste Bürger und Eklat im Landtag

Ausschuß untersucht den Gifterde-Skandal

Erneut Strafanzeige gegen Berghauptmann – Grenzwerte massiv überschritten

„Gift-Cocktail" in den Brixlegger Kulturböden

Auch in Österreich zeigten sich an vielen Orten die Folgen des sorglosen Umganges mit Schwermetallen.
Diese Altlasten müssen nun mit hohen Kosten saniert werden.

Um die Wärmeverluste zu verringern, werden die Wolfram-Glühfäden mit einem Durchmesser von 10 µm als Doppelwendel ausgeführt.

Seither schenkt man der Cadmiumbelastung der Umwelt verstärkte Aufmerksamkeit. Während man früher das Metall für rostschützende Überzüge (analog dem Verzinken) und das gelbe Cadmiumsulfid als Farbstoff (Pigment) in Lacken und Kunststoffgegenständen verwendete, hat man es heute in diesen Verwendungen durch unbedenkliche Materialen ersetzt. Auch die für Kleingeräte früher viel verwendeten Nickel-Cadmium-Akkus werden schrittweise durch die ohnehin auch technisch überlegenen Nickel-Metallhydrid-Akkus ersetzt.

Chrom (Cr) und **Nickel (Ni)** sind silberglänzende, zähe, chemisch gut beständige Metalle. Sie werden für rostschützende Überzüge (Verchromen und Vernickeln) und als Legierungsbestandteile verwendet (rostfreier Stahl, *Nirosta*). Rostfreier Stahl für Essbestecke enthält meist 18 % Chrom und 8 % Nickel.

Cobalt (Co) ist ferromagnetisch und als Legierungsbestandteil von Bedeutung. Cobaltverbindungen dienen zur Blaufärbung von Glas und Keramik.

Wolfram (W) hat mit 3 380 °C die höchste Schmelztemperatur aller Metalle. Es wird als Legierungsbestandteil und für Glühlampenfäden verwendet, Wolframcarbid WC als Hartmetall für Gesteinsbohrer und Schneidwerkzeuge.

Mangan (Mn) ist als Legierungsbestandteil für Stahl und Aluminium wichtig. In Verbindungen tritt es in den Oxidationsstufen +II bis +VII auf. Kaliumpermanganat $KMnO_4$ ist ein im Labor häufig verwendetes, starkes Oxidationsmittel.

Titan (Ti) ist ein silbergraues, relativ leichtes Metall (Dichte 4,49 kg/dm^3) mit guter Beständigkeit gegen chemische Einflüsse und Hitze. Es wird im Flugzeugbau für besonders hitzebeanspruchte Teile verwendet.

ÜBUNGEN

18.21 Warum hat Lötzinn einen niedrigeren Schmelzpunkt als reines Zinn?

18.22 Warum soll man defekte NC-Akkus bei Batterie-Sammelstellen abgeben?

18.8 Edelmetalle

Die Grenze zwischen edlen und unedlen Metallen ist nicht ganz genau zu ziehen. Edelmetalle kommen häufig gediegen vor und haben ein positives Standardpotential, d. h. ihre Atome werden von H_3O^+-Ionen nicht oxidiert.
Zu den Edelmetallen zählen Silber (Ag), Gold (Au), Platin (Pt), Quecksilber (Hg), Osmium (Os), Iridium (Ir) und Palladium (Pd).

Gediegenes Silber.

Die **Gewichtseinheit** für den internationalen Handel mit Edelmetallen ist die **Feinunze** (31,1 g).

Die chemischen und physikalischen Daten der Edelmetalle:

	Silber	Gold	Platin	Quecksilber	Iridium	Palladium
Symbol	Ag	Au	Pt	Hg	Ir	Pd
Ordnungszahl	47	79	78	80	77	46
Atommasse	107,87 u	196,97 u	195,09 u	200,59 u	192,22 u	106,42 u
Schmelztemp.	961 °C	1 063 °C	1 774 °C	–38,9°C	2 453 °C	1 550 °C
Siedetemp.	2 193 °C	2 660 °C	4 350 °C	356,6 °C	4 400 °C	3 300 °C
Dichte kg/dm³	10,5	19,3	21,45	13,55	22,6	12,1
Oxidationszahlen	+I	+I, +III	+II, +IV	+II, (+I)	+III, +IV	+II

Gold lässt sich zu Folien verarbeiten, die so dünn sind, dass sie Licht durchlassen (Blattgold).

Silber (Ag)

Silber kommt in der Natur elementar sowie in Sulfiden vor. Es ist der beste elektrische Leiter und ein guter Wärmeleiter.
Daher wird in der Elektronik in Spezialfällen Silber als Leiter verwendet. Daneben dient es zur Herstellung von Münzen, Schmuck, Bestecken und Tafelgeräten.

Silberhalogenide (AgCl, AgBr) zerfallen bei Lichteinwirkung. Dieser Effekt wird für Filme und Fotopapiere genutzt.

Goldnugget

Gold (Au)

Gold kommt in der Natur hauptsächlich elementar vor. Bei der Verwitterung der Gesteine gelangt es in die Flüsse, wo es im Sand abgelagert wird (Waschgold, Donaugold). Reines Gold ist außerordentlich weich und dehnbar. Es lässt sich zu Folien von nur 0,0001 mm Dicke auswalzen (Blattgold).

Gold wird hauptsächlich für Münzen und Schmuck verwendet und so gehortet. Daneben wird es in der Elektronik für hochwertige Schaltkontakte und für die Zahntechnik benötigt.

Zur Härtung wird es mit anderen Metallen legiert, hauptsächlich mit Kupfer (Rotgold), Silber und Kupfer (Gelbgold) sowie mit Silber und Platin (Weißgold). Der Goldgehalt einer Legierung wird in Promille angegeben. So bedeutet der Stempelaufdruck 585 auf einem Schmuckstück einen Goldgehalt von 585 ‰. Eine andere Maßeinheit ist das **Karat**. Ein Karat entspricht einem Goldgehalt von einem Vierundzwanzigstel. Reines Gold hat 24 Karat, 18 Karat entsprechen einem Goldgehalt von 750 ‰.

Waschgold

Platin (Pt)

Platin ist ein silberweißes, sehr schweres Metall, das für Schmuck, Münzen, chemische Geräte und als Katalysator für viele chemische Prozesse (Ostwald-Verfahren, Autokatalysator, …) verwendet wird.

Quecksilber (Hg)

Quecksilber ist ein sehr seltenes Metall, das rein (in Tröpfchen) oder als Sulfid (Zinnober, HgS) aufgefunden wird.
Bei Zimmertemperatur ist es flüssig und verdunstet langsam. Es findet unter anderem Verwendung in Thermometern, Höhensonnen und Leuchtstoffröhren (Energiesparlampen). Eine Silber-Quecksilber-Legierung (Silberamalgam) wird für Zahnplomben verwendet.

Zinnober.

Das Elementsymbol Hg leitet sich vom lateinischen Namen Hydrargyrum her, der wiederum aus griechischen Worten gebildet wurde:
hydor (griech.) = Wasser
aggyros (griech.) = Silber

Der deutsche Name geht auf das althochdeutsche quecsilabar, d. h. lebendiges Silber, zurück.

Quecksilberdampf und alle löslichen Quecksilberverbindungen sind sehr giftig und führen zu schweren Schäden im Bereich des Zentralnervensystems.

So führte die irrtümliche Verwendung von quecksilberhaltigem Saatgetreide zur Broterzeugung in mehreren Entwicklungsländern zu Katastrophen. Im Irak starben dadurch 1972 über 400 Personen, weitere 60 000 trugen zum Teil dauernde Schäden davon.
Auch durch die Nahrungskette kam es zur Anreicherung von Quecksilberverbindungen, die Vergiftungserscheinungen sind als „Minamata-Krankheit" bekannt geworden. In der Bucht von Minamata (Japan) führten quecksilberhaltige Abwässer eines Kunststoffwerkes zur Verseuchung der Meeresprodukte und in der Folge zu Vergiftungserscheinungen bei der Bevölkerung, die dort ihre Nahrungsmittel zu einem großen Teil aus dem Meer bezieht. Die ersten Symptome traten schon 1954 auf, die Ursachen wurden aber bis 1970 vertuscht. Daher kam es zur Vergiftung von etwa 15 000 Menschen, über 500 starben, unzählige andere hatten unter Dauerfolgen zu leiden.

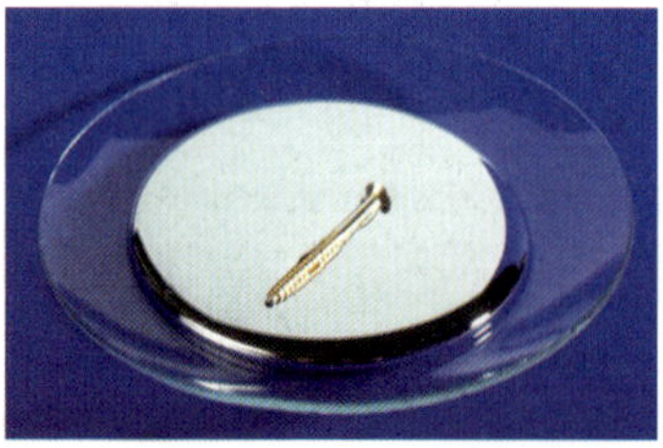

Da Quecksilber eine hohe Dichte aufweist, schwimmen andere Metallgegenstände, wie z. B. diese Messingschraube, auf ihm.

Dadurch gewarnt, geht man heute wesentlich sorgfältiger und sparsamer mit Quecksilber um. Quecksilber und seine Verbindungen wurden, wo immer möglich, durch harmlosere Stoffe und quecksilberfreie Produktionsverfahren ersetzt. Dort, wo dies nicht möglich war, bei Leuchtstoffröhren und manchen Knopfzellen-Batterietypen, wurden Pfand- und Recyclingsysteme eingerichtet.

ÜBUNGEN

18.23 Bei der Gewinnung von Kupfer wird unter anderem das Kupfer aus verdünnten Kupfersulfatlösungen durch Zugabe von Eisenschrott abgeschieden. Gib die Reaktionsgleichung und den Reaktionstyp an.

18.24 Reines Kupfer ist ein sehr guter elektrischer Leiter, doch wird die Leitfähigkeit bereits durch kleine Mengen an Verunreinigungen stark vermindert. Wie ist dies zu erklären?

18.25 Warum kann Wolfram nicht durch Reduktion von Wolframoxid mit Kohlenstoff hergestellt werden?

18.26 Auf einem Essbesteck aus rostfreiem Stahl sind die Zahlen 18/8 eingeprägt. Welche Bedeutung haben sie?

18.27 Reines Gold ist sehr weich, würde leicht zerkratzt und ist daher für Schmuck ungeeignet. Durch Beimischung von Kupfer oder Silber wird es härter. Wie ist dieser Effekt zu erklären?

18.28 Welchen Goldgehalt in Karat hat Goldschmuck mit 585 ‰?

19. Chemie und Sicherheit

Der Umgang mit den Produkten der Chemie ist weder harmloser noch gefährlicher als der Umgang mit anderen Ergebnissen des technischen Fortschritts, etwa dem elektrischen Strom. In beiden Fällen ist es notwendig, gewisse Sicherheitsmaßnahmen strikt einzuhalten.

Ein spektakulärer Unglücksfall, der sich in einer Fabrik der chemischen Industrie irgendwo auf dem Globus ereignet, findet über Rundfunk und Fernsehen sofort Eingang bis in unsere Wohnzimmer, vermittelt aber ein falsches Bild.

Denn die tatsächliche Bedrohung unserer Gesundheit geht von den vielen „kleinen“ Katastrophen aus, die sich laufend im Haushalt oder am Arbeitsplatz ereignen und, wenn überhaupt, nur eine Kurzmeldung in einer Lokalzeitung wert sind.
Betrachtet man diese Unfälle genauer, so zeigt sich, dass nahezu alle leicht vermeidbar gewesen wären. Denn Unfallursache ist kaum jemals „höhere Gewalt“, sondern Leichtsinn, Schlamperei und die Missachtung einfachster Sicherheitsmaßnahmen.

Sicherheit im Alltag

Ein großer Teil der Chemie-Unfälle im **Haushalt** sind **Vergiftungen**. Zwar ist ein Haushalt kein Chemie-Labor, doch „Chemikalien“ stehen genug herum: Putzmittel, Lacke, Medikamente, …

Häufigste Unfallursache sind **Verwechslungen**. Daher:

- Chemikalien niemals in Gefäßen aufbewahren, die üblicherweise für Lebensmittel und Getränke verwendet werden.
- Chemikalien nur in geeigneten Gefäßen (Originalverpackung) aufbewahren, deutlich und haltbar beschriftet und mit den richtigen **Gefahrensymbolen** markiert.
- Chemikalien und besonders Medikamente außerhalb der Reichweite von Kindern aufbewahren.
  Die „bunten Zuckerln“ einer Hausapotheke üben eine große Anziehungskraft auf Kinder aus. Bei einem Kleinkind können schon einige wenige Tabletten lebensbedrohend sein!

Erste Hilfe bei Vergiftungen:
Rettung verständigen!
Vergiftungsinformationszentrale, Tel. (01) 406 43 43 anrufen und den Hergang genau beschreiben, dazu ev. Etiketten und Packungsaufschriften bereithalten.
Bei Vergiftungen durch Säuren, Laugen oder Spülmitteln und bei bewusstlosen Personen kein Erbrechen auslösen!

Säuren und **Basen** können zu **Verätzungen** führen und in vielen Haushalten finden sich Säuren und Basen, die gefährlicher sind als Salatessig.
Abfluss- und Backrohrreiniger sowie Abbeizmittel enthalten starke Basen (NaOH), die Autobatterie in der Garage enthält Schwefelsäure.

Spülmittel statt Almdudler

In einem Lokal in Pottendorf (Bezirk Baden) füllte der Pächter eines Lokals gedankenverloren ein Spülmittel in eine Almdudlerflasche und stellte diese in den Kühlschrank. Mit fatalen Folgen.
Am Nachmittag schenkte eine Aushilfskraft aus dieser Flasche einem 41-jährigen Mann ein. Der Gast bekam nach dem Genuss des gefährlichen Getränkes sofort Vergiftungserscheinungen und wurde mit dem Notarzthubschrauber in das AKH Wien geflogen. Er schwebt noch immer in Lebensgefahr.
Gegen den Wirt und die Kellnerin wurde wegen des Verdachts der fahrlässigen Körperverletzung Anzeige erstattet.

Unfallursache: Leichtsinn

Gefahrensymbole

T giftig T+ sehr giftig

Der Stoff verursacht äußerst schwere (T+) bzw. erhebliche (T) Gesundheitsschäden. Schon weniger als 25 mg/kg Körpergewicht (T+) bzw. 25–200 mg/kg Körpergewicht (T) können bei Einnahme zum Tod führen.

Xn gesundheitsschädlich

Der Stoff ist gesundheitsschädlich. 200–2000 mg/kg Körpergewicht können tödlich sein.

Xi reizend

Der Stoff reizt Haut und Schleimhäute.

C ätzend

Der Stoff kann die Haut, aber auch viele andere Materialien zerstören.

F+ hochentzündlich

Der Stoff kann bereits bei Temperaturen unter 0 °C entzündet werden bzw. bildet mit Luft explosionsfähige Gemische.

F leicht entzündlich

Der Stoff kann schon bei Temperaturen unter 21 °C entzündet werden bzw. bildet mit Wasser oder feuchter Luft brennbare Gase.

P brandfördernd

Der Stoff kann bei Kontakt mit brennbaren Stoffen heftig reagieren.

E explosionsgefährlich

Der Stoff kann unter bestimmten Bedingungen explodieren.

Besonders gefährdet sind die Augen. Daher:

- Bei Arbeiten mit Säuren und Basen stets Schutzbrillen, bei konzentrierten Säuren und Basen auch Schutzhandschuhe verwenden.
- Auch improvisierte Schutzmaßnahmen, z. B. das Tragen einer Schibrille, sind sinnvoll. Sicherheit kommt vor Schönheit!
- Bei Spritzern in die Augen sofort mit viel Wasser spülen, dabei das Augenlid mit den Fingern geöffnet halten. Unverzüglich einen Arzt aufsuchen. Säuren- und Basenspritzer auf der Haut sofort mit viel Wasser abspülen.

Viele Säuren und Basen sind stark ätzend. Beim Arbeiten sind daher entsprechende Schutzmaßnahmen (Schutzbrille, Handschuhe, ...) zu beachten.

Auch **leicht entzündliche Flüssigkeiten** (Fleckputzbenzin, Spiritus, ...) müssen mit Respekt behandelt werden:

- Leicht entzündliche Flüssigkeiten nur in kleinen Mengen, möglichst im Freien und fern von Zündquellen (Zigaretten, Zündflammen von Gasgeräten, Funken in Schaltern, ...) verwenden.
- Schlecht brennende Feuer (Öfen, Griller, Lagerfeuer, ...) keinesfalls durch Nachschütten brennbarer Flüssigkeiten (Benzin, Spiritus, ...) „in Schwung" bringen wollen! Explosionen und schwere Verbrennungen sind die Folge. Denn auch scheinbar erloschene Feuer enthalten meist noch einige Glutnester.

Jugendlicher Übermut, oft in Verbindung mit Alkohol, ist häufig der Grund für **Unfälle** mit **Feuerwerkskörpern**.

- Feuerwerkskörper sind kein Spielzeug! Halte einen Sicherheitsabstand ein und achte auf den Brandschutz. Nicht alle Leuchtkugeln erlöschen schon in der Luft!
- Keine Mutproben! Schon kleine, harmlos scheinende Knallkörper können zu schweren Verletzungen führen, wenn sie in der Hand gehalten oder in Splitter bildende Gefäße gegeben werden.
- Keine Feuerwerkskörper zerlegen oder selbst basteln! Keine Explosivstoffe herstellen! Schwere, oft tödlich verlaufende Unfälle sind immer wieder das Ergebnis solcher Versuche!
  Fast alle selbst gebastelten Mischungen sind extrem empfindlich auf Erschütterungen, Hitze oder Reibung und detonieren sofort mit verheerender Wirkung. Kein professioneller Sprengmeister würde mit solchen Stoffen hantieren!

Sicherheit am Arbeitsplatz

Am Arbeitsplatz können Menschen durch eine deutlich größere Palette an Chemikalien in ihrer Gesundheit wesentlich stärker gefährdet sein als im Haushalt.

Die Schutzmaßnahmen und Kontrollen sind daher umfangreicher. Geeignete Schutzkleidung und Schutzbrillen sind bei der Arbeit mit potenziell gefährlichen Stoffen Vorschrift, die Kennzeichnungen auf den Behältern wesentlich ausführlicher.

R-Sätze weisen auf Risiko hin, S-Sätze geben Sicherheitsratschläge. Eine Liste der R- und S-Sätze befindet sich im Anhang.

Giftig oder ungiftig – die Dosis macht's

„Ist dieser Stoff giftig?“ Eine solche Frage lässt sich prinzipiell nur mit „Ja!“ beantworten. Alle Stoffe sind giftig – ob eine schädigende Wirkung eintritt, hängt von der Dosis ab, die vom Organismus aufgenommen wird, meist angegeben in Milligramm pro Kilogramm Körpergewicht.

Zu dieser Erkenntnis kam erstmals zu Beginn der Neuzeit der Arzt Paracelsus. Doch obwohl diese Einsicht fast 500 Jahre alt ist, hat sie sich immer noch nicht im Bewusstsein der Öffentlichkeit durchgesetzt.

Die Meldung, in irgendeinem Lebensmittel sei ein „Schadstofft“ entdeckt worden, ist stets eine Schlagzeile wert, auch wenn die festgestellte Menge im Nanogramm-Bereich liegt und eine schädigende Wirkung mit Sicherheit ausgeschlossen werden kann.

In der Toxikologie (Wissenschaft von den Giften) wird die Gefährlichkeit oder Harmlosigkeit eines Stoffes durch verschiedene Werte angegeben. Diese Ergebnisse stützen sich auf Erfahrungswerte (niemand wusste, dass der Knollenblätterpilz giftig ist, bis er von Menschen gegessen wurde) und auf die Resultate von Tierversuchen.

Als Maß für die **akute**, d. h. sofort eintretende **Giftwirkung** eines Stoffes dient der LD_{50}-Wert. Das ist jene letale (tödliche) Dosis in mg pro kg Körpergewicht, bei der 50 % der Versuchstiere sterben. Er gibt die Obergrenze der Giftwirkung an.

Eine deutlich unter dem LD_{50}-Wert liegende Dosis schädigt möglicherweise nicht unmittelbar, könnte aber bei längerer Einwirkung zu einer **chronischen Vergiftung** führen.
Die Untergrenze der Giftwirkung wird in der Toxikologie durch jene Dosis angegeben, bei der selbst bei lebenslanger Aufnahme keine schädigende Wirkung zu beobachten ist (no observed effect level, NOEL).

Diese Werte sind für die Arbeitsmedizin von Bedeutung, da Menschen am Arbeitsplatz oft lange Zeit bestimmten Stoffen ausgesetzt sind.
Um Gesundheitsschäden zu vermeiden, werden daher für viele Stoffe **maximale Arbeitsplatz-Konzentrationen** (MAK-Werte) festgelegt und laufend den medizinischen Erkenntnissen angepasst.
Sie geben an, welche Menge eines Stoffes höchstens in der Atemluft enthalten sein darf, damit bei einer 40-stündigen Arbeitswoche selbst bei jahrelanger Tätigkeit keine gesundheitlichen Schäden auftreten.

Die **gesetzlichen Höchstwerte**, jene Mengen eines Stoffes, die höchstens in der Luft, im Wasser oder in Nahrungsmitteln enthalten sein dürfen, sind wesentlich niedriger als der jeweilige NOEL-Wert, um eine höhere Empfindlichkeit von Kindern und kranken Personen zu berücksichtigen.
Der **Sicherheitsfaktor** beträgt mindestens 1/100 des NOEL, bei krebserregenden Substanzen 1/1000 bis 1/5000.

Bei Stoffen in Nahrungsmitteln und Medikamenten wird in ähnlicher Weise d. h. mit ähnlichen Sicherheitsfaktoren, ein **ADI-Wert** (acceptable daily intake, = zulässige tägliche Aufnahme) bestimmt.

THEOPHRASTUS BOMBASTUS VON HOHENHEIM, genannt PARACELSUS (1493–1541), berühmter Arzt seine Zeit, wirkte unter anderem in Villach und Salzburg. Er prägte den Satz *„Alle Ding' sind Gift und nichts ohn' Gift; allein die Dosis macht, dass ein Ding kein Gift ist."*

MAK-Werte einiger Stoffe, in mg/m³ Luft:

Chlor	1,5
Stickstoffdioxid	5
Schwefeldioxid	9
Kohlenstoffmonoxid	33
Kohlenstoffdioxid	9000
Blei	0,2
Quecksilber	0,1

N umweltgefährlich

Der Stoff hat eine sofortige oder längerfristige schädliche Auswirkung auf die Umwelt.

R- und S-Sätze

R-Sätze (Risiko-Hinweise)

R1: In trockenem Zustand explosionsfähig.
R2: Durch Schlag, Reibung, Feuer od. andere Zündquellen explosionsfähig. R3: … besonders explosionsfähig.
R4: Bildet hochempfindl. explosionsf. Metallverbindungen.
R5: Beim Erwärmen explosionsfähig.
R6: Mit und ohne Luft explosionsfähig.
R7: Kann Brand verursachen.
R8: Feuergefahr bei Berührung mit brennbaren Stoffen.
R9: Explosionsgefahr bei Mischung mit brennbaren Stoffen.
R10: Entzündlich. R11: Leichtentzündlich.
R12: Hochentzündlich. R14: Reagiert heftig mit Wasser.
R15: Reagiert m. Wasser unter Bildung hochentzündl. Gase.
R16: Explosionsfähig mit brandfördernden Stoffen.
R17: Selbstentzündlich an der Luft.
R18: Bei Gebrauch Bildung explosionsfähiger/leichtentzündlicher Dampf-Luftgemische möglich.
R19: Kann explosionsfähige Peroxide bilden.
R20: Gesundheitsschädlich beim Einatmen.
R21: Gesundheitsschädlich bei Berührung mit der Haut.
R22: Gesundheitsschädlich beim Verschlucken.
R23: Giftig b. Einatmen. R24: Giftig b. Berührung m. d. Haut.
R25: Giftig b. Verschlucken. R26: Sehr giftig b. Einatmen.
R27: Sehr giftig bei Berührung mit der Haut.
R28: Sehr giftig beim Verschlucken.
R29: Entwickelt bei Berührung mit Wasser giftige Gase.
R30: Kann bei Gebrauch leicht entzündlich werden.
R31: Entwickelt bei Berührung mit Säure giftige Gase.
R32: Entwickelt bei Berührung mit Säure sehr giftige Gase.
R33: Gefahr kumulativer Wirkungen.
R34: Verursacht Verätzungen.
R35: Verursacht schwere Verätzungen.
R36: Reizt die Augen.
R37: Reizt die Atmungsorgane.
R38: Reizt die Haut.
R39: Ernste Gefahr irreversiblen Schadens.
R40: Verdacht auf krebserzeugende Wirkung.
R41: Gefahr ernster Augenschäden.
R42: Sensibilisierung durch Einatmen möglich.
R43: Sensibilisierung durch Hautkontakt möglich.
R44: Explosionsgefahr bei Erhitzen unter Einschluss.
R45: Kann Krebs erzeugen.
R46: Kann vererbbare Schäden verursachen.
R48: Gesundheitsschäden bei längerer Exposition.
R49: Kann Krebs erzeugen beim Einatmen.
R50: Sehr giftig für Wasserorganismen.
R51: Giftig für Wasserorganismen.
R52: Schädlich für Wasserorganismen.
R53: In Gewässern längerfristig schädlich.
R54: Giftig für Pflanzen. R55: Giftig für Tiere.
R56: Giftig für Bodenorganismen. R57: Giftig für Bienen.
R58: Längerfristig schädliche Wirkungen auf die Umwelt.
R59: Gefahr für die Ozonschicht.
R60: Kann die Fortpflanzungsfähigkeit beeinträchtigen.
R61: Kann das Kind im Mutterleib schädigen.
R62: Kann die Fortpflanzungsfähigkeit beeinträchtigen.
R63: Kann das Kind im Mutterleib möglicherweise schädigen.
R64: Kann Säuglinge über die Muttermilch schädigen.
R65: Gesundheitsschädlich: Kann beim Verschlucken Lungenschäden verursachen.
R66: Wiederholter Kontakt kann zu spröder oder rissiger Haut führen.
R67: Dämpfe können Schläfrigkeit und Benommenheit verursachen.
R68: Irreversibler Schaden möglich.

S-Sätze (Sicherheits-Hinweise)

S1: Unter Verschluss aufbewahren.
S2: Darf nicht in die Hände von Kindern gelangen.
S3: Kühl aufbewahren. S4: Von Wohnplätzen fernhalten.
S5: Unter ... aufbewahren (Flüssigkeit ist anzugeben).
S6: Unter ... aufbewahren (inertes Gas ist anzugeben).
S7: Behälter dicht geschlossen halten.
S8: Behälter trocken halten.
S9: Behälter an einem gut gelüfteten Ort aufbewahren.
S12: Behälter nicht gasdicht verschließen.
S13: Von Nahrungsm., Getränken und Futterm. fernhalten.
S14: Von ... fernhalten. S15: Vor Hitze schützen.
S16: Von Zündquellen fernhalten – Nicht rauchen.
S17: Von brennbaren Stoffen fernhalten.
S18: Behälter mit Vorsicht öffnen und handhaben.
S20: Bei der Arbeit nicht essen und trinken.
S21: Bei d. Arbeit nicht rauchen. S22: Staub nicht einatmen.
S23: Gas/Rauch/Dampf/Aerosol nicht einatmen.
S24: Berührung mit der Haut vermeiden.
S25: Berührung mit den Augen vermeiden.
S26: Bei Berührung mit den Augen gründlich mit Wasser abspülen und Arzt konsultieren.
S27: Beschmutzte, getränkte Kleidung sofort ausziehen.
S28: Bei Berührung mit der Haut sofort abwaschen mit viel ...
S29: Nicht in die Kanalisation gelangen lassen.
S30: Niemals Wasser hinzufügen.
S33: Maßnahmen gegen elektrostat. Aufladungen treffen.
S35: Abfälle und Behälter müssen in gesicherter Weise beseitigt werden.
S36: Bei der Arbeit geeignete Schutzkleidung tragen.
S37: Geeignete Schutzhandschuhe tragen.
S38: Atemschutzgerät anlegen.
S39: Schutzbrille/Gesichtsschutz tragen.
S40: Fußboden und verunreinigte Gegenstände mit ... reinigen. (Material ist vom Hersteller anzugeben).
S41: Explosions- und Brandgase nicht einatmen.
S42: Bei Räuchern/Versprühen geeignetes Atemschutzgerät anlegen.
S43: Zum Löschen ... verwenden.
S45: Bei Unfall oder Unwohlsein sofort Arzt zuziehen.
S46: Bei Verschlucken sofort ärztlichen Rat einholen und Verpackung oder Etikett vorzeigen.
S47: Nicht bei Temperaturen über .. °C aufbewahren.
S48: Feucht halten mit ... (Geeignetes Mittel ist anzugeben.)
S49: Nur im Originalbehälter aufbewahren.
S50: Nicht mischen mit ...
S51: Nur in gut gelüfteten Bereichen verwenden.
S52: Nicht großflächig für Wohn- und Aufenthaltsräume zu verwenden.
S53: Exposition vermeiden! Vor Gebrauch besondere Anweisung einholen.
S56: Der Problemabfallentsorgung zuführen.
S57: Zur Vermeidung einer Kontamination der Umwelt geeigneten Behälter verwenden.
S59: Information zur Wiederverwendung/Wiederverwertung beim Hersteller/Lieferanten erfragen.
S60: Als gefährlicher Abfall zu entsorgen.
S61: Freisetzung in die Umwelt vermeiden. Besondere Anweisung einholen/Sicherheitsdatenblatt zu Rate ziehen.
S62: Bei Verschlucken kein Erbrechen herbeiführen. Sofort ärztlichen Rat einholen und Verpackung oder dieses Etikett vorzeigen.
S63: Bei Unfall durch Einatmen: Verunfallten an die frische Luft bringen und ruhigstellen
S64: Bei Verschlucken Mund mit Wasser ausspülen. (Nur wenn Verunfallter bei Bewusstsein ist.)

Lösungen der Übungsbeispiele

1.1 a) physikalisch b) chemisch c) physikalisch d) physikalisch e) chemisch f) chemisch

1.2 Antike: Satz von Archimedes, Hebelgesetz; beginnende Neuzeit: Bewegung der Planeten, Schwerkraft (Kepler, Newton), …

2.1 Die Ansicht Demokrits war eine Spekulation, für die er keinerlei Beweise hatte.

2.2 Die Atome sind nicht unzerstörbar.

2.3 Francium, Gallium, Germanium, Polonium, Scandium; das Americium fällt nicht in diesen Zeitraum, es wurde erst 1944 entdeckt.

2.4 Ein Molekül, bestehend aus einem Wasserstoff- und einem Chloratom; ein Molekül, bestehend aus einem Kohlenstoff- und zwei Sauerstoffatomen; ein Molekül, bestehend aus zwei Wasserstoff-, einem Schwefel- und vier Sauerstoffatomen; drei Eisenatome; zwei Moleküle, bestehend aus je zwei Sauerstoffatomen; vier Moleküle, bestehend aus je einem Stickstoff- und drei Wasserstoffatomen.

2.5 a) $4\ N_2$ b) $2\ CO$ c) $C_{12}H_{22}O_{11}$

2.6 $CH_4 + 2\ O_2 \rightarrow CO_2 + 2\ H_2O$

2.7 $2\ SO_2 + O_2 \rightarrow 2\ SO_3$

2.8 $4\ Fe + 3\ O_2 \rightarrow 2\ Fe_2O_3$

2.9 $C_2H_5OH + 3\ O_2 \rightarrow 2\ CO_2 + 3\ H_2O$

2.10 $2\ C_4H_{10} + 13\ O_2 \rightarrow 8\ CO_2 + 10\ H_2O$

2.11 4,0; 58,5; 44,0; 100,1; 74,1; 342,0; 342,3

2.12 5,85 g; 4 g; 513 g

2.13 1,5 Mol; 1 000 Mol; 0,1 Mol

2.14 $3 \cdot 10^{23}$; 11,2 L

2.15 $6 \cdot 10^{23}$ N_2-Moleküle, $12 \cdot 10^{23}$ Stickstoffatome

2.16 H_2, O_2, NH_3 2.17 0,179 g/L

2.18 Ja, die Dichte von Methan ist mit 0,714 g/L deutlich geringer als die von Luft.

2.19 $9{,}3 \cdot 10^{-23}$ g

2.20 Fe_3O_4 enthält 72,3 %, $FeCO_3$ 48,2 %

2.21 69,9 kg Eisen 2.22 3,05 g, 1,53 Mol, 34,3 L

2.23 8,6 m^3; 10–20 km

3.1 1/8 3.3 2, 8, 18, 32

3.2 Die positiv geladenen α-Teilchen wurden von den Atomkernen abgestoßen.

3.4 Gleiche Anzahl an Außenelektronen, ähnliche chemische Eigenschaften.

3.5 Gleiche Zahl an Elektronenschalen.

3.6 O 8/6; Na 11/1; Ca 20/2; Br 35/7.

3.7 Eisen und Nickel.

3.8 Be: OZ 4, 9,0 u, $4p^+$, 5n, $4e^-$, $2e^-$;
F: OZ 9, 19,0 u, $9p^+$, 10n, $9e^-$, $7e^-$;
Na: OZ 11, 23,0 u, $11p^+$, 12n, $11e^-$, $1e^-$;
Al: OZ 13, 27,0 u, $13p^+$, 14n, $13e^-$, $3e^-$;
Se: OZ 34, 79,0 u, $34p^+$, 45n, $34e^-$, $6e^-$.

3.9 7p, 7n, 7e; 20p, 20n, 20e; 92p, 146n, 92e.

3.10 F, Al, Na, Cl

3.11 Gemeinsam: 92 Protonen, 92 Elektronen, jedoch 143 bzw. 146 Neutronen.

3.12 Gleiche Masse, unterschiedliche Zahl an Protonen, Neutronen und Elektronen.

3.13 Atome sind nicht undurchdringliche Kugeln (V. v. Rutherford), sind nicht unzerstörbar (radioaktiver Zerfall), die Atome eines Elementes sind nicht völlig identisch (Isotope).

3.14 Das 3s-Orbital ist größer.

3.15 $[Ne]3s^2$, $[Ne]3s^23p^3$, $[Ar]4s^23d^6$, $[Kr]5s^24d^{10}5p^6$

3.16 Ne, K, Ni, Te

3.17 a) $3s^3$, maximal 2 Elektronen im s-Orbital möglich.
b) $3d^8\ 4p^2$, das energetisch tiefer liegende 3d-Orbital wird zuerst vollständig gefüllt.
c) Das 2s-Orbital muss 2 Elektronen enthalten.
d) Die Elektronen in einem Orbital müssen unterschiedlichen Spin haben.
e) Die beiden Elektronen im 2p-Orbital dürfen sich nicht im gleichen Orbital befinden.

3.18 As, K, Ca 3.19 Li, Cs, K 3.20 S, Cl, F

4.1 Br^-, Ca^{2+}, S^{2-}, K^+, Al^{3+}

4.2 $Ca + F_2 \rightarrow CaF_2$; Ca^{2+}, $2\ F^-$ 4.3 Ca; S^{2-}

4.4 Natriumiodid NaI, Na^+, I^-; Lithiumoxid Li_2O, $2\ Li^+$, O^{2-}; Magnesiumbromid $MgBr_2$, Mg^{2+}, $2\ Br^-$; Calciumoxid CaO, Ca^{2+}, O^{2-}; Aluminiumfluorid AlF_3, Al^{3+}, $3\ F^-$

4.5 CsI, BaO, $CaCl_2$, MgS, CuCl, $CoCl_2$, MnO_2

4.6 Niedrigere Schmelztemp., da die Ionen größer und daher die Anziehungskräfte geringer sind.

4.7 HBr: polar, Dipol; $MgCl_2$: Ionenbindung, Mg^{2+}, $2\ Cl^-$; NaBr: Ionenbindung, Na^+, Br^-; H_2S schwach polar, schwacher Dipol; Br_2: unpolar; PH_3 unpolar; CS_2 unpolar.

4.8 $CHCl_3$, CH_2Cl_2

4.9 N – Cl, C – Br, P – I, N – H, H – O, H – F

4.10 H_2O bzw. HCl ist stabiler, da die Bindung kürzer und stärker polar ist.

4.11 a) $CH_4 + 2\ O_2 \rightarrow CO_2 + 2\ H_2O$
b) C – H schwach, C = O und H – O sehr stark polar
c) –594 kJ

4.12 a) $2\ N_2 + 3\ H_2 \rightarrow 2\ NH_3$
b) $N \equiv N$ und H – H unpolar, N – H polar
c) –93 kJ/mol

4.13 Das Molekül ist kein Dipol.

4.14 Die Ammoniak-Moleküle sind Dipole, daher sind die zwischenmolekularen Kräfte stärker.

4.15 Auf Grund des EN-Unterschiedes sind die Metalloxide Ionenverbindungen.

4.16 Die Edelgase sind Einzelatome mit sehr geringen Van-der-Waals-Kräften, H, F und Cl bilden kleine, zweiatomige Moleküle, bei Br und I sind die Moleküle und damit die Van-der-Waals-Kräfte wesentlich größer. N und O bilden zweiatomige Moleküle mit Mehrfachbindungen, die bei P und S wegen der größeren Atomrümpfe nicht mehr möglich sind, C bildet ein Atomgitter; die Metalle können auf Grund ihres Bindungstyps nicht gasförmig sein.

4.17 Grafit hat ebenfalls frei bewegliche Elektronen.

5.1 $\Delta H = -610$ kJ/mol

5.2 $2\ Mg + CO_2 \rightarrow 2\ MgO + C$; $\Delta H = -826{,}5$ kJ

5.3 $C_8H_{18(l)} + 12\frac{1}{2}\ O_2 \rightarrow 8\ CO_2 + 9\ H_2O_{(g)}$;
$\Delta H = -5\,074{,}2$ kJ, Heizwert 44 510 kJ/kg

5.4 Alkohol: 26 843 kJ/kg, Methanol: 19 953 kJ/kg. Daher müsste eine entsprechend größere Menge getankt werden als bei Benzin. Der Heizwert ist geringer, da ihre Moleküle schon Sauerstoff enthalten, d. h. bereits teilweise oxidiert sind.

5.5 a) $C_6H_{12}O_6 + 6\ O_2 \rightarrow 6\ CO_2 + 6\ H_2O_{(l)}$
$\Delta H = -2816{,}8$ kJ; Nährwert 15650 kJ/kg
b) $C_6H_{12}O_6 \rightarrow 2\ C_2H_5OH + 2\ CO_2 \quad \Delta H = -82$ kJ

5.6 802,2 kJ/mol bei $H_2O_{(g)}$, 890,6 kJ/mol bei $H_2O_{(l)}$, Energiegewinn 11 %

5.7 Bei Eis (Feststoff, durch Kristallstruktur geordnet).

5.8 $\Delta H = -483{,}6$ kJ; $\Delta S = -0{,}0884$ kJ; $\Delta G = -457{,}3$ kJ; spontan

5.9 $\Delta H = +232{,}1$ kJ; $\Delta S = +0{,}1606$ kJ; $\Delta G = +184{,}2$ kJ

5.10 $\Delta H = +490{,}2$ kJ; $\Delta S = +0{,}5413$ kJ; $\Delta G = +328{,}9$ kJ

5.11 $\Delta H = +131{,}3$ kJ; $\Delta S = +0{,}1340$ kJ; $\Delta G = +91{,}37$ kJ

5.12 $\Delta H = +90{,}8$ kJ; $\Delta S = +0{,}156$ kJ; $\Delta G = +44{,}3$ kJ
Die Reaktionen 5.9 bis 5.12 laufen nicht spontan ab, sie werden durch höhere Temperaturen begünstigt.

5.13 Mehr SO_3 bei Druckerhöhung und Temperatursenkung, der Katalysator beeinflusst die Lage des Gleichgewichtes nicht.

5.14 Verschiebung nach links.

5.15 $CO_{(g)} + H_2O_{(g)} \rightarrow CO_{2(g)} + H_{2(g)}$; bei Temperaturerhöhung Verschiebung nach links, der Druck hat keinen Einfluss. $\Delta H = -41{,}2$ kJ

5.16 Temperaturerhöhung begünstigt den Zerfall von HI, der Druck hat keinen Einfluss. $\Delta H = +51{,}8$ kJ

5.17 Temperaturerhöhung, Druckerniedrigung und Entweichen von CO_2 ergeben mehr CaO.

5.18 Bei 700 K beträgt ΔG rund + 47 kJ. Je niedriger (negativer) ΔG ist, desto größer ist K.

6.1 a) $Li_2O + H_2O \rightarrow 2\ LiOH$
b) $SrO + H_2O \rightarrow Sr(OH)_2$
c) $SO_3 + H_2O \rightarrow H_2SO_4$
d) $x = N_2O_5$
e) $Zn + H_2SO_4 \rightarrow H_2 + ZnSO_4$
f) $Mg + 2\ HCl \rightarrow MgCl_2 + H_2$

6.2 Na^+, OH^-; Ca^{2+}, 2 OH^-; H^+, ClO_3^-; Al^{3+}, 3 OH^-; H^+, Br^-

6.3 Nur MgO ist durch den großen Elektronegativitätsunterschied eine Ionenverbindung und enthält O^{2-}-Ionen, die mit Wasser zu OH^--Ionen reagieren.

6.4 Die Molekülmasse von HCl ist mit 36,5 u größer als die durchschnittliche Molekülmasse von Luft (ca. 29 u), NH_3 mit 17 u ist leichter.

6.5 HCl und NH_3 sind bei Raumtemperatur gasförmig. Ionenverbindungen sind Feststoffe, siehe Kap. 4.1.

6.6 HSO_4^-, H_2O, NO_3^- 6.7 H_2O, HSO_4^-, H_3O^+

6.8 $NH_3 + HCl \rightarrow NH_4Cl$; NH_3 Base, HCl Säure.

6.9 H_3O^+ und OH^-

6.10 Die stärkere Wärmebewegung führt zu heftigeren Zusammenstößen der Wassermoleküle, daher zerfallen sie häufiger in Ionen.

6.11 Um den Faktor 10 6.12 2,0; 1,52; 12,0; 11,7

6.13 $c(H_3O^+) = 10^{-5}$, $c(OH^-) = 10^{-9}$;
$c(H_3O^+) = 3{,}16 \cdot 10^{-4}$, $c(OH^-) = 3{,}16 \cdot 10^{-11}$;
$c(H_3O^+) = 10^{-10}$, $c(OH^-) = 10^{-4}$;
$c(H_3O^+) = 5{,}01 \cdot 10^{-13}$, $c(OH^-) = 1{,}99 \cdot 10^{-2}$

6.14 a) rot b) farblos

6.15 HCl, H_2S, H_2SO_4, H_2SO_3, HOCl

6.16 OH^-, PO_4^{3-}, NH_3, CO_3^{2-}

6.17 Base: O^{2-}, $CaO + H_2O \rightarrow Ca(OH)_2$

6.18 40 g 6.19 a) 2,7 b) 3,2 c) 11,1

6.20 $SO_2 + Ca(OH)_2 \rightarrow CaSO_3 + H_2O$; Calciumsulfit

6.21 a) $KOH + HNO_3 \rightarrow KNO_3 + H_2O$
Kalilauge, Salpetersäure, Kaliumnitrat
b) $2\ NaOH + H_2SO_4 \rightarrow Na_2SO_4 + 2\ H_2O$
Natronlauge, Schwefels., Natriumsulfat
c) $2\ NaOH + H_2CO_3 \rightarrow Na_2CO_3 + 2\ H_2O$ Natronlauge, Kohlensäure, Natriumcarbonat
d) $Ca(OH)_2 + 2\ HCl \rightarrow CaCl_2 + 2\ H_2O$ Calciumhydroxid, Salzsäure, Calciumchlorid
e) $KOH + H_2CO_3 \rightarrow KHCO_3 + H_2O$ Kalilauge, Kohlensäure, Kaliumhydrogencarbonat
f) $2\ NaOH + H_3PO_4 \rightarrow Na_2HPO_4 + 2\ H_2O$ Natronlauge, Phosphors., Dinatriumhydrogenphosphat
g) $NaHCO_3 + HNO_3 \rightarrow CO_2 + H_2O + NaNO_3$ Natriumhydrogencarbonat, Salpeters., Natriumnitrat
h) $FeS + 2\ HCl \rightarrow H_2S + FeCl_2$ Eisensulfid, Salzsäure, Dihydrogensulfid, Eisen(II)-chlorid
i) $NH_4Cl + KOH \rightarrow NH_3 + H_2O + KCl$ Ammoniumchlorid, Kalilauge, Ammoniak, Kaliumchlorid

6.22 NH_4Cl, NaCl, CH_3COONa, Na_2CO_3 6.23 7,38 %

6.24 $NaHCO_3 + HCl \rightarrow NaCl + H_2O + CO_2$; Nebenwirkung: Aufstoßen durch entstehendes CO_2.

6.25 $H_2SO_4 + HCl \rightarrow NaHSO_4 + HCl\uparrow$
Starke Säure verdrängt schwächere Säure aus ihrem Salz.

6.26 a) $HPO_4^{2-} + H_3O^+ \rightarrow H_2PO_4^- + H_2O$
b) $H_2PO_4^- + OH^- \rightarrow HPO_4^{2-} + H_2O$

7.1 $2\ Al + Fe_2O_3 \rightarrow 2\ Fe + Al_2O_3$

7.2 $Mg + H_2O \rightarrow MgO + H_2\uparrow$ Mg ox., H_2O red.
$2\ Mg + CO_2 \rightarrow 2\ MgO + C$ Mg ox., CO_2 red.

7.3 $\overset{+I}{K}\ \overset{-I}{F}$, $\overset{0}{Br_2}$, $\overset{+I}{H}\ \overset{+V}{N}\ \overset{-II}{O_3}$, $\overset{+I}{Na_2}\overset{+VI}{S}\ \overset{-II}{O_4}$, $\overset{+I}{H_2}\ \overset{-II}{S}$,
$\overset{+IV}{S}\ \overset{-II}{O_2}$, $\overset{-III}{N}\ \overset{+I}{H_4}\ \overset{+V}{N}\overset{-II}{O_3}$, $\overset{+I}{K_2}\overset{+VI}{Cr_2}\overset{-II}{O_7}$, $\overset{+II}{Ca}\overset{+IV}{C}\overset{-II}{O_3}$

7.4 Fluor oder Sauerstoff 7.5 b), d)

7.6 a) $2\ KNO_3 + S \rightarrow K_2SO_4 + 2\ NO$; OM: KNO_3, RM: S
b) $8\ HI + H_2SO_4 \rightarrow H_2S + 4\ I_2 + 4\ H_2O$;
OM: H_2SO_4, RM: HI
c) $MnO_2 + 4\ HCl \rightarrow MnCl_2 + Cl_2 + 2\ H_2O$;
OM: MnO_2, RM: HCl
d) $3\ Cu + 8\ HNO_3 \rightarrow 3\ Cu(NO_3)_2 + 2\ NO + 4\ H_2O$;
OM: HNO_3, RM: Cu
e) $Na_2SO_3 + 2\ FeCl_3 + H_2O \rightarrow Na_2SO_4 + 2\ FeCl_2 + 2\ HCl$; OM: $FeCl_3$, RM: Na_2SO_3
f) $MnO_4^- + 5\ Fe^{2+} + 8\ H_3O^+ \rightarrow 5\ Fe^{3+} + Mn^{2+} + 12\ H_2O$; OM: MnO_4^-, RM: Fe^{2+}
g) $Cr_2O_7^{2-} + 6\ Fe^{2+} + 14\ H_3O^+ \rightarrow 6\ Fe^{3+} + 2\ Cr^{3+} + 21\ H_2O$; OM: $Cr_2O_7^{2-}$, RM: Fe^{2+}
h) $I_2 + SO_3^{2-} + 3\ H_2O \rightarrow 2\ I^- + 2\ H_3O^+ + SO_4^{2-}$;
OM: I_2, RM: SO_3^{2-}

7.7 $Cu + Hg^{2+} \rightarrow Hg + Cu^{2+}$

7.8 a) 2,18 V; $Au^{3+} + 3\ e^- \rightarrow Au$, $Zn \rightarrow Zn^{2+} + 2\ e^-$, Au ist Pluspol
b) 0,47 V; $Ag^+ + e^- \rightarrow Ag$, $Cu \rightarrow Cu^{2+} + 2\ e^-$, Ag ist Pluspol

7.9 $Zn \rightarrow Zn^{2+} + 2\ e^-$, $2\ H_3O^+ + 2\ e^- \rightarrow H_2 + 2\ H_2O$

7.10 Plombe (Ag) und Al bilden ein galvanisches Element, daher entsteht eine Spannung am Zahnnerv.

7.11 $Cu + 2\ Fe^{3+} \rightarrow Cu^{2+} + 2\ Fe^{2+}$

7.12 Gold 7.13 a) FeI_2 b) $FeCl_3$ c) $FeCl_2$

7.14 Cadmium-Verbindungen sind giftig.

7.15 Explosionsgefahr wegen möglicher Knallgasbildung, ätzend wegen enthaltener Schwefelsäure, nicht für Kinder wegen mögl. hoher Stromstärken.

7.16 a) $2\,H_3O^+ + 2\,e^- \rightarrow H_2 + 2\,H_2O$
$6\,H_2O \rightarrow O_2 + 4\,H_3O^+ + 4\,e^-$
b) $Cu^{2+} + 2\,e^- \rightarrow Cu$; $Cu \rightarrow Cu^{2+} + 2\,e^-$
c) $Cu^{2+} + 2\,e^- \rightarrow Cu$; $2\,Cl^- \rightarrow Cl_2 + 2\,e^-$
d) $2\,H_2O + 2\,e^- \rightarrow H_2 + 2\,OH^-$ $2\,Cl^- \rightarrow Cl_2 + 2\,e^-$
e) $K^+ + e^- \rightarrow K$; $2\,Cl^- \rightarrow Cl_2 + 2\,e^-$

7.17 Schmelzelektrolyse; in Lösung würden nicht Ca^{2+}-Ionen, sondern Wassermoleküle reduziert werden.

7.18 6 Mol; 578.928 As; 11,9 kWh

8.1 Wasserstoff hat ebenfalls ein Außenelektron, ist jedoch kein Metall und hat eine deutlich größere Elektronegativität.

8.2 a) $2\,Na + 2\,H_2O \rightarrow H_2 + 2\,NaOH$; Redox-Rk.
b) $Mg + H_2SO_4 \rightarrow H_2 + MgSO_4$; Redox-Rk.
c) $Fe_2O_3 + 3\,H_2 \rightarrow 2\,Fe + 3\,H_2O$; Redox-Rk.

8.3 Zu hohe Aktivierungsenergie des O_2-Moleküls.

8.4 O – H, siehe Kap. 4.4 8.5 22,4 L 8.6 29,2 g

9.1 Durch die auf Lavoisier zurückgehende irrige Annahme, er sei das wesentliche Element der Säuren.

9.2 Wohl kaum, denn wenn das Gas brennbar ist, kann es zu Unfällen kommen.

9.3 $2\,C_2H_2 + 5\,O_2 \rightarrow 4\,CO_2 + 2\,H_2O$

9.4 Metalloxide sind Ionenverbindungen und daher Feststoffe, bei Nichtmetalloxiden treten mehr oder weniger stark polare Atombindungen auf, die Anziehungskräfte zwischen den Molekülen sind daher schwächer.

9.5 –II, 0, –I, +II

9.6 $PbS + 4\,H_2O_2 \rightarrow PbSO_4 + 4\,H_2O$

9.7 SrO, MnO_2, Na_2O_2 9.8 Siehe Kap. 6.4.

10.1 Die Verbrennung fossiler Brennstoffe erfolgt zum Großteil auf der Nordhalbkugel (größere Landmasse, höherer Wohlstand). Die vollständige Durchmischung der Erdatmosphäre dauert einige Jahre.

10.2 Die vielen Schadstoffe werden durch das Wettergeschehen europaweit verfrachtet, daher können nur europaweite Maßnahmen zu Erfolgen führen.

10.3 Global: Treibhausgase, Treibgase; Regional: CO, SO_2, NO_x, O_3, Staub.

10.4 In hohen Atmosphäreschichten ist es wegen seiner Filterwirkung für die UV-Strahlen notwendig, in bodennahen Luftschichten ist es wegen seiner Giftigkeit unerwünscht.

10.5 Erdgas, entschwefeltes Heizöl, Holz.

11.1 Zucker polare, Speiseöl unpolare Bindungen.

11.2 Bei NaOH ist die Hydratisierungsenergie größer als die Gitterenergie, bei NH_4Cl umgekehrt.

11.3 Beim Erhitzen des Wassers entwich gelöste Luft.

11.4 Das Ausmaß der Siedetemperaturerhöhung hängt von der Zahl der gelösten Teilchen ab, ein Mol NaCl bzw. $MgCl_2$ ergeben in Wasser zwei bzw. drei Mol gelöster Teilchen (Ionen).

11.5 Die höhere Salzkonzentration in der Vase bewirkt einen Flüssigkeitsverlust der Zellen und so ein Nachlassen des Drucks, der die Pflanze stützt.

11.6 Wassersparende Konstruktion von Waschmaschinen und Geschirrspülern, Verringerung der Wassermenge bei der Toilettenspülung (nicht immer sind 10 L notwendig), Dusche statt Vollbad.

11.7 Höhere Wassertemperaturen führen zu einer wesentlich stärkeren Kalkabscheidung und damit zu einer kürzeren Lebensdauer des Gerätes. Weiters tragen niedrigere Wassertemperaturen zum Energiesparen bei, da heißeres Wasser im Haushalt in der Regel nicht gebraucht wird und es seine Wärme nur unnötig an die Rohrleitungen abgibt.

11.8 Hydrogencarbonathärte 11.9 289 mg

11.10 50 °d 11.11 NaCl

11.12 Die Kosten der Umweltschutzmaßnahmen verteuern die Produkte, die dadurch im Vergleich zu Produkten, die ohne Umweltschutz-Auflagen produziert werden, nicht mehr konkurrenzfähig sind.

11.13 Ein Fluss hat im Verhältnis zur Wassertiefe eine viel größere und stärker bewegte Oberfläche, daher ist die Sauerstoffaufnahme besser möglich.

12.1 Gehen in der Natur keine Verbindungen ein und sind in Luft nur in sehr kleinen Mengen vorhanden.

12.2 Die weiter vom Kern entfernten und daher nur mit geringeren Kräften festgehaltenen Außenelektronen dieser Edelgase können von sehr stark elektronegativen Atomen an sich gezogen werden.

13.1 0 im F_2, –I in allen anderen Verbindungen.

13.2 Siehe Kap. 4.4.

13.3 Bei Iod ist die Anziehungskraft des Kerns auf die weiter entfernten Außenelektronen geringer.

13.4 Siehe Kap. 7.6.

13.5 $CaF_2 + H_2SO_4 \rightarrow 2\,HF + CaSO_4$ Säure-Base-Rk.

13.6 $2\,KI + Br_2 \rightarrow I_2 + 2\,KBr$; Redox-Reaktion

13.7 $NaCl + H_2SO_4 \rightarrow HCl + NaHSO_4$, Säure-Base-Reaktion

13.8 Siehe Kap. 4.4 und 6.4

13.9 Das HCl-Molekül ist (ebenso wie das Wassermolekül) ein Dipol, das H_2-Molekül ist kein Dipol.

13.10 Siehe Kap. 6.4. 13.11 Mit Fluor oder Sauerstoff

13.12 In Wasser gelöstes Natriumfluorid, geschmolzenes Magnesiumchlorid, in Wasser gelöstes HBr

13.13 $CaBr_2$, KF, $AlCl_3$, CuCl, NaClO, $Mg(ClO_4)_2$

13.14 Natriumiodid, Lithiumchlorat, Magnesiumfluorid, Kaliumhypochlorit

14.1 Aufnahme von 2 oder Abgabe von 6 Elektronen führt zu einer Edelgasanordnung (Oktettregel).

14.2 Siehe Kap. 4.2.

14.3 $2\,FeS_2 + 5\frac{1}{2}\,O_2 \rightarrow 4\,SO_2 + Fe_2O_3$

14.4 $FeS + 2\,HCl \rightarrow H_2S + FeCl_2$ Säure-Base-Rk.

14.5 Gemäß dem Elektronenpaar-Abstoßungsmodell gewinkelt, analog dem Wassermolekül.

14.6 SO_2 und etwas SO_3

14.7 Unter „Filtrieren" versteht man das Entfernen eines Feststoffes aus einer Flüssigkeit oder einem Gas. Das Schwefeldioxid ist jedoch gasförmig, es wird durch eine chemische Reaktion beseitigt.

14.8 Siehe Kap. 4.2.

14.9 Ja, die S – O-Bindung ist polar, das Molekül ist gewinkelt aufgebaut.

14.10 $2\,Ag + 2\,H_2SO_4 \rightarrow Ag_2SO_4 + SO_2 + 2\,H_2O$; Redox-Reaktion

14.11 $Na_2SO_3 + H_2SO_4 \rightarrow SO_2 + H_2O + Na_2SO_4$; Säure-Base-Reaktion

14.12 $CaCO_3 + H_2SO_4 \rightarrow CaSO_4 + CO_2 + H_2O$; Säure-Base-Reaktion

14.13 Siehe Kap. 6.4. 14.14 Na_2S, $BaSO_4$, $KHSO_3$

15.1 $NH_4NO_2 \rightarrow N_2 + 2\,H_2O$

15.2 Im Luftstickstoff ist noch ein schwereres Gas enthalten ⇒ Entdeckung des Argons.

15.3 Nur die Ammoniakmoleküle sind Dipole.

15.4 Alle Gase lösen sich besser in kaltem Wasser.

15.5 $Mg_3N_2 + 6\,H_2O \rightarrow 3\,Mg(OH)_2 + 2\,NH_3$; Säure-Base-Reaktion

15.6 $HNO_3 + NH_3 \rightarrow NH_4NO_3$
$H_2SO_4 + 2\,NH_3 \rightarrow (NH_4)_2SO_4$ S-B-Reaktionen

15.7 $NH_4Cl + NaOH \rightarrow NH_3 + H_2O + NaCl$; Säure-Base-Reaktion, die starke Base verdrängt die schwache Base aus ihrem Salz.

15.8 14 %, 35 %, 17 %

15.9 $NaNO_3 + H_2SO_4 \rightarrow HNO_3 + NaHSO_4$; Säure-Base-Reaktion

15.10 Kaliumnitrat liefert den zur raschen Verbrennung von Schwefel und Kohlenstoff notwendigen Sauerstoff, die gasförmigen Verbrennungsprodukte von S und C verursachen die Sprengwirkung.

15.11 Feste Bindungen im N_2- und O_2-Molekül müssen gelöst werden.

15.12 $3\,Ag + 4\,HNO_3 \rightarrow 3\,AgNO_3 + NO + 2\,H_2O$; Redox-Reaktion

15.13 Wesentliche militärische Stärkung Deutschlands und der Mittelmächte, da bis dahin Chilesalpeter der einzige Rohstoff zur technischen Produktion von Salpetersäure (Grundlage aller Sprengstoffe) war und die Mittelmächte durch eine Seeblockade leicht von diesem Nachschub abgeschnitten werden konnten.

15.14 NH_4Br, $Mg(NO_3)_2$, KNO_2, N_2O_5

15.15 Ammoniumphosphat, Strontiumnitrat, Natriumnitrit, Distickstoffmonoxid

15.16 Stickstoff ist durch seine Dreifachbindung sehr reaktionsträge.

15.17 Der größere Atomdurchmesser verhindert die Bildung von Mehrfachbindungen).

15.18 $Ca_3(PO_4)_2 + 3\,SiO_2 + 5\,C \rightarrow 2\,P + 3\,CaSiO_3 + 5\,CO$; Redox-Reaktion

15.19 Beim Verbrennen entsteht das gleiche Oxid, das mit Wasser die Phosphorsäure ergibt.

15.20 P und H haben nahezu gleiche Elektronegativität, das Molekül ist daher, im Unterschied zu NH_3, kein Dipol (siehe Seite 45).

15.21 Siehe Kap. 6.4.

15.22 $Ca_3(PO_4)_2 + 2\,H_2SO_4 \rightarrow Ca(H_2PO_4)_2 + 2\,CaSO_4$; Säure-Base-Reaktion

15.23 KH_2PO_4, $Mg_3(PO_4)_2$, Diammoniumhydrogenphosphat

15.24 Die Bindung im N_2-Molekül ist so fest, dass sie von der Pflanze nicht gespalten werden kann.

16.1 Verbrennen zu CO_2.

16.2 CO ist noch nicht die Endstufe der Oxidation – Energieverlust.

16.3 Das CO dieser Zigarette würde ca. 5 % des Hämoglobins blockieren und einen dementsprechenden Leistungsverlust bewirken.

16.4 CO_2 ist in warmem Wasser schlechter löslich.

16.5 Es enthält Kohlensäure durch das CO_2 der Luft.

16.6 Beim Zerfall des Natriumhydrogencarbonates in der Hitze entsteht das basische Natriumcarbonat.

16.7 $Ca(OH)_2$ ist eine starke Base und sehr ätzend.

16.8 Beim Aushärten des Mörtels wird Wasser frei.

16.9 $Ca(OH)_2 + CO_2 \rightarrow CaCO_3 + H_2O$; $CaCO_3 + CO_2 + H_2O \rightarrow Ca(HCO_3)_2$; die zweite Reaktion findet auch beim Auflösen von Kalkstein durch CO_2-haltiges Regenwasser statt.

16.10 $CaCO_3 + 2\,CH_3COOH \rightarrow CO_2 + H_2O + Ca(CH_3COO)_2$; Säure-Basen-Reaktion

16.11 CO_3^{2-} ist eine starke Base. 16.12 1 und 3

16.13 $H_2CO_3 + KCN \rightarrow KHCO_3 + HCN$: Säure-Base-Reaktion, Hydrogencyanid ist noch schwächer als Kohlensäure.

16.14 Kaliumhydrogencarbonat, Bariumcarbonat, Natriumcyanid, Titancarbid

17.1 Nein, 26 % der festen Erdkruste bestehen aus Si.

17.2 Sehr schwache Säure, siehe Kap. 6.4.

17.3 Natriumchlorid zur Herstellung von Natriumcarbonat mit dem Solvay-Verfahren, Kalk und Quarz sowie Energie. Mit einer Rohstoffverknappung ist nicht zu rechnen, die Vorteile des Altglas-Recyclings liegen in einer Verminderung der Müllmenge und einer Energieersparnis bei der Produktion der Rohstoffe und dem Schmelzvorgang.

18.1 Metall: Bewegung der Elektronen; Salzschmelze: Bewegung der Ionen, Ablaufen einer Redox-Rk.

18.2 Siehe Kap. 4.1

18.3 Die Fremdatome im Gitter erschweren das Übereinandergleiten der Schichten.

18.4 Die Fremdatome stören den Aufbau des Kristallgitters, siehe auch Kap. 2.6.

18.5 Durch Freisetzung von SO_2.

18.6 Gold und Platin sind reaktionsträge Edelmetalle.

18.7 Abnehmende Elektronegativität, die Ionisierungsenergie für das erste Elektron sinkt, da das weiter außen befindliche Elektron des Caesiums vom Kern weniger stark angezogen wird.

18.8 Siehe Kap. 7.6.

18.9 Sie haben zwei Außenelektronen.

18.10 $Mg + H_2O \rightarrow MgO + H_2$

18.11 Diese Stoffe werden von Magnesium reduziert.

18.12 K_2CO_3 18.13 72,3 %, 69,6 %, 48,2 %

18.14 $Fe_3O_4 + 4\,CO \rightarrow 3\,Fe + 4\,CO_2$
$Fe_3O_4 + 4\,C \rightarrow 3\,Fe + 4\,CO$

18.15 Weniger CO im Gleichgewicht.

18.16 Siehe Kap. 7.4.

18.17 Roheisen hat einen höheren Kohlenstoffgehalt und ist nicht schmiedbar.

18.18 Al ist zu unedel, um aus wässrigen Lösungen gewonnen werden zu können, siehe Kap. 7.6.

18.19 $Al + 3\,HCl \rightarrow AlCl_3 + 1\frac{1}{2}\,H_2$

18.20 0,368 kWh 18.21 Siehe Kap. 18.1.

18.22 Cadmium ist ein giftiges Schwermetall.

18.23 $Cu^{2+} + Fe \rightarrow Cu + Fe^{2+}$ Redox-Reaktion

18.24 Siehe Kap. 18.1.

18.25 Es würde sich nicht metallisches Wolfram, sondern Wolframcarbid bilden.

18.26 Der Stahl enthält 18 % Chrom und 8 % Nickel.

18.27 Siehe Kap. 18.1. 18.28 14 Karat.

Sachregister

A

B

C

D

E

Periodensystem der Elemente

	1	2	3	4	5	6	7	8	9	10	11	12	13	14	15	16	17	18
1	1,0 **H** Wasserstoff 1																	4,0 **He** Helium 2
2	6,9 **Li** Lithium 3	9,0 **Be** Beryllium 4											10,8 **B** Bor 5	12,0 **C** Kohlenstoff 6	14,0 **N** Stickstoff 7	16,0 **O** Sauerstoff 8	19,0 **F** Fluor 9	20,2 **Ne** Neon 10
3	23,0 **Na** Natrium 11	24,3 **Mg** Magnesium 12											27,0 **Al** Aluminium 13	28,1 **Si** Silicium 14	31,0 **P** Phosphor 15	32,1 **S** Schwefel 16	35,5 **Cl** Chlor 17	39,9 **Ar** Argon 18
4	39,1 **K** Kalium 19	40,1 **Ca** Calcium 20	45,0 **Sc** Scandium 21	47,9 **Ti** Titan 22	50,9 **V** Vanadium 23	52,0 **Cr** Chrom 24	54,9 **Mn** Mangan 25	55,8 **Fe** Eisen 26	58,9 **Co** Cobalt 27	58,7 **Ni** Nickel 28	63,5 **Cu** Kupfer 29	65,4 **Zn** Zink 30	69,7 **Ga** Gallium 31	72,6 **Ge** Germanium 32	74,9 **As** Arsen 33	79,0 **Se** Selen 34	79,9 **Br** Brom 35	83,8 **Kr** Krypton 36
5	85,5 **Rb** Rubidium 37	87,6 **Sr** Strontium 38	88,9 **Y** Yttrium 39	91,2 **Zr** Zirkonium 40	92,9 **Nb** Niob 41	95,9 **Mo** Molybdän 42	(99)* **Tc** Technetium 43	101,1 **Ru** Ruthenium 44	102,9 **Rh** Rhodium 45	106,4 **Pd** Palladium 46	107,9 **Ag** Silber 47	112,4 **Cd** Cadmium 48	114,8 **In** Indium 49	118,7 **Sn** Zinn 50	121,8 **Sb** Antimon 51	127,6 **Te** Tellur 52	126,9 **I** Iod 53	131,3 **Xe** Xenon 54
6	132,9 **Cs** Caesium 55	137,3 **Ba** Barium 56	57 bis 71	178,5 **Hf** Hafnium 72	180,9 **Ta** Tantal 73	183,9 **W** Wolfram 74	186,2 **Re** Rhenium 75	190,2 **Os** Osmium 76	192,2 **Ir** Iridium 77	195,1 **Pt** Platin 78	197,0 **Au** Gold 79	200,6 **Hg** Quecksilber 80	204,4 **Tl** Thallium 81	207,2 **Pb** Blei 82	209,0 **Bi** Wismuth 83	(209)* **Po** Polonium 84	(210)* **At** Astat 85	(222)* **Rn** Radon 86
7	(223)* **Fr** Francium 87	226,1* **Ra** Radium 88	89 bis 103	(261)* **Rf** Rutherfordium 104	(262)* **Db** Dubnium 105	(263)* **Sg** Seaborgium 106	(262)* **Bh** Bohrium 107	(269)* **Hs** Hassium 108	(268)* **Mt** Meitnerium 109	(271)* **Ds** Darmstadium 110	(272)* **Rg** Röntgenium 111							
	s^1	s^2	d^1	d^2	d^3	d^4	d^5	d^6	d^7	d^8	d^9	d^{10}	p^1	p^2	p^3	p^4	p^5	p^6

Lanthanoide	138,9 **La** Lanthan 57	140,1 **Ce** Cer 58	140,9 **Pr** Praseodym 59	144,2 **Nd** Neodym 60	(145) **Pm*** Prometium 61	150,4 **Sm** Samarium 62	152,0 **Eu** Europium 63	157,3 **Gd** Gadolinium 64	158,9 **Tb** Terbium 65	162,5 **Dy** Dysprosium 66	164,9 **Ho** Holmium 67	167,3 **Er** Erbium 68	168,9 **Tm** Thulium 69	173,0 **Yb** Ytterbium 70	175,0 **Lu** Lutetium 71
Actinoide	(227) **Ac*** Actinium 89	232,0 **Th*** Thorium 90	(231) **Pa*** Protactinium 91	238,0 **U*** Uran 92	(237) **Np*** Neptunium 93	(244) **Pu*** Plutonium 94	(243) **Am*** Americium 95	(247) **Cm*** Curium 96	(247) **Bk*** Berkelium 97	(251) **Cf*** Californium 98	(254) **Es*** Einsteinium 99	(257) **Fm*** Fermium 100	(257) **Md*** Mendelevium 101	(255) **No*** Nobelium 102	(257) **Lr*** Lawrencium 103
	d^1	f^1	f^2	f^3	f^4	f^5	f^6	f^7	f^8	f^9	f^{10}	f^{11}	f^{12}	f^{13}	f^{14}

Nichtmetall
Halbmetall
Metall
gasförmig
flüssig
fest

* nur radioaktive Isotope bekannt